建筑与市政工程施工现场专业人员职业标准培训教材

质量员岗位知识与专业技能
（土建方向）

（第2版）

建筑与市政工程施工现场专业人员职业标准培训教材编审委员会　编

主　编　刘继鹏　白翔宇
副主编　赵红垒　陈庆丰
主　审　孙耀乾　张献梅

U0269033

黄 河 水 利 出 版 社
·郑 州·

内 容 提 要

本书是建筑与市政工程施工现场专业人员职业标准培训教材之一,以新颁发的法律、法规和建筑行业新标准、新规范为依据,主要介绍质量管理理论和施工质量控制实施要点及验收要求等质量员必备知识,包括质量员岗位相关管理规定和标准、工程质量管理概述、质量管理体系、施工质量计划及工程质量控制的方法、工程施工质量验收、工程质量事故的处理、工程材料的质量控制、工程质量资料、土方工程、地基与基础工程、砌体工程、混凝土结构工程、钢结构工程、屋面工程、地下防水工程、建筑地面工程、建筑装饰装修工程、节能分部工程等方面的内容。

本书可以作为建筑与市政工程质量员考试培训教材,也可供大中专院校、建筑施工企业技术管理人员、质量检验人员以及监理人员参考。

图书在版编目(CIP)数据

质量员岗位知识与专业技能.土建方向/刘继鹏,白翔宇主编;建筑与市政工程施工现场专业人员职业标准培训教材编审委员会编.—2 版—郑州:黄河水利出版社,2018.2
建筑与市政工程施工现场专业人员职业标准培训教材
ISBN 978-7-5509-1983-9

Ⅰ.①质… Ⅱ.①刘…②白…③建… Ⅲ.①建筑工程–质量管理–职业培训–教材 Ⅳ.①TU712

中国版本图书馆 CIP 数据核字(2018)第 044750 号

出　版　社:黄河水利出版社　　　　　　　　　　网址:www.yrcp.com
　　　　地址:河南省郑州市顺河路黄委会综合楼 14 层　　邮政编码:450003
发行单位:黄河水利出版社
　　　　发行部电话:0371-66026940、66020550、66028024、66022620(传真)
　　　　E-mail:hhslcbs@ 126.com
承印单位:河南承创印务有限公司
开本:787 mm×1 092 mm　1/16
印张:21.25
字数:490 千字　　　　　　　　　　　　印数:1—4 000
版次:2018 年 2 月第 2 版　　　　　　　　印次:2018 年 2 月第 1 次印刷

定价:59.00 元

建筑与市政工程施工现场专业人员职业标准培训教材
编审委员会

主　任: 张　冰

副主任: 刘志宏　傅月笙　陈永堂

委　员:(按姓氏笔画为序)

丁宪良　王　铮　王开岭　毛美荣　田长勋

朱吉顶　刘　乐　刘继鹏　孙朝阳　张　玲

张思忠　范建伟　赵　山　崔恩杰　焦　涛

谭水成

序

为了加强建筑工程施工现场专业人员队伍的建设，规范专业人员的职业能力评价方法，指导专业人员的使用与教育培训，提高其职业素质、专业知识和专业技能水平，住房和城乡建设部颁布了《建筑与市政工程施工现场专业人员职业标准》(JGJ/T 250—2011)，并自2012年1月1日起颁布实施。我们根据《建筑与市政工程施工现场专业人员职业标准》(JGJ/T 250—2011)配套的考核评价大纲，组织建设类专业高等院校资深教授、一线教师，以及建筑施工企业的专家共同编写了《建筑与市政工程施工现场专业人员职业标准培训教材》，为2014年全面启动《建筑与市政工程施工现场专业人员职业标准》的贯彻实施工作奠定了一个坚实的基础。

本系列培训教材包括《建筑与市政工程施工现场专业人员职业标准》涉及的土建、装饰、市政、设备4个专业的施工员、质量员、安全员、材料员、资料员5个岗位的内容，教材内容覆盖了考核评价大纲中的各个知识点和能力点。我们在编写过程中始终紧扣《建筑与市政工程施工现场专业人员职业标准》(JGJ/T 250—2011)和考核评价大纲，坚持与施工现场专业人员的定位相结合、与现行的国家标准和行业标准相结合、与建设类职业院校的专业设置相结合、与当前建设行业关键岗位管理人员培训工作现状相结合，力求体现当前建筑与市政行业技术发展水平，注重科学性、针对性、实用性和创新性，避免内容偏深、偏难，理论知识以满足使用为度。对每个专业、岗位，根据其职业工作的需要，注意精选教学内容、优化知识结构，突出能力要求，对知识和技能经过归纳，编写了《通用与基础知识》和《岗位知识与专业技能》，其中施工员和质量员按专业分类，安全员、资料员和材料员为通用专业。本系列教材第一批编写完成19本，以后将根据住房和城乡建设部颁布的其他岗位职业标准和施工现场专业人员的工作需要进行补充完善。

本系列培训教材的使用对象为职业院校建设类相关专业的学生、相关岗位的在职人员和转入相关岗位的从业人员，既可作为建筑与市政工程现场施工人员的考试学习用书，也可供建筑与市政工程的从业人员自学使用，还可供建设类专业职业院校的相关专业师生参考。

本系列培训教材的编撰者大多为建设类专业高等院校、行业协会和施工企业的专家和教师，在此，谨向他们表示衷心的感谢。

在本系列培训教材的编写过程中，虽经反复推敲，仍难免有不妥甚至疏漏之处，恳请广大读者提出宝贵意见，以便再版时补充修改，使其在提升建筑与市政工程施工现场专业人员的素质和能力方面发挥更大的作用。

建筑与市政工程施工现场专业人员职业标准培训教材编审委员会

2013 年 9 月

第二版前言

随着建筑业的发展,对建筑与市政工程施工现场专业人员的要求越来越高,为了满足施工项目管理的需求,住房和城乡建设部于 2011 年 7 月 13 日发布了《建筑与市政工程施工现场专业人员职业标准》(JGJ/T 250—2011),并于 2012 年 1 月 1 日正式实施。本书在广泛征求意见的基础上,以新颁发的法律、法规和建筑行业新标准、新规范为依据,体现了科学性、实用性、系统性和可操作性的特点,既注重了内容的全面性又突出重点,做到理论联系实际。

本书是依据行业职业标准和质量员培训考试大纲编写而成的,可以作为建筑与市政工程质量员考试培训教材,也可供大中专院校、建筑施工企业技术管理人员、质量检验人员以及监理人员参考。

本书主要介绍了质量管理的基本理论和建筑工程的分部分项工程施工质量控制实施要点。全书共包括两篇:第一篇质量管理概论,包括质量员岗位相关管理规定和标准、工程质量管理概述、质量管理体系、施工质量计划及工程质量控制的方法、工程施工质量验收、工程质量事故的处理、工程材料的质量控制、工程质量资料;第二篇施工质量控制实施要点,包括土方工程、地基与基础工程、砌体工程、混凝土结构工程、钢结构工程、屋面工程、地下防水工程、建筑地面工程、建筑装饰装修工程、节能分部工程。

本书编写人员及分工如下:第一、二、三、六章由河南工程学院刘继鹏编写,第四、五章由新乡学院白翔宇编写,第九、十章由河南工程学院陈磊河编写,第十二、十三章由河南工程学院赵红垒编写,第十四章由河南省建设教育协会樊军编写,第八章及第十七、十八章由河南工程学院余兴华编写,第七、十一章由河南工程学院法冠喆编写,第十五章、十六章由河南工程学院陈庆丰编写,本书由刘继鹏、白翔宇任主编,并由刘继鹏统稿,由赵红垒、陈庆丰任副主编。

由于编者水平有限,书中疏漏、错误在所难免,恳请使用本书的师生和读者不吝指正。

本书在编写过程中参阅并吸收了大量的文献,在此对他们的工作、贡献表示深深的谢意,并对为本书付出辛勤劳动的编辑表示衷心的感谢!

编 者

2018 年 1 月

目　录

第二篇 施工质量控制实施要点

第一篇 质量管理概论

第一章 质量员岗位相关管理规定和标准

【学习目标】

- 掌握质量员的工作职责
- 了解质量员的职业素养
- 掌握质量员的工作程序

第一节 质量员的工作职责

按照《建筑与市政工程施工现场专业人员职业标准》(JGJ/T 250—2011)的规定,质量员的工作职责宜符合表 1-1 的规定。

表 1-1 质量员的工作职责

项次	分类	主要工作职责
1	质量计划准备	(1)参与进行施工质量策划。 (2)参与制定质量管理制度
2	材料质量控制	(3)参与材料、设备的采购。 (4)负责核查进场材料、设备的质量保证资料,监督进场材料的抽样复验。 (5)负责监督、跟踪施工试验,负责计量器具的符合性审查
3	工序质量控制	(6)参与施工图会审和施工方案审查。 (7)参与制订工序质量控制措施。 (8)负责工序质量检查和关键工序、特殊工序的旁站检查,参与交接检验、隐蔽验收、技术复核。 (9)负责检验批和分项工程的质量验收、评定,参与分部工程和单位工程的质量验收、评定
4	质量问题处置	(10)参与制订质量通病预防和纠正措施。 (11)负责监督质量缺陷的处理。 (12)参与质量事故的调查、分析和处理
5	质量资料管理	(13)负责质量检查的记录,编制质量资料。 (14)负责汇总、整理、移交质量资料

第二节　质量员的职业素养

建筑与市政工程施工现场专业人员应具备下列职业素养：

(1)具有社会责任感和良好的职业操守,诚实守信,严谨务实,爱岗敬业,团结协作。

(2)遵守相关法律法规、标准和管理规定。

(3)树立安全至上、质量第一的理念,坚持安全生产、文明施工。

(4)具有节约资源、保护环境的意识。

(5)具有终生学习理念,不断学习新知识、新技能。

除具备以上职业素养外,质量员还应具备下列职业素养：

(1)质量员必须具有较高的质量意识。

(2)质量员应善于分析总结,持续改进。

(3)质量员要具备现场发现问题的敏锐眼力。

(4)质量员要有管理质量的手段和处理问题的能力。

(5)质量员必须要有认真的工作态度,很强的执行力。

(6)质量员要坚持原则,要有勤恳的工作态度。

第三节　质量员的工作程序

质量员的工作程序见图1-1。

一、开工前

(一)开工前的准备工作

(1)熟悉现场以及相关标准规范。

(2)熟悉施工图纸,对图纸中的不明之处或明显错误的地方作好记录,同时上报技术负责人。

(二)参与施工图会审和施工方案审查

(1)领会设计意图,掌握技术要点,若发现设计图纸中有不能保证工程质量之处,应积极提出意见。

(2)对施工中可能出现的技术难点提出保证质量的技术措施。

(3)对质量"通病"提出预防措施。

(三)提出质量控制计划

(1)根据工程实际情况编写质量控制计划。

(2)将质量控制计划向班组进行交底。

(3)组织实施控制计划。

二、施工中

(一)对材料进行检验

做好材料供应商的资质审核、考察及报批工作。

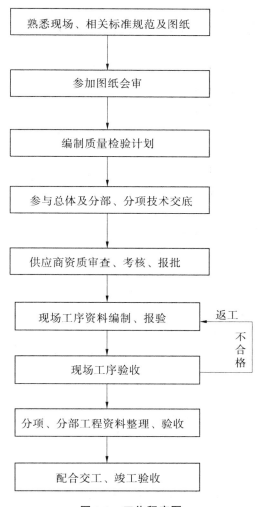

图 1-1　工作程序图

建筑材料质量的优劣在很大程度上影响建筑产品质量的好坏。正确合理地使用材料，是确保建筑工程质量的关键。

为了做好这项工作，施工企业要根据实际需要建立和健全材料试验机构、配备人员和仪器。试验机构在企业总工程师及技术部门的领导下，严格遵守国家有关的技术标准、规范和设计要求，并按照有关的试验操作规程进行操作，提供准确可靠的数据，确保试验工作质量。

凡用于施工的建筑材料，必须由供应部门提出合格证明，对那些没有合格证明的或虽有证明，但技术负责人或质量管理部门认为有必要复验的材料，在使用前必须进行抽查、复验，证明合格后才能使用。为杜绝假冒伪劣产品用于工程中，防止建筑施工中出现质量事故，施工中所用的钢材、水泥必须在使用前做两次检验。

凡在现场配制的各种材料，如混凝土、砂浆等，均需按照有资质的试验机构确定的配合比和操作方法进行配制和施工，施工班组不得擅自改变。初次采用的新材料或特殊材料、代用材料，必须经过试验、试制和鉴定，制定出质量标准和操作规程后，才能在工程上使用。

（二）对构件与配件进行检验

由生产提供的构件与配件不参加分部工程质量评定，但构件与配件必须符合合格标准，检查出厂合格证。

（三）技术复核

在施工过程中，对重要的或影响全工程的技术工作，必须在分项工程正式施工前进行复核，以免发生重大差错，影响工程的质量和使用。

技术复核的项目及内容如下：

（1）建筑物的项目及高程：包括四角定位轴线桩的坐标位置，各轴线桩的位置及其间距，龙门板上轴线钉的位置，轴线引桩的位置，水平桩上所示室内地面的绝对标高。

（2）地基与基础工程：包括基坑（槽）底的土质，基础中心线的位置，基础底的标高，基础各部分尺寸。

（3）钢筋混凝土工程：包括模板的位置、标高及各部分尺寸，预埋件及预留孔的位置和牢固程度，模板内部的清理及湿润情况，混凝土组成材料的质量情况，现浇混凝土的配合比，预制构件的安装位置及标高、接头情况、起吊时强度以及预埋件的情况。

（4）砖石工程：包括墙身中心线位置，皮数杆上砖皮划分及其竖立的标高，砂浆配合比。

（5）屋面工程：沥青玛碲脂的配合比。

（6）管道工程：包括暖气、热力、给水、排水、燃气管道的标高及坡度，化粪池检查井的底标高及各部分的尺寸。

（7）电气工程：包括变电、配电的位置，高低压进出口方向，电缆沟的位置及标高，送电方向。

（8）其他：包括工业设备与仪器仪表的完好程度、数量和规格，以及根据工程需要指定的复核项目。

（四）隐蔽工程验收

隐蔽工程是指那些在施工过程中，上一道工序的工作结果将被下一道工序所掩盖，是否符合质量要求已无法再进行复查的工程部位。例如：钢筋混凝土工程的钢筋，地基与基础工程中的地基土质、基础尺寸及标高，打桩的数量和位置等。为此，这些工程在下一道工序施工以前，应由项目质量总监理工程师邀请建设单位、监理单位、设计单位共同进行隐蔽工程检查和验收，并认真办好隐蔽工程验收签证手续。隐蔽工程验收资料是今后各项建筑安装工程的合理使用、维护、改造、扩建的一项重要技术资料，必须归入工程技术档案。

注意，隐蔽工程验收应结合技术复核、质量检查工作进行，重要部位改变时还应摄影，以备查考。

隐蔽工程验收项目与检查内容如下：

（1）土方工程：包括基坑（槽）或管沟开挖竣工图，排水盲沟设置情况，填方土料、冻土块含量及填土压实试验记录。

（2）地基与基础工程：包括基坑（槽）底土质情况，基底标高及宽度，对不良基土的处理情况，地基夯实施工记录、打桩施工记录及桩位竣工图。

（3）砖石工程：包括基础砌体，沉降缝、伸缩缝和防震缝，砌体中配筋情况。

（4）钢筋混凝土工程：包括钢筋的品种、规格、形状、尺寸、数量及位置，钢筋接头情况，钢筋除锈情况，预埋件数量及其位置，材料代用情况。

（5）屋面工程：包括保温隔热层、找平层、防水层的施工记录。

（6）地下防水工程：包括卷材防水层及沥青胶结材料防水层的基层，防水层地面、砌体等掩盖的部位，管道设备穿过防水层的固封处等。

（7）地面工程：包括地面下的地基土、各种防护层及经过防腐处理的结构或连接件。

（8）装饰工程：指各类装饰工程的基底情况。

（9）管道工程：包括给水、排水、暖、卫、暗管道的位置、标高、坡度、试压、通风试验、焊接、防腐与防锈保温，以及预埋件等情况。

（10）电气工程：包括各种暗配电气线路的位置、规格、标高、弯度、防腐、接头等情况，电缆耐压绝缘试验记录，避雷针接地电阻试验。

（11）其他：包括完工后无法进行检查的工程、重要结构部位和有特殊要求的隐蔽工程。

三、竣工交验阶段

（一）竣工验收

工程竣工验收是对建筑企业生产、技术活动成果进行的一次综合性检查验收。因此，在工程正式竣工验收前，应由施工安装单位进行自检与自验，发现问题及时解决。

建设单位收到工程竣工验收报告后，应由建设单位（项目）负责人组织施工（含分包单位）设计、监理等单位（项目）负责人进行单位（子单位）工程验收。所有工程项目都要严格按照建筑工程施工质量检验统一标准和验收规范办理验收手续，填写竣工验收记录。竣工验收文件要归入工程技术档案。在竣工验收时，施工单位应提供竣工资料。

（二）质量检验评定

建筑安装工程质量检验评定应按分项工程、分部工程及单位工程三个阶段进行。

1.分项工程质量检验评定程序

（1）确定分项工程名称：根据实际情况参照建筑工程分部分项工程名称表、建筑设备安装工程分部分项工程名称表确定该工程的分项工程名称。

（2）主控项目检查：按照规定的检查数量，对主控项目各项进行质量情况检查。

（3）一般项目检查：按照规定的检查数量，对一般项目各项逐点进行质量情况检查。对允许偏差各测点逐点进行实测。

（4）填写分项工程质量检验评定表：将主控项目的质量情况、一般项目的质量情况及允许偏差的实测值逐项填入分项工程质量检验评定表内，并评出主控项目各项的质量。统计允许偏差项目的合格点数，计算其合格率；综合质量结果，对应分项工程质量标准来评定该分项工程的质量。工程负责人、工长（施工员）及班组长签名，专职质量检查员签署核定意见。

2.分部工程质量检验评定程序

（1）汇总分项工程：将该分部工程所属的分项工程汇总在一起。

（2）填写分部工程质量评定表：把各分项工程名称、项数、合格项数逐项填入表内，并统计合格率，对应分部工程质量标准评定其质量。最后，由有关技术人员签名。

3.单位工程质量检验评定程序

（1）观感质量评分：按照单位工程观感质量评分表上所列项目，对应质量检查评定标准进行观感检查。

各项评定等级填入表内,统计应得分及实得分,计算其得分率,检查人员签名。

(2)填写单位工程质量综合评定表:将分部工程评定汇总、质量保证资料及质量观感评定情况一起填入单位工程质量综合评定表内;根据这三项评定情况对照单位工程质量检验评定标准,评定单位工程质量。单位工程质量综合评定表填好后,在表下盖企业公章,并由企业经理或企业技术负责人签名。业主代表、监理单位、设计单位在该单位工程的负责人或技术负责人栏签名,盖上公章,报政府质监部门备案。

(三)工程技术档案

1.工程技术档案的内容

工程技术档案一般由两部分组成。

(1)第一部分是有关建筑物合理使用、维护、改建、扩建的参考文件。在工程竣工时,随同其他竣工资料一并提交建设单位保存。其主要内容包括:施工执照复印件,地质勘探资料,永久水准点的坐标位置,建筑物测量记录,工程技术复核记录,材料试验记录(含出厂证明),构件、配件出厂证明及检验记录,设备的调整和试运转记录,工程质量事故的发生和处理记录,建筑物的沉降和变形观测记录,由施工和设计单位提出的建筑物及其设备使用注意事项文件,分项分部及单位工程质量检验评定表,其他有关该工程的技术决定。

(2)第二部分是系统积累的施工经济技术资料。其主要内容包括:施工组织设计、施工方案和施工经验;新结构、新技术、新材料的试验研究资料,以及施工方法、施工操作专题经验;重大质量和安全事故情况、原因分析及其补救措施的记录;技术革新建议、试验、采用、改进记录,有关技术管理的经验及重大技术决定;施工日记。

2.工程技术档案管理

工程技术档案的建立、汇集和整理工作应当从施工准备开始,直到工程竣工,贯穿于施工的全过程。

凡是列入工程技术的文件和资料,都必须经各级技术负责人正式审定。所有的文件和资料都必须如实反映情况,不得擅改、伪造或事后补做。

工程技术档案必须严加管理,不得遗失或损坏,人员调动必须办理交接手续。由施工单位保存的工程技术档案,根据工程的性质确定其保存期限;由建设单位保存的工程技术档案永久保存,直到该工程拆毁。

本章小结

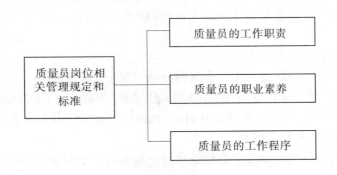

第二章 工程质量管理概述

【学习目标】
- 了解建筑工程质量管理的重要性和发展阶段
- 掌握工程质量管理及控制体系
- 掌握工程质量问题
- 了解我国工程质量管理的法规

建筑工程质量管理是一个系统工程,涉及企业管理的各层次和生产现场的每一个操作工人,再加上建筑产品生产周期长、外界影响因素多等特点,决定了质量管理的难度大。因此,生产企业必须运用现代管理的思想和方法,按照 ISO9000 国际质量管理标准建立自己的质量体系并保持有效运行,覆盖所有生产项目和每个项目生产的全过程,才能保证企业质量水平不断提高,在市场激烈竞争中立于不败之地。

第一节 建筑工程质量管理的重要性和发展阶段

一、建筑工程质量管理的重要性

"靠质量树信誉,靠信誉拓市场,靠市场增效益,靠效益求发展"这个企业生存和发展的生命链,已被国内外众多的企业家所认识,对于建筑生产企业来说,在激烈竞争的市场角逐中认识更加深刻。把质量视为企业的生命,把名优工程当作市场竞争的法宝,把质量管理作为企业管理的重中之重,已被多数建筑企业的经营管理者们所认同,"内抓现场质量领先,外抓市场名优取胜",走质量效益型道路的经营战略已被广泛采用。从这一意义上讲,建筑市场的竞争已转化为工程质量的竞争。优质的好项目,是企业形象的窗口。因此,抓工程质量必须从生产项目抓起。项目质量管理是企业质量管理的基础,也是企业深化管理的一项重要内容。住房和城乡建设部提出抓工程质量要实行"两个覆盖"(即要覆盖所有的工程项目和覆盖每一个工程建设的全过程),也是着重强调了抓项目质量管理的重要性。

(一)项目质量管理必须覆盖所有的工程项目

工程质量形成于生产过程,每个工程质量的总和代表企业的整体质量水平。优质名牌工程是企业市场竞争取胜的法宝,也是企业形象的金字招牌;反之,劣质工程不仅损害企业形象,同时会带来巨大的负面影响。在激烈的市场竞争中,优质工程的正面效应与劣质工程的负面影响并不是一比一的对等关系,对企业信誉的影响可以说是"十誉不足,毁一有余",企业为维护自身的形象,必须重视抓好所有工程项目的质量管理,提高企业的整体质量水平,才能在市场竞争中立于不败之地。

(二)项目质量必须注重质量保证体系覆盖工程建设的全过程

质量体系是为实现质量保证所需的组织结构、程序、过程和资源。企业按照 ISO 9000

标准建立的质量体系(包括文件化的体系程序)要覆盖工程质量形成的全过程并有效运行,关键在企业和项目两个层次。在生产质量形成的全过程,坚持高标准、严要求,每个分部、分项工程都严格按照国家工程质量检验评定标准进行质量评定,使得生产现场事事、处处、时时、人人都严格按照质量管理制度和规范、规程办事,确保质量体系覆盖从工程开工到竣工验收的全过程,从而保证项目质量目标的实现。

(三)项目质量必须实行目标管理和质量预控

项目质量目标一要满足与业主签订合同的要求,二要满足企业质量计划的要求。首先按照"分项保分部、分部保单位工程"的原则,把质量总目标进行层层分解,定出每一个分部、分项工程的质量目标,然后针对每个分项工程的技术要求和生产的难易程度,结合生产人员的技术水平和生产经验,确定质量管理和监控重点。在每个分项工程建设前,写出详细的书面交底和质量保证措施,召集生产主要负责人及技术、质量管理人员和参加生产的所有人员进行交底,做到人人目标明确、职责清楚。对于新技术、新材料、新工艺、易产生质量通病部位和生产经验不足的分项工程,还应事先对人员进行培训,通过试验或做样板确定生产工艺。对质量控制的难点,组织群众性的 QC 小组活动进行攻关处理。

二、质量管理的四个阶段

(一)质量检验阶段(1940 年以前)

1911 年美国工程师泰勒首先提出科学管理的原理,其中之一便是设立专职检验人员,这种方法在 30 年代风行一时,其缺点是事后检验,不能预防废品的产生。

(二)统计质量控制阶段(1940~1960 年)

美国贝尔电话研究所工程师、统计学家哈特,出版了《工业产品质量经济管理》一书,将数理统计方法应用于质量管理中,第二次世界大战后至 20 世纪 50 年代末流行于世界,其优点是事先预防,而且成本低、效率高。但是由于过分强调数理统计方法,而忽视了组织、管理和生产者能动性的发挥。

(三)全面质量管理(TQM)阶段(1960 年至今)

全面质量管理(Total Quality Management,简称 TQM)产生于 20 世纪 60 年代的美国,形成于 20 世纪 70 年代的日本,代表人物是美国通用电气工程师费根堡姆和质量管理学家朱兰,我国从 20 世纪 80 年代开始推行。全面质量管理实行全员参加、全方位实施和全过程管理,是保证任何活动有效进行的、合乎逻辑的工作程序。

全面质量管理(TQM)的基本工作思路是:一切按 PDCA 循环办事,又称戴明环(美国质量专家),P→D→C→A→P,其中 P 为计划(Plan),D 为实施(Do),C 为检查(Check),A 为处理(Action)。

全面质量管理使管理思想发生了根本性转变。一是使质量标准由设计者、制造者、检验者认可,转向市场和用户认可。二是使质量观由狭义转向广义。质量管理既见物又见人;既见个别又见系统,由单纯重视产品质量转到重视工作质量。管理思想的转变,给质量管理带来了深刻的变革,从而引发了 ISO 9000 族标准的产生。

(四)ISO 9001 质量管理体系阶段(1987 年至今)

1.ISO 9001 质量管理体系标准的产生

国际贸易发展到一定程度,不仅对产品质量提出要求,同时对供应厂商提出质量可持续保证的要求。在供需双方的贸易活动中，ISO 9001 质量管理体系标准是获得需方信任从而获得订单的前提，所以 ISO 9001 质量管理体系标准是进入国际市场的金钥匙。

ISO 是国际标准化组织（International Standard Organization）的英文简称。9000 是该组织 1987 年发布的第 9000 号标准。

2.ISO 9000 族标准的修订和发展

1990 年提出的修改原则：让全世界都接受和使用 ISO 9000 族标准，为所有组织提高运作能力提供有效的方法。1994 年推出 94 版，之后在 2000 年、2008 年、2015 年分别推出不同版本，统称为 2000 版 ISO 9000 族标准，至今已有 150 个国家和地区采用，广泛应用于目前已知的所有的行业和部门。

3.ISO 9000 族标准与 TQM 的关系

ISO 9000 是 TQM 发展到一定阶段的产物，是组织质量管理的基础要求（最低要求），TQM 是达到和保持世界级质量水平的要求。两者之间的关系是"打基础"和"求发展"的关系，均为人类全方位的质量管理提供了科学方法，是世界质量史上的里程碑。

第二节 工程质量管理及控制体系

一、质量和工程质量的概念

质量是指反映实体满足明确或者隐含需要能力的特性的总和。质量的主体是"实体"，实体可以是活动或者过程的有形产品（建成的厂房，装修后的住宅等），或是无形的产品（质量措施规划等）；也可以是某个组织体系或人，以及上述各项的组合。由此可见，质量的主体不仅包括产品，而且包括活动、过程、组织体系或人，以及它们的组合。

质量中要求的需要通常被转化为一些规定准则的特性，例如实用性、安全性、可靠性、耐久性等。

工程质量除具有上述普遍意义上的质量的含义外，还具有自身的一些特点。在工程质量中，所说的满足明确或者隐含的需要，不仅是针对客户的，还要考虑到社会的需要和符合国家有关的法律法规的要求。

一般认为工程质量具有如下的特性：

（1）工程质量的单一性。

这是由工程施工的单一性所决定的，即一个工程一个情况，即使是使用同一设计图纸，由同一施工单位来施工，也不可能有两个工程具有完全一样的质量。因此，工程质量的管理必须管理到每项工程，甚至每道工序。

（2）工程质量的过程性。

工程的施工过程，在通常的情况下是按照一定的顺序来进行的。每个过程的质量都会影响到整个工程的质量，因此工程质量的管理必须管理到每项工程的全过程。

（3）工程质量的重要性。

一个工程质量的好与坏，影响范围很大，不仅关系到工程本身，而且业主和参与工程的各个单位也都将受到影响。所以，政府必须加强对工程质量的监督和控制，以保证工程建设和使用阶段的安全。

（4）工程质量的综合性。

工程质量不同于一般的工业产品，工程是先有图纸后有工程，是先交易后生产或是边交易边生产。影响工程质量的原因很多，有设计、施工、业主、材料供应商等多方面的因素。只有各个方面做好了各个阶段的工作，工程的质量才有保证。

综合以上的特点，工程质量可以定义为工程能够满足国家建设和人民需要所具备的自然属性。

二、质量管理与工程质量管理

（一）质量管理

质量管理是为保证和提高产品质量而进行的一系列管理工作。

国家标准 GB/T 19000—2016 对质量管理的定义：质量管理是关于质量的管理，可包括制定质量方针和质量目标，以及通过质量策划、质量保证、质量控制和质量改进实现这些质量目标的过程。

质量管理的首要任务是确定质量方针、目标和职责，质量管理的核心是建立有效的质量管理体系，通过具体的四项活动，即质量策划、质量控制、质量保证和质量改进，确保质量方针、目标的实施和实现。

（二）工程质量管理

工程质量管理就是在工程项目的全生命周期内，对工程质量进行的监督和管理。针对具体的工程项目，就是项目质量管理。

（三）项目质量管理原则

首先要满足顾客和项目利益相关者的需求，应规定项目过程、所有者及其职责和权限，必须注重过程质量和项目交付物质量，以满足项目目标，管理者对营造项目质量环境负责，管理者对持续改进负责。

（四）项目质量要求

没有具体的质量要求和标准，就无法实现项目的质量控制。项目质量要求既包括对项目最终交付物的质量要求，又包括对项目中间交付物的质量要求。对于项目中间交付物的质量要求应该尽可能地详细和具体。项目质量要求包括明示的、隐含的和必须履行的需求或期望。明示的要求一般是指在合同环境中，用户明确提出的需要或要求，通常是通过合同、标准、规范、图纸、技术文件等所作出的明文规定。隐含的要求一般是指非合同环境（即市场环境）中，用户未提出或未明确提出要求，而由项目组织通过市场调研进行识别的要求或需要。

（五）质量信息的作用和要求

质量信息在项目质量管理中的作用是为质量方面的决策提供依据，为控制项目质量提供依据，为监督和考核质量活动提供依据。

对质量信息的要求是准确、及时、全面系统。质量信息必须能够准确反映实际情况，才能正确地作出决断，虚假的或不正确的信息不仅没有作用，反而会起反作用；质量信息的价值往往随时间的推移而变动，如果能够将质量信息及时而迅速地反映出来，反馈过去，就有可能避免一次质量事故而减少损失，否则，就会贻误时机，造成损失；质量信息应当全面、系统地反映项目质量管理活动，这样才能掌控项目质量变化的规律，及时采取预防措施。

（六）质量管理的工作体系

企业以保证和提高产品质量为目的,运用系统的概念和方法,把企业各部门、各环节的质量管理职能组织起来,形成一个有明确任务、职责、权限,互相协调、互相促进的有机整体。质量管理的工作体系包括目标方针体系、质量保证体系和信息流通体系。工作体系的运转方式是 PDCA 循环。

第三节　工程质量问题

一、工程质量问题的成因

工程质量问题的表现形式千差万别,类型多种多样,例如结构倒塌、倾斜、错位、不均匀或超量沉陷、变形、开裂、渗漏、强度不足、尺寸偏差过大等,但究其原因,归纳起来主要有以下几方面。

（一）违反建设程序和法规

（1）违反建设程序。

建设程序是工程项目建设过程及其客观规律的反映,但有些工程不按建设程序办事,例如不经可行性论证,未作调查分析就拍板定案;没有搞清工程地质情况就仓促开工;无证设计、无图施工;任意修改设计,不按图施工;不经竣工验收就交付使用等,均是导致重大工程质量事故的重要原因。

（2）违反有关法规和工程合同的规定。

例如,无证设计,无证施工,越级设计,越级施工,工程招标、投标中的不公平竞争,超常的低价中标,擅自转包或分包,多次转包,擅自修改设计等。

（二）工程地质勘察失误或地基处理失误

（1）工程地质勘察失误。

例如,未认真进行地质勘察或勘探时钻孔深度、间距、范围不符合规定要求;地质勘察报告不详细、不准确、不能全面反映实际的地基情况等,从而使得地下情况不清;或对基岩起伏、土层分布误判;或未查清地下软土层、墓穴、孔洞等,它们均会导致采用不恰当或错误的基础方案,造成地基不均匀沉降、失稳,使上部结构或墙体开裂、破坏,或引发建筑物倾斜、倒塌等质量事故。

（2）地基处理失误。

对软弱土、杂填土、冲填土、大孔性土或湿陷性黄土、膨胀土、红黏土、熔岩、土洞、岩层出露等不均匀地基未进行处理或处理不当也是导致重大事故的原因。因此,必须根据不同地基的特点,从地基处理、结构措施、防水措施、施工措施等方面综合考虑,加以治理。

（三）设计计算问题

例如,盲目套用图纸,采用不正确的结构方案,计算简图与实际受力情况不符,荷载取值过小,内力分析有误,沉降缝或变形缝设置不当,悬挑结构未进行抗倾覆验算,以及计算错误等,都是引发质量事故的隐患。

（四）建筑材料及制品不合格

例如,钢筋物理力学性能不良会导致钢筋混凝土结构产生裂缝或脆性破坏;集料中活性氧化硅会导致碱-集料反应使混凝土产生裂缝;水泥安定性不良会造成混凝土爆裂;水泥受潮、过期、结块,砂石含泥量及有害物质含量、外加剂掺量等不符合要求时,会影响混凝土强度、和易性、密实性、抗渗性,从而导致混凝土结构强度不足、裂缝、渗漏、蜂窝等质量问题。此外,预制构件断面尺寸不足,支承锚固长度不足,未可靠地建立预应力值,漏放或少放钢筋,板面开裂等均可能出现断裂、坍塌事故。

(五) 施工与管理失控

施工与管理失控是造成大量质量问题的常见原因。其主要表现如下:

(1)图纸未经会审即仓促施工;或不熟悉图纸,盲目施工。

(2)未经设计部门同意,擅自修改设计;或不按图施工。例如,将铰接做成刚接,将简支梁做成连续梁;用光圆钢筋代替异形钢筋等,导致结构破坏。挡土墙不按图设滤水层、排水导孔,导致压力增大,墙体破坏或倾覆。

(3)不按有关的施工质量验收规范和操作规程施工。例如,浇筑混凝土时振捣不良,造成薄弱部位;砖砌体包心砌筑,上下通缝,灰浆不均匀、不饱满等均能导致砖墙或砖柱破坏。

(4)缺乏基本结构知识,蛮干施工。例如,将钢筋混凝土预制梁倒置吊装;将悬挑结构钢筋放在受压区等均能导致结构破坏,造成严重后果。

(5)施工管理紊乱,施工方案考虑不周,施工顺序错误,技术交底不清,违章作业,疏于检查、验收等,均可能导致质量问题。

(六) 自然条件影响

施工项目周期长,露天作业多,受自然条件影响大,空气温度、湿度、暴雨、风、浪、洪水、雷电、日晒等均可能成为质量事故的诱因,施工中应特别注意并采取有效的措施预防。

(七) 建筑结构或设施的使用不当

对建筑物或设施使用不当也易造成质量问题。例如,未经校核验算就任意对建筑物加层,任意拆除承重结构部,任意在结构物上开槽、打洞、削弱承重结构截面等也会引起质量事故。

二、工程质量问题的分类

根据 1989 年建设部颁布的第 3 号令《工程建设重大事故报告和调查程序规定》和 1990年建设部建工字第 55 号文件关于第 3 号令有关问题的说明,工程质量问题一般分为工程质量不合格、工程质量缺陷、工程质量通病和工程质量事故四种。

(1)工程质量不合格:指工程质量未满足设计、规范、标准的要求。

(2)工程质量缺陷:指建筑工程施工质量中不符合规定要求的检验项或检验点。

(3)工程质量通病:指各类影响工程结构、使用功能和外形观感的常见性质量损伤。

(4)工程质量事故:指对工程结构安全、使用功能和外形观感影响较大、损失较大的质量损伤。

三、工程质量问题的处理

(一) 处理方式

(1)当施工引起的质量问题在萌芽状态时,应及时制止,并要求施工单位立即更换不合格材料设备或不称职人员,或要求施工单位立即改变不正确的施工方法和操作工艺。

（2）当因施工引起的质量问题已出现时,应立即向施工单位发出"监理通知",要求其对质量问题进行补救处理,并采取足以保证施工质量的有效措施后,填报"监理通知回复单"报监理单位。

（3）当某道工序或分项工程完工以后,出现不合格项,监理工程师应填写"不合格项处置记录",要求施工单位及时采取措施予以整改。监理工程师应对其补救方案进行确认,跟踪处理过程,对处理结果进行验收,否则不允许进行下道工序或分项工程的施工。

（4）在交工使用后的保修期内发现的施工质量问题,监理工程师应及时签发"监理通知",指令施工单位进行修补、加固或返工处理。

（二）处理程序

当发现工程质量问题,监理工程师应按以下程序进行处理。

（1）当发生工程质量问题时,监理工程师首先应判断其严重程度。对可以通过返修或返工弥补的质量问题可签发"监理通知",责成施工单位写出质量问题调查报告,提出处理方案,填写"监理通知回复单"报监理工程师审核后,批复承包单位处理,必要时应经建设单位和设计单位认可,处理结果应重新进行验收。

（2）对需要加固补强的质量问题,或质量问题的存在影响下道工序和分项工程的质量时,应签发"工程暂停令",指令施工单位停止有质量问题部位和与其有关联部位及下道工序的施工。必要时,应要求施工单位采取防护措施,责成施工单位写出质量问题调查报告,由设计单位提出处理方案,并征得建设单位同意,批复承包单位处理。处理结果应重新进行验收。

（3）施工单位接到"监理通知"后,在监理工程师的组织参与下,尽快进行质量问题调查并完成报告编写。

调查的主要目的是明确质量问题的范围、程度、性质、影响和原因,为问题处理提供依据,调查应力求全面、详细、客观准确。调查报告主要内容应包括:

①与质量问题相关的工程情况。

②质量问题发生的时间、地点、部位、性质、现状及发展变化等详细情况。

③调查中的有关数据和资料。

④原因分析与判断。

⑤是否需要采取临时防护措施。

⑥量问题处理补救的建议方案。

⑦涉及的有关人员和责任及预防该质量问题重复出现的措施。

（4）监理工程师审核、分析质量问题调查报告,判断和确认质量问题产生原因。必要时,监理工程师应组织设计、施工、供货和建设单位各方共同参加分析。

（5）在原因分析的基础上,认真审核签认质量问题处理方案。

监理工程师审核确认处理方案应牢记:安全可靠,不留隐患,满足建筑物的功能和使用要求,技术可行,经济合理原则。针对确认不需专门处理的质量问题,应能保证它不构成对工程安全的危害,且满足安全和使用要求,并必须征得设计单位和建设单位的同意。

（6）指令施工单位按既定的处理方案实施处理并进行跟踪检查。

发生的质量问题不论是否由施工单位原因造成,通常都是先由施工单位负责实施处理。对因设计单位原因等非施工单位责任引起的质量问题,应通过建设单位要求设计单位或责任单位提出处理方案,处理质量问题所需的费用或延误的工期,由责任单位承担,若质量问题属施工单位责任,施工单位应承担各项费用损失和合同约定的处罚,工期不予顺延。

(7)质量问题处理完毕,监理工程师应组织有关人员对处理的结果进行严格的检查、鉴定和验收,写出质量问题处理报告,报建设单位和监理单位存档。主要内容包括:

①基本处理过程描述。

②调查与核查情况,包括调查的有关数据、资料。

③原因分析结果。

④处理的依据。

⑤审核认可的质量问题处理方案。

⑥实施处理中的有关原始数据、验收记录、资料。

⑦对处理结果的检查、鉴定和验收结论。

⑧质量问题处理结论。

本章小结

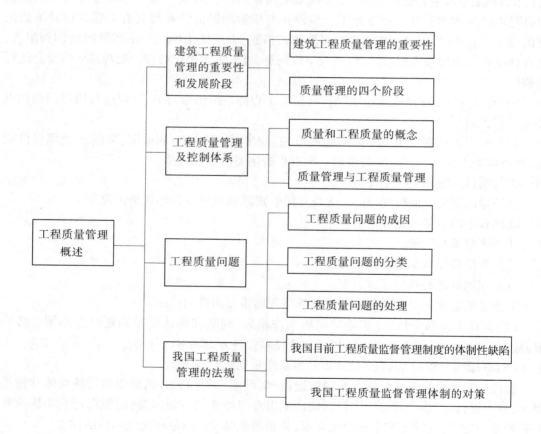

第三章 质量管理体系

【学习目标】
- 掌握质量管理体系的基本概念
- 了解 GB/T19000-ISO9000 系列标准
- 了解质量管理的七项原则
- 掌握质量管理体系的术语

第一节 概述

为了取得质量成效,组织需要采用一种系统和透明的方式进行质量管理。经过长期的实践和总结,人们将这种系统和透明的方式发展形成了质量管理体系的概念。在实践中人们逐渐认识到,要使组织获得长期成功,就必须针对所有相关方的需求,实施并保持持续改进组织业绩的质量管理体系。这里所谓的相关方(interested party)是指与组织的业绩或成就有利益关系的个人或团体,比如:顾客、所有者、组织内的员工、供方、银行、监管者、合作伙伴和社会等。如前所述,质量管理体系(QMS)是在质量方面指挥和控制组织的管理体系(ISO9000)。质量管理体系是质量管理的核心。

一、质量管理体系的定义

任何组织都需要管理。当管理与质量有关时,则为质量管理。质量管理是在质量方面指挥和控制组织的协调活动,通常包括制定质量方针、目标以及质量策划、质量控制、质量保证和质量改进等活动。实现质量管理的方针目标,有效地开展各项质量管理活动,必须建立相应的管理体系,这个体系就是质量管理体系。质量管理体系包括组织确定的目标,以及为获得所期望的结果而确定的所要求的过程和资源。

二、质量管理体系的建设

质量管理体系是一个随着时间的推移不断发展的动态系统。每个组织都有质量管理活动,无论其是否有正式计划。GB/T19000 为如何建立一个正规的体系管理这些活动提供了指南。确定组织中现存的活动及其适宜的环境是必要的。GB/T19000 和 GB/T 19001 可用于帮助组织建立一个有凝聚力的质量管理体系。

正规的质量管理体系为策划、执行、监视和改进质量管理活动的绩效提供了框架。质量管理体系无需复杂,而是需要准确的反映组织的需求。在建设质量管理体系的过程中,GB/T19000 中给出的基本概念和原理可提供有价值的指南。

质量管理体系策划不是一件单独的事情,而是一个持续的过程。计划随着组织的学习和环境的变化而逐渐形成。这个计划要考虑组织的所有质量活动,并确保覆盖 GB/T19000 的全部指南和 GB/T 19001 的要求。该计划应经批准后实施。

定期监视和评价质量管理体系的计划执行情况和绩效状况,对组织来说是非常重要的。应仔细考虑这些指标,以使这些活动易于开展。

审核是一种评价质量管理体系有效性、识别风险和确定满足要求的方法。为了有效的进行审核,需要收集有形和无形的证据。在对所收集的证据进行分析的基础上,采取纠正和改进措施。知识的增长可能会导致创新,使质量管理体系的绩效达到更高的水平。

三、质量管理体系标准、其他管理体系和卓越模式

质量管理和质量保证标准化技术委员会(SAC/TC 151)起草的质量管理体系标准和其他管理体系标准,以及组织卓越模式中表述的质量管理体系方法是基于共同的原则,均能够帮助组织识别风险和机会并包含改进指南。在当前的环境中,许多问题,例如:创新、道德、诚信和声誉均可作为质量管理体系的参数。有关质量管理的标准(如:GB/T 19001),环境管理标准(如:GB/T 24001)和能源管理标准(如:GB/T 23331),以及其他管理标准和组织卓越模式已经开始解决这些问题。

质量管理和质量保证标准化技术委员会(SAC/TC 151)起草的质量管理体系标准为质量管理体系提供了一套综合的要求和指南。GB/T 19001 为质量管理体系规定了要求,GB/T 19004 在质量管理体系更宽泛的目标下,为持续成功和改进绩效提供了指南。质量管理体系的指南包括:GB/T 19010、GB/T 19012、GB/T 19013、GB/T 19014、GB/T 19018、GB/T 19022 和 GB/T 19011。质量管理体系技术支持指南包括:GB/T 19015、GB/T 19016、GB/T 19017、GB/T 19024、GB/T 19025、GB/T19028 和 GB/T 19029。支持质量管理体系的技术报告包括:GB/T 19023 和 GB/T 19027。在用于某些特殊行业的标准中,也提供质量管理体系的要求,如:GB/T 16949。

组织的管理体系中具有不同作用的部分,包括其质量管理体系,可以整合成为一个单一的管理体系。当质量管理体系与其他管理体系整合后,与组织的质量、成长、资金、利润率、环境、职业健康和安全、能源、治安状况等方面有关的目标、过程和资源可以更加有效和高效的实现和利用。组织可以依据若干个标准的要求,例如:GB/T 19001、GB/T 24001、GB/T 24353 和 GB/T 23331 对其管理体系同时进行整体综合性审核。

四、质量管理体系的特点

(1)质量管理体系代表现代企业或政府机构思考如何真正发挥质量的作用和如何最优地作出质量决策的一种观点。

(2)质量管理体系是深入细致的质量文件的基础。

(3)质量管理体系是使公司内更为广泛的质量活动能够得以切实管理的基础。

(4)质量管理体系是有计划、有步骤地把整个公司主要质量活动按重要性顺序进行改善的基础。

第二节　GB/T19000-ISO9000 系列标准简介

一、标准

1987 年 ISO/TCl76 发布了举世瞩目的 ISO9000 系列标准,我国于 1988 年发布了与之相

应的 GB/T10300 系列标准,并"等效采用"。为了更好地与国际接轨,又于 1992 年 10 月发布了 GB/T19000 系列标准,并"等同采用 ISO9000 族标准"。1994 年国际标准化组织发布了修订后的 ISO9000 族标准后,我国及时将其等同转化为国家标准。

为了更好地发挥 ISO9000 族标准的作用,使其具有更好的适用性和可操作性,2000 年 12 月 15 日 ISO 正式发布新的 ISO9000、ISO9001 和 ISO9004 国际标准。2000 年 12 月 28 日我国正式发布 GB/T19000-2000(idt ISO9000:2000),GB/T19001-2000(idt ISO9001:2000),GB/T19004-2000(idt ISO9004:2000)三个国家标准。2008 年和 2016 年,我国又对应发布了新的 GB/T19000 系列标准。

国际标准化组织(ISO)在 ISO/IEC 指南 2-1991《标准化和有关领域的通用术语及其定义》中对标准的定义如下:

标准:为在一定的范围内获得最佳秩序,对活动和其结果规定共同的和重复使用的规则、指导原则或特性文件。该文件经协商一致制订并经一个公认机构的批准。

我国的国家标准 GB3935.1-1996 中对标准的定义采用了上述的定义。

显然,标准的基本含义就是"规定",就是在特定的地域和年限里对其对象做出"一致性"的规定。但标准的规定与其他规定有所不同,标准的制定和贯彻以科学技术和实践经验的综合成果为基础,标准是"协商一致"的结果,标准的颁布具有特定的过程和形式。标准的特性表现为科学性与时效性,其本质是"统一"。标准的这一本质赋予标准具有强制性、约束性和法规性。

二、GB/T19000-2000 族核心标准的构成和特点

1.GB/T19000-2000 族核心标准的构成

GB/T19000-2000 族核心标准由下列四部分组成:

(1)GB/T19000-2000 质量管理体系——基础和术语

GB/T19000-2000 表述质量管理体系并规定质量管理体系术语

(2)GB/T19001-2000 质量管理体系——要求

GB/T19001-2000 规定:质量管理体系要求,用于组织证实其具有提供满足顾客要求和适用的法规要求的产品的能力。

(3)GB/T19004-2000 质量管理体系——业绩改进指南

GB/T19004-2000 提供质量管理体系指南,包括持续改进的过程,有助于组织的顾客和其他相关方满意。

(4)ISO19011 质量和环境审核指南

ISO19011 提供管理与实施环境和质量审核的指南。

该标准由国际标准化组织质量管理和质量保证技术分委员会(ISO/TCl76/SC3)与环境管理体系、环境审核与有关的环境调查分委员会(ISO/TC207/SC2)联合制定。

2.ISO9000:2000 族标准的主要特点

(1)标准的结构与内容更好地适应于所有产品类别,以及不同规模和各种类型的组织。

(2)采用"过程方法"的结构,同时体现了组织管理的一般原理,有助于组织结合自身的生产和经营活动采用标准来建立质量管理体系,并重视有效性的改进与效率的提高。

任何得到输入并将其转化为输出的活动均可视为过程,系统识别和管理组织内使用的过程,特别是这些过程之间的相互作用,称为过程方法。

（3）提出了质量管理八项原则并在标准中得到了充分体现。

（4）对标准要求的适应性进行了更加科学与明确的规定，在满足标准要求的途径与方法方面，提倡组织在确保有效性的前提下，可以根据自身经营管理的特点做出不同的选择，给予组织更多的灵活度。

（5）更加强调管理者的作用，最高管理者通过确定质量目标，制定质量方针，进行质量评审以及确保资源的获得和加强内部沟通等活动，对其建立、实施质量管理体系并持续改进其有效性的承诺提供证据，并确保顾客的要求得到满足，旨在增强顾客满意。

（6）突出了"持续改进"是提高质量管理体系有效性和效率的重要手段。

（7）强调质量管理体系的有效性和效率，引导组织以顾客为中心并关注相关方的利益，关注产品与过程而不仅仅是程序文件与记录。

（8）对文件化的要求更加灵活，强调文件应能够为过程带来增值，记录只是证据的一种形式。

（9）将顾客和其他相关方满意或不满意的信息作为评价质量管理体系运行状况的一种重要手段。

（10）概念明确，语言通俗，易于理解、翻译和使用，术语用概念图形式表达术语间的逻辑关系。

（11）强调了 ISO9001 作为要求性的标准，ISO9004 作为指南性的标准的协调一致性，有利于组织的业绩的持续改进。

（12）增强了与环境管理体系标准等其他管理体系标准的相容性，从而为建立一体化的管理体系创造了有利条件。

三、GB/T 19001-2016 标准的新结构、术语和概念说明

国际标准化组织（ISO）已于 2015 年 9 月 23 日发布了 ISO9000 系列国际标准，2016 年 12 月 30 日，国家质量监督检验检疫总局、国家标准化管理委员会批准发布 GB/T 19000-2016《质量管理体系 基础和术语》和 GB/T 19001-2016《质量管理体系 要求》两项国家标准。

1.结构和术语

为了更好地与其他管理体系标准保持一致，与此前的版本（GB/T 19001-2008）相比，新标准的章节结构（即章节顺序）和某些术语发生了变更。

新标准不要求将其结构和术语应用于组织的质量管理体系的形成文件的信息。

新标准的结构旨在对相关要求进行连贯表述，而不是作为组织的方针、目标和过程的文件结构范本。若涉及组织运行的过程以及出于其他目的而保持信息，则质量管理体系形成文件的信息的结构和内容通常在更大程度上取决于用户的需要。

无需在规定质量管理体系要求时以新标准中使用的术语取代组织使用的术语。组织可以选择使用适合其运行的术语，（例如：可使用"记录"、"文件"或"协议"，而不是"形成文件的信息"；或者使用"供应商"、"伙伴"或"卖方"，而不是"外部供方"）。新标准与此前版本之间的主要术语差异如表 3-1 所示。

表 3-1　主要术语差异

GB/T 19001—2008	GB/T 19001—2016
产品	产品和服务
删减	未使用(见第五条对适用性的说明)
管理者代表	未使用(赋予类似的职责和权限,但不要求委任一名管理者代表)
文件、质量手册、程序文件、记录	形成文件的信息
工作环境	过程运行环境
监视和测量设备	监视和测量资源
采购产品	外部提供的产品和服务
供方	外部供方

2.产品和服务

GB/T 19001—2008 使用的术语"产品"包括所有的输出类别。新标准则使用"产品和服务"。术语"产品和服务"包括所有的输出类别(硬件、服务、软件和流程性材料)。

特别包含"服务"旨在强调在某些要求的应用方面,产品和服务之间存在的差异。服务的特征是至少作为输出的组成部分,是通过顾客接触面予以实现的。例如:这意味着在提供服务之前不可能确认其是否符合要求。

在大多数情况下,"产品和服务"作为单一术语同时使用。组织或由外部供方向顾客提供的大多数输出包括产品和服务两方面。例如:有形或无形产品可能涉及相关的服务,而服务也可能涉及相关的有形或无形产品。

3.理解相关方的需求和期望

理解相关方的需求和期望要求组织确定对涉及质量管理体系的相关方的要求,以及这些相关方的相关要求。然而,理解相关方的需求和期望并不意味着超出了新标准范围的质量管理体系要求。正如在其适用范围中所述,新标准适用于需要证明其有能力稳定提供满足顾客要求以及相关法律法规要求的产品和服务,并致力于增强顾客满意的组织。

新标准不要求组织考虑其认为与其质量管理体系无关的相关方。某个相关方的特定要求是否与其质量管理体系相关,这需要组织自行判断。

4.基于风险的思维

以前版本的标准已经隐含基于风险的思维的概念,例如:有关策划、评审和改进的要求。新标准要求组织理解其运行环境,并以确定风险作为策划的基础。这意味着将基于风险的思维应用于策划和实施质量管理体系过程,并借以确定形成文件的信息的范围和程度。

质量管理体系的主要用途之一是作为预防工具。因此,新标准并未就"预防措施"安排单独章节,而是通过在规定质量管理体系要求的过程中运用基于风险的思维表达预防措施概念。

由于在新标准中使用基于风险的概念,因而一定程度上减少了描述性要求,而以基于绩效的要求替代。在过程、形成文件的信息和组织职责方面的要求比 GB/T 19001—2008 具有更大的灵活性。

虽然在应对风险和机遇的措施中规定组织应策划应对风险的措施,但并不要求运用正式的风险管理方法或将风险管理过程形成文件。组织可以决定是否采用超出本标准要求的更多风险管理方法,例如:通过应用其他指南或标准。

在组织实现其目标的能力方面,质量管理体系的全部过程并非代表相同的风险等级,其不确定性影响对于各组织不尽相同。根据在应对风险和机遇的措施中的要求,组织有责任应对风险,采取相应措施,包括决定是否保留作为确认风险的证据的形成文件的信息。

5.适用性

新标准在其要求对组织质量管理体系的适用性方面不使用"删减"一词。然而,组织可根据其规模和复杂程度、所采用的管理模式、活动领域以及所面临风险和机遇的性质,对相关要求的适用性进行评审。

在新标准确定质量管理体系的范围部分内容中有关适用性方面的要求,规定了组织确定某项要求不适用于其质量管理体系范围内过程的条件。只有不实施某项要求不会对提供合格的产品和服务造成不利影响,组织才能决定该要求不适用。

6.形成文件的信息

作为与其他管理体系标准相一致的共同内容,新标准有"形成文件的信息"的条款,内容未做显著变更或增加。新标准的文本尽可能与其要求相适应。因此,"形成文件的信息"适用于所有的文件要求。

在 GB/T 19001-2008 中使用的特定术语如"文件"、"程序文件"、"质量手册"或"质量计划"等,在新标准中规定为"保持形成文件的信息"要求。

在 GB/T 19001-2008 中使用"记录"这一术语表示提供符合要求的证据所需要的文件,现在表示为要求"保留形成文件的信息"。组织有责任确定需要保留的形成文件的信息及其存储时间和所用介质。

"保持"形成文件的信息的要求并不排除基于特殊目的,组织也可能需要"保留"同一形成文件的信息的可能性,例如:保留其先前版本。

若新标准使用"信息"一词,而不是"形成文件的信息"(比如"组织应对这些内部和外部因素的相关信息进行监视和评审"),则并不要求将这些信息形成文件。在这种情况下,组织可以决定是否有必要适当保持形成文件的信息。

7.组织的知识

新标准在组织的知识条款中要求组织确定并管理其知识,以确保能够提供合格的产品和服务。

针对组织的知识的要求是为了:

(1)避免组织丧失其知识,例如:

——由于员工更替;

——未能记载和共享信息。

(2)鼓励组织获取知识,例如:

——总结经验;

——专家指导;

——标杆比对。

8.外部提供过程、产品和服务的控制

在外部提供过程、产品和服务的控制部分内容中关注所有形式的外部提供产品和服务,比如是否通过:

（1）从供方采购；

（2）由下属公司的安排；

（3）向外部供方外包。

第三节　质量管理的七项原则

一、质量管理的基本原则

质量管理的七项原则，应该成为任何一个组织建立质量管理体系并有效开展质量管理工作所必须遵循的基本原则。

（一）以顾客为关注焦点

质量管理的主要关注点是满足顾客要求并且努力超越顾客的期望。

1. 理论依据

组织只有赢得顾客和其他相关方的信任才能获得持续成功。与顾客相互作用的每个方面，都提供了为顾客创造更多价值的机会。理解顾客和其他相关方当前和未来的需求，有助于组织的持续成功。

2. 获益之处

潜在的获益之处是：①增加顾客价值；②提高顾客满意度；③增进顾客忠诚；④增加重复性业务；⑤提高组织的声誉；⑥扩展顾客群；⑦增加收入和市场份额。

3. 可开展的活动

可开展的活动包括：①了解从组织获得价值的直接和间接的顾客；②了解顾客当前和未来的需求和期望；③将组织的目标与顾客的需求和期望联系起来；④将顾客的需求和期望，在整个组织内予以沟通；⑤为满足顾客的需求和期望，对产品和服务进行策划、设计、开发、生产、交付和支持；⑥测量和监视顾客满意度，并采取适当的措施；⑦在有可能影响到顾客满意度的相关方的需求和期望方面，确定并采取措施；⑧积极管理与顾客的关系，以实现持续成功。

（二）领导作用

各层领导建立统一的宗旨和方向，并且创造全员参与的条件，以实现组织的质量目标。

1. 理论依据

统一的宗旨和方向，以及全员参与，能够使组织将战略、方针、过程和资源保持一致，以实现其目标。

2. 获益之处

潜在的获益之处是：①提高实现组织质量目标的有效性和效率；②组织的过程更加协调；③改善组织各层次、各职能间的沟通；④开发和提高组织及其人员的能力，以获得期望的结果。

3. 可开展的活动

可开展的活动包括：①在整个组织内，就其使命、愿景、战略、方针和过程进行沟通；②在组织的所有层次创建并保持共同的价值观和公平道德的行为模式；③培育诚信和正直的文化；④鼓励在整个组织范围内履行对质量的承诺；⑤确保各级领导者成为组织人员中的实际楷模；⑥为人们提供履行职责所需的资源、培训和权限；⑦激发、鼓励和表彰员工的贡献。

(三)全员参与

整个组织内各级人员的胜任、授权和参与,是提高组织创造和提供价值能力的必要条件。

1.理论依据

为了有效和高效的管理组织,各级人员得到尊重并参与其中是极其重要的。通过表彰、授权和提高能力,促进在实现组织的质量目标过程中的全员参与。

2.获益之处

潜在的获益之处是:①通过组织内人员对质量目标的深入理解和内在动力的激发以实现其目标;②在改进活动中,提高人员的参与程度;③促进个人发展、主动性和创造力;④提高员工的满意度;⑤增强整个组织的信任和协作;⑥促进整个组织对共同价值观和文化的关注。

3.可开展的活动

可开展的活动包括:①与员工沟通,以增进他们对个人贡献的重要性的认识;②促进整个组织的协作;③提倡公开讨论,分享知识和经验;④让员工确定工作中的制约因素,毫不犹豫的主动参与;⑤赞赏和表彰员工的贡献、钻研精神和进步;⑥针对个人目标进行绩效的自我评价;⑦为评估员工的满意度和沟通结果进行调查,并采取适当的措施。

(四)过程方法

当活动被作为相互关联的功能连贯过程系统进行管理时,可更加有效和高效的始终得到预期的结果。

1.理论依据

质量管理体系是由相互关联的过程所组成。理解体系是如何产生结果的,能够使组织尽可能地完善其体系和绩效。

2.获益之处

潜在的获益之处是:①提高关注关键过程和改进机会的能力;②通过协调一致的过程体系,始终得到预期的结果;③通过过程的有效管理,资源的高效利用及职能交叉障碍的减少,尽可能提升其绩效;④使组织能够向相关方提供关于其一致性、有效性和效率方面的信任。

3.可开展的活动

可开展的活动包括:①确定体系和过程需要达到的目标;②为管理过程确定职责、权限和义务;③了解组织的能力,事先确定资源约束条件;④确定过程相互依赖的关系,分析个别过程的变更对整个体系的影响;⑤对体系的过程及其相互关系进行管理,有效和高效的实现组织的质量目标;⑥确保获得过程运行和改进的必要信息,并监视、分析和评价整个体系的绩效;⑦管理能影响过程输出和质量管理体系整个结果的风险。

(五)改进

成功的组织总是致力于持续改进。

1.理论依据

改进对于组织保持当前的业绩水平,对其内、外部条件的变化做出反应并创造新的机会都是非常必要的。

2.获益之处

潜在的获益之处是:①改进过程绩效、组织能力和顾客满意度;②增强对调查和确定基本原因及后续的预防和纠正措施的关注;③提高对内外部的风险和机会的预测和反应的能力;④增加对增长性和突破性改进的考虑;⑤通过加强学习实现改进;⑥增强改革的动力。

3.可开展的活动

可开展的活动包括:①促进在组织的所有层次建立改进目标;②对各层次员工进行培训,使其懂得如何应用基本工具和方法实现改进目标;③确保员工有能力成功的制定和完成改进项目;④开发和部署整个组织实施的改进项目;⑤跟踪、评审和审核改进项目的计划、实施、完成和结果;⑥将新产品开发或产品、服务和过程的更改都纳入到改进中予以考虑;⑦赞赏和表彰改进。

(六)循证决策

基于数据和信息的分析和评价的决策更有可能产生期望的结果。

1.理论依据

决策是一个复杂的过程,并且总是包含一些不确定因素。它经常涉及多种类型和来源的输入及其解释,而这些解释可能是主观的。重要的是理解因果关系和潜在的非预期后果。对事实、证据和数据的分析可导致决策更加客观,因而更有信心。

2.获益之处

潜在的获益之处是:①改进决策过程;②改进对实现目标的过程绩效和能力的评估;③改进运行的有效性和效率;④增加评审、挑战和改变意见和决策的能力;⑤增加证实以往决策有效性的能力。

53.可开展的活动

可开展的活动包括:①确定、测量和监视证实组织绩效的关键指标;②使相关人员能够获得所需的全部数据;③确保数据和信息足够准确、可靠和安全;④使用适宜的方法对数据和信息进行分析和评价;⑤确保人员对分析和评价所需的数据是胜任的;⑥依据证据,权衡经验和直觉进行决策并采取措施。

(七)关系管理

为了持续成功,组织需要管理与供方等相关方的关系。

1.理论依据

相关方影响组织的绩效。组织管理与所有相关方的关系,以最大限度的发挥其在组织绩效方面的作用。对供方及合作伙伴的关系网的管理是非常重要的。

2.获益之处

潜在的获益之处是:①通过对每一个与相关方有关的机会和限制的响应,提高组织及其相关方的绩效;②对目标和价值观,与相关方有共同的理解;③通过共享资源和能力,以及管理与质量有关的风险,增加为相关方创造价值的能力;④使产品和服务稳定流动的管理好的供应链。

3.可开展的活动

可开展的活动包括:①确定组织和相关方(例如:供方、合作伙伴、顾客、投资者、雇员或整个社会)的关系;②确定需要优先管理的相关方的关系;③建立权衡短期收益与长期考虑的关系;④收集并与相关方共享信息、专业知识和资源;⑤适当时,测量绩效并向相关方报告,以增加改进的主动性;⑥与供方、合作伙伴及其他相关方共同开展开发和改进活动;⑦鼓励和表彰供方与合作伙伴的改进和成绩。

二、过程方法

(一)质量管理体系及其过程

组织应按照新标准的要求,建立、实施、保持和持续改进质量管理体系,包括所需过程及其相互作用。

组织应确定质量管理体系所需的过程及其在整个组织内的应用,且应:

(1)确定这些过程所需的输入和期望的输出;

(2)确定这些过程的顺序和相互作用;

(3)确定和应用所需的准则和方法(包括监视、测量和相关绩效指标),以确保这些过程的运行和有效控制;

(4)确定并确保获得这些过程所需的资源;

(5)规定与这些过程相关的责任和权限;

(6)应对按照应对风险和机遇的措施的要求所确定的风险和机遇;

(7)评价这些过程,实施所需的变更,以确保实现这些过程的预期结果;

(8)改进过程和质量管理体系。

在必要的程度上,组织应:

(1)保持形成文件的信息以支持过程运行;

(2)保留确认其过程按策划进行的形成文件的信息。

(二)单一过程要素

新标准倡导在建立、实施质量管理体系以及提高其有效性时采用过程方法,通过满足顾客要求增强顾客满意。采用过程方法所需满足的具体要求见质量管理体系及其过程。

在实现其预期结果的过程中,系统地理解和管理相互关联的过程有助于提高组织的有效性和效率。此种方法使组织能够对体系中相互关联和相互依赖的过程进行有效控制,以增强组织整体绩效。

过程方法包括按照组织的质量方针和战略方向,对各过程及其相互作用,系统地进行规定和管理,从而实现预期结果。可通过采用 PDCA 循环以及基于风险的思维对过程和体系进行整体管理,从而有效利用机遇并防止发生非预期结果。

在质量管理体系中应用过程方法能够:

(1)理解并持续满足要求;

(2)从增值的角度考虑过程;

(3)获得有效的过程绩效;

(4)在评价数据和信息的基础上改进过程。

单一过程各要素的相互作用如图 3-1 所示。每一过程均有特定的监视和和测量检查点,以用于控制,这些检查点根据不同的风险有所不同。

(三)PDCA 循环

PDCA 循环能够应用于所有过程以及作为整体的质量管理体系。新标准在 PDCA 循环中的应用如图 3-2 所示。

PDCA 循环可以简要描述如下:

策划:建立体系及其过程的目标、配备所需的资源,以实现与顾客要求和组织方针相一致的结果;

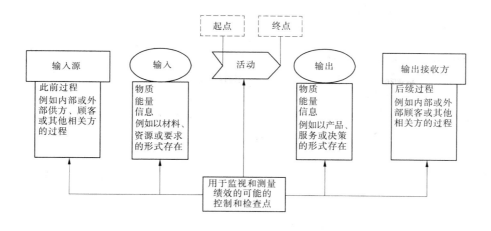

图 3-1　单一过程要素示意图

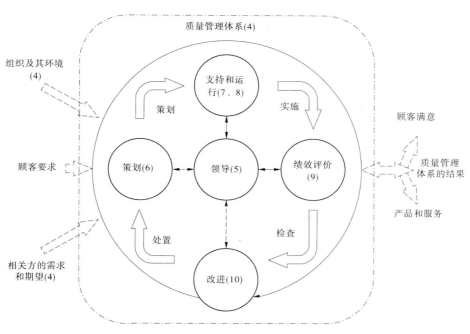

图 3-2　PDCA 循环示意图

注:括号中的数字表示 GB/T 19001-2016 的相应章节。

实施:实施所做的策划;

检查:根据方针、目标和要求对过程以及产品和服务进行监视和测量(适用时),并报告结果;

处置:必要时,采取措施提高绩效。

(四)基于风险的思维

基于风险的思维对质量管理体系有效运行是至关重要的。以前版本的标准已经隐含基于风险思维的概念,例如:采取预防措施消除潜在的不合格原因,对发生的不合格问题进行分析,并采取适当措施防止其再次发生。

为了满足新标准的要求,组织需策划和实施应对风险和利用机遇的措施。应对风险和利用机遇可为提高质量管理体系有效性、实现改进结果以及防止不利影响奠定基础。

机遇的出现可能意味着某种有利于实现预期结果的局面,例如:有利于组织吸引顾客、开发新产品和服务、减少浪费或提高生产率的一系列情形。利用机遇也可能需要考虑相关风险。风险是不确定性的影响,不确定性可能是正面或负面的影响。风险的正面影响可能提供改进机遇,但并非所有的正面影响均可提供改进机遇。

本章小结

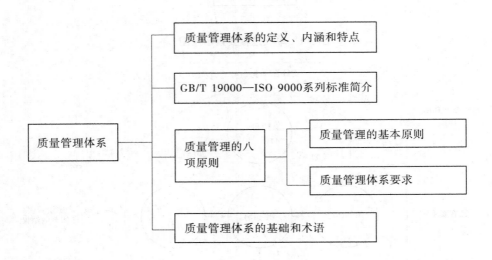

第四章　施工质量计划及工程质量控制的方法

【学习目标】
- 掌握施工质量计划的内容和编制方法
- 掌握影响工程质量的主要因素
- 掌握工程质量控制的方法

第一节　施工质量计划的内容和编制方法

一、质量计划的概念

质量计划是引用质量手册的部分内容和程序文件,是质量策划的结果之一。对施工项目而言,质量计划主要是针对特定项目所编制的规定程序和相应资源文件。

二、施工质量计划的作用和内容

(一)施工质量计划的作用

(1)为质量控制提供依据,使工程的特殊质量要求能通过有效的措施得以满足。

(2)在合同情况下,单位用质量计划向顾客证明其如何满足特定合同的特殊质量要求,并作为顾客实施质量监督的依据。

(二)施工质量计划的内容

根据施工质量计划的作用,施工质量计划的内容包括:

(1)编制依据。

(2)项目概况。

(3)质量目标。

(4)组织结构。

(5)质量控制及管理组织协调的系统描述。

(6)必要的质量控制手段。

(7)施工过程、服务、检验和试验程序等。

(8)确定关键程序和特殊过程及作业指导书。

(9)与施工阶段相适应的检验、试验、测量、验证要求。

(10)更改和完善施工质量计划的程序。

三、施工质量计划的编制方法

(1)由于施工质量计划的重要作用,施工质量计划应由项目经理主持编制。

(2)施工质量计划应集体编制,编制者应该具有丰富的知识、实践经验、较强的沟通能力和创造精神。

（3）始终以业主为关注焦点，准确无误地找出关键质量问题，反复征询对质量计划草案的意见以修改完善。

（4）施工质量计划应体现从工序、分项工程、分部工程、单位工程的过程控制，并且体现从资源投入到完成工程质量最终检验和试验的全过程控制，使质量计划成为对外质量保证和对内质量控制的依据。

第二节　影响工程质量的主要因素

影响工程质量的因素很多，但归纳起来主要有五个方面：人（Man）、材料（Material）、机械（Machine）、方法（Method）和环境（Environment），简称为4M1E因素。

一、人的控制

人的因素主要指领导者的素质，操作人员的理论、技术水平，生理缺陷，粗心大意，违纪违章等。施工时首先要考虑到对人的因素的控制，因为人是施工过程的主体，工程质量的形成受到所有参加工程项目施工的工程技术干部、操作人员、服务人员共同作用，他们是形成工程质量的主要因素。首先，应提高他们的质量意识。施工人员应当树立五大观念，即质量第一的观念，预控为主的观念，为用户服务的观念，用数据说话的观念，以及社会效益、企业效益（质量、成本、工期相结合）综合效益观念。其次，是人的素质。领导层、技术人员素质高，决策能力就强，则有较强的质量规划、目标管理、施工组织和技术指导、质量检查的能力；管理制度完善，技术措施得力，工程质量就高。操作人员应有精湛的技术技能、一丝不苟的工作作风，严格执行质量标准和操作规程的法制观念；服务人员应做好技术和生活服务，以出色的工作质量，间接地保证工程质量。提高人的素质，可以依靠质量教育、精神和物质激励的有机结合，也可以靠培训和优选，进行岗位技术练兵。

二、材料的控制

材料（包括原材料、成品、半成品、构配件）是工程施工的物质条件，材料质量是工程质量的基础，材料质量不符合要求，工程质量也就不可能符合标准。所以，加强材料的质量控制，是提高工程质量的重要保证。影响材料质量的因素主要是材料的成分、物理性能、化学性能等。

材料控制的要点如下：

（1）优选采购人员，提高他们的政治素质和质量鉴定水平、挑选那些有一定专业知识，忠于事业的人担任该项工作。

（2）掌握材料信息，优选供货厂家。

（3）合理组织材料供应，确保正常施工。

（4）加强材料的检查验收，严把质量关。

（5）抓好材料的现场管理，并做好合理使用。

（6）搞好材料的试验、检验工作。

据统计资料，建筑工程中材料费用占总投资的70%或更多，正因为这样，一些承包商在拿到工程后，为谋取更多利益，不按工程技术规范要求的品种、规格、技术参数等采购相关的成品或半成品,或因采购人员素质低下,对其原材料的质量不进行有效控制,放任自流,从中收取回扣和好处费。还有的企业没有完善的管理机制和约束机制,无法杜绝不合格的假冒、伪劣产品及原材料进入工程施工中,给工程留下质量隐患。科学技术高度发展的今天,为材料的检验提供了科学的方法。国家在有关施工技术规范中对其进行了详细的介绍,实际施工中只要我们严格执行,就能确保施工所用材料的质量。

三、机械的控制

施工阶段必须综合考虑施工现场条件、建筑结构形式、施工工艺和方法、建筑技术经济等合理选择机械设备和工具,正确地操作。操作人员必须认真执行各项规章制度,严格遵守操作规程,并加强对施工机械的维修、保养和管理。

四、方法的控制

施工过程中的方法包含整个建设周期内所采取的技术方案、工艺流程、组织措施、检测手段、施工组织设计等。施工方案正确与否,直接影响工程质量控制能否顺利实现。往往由于施工方案考虑不周而导致拖延进度,影响质量,增加投资等问题。为此,制订和审核施工方案时,必须结合工程实际,从技术、管理、工艺、组织、操作、经济等方面进行全面分析及综合考虑,力求方案技术可行、经济合理、工艺先进、措施得力、操作方便,有利于提高质量、加快进度、降低成本。

五、环境的控制

影响工程质量的环境因素较多,有工程地质、水文、气象、噪声、通风、振动、照明、污染等。环境因素对工程质量的影响具有复杂而多变的特点,如气象条件就变化万千,温度、湿度、大风、暴雨、酷暑、严寒都直接影响工程质量,往往前一工序就是后一工序的环境,前一分项分部工程也就是后一分项分部工程的环境。因此,根据工程特点和具体条件,应对影响质量的环境因素,采取有效的措施严加控制。

此外,冬雨期、炎热季节、风季施工时,还应针对工程的特点,尤其是混凝土工程、土方工程、水下工程及高空作业等,拟订季节性保证施工质量的有效措施,以免工程质量受到冻害、干裂、冲刷等的危害。同时,要不断改善施工现场的环境,尽可能减少施工所产生的危害对环境的污染,健全施工现场管理制度,实行文明施工。

第三节　工程质量控制的方法

一、施工准备阶段的质量控制方法

施工准备阶段的质量控制是指项目正式施工前,对各项准备工作及影响质量的各因素和有关方面进行的质量控制。施工准备是为保证施工生产正常进行而必须事先做好的工作。施工准备工作不仅在工程开工前做好,而且要贯穿于整个施工过程。施工准备的基本任务就是为施工项目建立一切必要的施工条件,确保施工生产顺利进行,确保工程质量符合要求。

(一) 准备工作

1.设计交底和图纸会审

设计图纸是进行质量控制的重要依据,为了使施工承包单位熟悉设计图纸,充分了解准备施工的工程特点、设计意图和工艺与质量要求,同时为了在施工前能发现和减少图纸的差错,事先能消灭图纸中的质量隐患,应做好设计交底和图纸会审工作。

1) 设计交底

设计交底程序是:首先由设计单位介绍设计意图、结构特点、施工及工艺要求、技术措施和有关注意事项及关键问题;其次施工单位提出图纸中存在的问题和疑点,以及需要解决的技术难题;最后通过研究和商讨,拟定出解决的办法,并写出会议纪要,以做好对设计图纸的补充、修改以及更好的服务于施工。

2) 图纸会审

施工图是工程施工的直接依据。图纸会审是监理单位、设计单位和施工单位进行图纸质量控制的重要手段,是了解工程特点、设计意图和关键部位的工程质量要求,发现和减少设计差错的重要方法。

施工图纸会审通常是由监理工程师组织施工单位、设计单位参加进行的。先由设计单位介绍设计意图和设计图纸、设计特点、对施工的要求和技术关键问题。然后,由各方面代表对设计图纸存在问题及对设计单位的要求进行讨论、协商,解决存在的问题和澄清疑点,并写出会议纪要。对于在图纸会审纪要中提出的问题,设计单位应通过书面形式进行解释并提交设计变更通知书。若施工图是由施工单位编制和提供的,则应由该施工单位针对会审中提出的问题修改施工图纸,然后上报监理工程师审查,在获得批准和确认后,才能按该施工图进行施工。

2.设计图纸的变更及其控制

设计图纸变更的要求可能来自业主或监理工程师,也可能来自设计单位或施工承包单位。在各种情况下,均应通过监理工程师审查并组织有关方面论证。确认其必要性后,由监理工程师发布变更令方能生效予以实施。设计变更流程见图4-1。

3.施工现场场地及道路的准备

为了保证顺利施工,应按照施工的需要,事先划定并提供给承包商占有和使用现场场地。如果在现场的某一区域内需要不同的施工承包单位同时或先后施工、使用,就应根据施工总进度计划的安排,规定他们各自占用的时间和先后顺序,并在施工总平面图中详细注明各工作区的位置及占用时间和道路、水、电及通信线路。

(二) 施工承包单位资质的核查

建筑业企业资质分为施工总承包、专业总承包和施工劳务三个序列。其中施工总承包序列设有12个类别,一般分为4个等级(特级、一级、二级、三级);专业总承包序列设有36个类别,一般分为3个等级(一级、二级、三级);施工劳务序列不分类别和等级。

(三) 施工组织设计的审查

1.审查施工组织设计时应掌握的原则

(1)施工组织设计的编制、审查和批准应符合规定的程序。

(2)施工组织设计应符合国家的技术政策,充分考虑承包合同规定的条件、施工现场条件及法规条件的要求,突出"质量第一、安全第一"的原则。

(3)施工组织设计的针对性:承包单位是否了解并掌握了本工程的特点及难点,施工条件是否分析充分。

（4）施工组织设计的可操作性：承包单位是否有能力执行并保证工期和质量目标，该施工组织设计是否切实可行。

（5）技术方案的先进性：施工组织设计采用的技术方案和措施是否先进适用，技术是否成熟。

（6）质量管理和技术管理体系，质量保证措施是否健全且切实可行。

（7）安全、环保、消防和文明施工措施是否切实可行并符合有关规定。

（8）在满足合同和法规要求的前提下，对施工组织设计的审查，应尊重承包单位的自主技术决策和管理决策。

2.施工组织设计审查的注意事项

（1）重要的分部、分项工程的施工方案，承包单位在开工前应提交详细说明，以完成该项工程的施工方法、施工机械设备及人员配备与组织、质量管理措施以及进度安排等。

（2）在施工顺序上应符合"先地下、后地上，先土建、后设备，先主体、后围护"的基本规律。所谓"先地下、后地上"，是指地上工程开工前，应尽量把管道、线路等地下设施和土方与基础工程完成，以避免干扰，造成浪费，影响质量。此外，施工流向要合理，即平面上和立面上都要考虑施工的质量保证与安全保证；考虑使用的先后和区段的划分，与材料、构配件的运输不发生冲突。

（3）施工方案与施工进度计划的一致性。施工进度计划的编制应以确定的施工方案为依据，正确体现施工的总体部署、流向顺序及工艺关系等。

（4）施工方案与施工平面图布置的协调一致。施工平面图的静态布置内容有临时施工供水供电供热、供气管道、施工道路、临时办公房屋、物资仓库等；动态布置内容有施工材料模板、工具器具等。应做到布置有序，有利于各阶段施工方案的实施。

（四）现场施工准备的质量控制

1.工程的测量放线

工程的测量放线是工程产品由设计转化为实物的第一步，测量质量的好坏，直接影响建筑工程产品的质量，并制约有关施工工程中相关工序的质量。因此，工程测量的控制是施工事前控制的一项重要内容。施工承包单位按照建设单位（或其委托的单位）给定的原始基准点、基准线和标高等测量控制点进行准确的测量放线，建立施工测量控制网，并应对其正确性负责，同时做好基桩的保护。

2.施工平面布置的控制

承包单位对施工现场进行布置。施工现场总体布置要合理，有利于保证施工的正常、顺利进行；有利于保证质量；要对场区的道路、防洪排水、器材存放、给水及供电、混凝土供应及主要垂直运输机械设备布置等方面予以重视。

3.材料构配件采购订货的控制

工程所需的原材料、半成品、构配件等都将成为永久性工程的组成部分，所以建筑材料质量的好坏直接影响以后整个建筑工程的质量。

（1）凡由承包单位负责采购的原材料、半成品或构配件，在采购订货前应申报；对于重要的材料，还应提交样品，供试验或鉴定；有些材料则要求供货单位提交理化试验单（如预应力钢筋的硫、磷含量等），审查认可后，方可进行订货采购。

（2）对于半成品或构配件，应按经过审批认可的设计文件和图纸要求采购订货，质量应满足有关标准和设计的要求,交货期应满足施工及安装进度安排的需要。

（3）供货厂家是制造材料、半成品、构配件主体,所以通过考查优选合格的供货厂家,是保证采购、订货质量的前提。为此,大宗器材或材料的采购应当实行招标采购的方式。

（4）对于半成品和构配件的采购、订货,应提出明确的质量要求、质量检测项目及标准;出厂合格证或产品说明书等质量文件的要求,以及是否需要权威性的质量认证等。

（5）某些材料,如瓷砖等装饰材料,订货时最好一次订齐和备足货源,以免由于分批而出现色差的质量问题。

（6）供货厂方应向需方(订货方)提供质量文件,用以表明其提供的货物能够完全达到需方提出的质量要求。

4.施工机械配置的控制

施工机械是影响建筑工程施工的重要因素,对建筑工程的质量有至关重要的影响。

（1）施工机械设备的选择。

除考虑施工机械的技术性能、工作效率,工作质量,可靠性及维修难易、能源消耗以及安全、灵活等方面对施工质量的影响与保证外,还应考虑其数量配置对施工质量的影响与保证条件。此外,要注意设备型式应与施工对象的特点及施工质量要求相适应。在选择机械性能参数方面,也要与施工对象特点及质量要求相适应,例如选择起重机械进行吊装施工时,其起重量、起重高度及起重半径均应满足吊装要求。

（2）审查施工机械设备的数量是否足够。

（3）审查所需的施工机械设备,是否按已批准的计划备妥;所准备的机械设备是否与施工组织设计或施工计划中所列者相一致;所准备的施工机械设备是否都处于完好的可用状态等。

二、施工阶段的质量控制方法

(一) 作业技术准备状态的控制

所谓作业技术准备状态,是指各项施工准备工作在正式开展作业技术活动前,是否按预先计划的安排落实到位的状况。作业技术准备状态的控制,应着重抓好以下环节的工作。

1.作业技术交底

承包单位做好技术交底,是取得良好施工质量的条件之一。在每个分项工程施工前,均应做好技术交底,作业技术交底是对项目施工组织计划或施工方案的具体化,是更细致、明确和更加具体的项目技术实施方案,是工序施工或分项工程施工的具体指导文件。为做好技术交底,项目部必须由主管技术人员编制技术交底书,并经项目总工程师批准。技术交底的内容包括施工方法、质量要求和验收标准,施工过程中需注意的问题,可能出现意外的措施及应急方案。没有做好技术交底的工序或分项工程,不得正式实施。

2.进场材料构配件的质量控制

（1）凡运到施工现场的原材料、半成品或构配件,进场前应提交"工程材料、构配件、设备报审表",同时附有产品出厂合格证及技术说明书,由施工承包单位按规定要求进行检验或试验,经审查并确认其质量合格后,方准进场。

（2）进口材料的检查、验收,应会同国家商检部门进行。

（3）材料构配件存放条件的控制,对已经进场的材料也应进行质量控制,防止由于存放保管不良导致材料质量变化,应加强对材料的质量监控。

（4）对于某些当地材料及现场配制的制品，一般要求承包单位事先进行试验，达到要求的标准方准施工。

3.环境状态的控制

1）施工作业环境的控制

所谓作业环境条件，主要是指如水、电或动力供应、施工照明、安全防护设备、施工场地空间条件和通道以及交通运输和道路条件等。这些条件是否良好，直接影响到施工活动能否顺利进行及施工质量的好坏。

2）施工质量管理环境的控制

施工质量管理环境主要是指：施工承包单位的质量管理体系和质量控制自检系统是否处于良好的状态，系统的组织结构、管理制度、检测制度、检测标准、人员配备等方面是否完善和明确，质量责任制是否落实。质量管理环境是保证作业效果的重要前提。

3）现场自然环境条件的控制

施工承包单位对于未来施工期间，自然环境条件可能出现对施工作业质量不利影响的情况，事先要有充分的认识并已做好充足的准备和采取了有效措施与对策以保证工程质量。

（二）作业技术活动运行过程的控制

施工作业过程是由一系列相互联系与制约的作业活动构成的，因此保证作业活动的效果与质量是施工过程质量控制的基础。

1.承包单位自检

承包单位是施工质量的直接实施者和责任者。承包单位必须有一整套的自检系统，具有相应的检测仪器，并配备专职的质检人员。承包单位的自检体系表现在以下几点：

（1）作业活动的作业者在作业结束后必须自检。

（2）不同工序交接、转换必须由相关人员交接检查。

（3）承包单位专职质检员的专检。

2.技术复核工作

技术复核是承包单位应履行的技术工作责任，其复核结果应报送复验确认后，才能进行后续相关的施工。常见的施工测量复核有：

（1）民用建筑的测量复核：建筑物定位测量、基础施工测量、墙体皮数杆检测、楼层轴线检测、楼层间高层传递检测等。

（2）工业建筑测量复核：厂房控制网测量、桩基施工测量、柱模轴线与高程检测、厂房结构安装定位检测、动力设备基础与预埋螺栓检测。

（3）高层建筑测量复核：建筑场地控制测量、基础以上的平面与高程控制、建筑物施工过程中沉降变形观测等。

（4）管线工程测量复核：管网或输配电线路定位测量、地下管线施工检测、架空管线施工检测、多管线交汇点高程检测等。

3.见证取样送检工作

见证取样是指对工程项目使用的材料、半成品、构配件的现场取样及工序活动效果的检查实施见证。为确保工程质量，2011年建设部颁布了《房屋建筑工程与市政基础设施工程实行见证取样与送检的规定》，规定指出，在市政工程及房屋建筑工程项目中，对工程材料、承重结构的混凝土试块、承重墙体的砂浆试块、结构工程的受力钢筋（包括接头）实行见证取样。见证取样的要求：

（1）国务院建设行政主管部门，负责对全国建筑工程与市政工程的见证取样与送检工作进行统一的管理，县以上建设行政主管部门对本行政区内的房屋建筑工程与市政基础设施工程的见证取样与送检工作进行监督管理。

（2）涉及结构安全的试块、试件和材料的见证取样和送检的比例不得低于相关技术标准规定应取样的30%。

（3）承担检测任务的实验室必须有省级以上建设行政主管部门的认证。

（4）规定中指出了必须见证取样和送检的试块、试样和材料。

（5）见证人员必须由建设单位或工程监理单位具备施工与材料检测知识的专业技术人员担任，并由建设单位或工程监理单位书面通知承包单位、检测单位和工程质量监督机构。

（6）见证取样人员应在试样或其包装物上作出标记、标识，并作好送检记录。

（7）检测单位应按照相关管理规定与技术标准进行检测，出具公正、真实、准确、翔实的检测报告。

4.工程变更

（1）承包单位对技术修改要求的处理。

承包单位提出技术修改的要求时，应提交"工程变更单"，在该表中应说明要求修改的内容及原因或理由，并附图和有关文件。

这种变更是指施工期间，对于设计单位在设计图纸和设计文件中所表达的设计标准状态的改变和修改。这种变更一般会涉及设计单位重新出图的问题。如果变更涉及结构主体及安全，该工程变更还要按有关规定报送施工图原审查单位进行审批，否则变更不能实施。

（2）设计单位提出变更的处理。

设计单位首先将"设计变更通知"及有关附件报送建设单位。建设单位会同监理、施工承包单位对设计单位提交的"设计变更通知"进行研究，必要时设计单位尚需提供进一步的资料，以便对变更作出决定。

（3）建设单位（监理工程师）要求变更的处理。

建设单位（监理工程师）将变更的要求通知设计单位，如果在要求中包括有相应的方案或建议，则应一并报送设计单位；否则，变更要求由设计单位研究解决。在提供审查的变更要求中，应列出所有受该变更影响的图纸、文件清单。设计单位对"工程变更单"进行研究。

需要注意的是，在工程施工过程中，无论是建设单位还是施工单位及设计单位提出的工程变更或图纸修改，都应经有关方面研究，确认其必要性后方能生效予以实施。

5.材料管理质量监控

建设工程中，由于不同原材料的级配，配合及拌制后的产品对最终工程质量有重要的影响。因此，要做好相关的质量控制工作。

（1）拌和原材料的质量控制。使用的原材料除本身的质量符合特定的要求外，材料本身的级配也必须符合相关规定。

（2）材料配合比的审查。根据设计要求，承包单位首先进行理论配合比设计，进行试配试验后，确认2~3个能满足要求的理论配合比提交审查。

（3）现场作业的质量控制。检查现场拌和设备与计量装置，投入原材料按配合比试生产，必要时要对材料的配合比作出调整，调整时按技术复核的程序与要求进行。

6.质量记录资料的控制

质量记录是承包单位实施质量活动的记录，详细记录了工程施工阶段质量控制活动的全过程。质量记录资料包括以下三方面的内容：

（1）施工现场质量管理检查记录资料。主要包括承包单位的质量管理制度；主要专业操作工种的上岗证，分包单位的资质及总包单位对分包单位的管理制度；施工组织设计，施工方案及审批记录，工程质量检测制度，现场材料的现场存放与管理制度。

（2）工程材料质量记录。主要有各种材料、半成品、构配件的质量证明材料，各种合格证，材料的复试报告，设备进场维修记录及运行记录。

（3）施工过程作业活动质量记录资料。主要有各检验批、分项工程、分部工程、单位工程的质量活动记录。施工或安装过程可按分项、分部、单位工程建立相应的质量记录资料。施工质量记录资料应真实、齐全、完整，相关各方人员的签字齐备、字迹清楚、结论明确，与施工过程的进展同步。

（三）施工过程的控制

1.基槽（基坑）验收

基槽开挖质量验收主要涉及地基承载力的检查确认，地质条件的检查确认，开挖边坡的稳定及支护状况的检查确认。由于部位的重要，基槽开挖验收均要有勘察设计单位的有关人员参加，并请当地或主管质量监督部门参加，经现场检查，测试（或平行检测）确认其地基承载力是否达到设计要求，地质条件是否与设计相符。

2.隐蔽工程验收

隐蔽工程验收是指将被其后续工程施工所隐蔽的分项、分部工程，在隐蔽前所进行的检查验收。它是对一些已完分项、分部工程质量的最后一道检查，由于检查对象就要被其他工程覆盖，给以后的检查整改造成障碍，是建筑工程施工质量控制的重点。

1）工作程序

隐蔽前施工→隐蔽工程准备→通知监理/甲方检查→隐蔽前相关试验→试验合格（不合格退回上一步）→办理隐蔽工程合格签证→隐蔽→完成。

2）隐蔽工程检查验收的质量控制要点

（1）桩基工程。

①桩基轴线及样桩放线定位及复核记录；

②打（压）桩施工记录、灌注桩成桩施工记录；

③预制桩接桩、灌注桩钻孔、清孔、钢筋笼制作、吊放、混凝土灌注；

④桩位轴线偏差和标高验收记录（若桩顶标高与施工现场场地标高相同，应在桩基工程施工结束后进行）。

（2）基础工程。

①轴线：施工单位填报施工测量报验单（报验申请单），附施工测量放线复核单。

②挖土（包括设计标高、暗浜、地质、基槽宽度、长度、放坡、坡度）：施工单位填报地基验槽记录。

③垫层（包括标高、长度、厚度、宽度、混凝土强度等级）。

④底板钢筋（包括品种、规格、数量、搭接长度、箍筋间距、保护层厚度、预埋件数量位置）。

⑤混凝土（包括断面尺寸，标高，是否有蜂窝、麻面、露筋，混凝土强度等级）：混凝土级配单。

⑥基础墙（包括标高、大放脚尺寸、砌筑砂浆强度）：砂浆级配单。

⑦防潮层钢筋(包括数量、规格、品种、搭接长度)。

⑧架空板安装(包括楼板型号、下底板的离缝、搁置长度、硬找平、软坐灰,架空板锚固筋数量、规格、长度)。

(3)主体工程。

①轴线及放样(每一层)。

②柱、梁、楼梯、板钢筋(包括数量、规格、品种、搭接长度、焊接情况、保护层厚度、箍筋间距、预埋件等)。

③雨篷、阳台、空调板等悬臂部位钢筋。

④混凝土(包括表面质量、强度等级)。

⑤墙体砌筑(包括柱与墙拉结筋数量、规格及设置情况)。

⑥屋顶水箱钢筋(包括数量、规格、品种、搭接长度)。

⑦女儿墙压顶钢筋(包括数量、规格)。

(4)建筑装饰装修工程。

①抹灰工程:抹灰厚度大于或等于 35 mm 时的加强措施,不同材料基体交接处的加强措施。

②门窗工程:预埋件和锚固件,隐蔽部位的防腐、填嵌处理。

③吊顶工程:木龙骨防火、防腐处理,预埋件或拉结筋,吊杆安装,龙骨安装,填充材料设置。

④轻质隔墙工程:木龙骨防火、防腐处理,预埋件或拉结筋,龙骨安装,填充材料的设置。

⑤饰面板(砖)工程:预埋件(后置埋件),连接节点,防水层。

⑥幕墙工程:预埋件(或后置埋件),构件的连接节点,变形缝及墙面转角处的构造节点,幕墙防雷装置,幕墙防火构造。

⑦细部工程:预埋件(或后置埋件),护栏与预埋件的连接节点。

⑧楼地面工程:各构造层均须作隐蔽工程验收,变形缝的处理。

(5)屋面工程。

①卷材、涂膜防水层的基层;

②密封防水处理部位;

③天沟、檐沟、泛水和变形缝等细部做法;

④卷材、涂膜防水层的搭接宽度和附加层;

⑤刚性保护层与卷材、涂膜防水层之间的隔离层。

3.检验批、分项工程、分部工程的验收

检验批(分项工程、分部工程)完成后,承包单位应自行检查验收,确认符合设计文件和相关验收规范的规定后,提交申请,予以检查、确认。

4.单位工程或整个工程项目的竣工验收

在一个单位工程完工后或整个工程项目完成后,施工承包单位应先进行竣工自检,自检合格后,向项目监理机构提交《工程竣工报验单》,总监理工程师组织专业监理工程师进行竣工初验,验收合格后,参加由建设单位组织的正式竣工验收。

5.不合格的处理

上道工序不合格,不准进入下道工序施工,不合格的材料、构配件、半成品不准进入施工现场且不允许使用,已经进场的不合格品应及时作出标识、记录,指定专人看管,避免用错,并限期清除出现场;不合格的工序或工程产品,不予计价。

6.成品保护

成品保护一般是指在施工过程中,有些分项工程已经完成,而其他一些分项工程尚在施工;或者是在其分项工程施工过程中,某些部位已完成,而其他部位正在施工。成品保护的一般措施有:防护、包裹、覆盖、封闭、合理安排施工顺序等。

三、设置施工质量控制点的原则和方法

(一)质量控制点设置的原则

1.质量控制点的概念

质量控制点是指为了保证作业过程质量而确定的重点控制对象、关键部位或薄弱环节。承包单位在工程施工前应根据施工过程质量控制的要求,列出质量控制点明细表,在此基础上实施质量预控。

2.选择质量控制点的一般原则

应当选择那些质量难度大的、对质量影响大的或者是发生质量问题时危害大的对象作为质量控制点。

(1)施工过程中的关键工序或环节以及隐蔽工程。

(2)施工中的薄弱环节,或质量不稳定的工序、部位或对象。

(3)对后续工程施工或对后续工序质量或安全有重大影响的工序、部位或对象。

(4)采用新技术、新工艺、新材料的部位或环节。

(5)施工上无足够把握的、施工条件困难的或技术难度大的工序或环节。

(二)施工质量控制点设置的方法

1.质量控制中的见证点和停止点

见证点和停止点是国际上对于重要程度不同及监控要求不同的质量控制对象的一种区分方式。它们都是质量控制点,只是它们的重要性或其质量后果影响程度有所不同,因此在实施监控过程时的运作程序和控制要求有区别。工程质量控制点的设置位置见表4-1。

1)见证点

见证点也称"截留点",凡是被列为见证点的质量控制对象,在规定的关键工序(控制点)施工前,施工单位应提前通知相关人员在约定的时间内到达现场进行见证。如果相关人员未能在约定的时间内到达现场进行见证,施工单位有权进行该见证点的工序操作和施工。

表 4-1　工程质量控制点的设置位置

分项工程	质量控制点
工程测量定位	标准轴线桩、水平桩、龙门板、定位轴线、标高
地基、基础	基坑尺寸、标高、土质、地基承载力、基础垫层标高、基础位置、尺寸、标高,预留洞口、预埋件位置、规格、数量、基础标高、杯底弹线
砌体	砌体轴线、皮数杆、砂浆配合比、预留空洞、预埋件位置、数量、砌块排列
模板	位置、尺寸、标高、预埋件位置、预留空洞尺寸、位置、模板强度及稳定性、模板内部的清理及润湿情况
钢筋混凝土	水泥品种、强度等级、砂石质量、混凝土配合比、外加剂比例、混凝土振捣、钢筋的品种、规格、尺寸、搭接长度、钢筋焊接、预留空洞、预埋件规格、数量、尺寸、位置、预制构件吊装与出场的强度、吊装位置、标高、支撑长度、焊缝长度等
吊装	吊装设备的起重能力、吊具、锁具、地锚
钢结构	翻样图、放大样
焊接	焊接条件、焊接工艺
装修	视具体情况定

2) 停止点

停止点也称"待检点",是重要性高于见证点的质量控制点。凡是列为"停止点"的控制对象,要求必须在规定的控制点到来之前通知相关人员对控制点进行实时监控,如果相关人员未能在约定时间内到达现场,施工单位应停止进入该停止点的工序,并按合同规定等待,未经认可不能越过该点继续活动。

2. 质量控制点重点控制的对象

1) 人的行为

某些工序或操作重点应控制人的行为,避免人的失误造成质量问题。如对高空作业、水下作业、危险作业、易燃易爆作业、重型构件吊装或多机抬吊,动作复杂而快速运转的机械操作,精密度和操作要求高的工序,技术难度大的工序等,都应从人的生理缺陷、心理活动、技术能力、思想素质等方面对操作者全面进行考核。事前还必须反复交底,提醒注意事项,以免产生错误行为和违纪违章现象。

2) 物的状态

在某些工序或操作中,则应以物的状态作为控制的重点。如加工精度与施工机具有关,计量不准与计量设备、仪表有关,危险源与失稳、倾覆、腐蚀、毒气、振动、冲击、火花、爆炸等有关,也与立体交叉、多工种密集作业场所有关等。也就是说,根据不同工序的特点,有的应以控制机具设备为重点,有的应以防止失稳、倾覆、过热、腐蚀等危险源为重点,有的则应以作业场所作为控制的重点。

3) 材料的质量与性能

材料的质量与性能是直接影响工程质量的主要因素;尤其是某些工序,更应将材料质量和性能作为控制的重点。如预应力筋加工,就要求钢筋匀质、弹性模量一致,含硫(S)量和含磷(P)量不能过大,以免产生热脆和冷脆,用作预应力筋时,应尽量避免对焊接头,焊后要进行通电热处理;又如,石油沥青卷材,只能用石油沥青冷底子油和石油沥青胶铺贴,不能用焦油沥青冷底子油或焦油沥青胶铺贴,否则,就会影响质量。

4)关键的操作

如预应力筋张拉,在张拉程序时,要进行超张拉和持荷 2 min。超张拉的目的是减少混凝土弹性压缩和徐变,减少钢筋的松弛、孔道摩阻力、锚具变形等原因所引起的应力损失;持荷 2 min 的目的是加速钢筋松弛的早发展,减少钢筋松弛的应力损失。在操作中,如果不进行超张拉和持荷 2 min,就不能可靠地建立预应力值;若张拉应力控制不准,过大或过小,亦不可能可靠地建立预应力值,这均会严重影响预应力构件的质量。

5)施工技术参数

有些技术参数与质量密切相关,亦必须严格控制。如外加剂的掺量,混凝土的水灰比,沥青胶的耐热度,回填土、三合土的最佳含水率,灰缝的饱满度,防水混凝土的抗渗等级等,都将直接影响强度、密实度、抗渗性和耐冻性,亦应作为工序质量控制点。

6)施工顺序

有些工序或操作,必须严格控制相互之间的先后顺序。如冷拉钢筋,一定要先对焊后冷拉,否则就会失去冷强。屋架的固定,一定要采取对角同时施焊,以免焊接应力使已校正好的屋架发生倾斜。

7)技术间歇

有些工序之间的技术间歇时间性很强,如不严格控制亦会影响质量。如分层浇筑混凝土,必须待下层混凝土未初凝时将上层混凝土浇完,卷材防水屋面,必须待找平层干燥后才能刷冷底子油,待冷底子油干燥后,才能铺贴卷材。砖墙砌筑后,一定要有 6～10 d 的时间让墙体充分沉陷、稳定、干燥,然后才能抹灰,抹灰层干燥后,才能喷白、刷浆等。

8)易发生或常见的施工质量通病

常见的质量通病,如渗水、漏水、起壳、起砂、裂缝等,都与工序操作有关,均应事先研究对策,提出预防措施。

9)新工艺、新技术、新材料的应用

当新工艺、新技术、新材料虽已通过鉴定、试验,但施工操作人员缺乏经验,又是初次进行施工时,也必须对其工序操作作为重点严加控制。

10)产品质量不稳定、不合格率较高及易发生质量通病的工序

产品质量不稳定、不合格率较高及易发生质量通病的工序应列为重点,仔细分析、严格控制。

11)易对工程质量产生重大影响的施工方法

通过质量数据统计,表明质量波动、不合格率较高的工序,也应作为质量控制点设置。施工工法中对质量产生重大影响问题,如升板法施工中提升差的控制问题;预防群柱失稳问题;液压滑模施工中支承杆失稳问题;混凝土被拉裂和坍塌问题;建筑物倾斜和扭转问题;大模板施工中模板的稳定和组装问题等,均是质量控制的重点。

12)特殊地基或特种结构

对于湿陷性黄土、膨胀土、红黏土等特殊土地基的处理,以及大跨度结构、高耸结构等技术难度较大的施工环节和重要部位,更应特别控制。

总之,质量控制点的选择要准确、有效。一方面需要由有经验的工程技术人员来进行选择,另一方面也要集思广益,由有关人员充分讨论,在此基础上进行选择。选择时要根据对重要的质量特性进行重点控制的要求,选择质量控制的重点部位、重点工序和重点的质量因素作为质量控制点,进行重点预控和控制,这是进行质量控制的有效方法。

本章小结

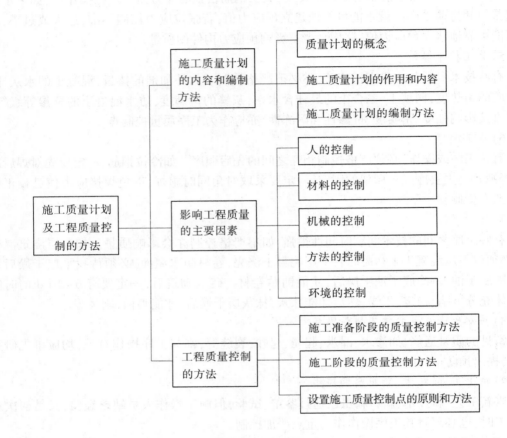

第五章 工程施工质量验收

【学习目标】
- 掌握工程质量验收的基本规定
- 掌握工程施工质量评定
- 掌握工程项目的试运行和竣工验收
- 掌握施工质量验收的资料
- 掌握工程项目的交接与回访保养

第一节 工程质量验收的基本规定

《建筑工程施工质量验收统一标准》(GB 50300—2013)共给出 17 个术语,这些术语对规范有关工程施工质量验收活动中的用语,加深对标准条文的理解,贯彻执行标准是十分必要的。下面是几个较重要的质量验收的相关术语。

(1)验收。

验收指建筑工程在施工单位自行质量检查评定的基础上,参与建设活动的有关单位共同对检验批、分项工程、分部工程、单位工程的质量进行抽样复检,根据相关标准以书面形式对工程质量达到合格与否作出确认。

(2)进场检验。

进场检验指对进入施工现场的材料、构配件、设备等按相关标准规定进行检验,对产品达到合格与否作出确认。

(3)检验批。

检验批指按同一生产条件或按规定的方式汇总起来供检验用,用一定数量样本组成的检验体。检验批是施工质量检验的最小单位,是分项工程乃至整个建筑工程质量验收的基础。

(4)检验。

检验指对检验项目中的性能进行量测、检查、试验等,并将结果与标准规定进行比较,以确定每项性能是否合格所进行的活动。

(5)主控项目。

主控项目指建筑工程中的对安全、卫生、环境保护和公众利益起决定性作用的检验项目。例如,混凝土结构工程中,"钢筋安装时,受力钢筋的品种、级别、规格和数量必须符合设计要求","纵向受力钢筋连接方式应符合设计要求","安装现浇结构的上层模板及其支架时,下层模板应具有承受上层荷载的承裁能力"等都是主控项目。

(6)一般项目。

除主控项目外的项目都是一般项目。例如,混凝土结构工程中,除主控项目外,"钢筋的接头宜设置在受力较小处,同一纵向受力钢筋不宜设置两个或两个以上接头,接头末端至钢筋弯起点的距离不应小于钢筋直径的 10 倍"，"钢筋应平直、无损伤，表面不得有裂纹、油污、颗粒状或片状老锈"，"施工缝的位置应在混凝土的浇筑前按设计要求和施工技术方案确定"等都是一般项目。

（7）观感质量。

观感质量指通过观察和必要的量测所反映的工程外在质量。

（8）返修。

返修指对工程不符合标准规定的部位采取整修等措施。

（9）返工。

返工指对不合格的工程部位采取的重新制作、重新施工等措施。

一、质量验收的基本规定

在工程施工现场质量管理应有相应的施工技术标准，健全的质量管理体系、施工质量检验制度和综合施工质量水平评定考核制度。

建筑工程应按下列规定进行施工质量控制：

（1）建筑工程采用的主要材料、半成品、成品、建筑构配件、器具和设备应进行现场验收。凡涉及安全、功能的有关产品，应按各专业工程质量验收规范规定进行复验，并应检查认可。

（2）各工序应按施工技术标准进行质量控制，每道工序完成后，应进行检查。

（3）相关各专业工种之间，应进行交接检验，并形成记录。未经检查认可，不得进行下道工序的施工。

建筑工程施工质量应按照以下标准验收：

（1）建筑工程施工质量应符合《建筑工程施工质量验收统一标准》（GB 50300—2001）和相关专业验收规范的规定。

（2）建筑工程施工应符合工程勘测设计文件的要求。

（3）参加工程施工质量验收的各方人员应具备规定的资格。

（4）工程质量的验收均应在施工单位自行检查评定的基础上进行验收。

（5）隐蔽工程在隐蔽前应由施工单位通知有关单位进行验收，并形成验收文件。

（6）涉及结构安全的试块试件以及有关材料，应按照规定进行见证取样检测。

（7）检验批的质量应按照主控项目和一般项目验收。

（8）对涉及结构安全和使用功能的重要分部工程应进行抽样检测。

（9）承担见证取样检测及有关结构安全检测的单位应具有相应资质。

（10）工程的观感质量应由检验人员通过现场检查，并应共同确认。

二、工程质量验收的划分

（一）划分的基本要求

1.施工质量验收层次划分的目的

验收层次的划分是质量控制的重要环节，合理划分建筑工程施工质量验收层次是非常必要的。特别是不同工程的验收批如何确定，将直接影响到质量验收工作的科学性、经济性和实用性及可行性。因此，有必要建立统一的工程施工质量验收的层次划分。通过验收批、中间验收层和最终验收单位的确定,实施对工程施工质量的过程控制和终端把关,确保工程施工质量和工程项目决策阶段所确定的质量目标和水平。

2.施工质量验收划分的层次

随着社会经济的发展和施工技术的进步,现代工程建设呈现出建设规模不断扩大、复杂程度高等特点。近年来,出现了大量建筑规模较大的单体工程和具有综合使用功能的综合性建筑物。由于这些工程建设周期较长,工程建设中可能会出现建设资金不足,部分工程停、缓建,已建成部分提前使用或先将其中部分提前建成使用等情况。因此,标准规定,可将此类工程划分为若干个子单位(项)工程进行验收。同时,为了更好地评价工程质量和验收,考虑到建筑物内部设施的多样化,按建筑物的主要部位划分分部工程已不适应当前的要求。因此,在分部工程中,按相近工作内容和系统划分为若干个子分部工程。每个子分部工程中包括若干个分项工程。每个分项工程中包含若干检验批,检验批是工程施工质量验收的最小单位。

(二)建筑工程的质量验收的划分

建筑工程的质量验收划分为单位(子单位)工程、分部(子分部)工程、分项(子分项)工程和检验批。

1.单位(子单位)工程的划分

单位工程的划分应按照下列规定和原则确定:

(1)具备独立施工条件的并能形成独立使用功能的建筑物及构筑物为一个单位工程。例如,一栋住宅楼、某学校的一栋教学楼等都可以划分为一个单位工程。

(2)建设规模较大的单位工程,可以将其能形成独立使用功能的部分划分为一个子单位工程。例如,一栋高层商住楼,由于施工工期较长,可以将1~3层商场划分为一个子单位工程,3层以上住宅划分为另一个子单位工程。

(3)室外工程可根据专业类别和工程规模划分为单位(子单位)工程。

2.分部(子分部)工程的划分

分部工程的划分应按照下列原则确定:

(1)分部工程的划分应按照专业性质、建筑部位确定。

(2)当分部工程较大或较复杂时,可以按照材料种类、施工特点、施工程序、专业系统及类别等划分为若干个子分部工程。

例如,对于某大型商场这个建筑物,根据分部工程划分原则,可以将主楼(建筑部分)划分为四个分部工程:地基与基础分部工程、主体结构分部工程、建筑装饰装修分部工程、建筑屋面分部工程。建筑安装工程可以划分为建筑给水排水及采暖、建筑电气、智能建筑、通风与空调、电梯等五个分部工程。当分部工程较大或较复杂时,可按施工程序、专业系统及类别等划分为若干个子分部工程。如智能建筑分部工程中就包含了火灾及报警消防联动系统、安全防范系统、综合布线系统、智能化集成系统、电源与接地、环境、住宅(小区)智能化系统等子分部工程。

3.分项(子分项)工程的划分

分项工程应按照主要工种、材料、施工工艺、设备类别等进行划分。如混凝土结构工程中按主要工种分为模板工程、钢筋工程、混凝土工程等分项工程,按施工工艺又分为预应力、现浇结构、装配式结构等分项工程。

例如,一个砖混结构房屋,其分项工程有钢筋工程、混凝土工程、砌筑工程、模板工程、卷材防水层工程、一般抹灰工程、油漆工程等,因多层及高层房屋是分层施工的,其主体分部工程必须按楼层(段)划分分项工程。一般,在砖混结构多层房屋工程中,每栋楼的同工种工程应划分为一个分项工程,每一层再划分为各检验批。

建筑工程分部(子分部)工程、分项工程的具体划分见表5-1。

表 5-1　建筑工程各分部、分项工程名称

序号	分部工程	子分部工程	分项工程名称
1	地基与基础	无支护土方	土方开挖、土方回填
		有支护土方	排桩、降水、排水、地下连续墙、锚杆、土钉墙、水泥土桩、沉井与沉箱、钢及混凝土支撑
		地基与基础处理	灰土地基、砂和砂石地基、碎石砖三合土地基、重锤夯实地基、强夯地基、打(压)桩、灌注桩、地下连续墙、沉井与沉箱、防水混凝土结构、水泥砂浆防水层、卷材防水层、构件安装、预应力钢筋混凝土、砌砖、砌石
		桩基础	锚杆静压桩及静力压桩、预应力离心管桩、钢筋混凝土预制桩、钢桩、混凝土灌注桩(成孔、下放钢筋笼、清孔、水下混凝土灌注)
		地下防水	防水混凝土,水泥砂浆防水层,卷材防水层,涂料防水层,金属防水层,塑料板防水层,细部构造,喷锚支护,复合式衬砌,地下连续墙,盾构法隧道,排渗水、盲沟排水、隧道、坑道排水;预注浆,后注浆,衬砌裂缝注浆
		混凝土基础	模板、钢筋、混凝土、后浇带混凝土、混凝土结构缝处理
		砌体基础	砖砌体、混凝土砌块砌体、配筋砌体、石砌体
		劲钢(管)混凝土	劲钢(管)焊接、螺栓连接、劲钢(管)与钢筋的连接、劲钢(管)制作、安装、混凝土
		钢结构	焊接钢结构,螺栓钢结构,钢结构制作,钢结构安装,钢结构涂装
2	主体结构	混凝土结构	模板、钢筋、混凝土、预应力、现浇结构、装配式结构
		劲钢(管)混凝土	劲钢(管)焊接、螺栓连接、劲钢(管)与钢筋的连接、劲钢(管)制作、安装、混凝土
		砌体结构	砖砌体,混凝土小型空心砌块砌体,石砌体,填充墙砌体,配筋砖砌体
		钢结构	钢结构焊接,紧固件连接,钢零件加工,单层钢结构安装,多层级高层钢结构安装,钢结构涂装,钢构件组装,钢构件预拼装,钢网架安装,压型金属板
		木结构	方木和原木结构,胶合木结构,轻型木结构,木构件防护
		网架和索膜结构	网架制作,网架安装,索膜安装,网架防火,防腐涂料

序号	分部工程	子分部工程		分项工程名称
3	建筑装饰装修	地面	整体面层	基层:基土、灰土垫层、砂垫层和砂石垫层、碎石垫层和碎砖垫层、三合土垫层、炉渣垫层、水泥混凝土垫层、找平层、隔离层、填充层
				面层:水泥混凝土面层、水泥砂浆面层、水磨石面层、水泥钢屑面层、防油渗面层、不发火(防爆)面层
			板块面层	基层:基土、灰土垫层、砂垫层和砂石垫层、碎石垫层和碎砖垫层、三合土垫层、炉渣垫层、水泥混凝土垫层、找平层、隔离层、填充层
				面层:砖面层(陶瓷锦砖、缸砖、陶瓷地砖和水泥花砖面层)、大理石面层和花岗岩面层、预制板块面层(水泥混凝土板块、水磨石板块面层)、料石面层(条石、块石面层)、塑料板面层、活动地板面层、地毯面层
			木、竹面层	基层:基土、灰土垫层、砂垫层和砂石垫层、碎石垫层和碎砖垫层、三合土垫层、炉渣垫层、水泥混凝土垫层、找平层、隔离层、填充层
				面层:实木地板面层(条材、块材面层)、实木复合地板(条材、块材面层)、中密度(强化)复合地板面层、条材面层、竹地板面层
		抹灰		一般抹灰、装饰抹灰、清水砌体勾缝
		门窗		木门窗制作与安装、金属门窗安装、塑料门窗安装、特种门安装、门窗玻璃安装
		吊顶		暗龙骨吊顶、明龙骨吊顶
		轻质隔墙		板材隔墙、骨架隔墙、活动隔墙、玻璃隔墙
		饰面板(砖)		饰面板(砖)、饰面砖粘贴
		幕墙		玻璃幕墙、金属幕墙、石材幕墙
		涂饰		水性涂料装饰、溶剂型涂饰、美术涂饰
		裱糊与软包		裱糊、软包
		细部		橱柜制作与安装、窗帘盒、窗台板和暖气罩制作与安装、护栏与扶手制作与安装、花饰制作与安装
4	建筑屋面	卷材防水屋面		保温层、找平层、卷材防水层、细部构造
		涂膜防水屋面		保温层、找平层、涂膜防水层、细部构造
		刚性防水屋面		细石混凝土防水层、密封材料嵌缝、细部构造
		瓦屋面		平瓦屋面、油毡瓦屋面、金属板屋面、细部构造
		隔热屋面		架空屋面、蓄水屋面、种植屋面

4.检验批的划分

分项工程可由一个或若干个检验批组成,检验批可根据施工及质量控制和专业验收需要按楼层、施工段、变形缝等进行划分。建筑工程的地基基础分部工程中的分项工程一般划分为一个检验批;有地下层的基础工程可按不同地下层划分检验批;屋面分部工程中的分项工程不同楼层面可划分为不同的检验批;单层建筑工程中的分项工程可按变形缝等划分检验批,多层及高层建筑工程中主体分部的分项工程可按楼层或施工段来划分检验批;其他分部工程中的分项工程一般按楼层划分检验批;对工程量较少的分项工程可统一划分为一个检验批。安装工程一般按一个设计系统或组别划分为一个检验批。室外工程统一划分为一个检验批。散水、台阶、明沟等含在地面检验批中。

三、工程质量验收程序和组织

(一)工程质量验收应具备的条件

(1)完成建设工程设计和合同约定的各项内容。

(2)有完整的技术档案和施工管理资料。

(3)有工程使用的主要建筑材料、建筑构配件和设备的进场试验报告。

(4)有勘察、设计、工程监理等单位分别签署的质量合格文件。

(5)有施工单位签署的工程质量保修书。

(6)建设行政主管部门及其委托的建设工程质量监督机构等有关部门要求整改的质量问题全部整改完毕。

(二)工程质量验收的组织

(1)检验批和分项工程应该由监理工程师(建设单位项目技术负责人)组织施工单位项目专业质量(技术)负责人等进行验收。

(2)分部工程应该由总监理工程师(建设单位项目负责人)组织施工单位项目负责人和技术、质量负责人等进行验收。地基与基础、主体结构分部工程组织勘察、设计单位项目负责人和施工单位技术及质量负责人等进行验收。

(3)单位工程完工后,施工单位应自行组织有关人员进行检查评定,并向建设单位提交工程验收报告。

(4)建设单位接到工程验收报告后,应由建设单位项目负责人组织施工(含分包)、设计、监理等单位负责人进行单位工程验收。

(5)单位工程有分包单位施工时,分包单位对所承包的工程项目应按标准规定的程序检查评定,总承包单位应派人参加。分包工程完成后,应将工程的有关资料交总承包单位。

(6)当参加验收各方对工程质量验收意见不一致时,可请当地建设行政主管部门或工程质量监督机构协调处理。

(7)单位工程质量验收合格后,建设单位应在规定的时间内将竣工报告和有关文件,报建设行政管理部门备案。

(三)工程项目竣工验收程序

1.竣工初验

当单位工程完工并达到竣工验收条件后,施工单位先进行自查自检,自查合格后向监理单位提交"验收申请报告"。负责该项工程的总监理工程师应组织各专业监理工程师对竣工验收资料及各专业工程的质量情况进行初检,对竣工资料进行审查,对工程实体质量进行逐项检查,确认是否已完成工程设计和合同约定的各项内容,是否达到竣工标准,对存在的问题,应及时要求施工单位进行整改。当确认工程质量符合法律法规和工程建设强制性标准规定,符合设计文件和合同要求后,监理单位应按有关规定在施工单位的质量验收记录和试验、检测资料上签字认可,并签署质量评估报告,提交建设单位。监理单位签字确认后,由施工单位填写"工程竣工质量验收报告"(见表5-2),上报建设单位。

表 5-2 工程竣工质量验收报告

单位工程名称			
建筑面积		结构类型、层数	
施工单位名称			
施工单位地址			
施工单位邮编		联系电话	

质量验收意见(应包含下述参考内容):	
填写要求: 1.施工单位质量责任行为履行情况; 2.本工程是否已按要求完成工程设计和合同约定的各项内容; 3.在施工过程中,执行强制性标准和强制性条文的情况; 4.施工过程中对监理提出的要求整改的质量问题是否确已整改,并得到监理单位认可; 5.工程完工后,企业自查是否确认工程达到竣工标准,满足结构安全和使用功能要求; 6.工程质量保证资料(包括检测报告的功能试验资料)基本齐全且已按要求装订成册; 7.建筑物沉降观测结果和倾斜率情况; 8.其他需说明情况。	
项目经理: 　　　　　　　　　　　　　　年　　　月　　　日	施工单位公章
企业负责人: (质量科长) 　　　　　　　　　　　　　　年　　　月　　　日	
企业技术负责人: (总工程师) 　　　　　　　　　　　　　　年　　　月　　　日	
企业法人代表: 　　　　　　　　　　　　　　年　　　月　　　日	

2.竣工正式验收

建设单位负责项目竣工验收,质量监督机构对项目竣工验收实施监督。当建设单位受到勘察、设计、施工、监理等质量合格证明,即"施工单位工程竣工验收质量报告"、"勘察、设计单位工程竣工质量检查报告",工程具备竣工条件后,组织成立竣工验收小组,制订验收方案,向质量监督机构提交"建设单位竣工验收通知单",质量监督机构审查验收组成员资质、验收内容、竣工验收条件,合格后建设单位向质量监督机构申领"建设工程竣工验收备案表"及"建设工程竣工验收报告",确定竣工验收时间。

为保证竣工验收工作顺利进行,通常按图 5-1 所示的程序来进行竣工验收。

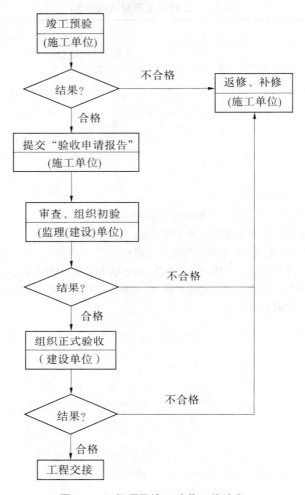

图 5-1　工程项目竣工验收工作流程

由建设单位负责组织竣工验收小组。竣工验收小组组长由建设单位法人代表或其委托的负责人担任。成员由建设单位该项目负责人、现场管理人员及勘察、设计、施工、监理单位成员组成,也可邀请有关专家参加验收小组。验收小组中土建及水电安装专业人员应配备齐全。竣工验收的实施如下:

(1)由竣工验收组组长主持竣工验收。

(2)建设、施工、监理、勘察、设计单位分别书面汇报工程项目建设质量状况、合同履约及执行国家法律法规和工程建设强制性标准情况。

(3)验收内容分为三部分,分别验收:①实地查验工程实体质量情况;②检查施工单位提供的竣工验收档案资料;③对建筑的使用功能进行抽查、试验。

(4)对竣工验收情况进行汇总讨论,并听取质量监督机构对该工程质量监督情况。

(5)形成竣工验收意见,填写"单位(子单位)工程质量竣工验收记录"中的综合验收结论,填写"工程竣工验收备案表"和"建设工程竣工验收报告",验收小组人员分别签字,建设单位盖章。

(6)当竣工验收过程中发现严重问题,达不到竣工验收标准时,验收小组应责成施工单位立即整改,并宣布本次竣工无效,重新确定时间组织竣工验收。

(7)当竣工验收过程中发现一般需要整改的质量问题,验收小组可形成初步意见,填写有关表格,有关人员签字,但整改完毕并经建设单位复查合格后,需加盖建设单位公章。

(8)在竣工验收时,对某些剩余工程和缺陷工程,在不影响交付使用的前提下,经建设单位、设计单位、施工单位和监理单位协商,施工单位在竣工验收的限定时间内完成。

(9)建设单位竣工验收结论必须明确是否符合国家质量标准,是否同意使用。

参加验收各方对工程质量验收意见不一致时,可请当地建设行政主管部门或工程质量监督机构协商处理。

第二节　工程施工质量评定

为了提高工程项目的施工质量水平,保证工程质量符合设计和合同的规定及要求,同时为了衡量施工单位的施工质量水平,全面评价工程的施工质量,在工程项目施工完成后,应按照有关的标准和规定,对工程质量进行评定。

工程质量评定可根据以下条款来执行:

(1)国家和部门颁发的工程质量等级评定标准。

(2)国家和部门颁发的工程项目验收规程。

(3)有关部门颁发的施工规范、规程,施工操作规程。

(4)工程承包合同中有关质量的规定和要求。

(5)工程的设计文件、设计变更与修改文件、设计变更通知书。

(6)施工组织设计、施工技术措施、施工说明书等文件。

(7)设备制造厂家的产品说明书、安装说明书和有关的技术规定。

(8)原材料、成品、半成品、构配件的质量验收标准。

此外,在工程质量评定中,通常将参与检验评定的施工项目(或施工内容)分为三类,即保证项目、基本项目和允许偏差项目。

首先,保证项目是涉及结构安全或重要使用性能的分项工程,它们应全部满足标准规定的要求,在质量评定标准条文中用"必须"或"严禁"等用词表示的施工项目。

保证项目中主要包括以下三方面内容:

(1)重要材料、成品、半成品及附件,检查出厂合格证明及试验数据。

(2)结构的强度、刚度、稳定性等数据,检查试验报告。

(3)工程进行中和完毕后必须进行检验,现场抽查或检查测试记录。

其次,基本项目对结构的使用要求、使用功能、美观等都有较大影响,必须通过抽样检查来确定能否合格,是否达到优良标准。在质量评定标准条文中用"应"或"不应"用词表示的施工项目(或施工内容)。在质量评定中,基本项目的重要性仅次于保证项目。

最后,允许偏差项目是结合对结构性能或使用功能、观感等的影响程度,根据一般操作水平允许有一定偏差,保持偏差值在规定范围内的施工项目(或施工内容)。

允许偏差值有以下几种情况:

(1)有"正"、"负"要求的数值。

(2)要求大于或小于某一数值。

(3)要求在一定范围内的数值。

(4)采用相对比值表示偏差值。

在一般工业与民用建筑工程中,一个工程项目通常可划分为几个单位工程,每一个单位工程又可划分为几个分部工程,每一个分部工程又划分为几个分项工程,工程项目的最小单位为分项工程。

工程项目的质量评定是以工程项目的最小单位为基础来进行评定的,所以在一般工业与民用建筑工程中工程项目的质量评定以分项工程为基本评定单位。

一、分项工程质量评定

(一)质量等级评定标准

1.合格标准

(1)保证项目必须符合相应质量检验评定标准的规定。

(2)基本项目抽检处(件)的质量应符合相应质量检验评定标准的合格规定。

(3)允许偏差项目抽检的点数中,建筑工程有70%及其以上,建筑设备安装工程有80%及其以上实测值应在相应质量检验评定标准的允许偏差范围内。

2.优良标准

(1)保证项目必须符合相应质量检验评定标准的规定。

(2)基本项目每项抽检处(件)应符合相应质量检验评定标准的合格规定,其中有50%及其以上处(件)符合优良规定,该项即为优良,也就是说,优良项数占检验项数的50%及其以上,该检查项目即为优良。

(3)允许偏差项目抽检的点数中,有90%及其以上的实测值应在相应质量检验评定标准的允许偏差范围内。

(二)不合格分项工程经返工处理后质量等级的确定

(1)返工重做(全部或局部返工重做)的分项工程,可重新评定其质量等级,可以评定为合格,也可评定为优良。重新评定质量等级时,要对该分项工程按标准规定,重新抽样、选点、检查和评定。

(2)经加固补强和经法定检测单位鉴定能够达到设计要求的,其质量等级只能评为合格,不能评为优良。

①经加固补强能够达到设计要求,是指加固补强后,未造成改变外形尺寸或未造成永久性缺陷,补强后再次检测其质量达到设计要求。

②经法定检测单位鉴定能够达到设计要求,是指请国家或地方认定批准的检测单位对工程进行检验测试,其测试结果证明能够达到设计要求。

(3)经法定检测单位鉴定,工程质量未达到设计要求,但经过设计单位鉴定认可,能满足结构安全和使用功能要求,可不加固补强的,或经加固补强改变了外形尺寸或造成永久性缺陷的,其分项工程质量等级可评定为合格,其所在分部工程的质量不能评为优良。

①经法定检测单位鉴定,工程质量虽未达到设计要求,但经过设计单位验算尚可满足结构安全和使用功能要求,而勿须加固补强的分项工程。

②出现一些未达到设计要求的工程,经过验算满足不了结构安全和使用功能,需要进行加固补强,但加固补强后改变了外形尺寸或造成永久缺陷的分项工程。

二、分部工程质量评定

分部工程的质量等级评定标准如下所示:

(1)合格标准。所含分项工程的质量全部合格。

(2)优良标准。所含分项工程的质量全部合格,其中有50%及其以上为优良(建筑设备安装工程中必须含指定的主要分项工程)。

三、单位工程质量评定

单位工程的质量等级评定标准如下所示。

(一)合格标准

(1)所含分部工程的质量应全部合格。

(2)质量保证资料应基本齐全。

(3)观感质量的评定得分率应达到70%及其以上。

(二)优良标准

(1)所含分部工程的质量全部合格,其中有50%及其以上为优良,建筑工程必须含主体和装饰分部工程;以建筑安装工程为主的单位工程,其指定的分部工程必须优良。

(2)质量保证资料应基本齐全。

(3)观感质量的评定得分率应达到85%及其以上。

有关单位工程和分部工程的不合格评定标准以及处理后的等级确定方法,参见分项工程的相关条款。

第三节　工程项目的试运行和竣工验收

一、工程项目的试运行

(一)试运行的意义、组织和试运行方案

试运行是工程竣工所进行的整体或部分试验性运行的全部过程。工程在设计和施工阶段虽然都认真实行了质量控制和检验,并取得了大量的各类质量保证资料,但是工程的整体性能如何和综合施工的效果如何,都必须通过试运行来进行检验;同时工程设计是否合理,运行是否可靠,是否能达到预期的目的,也必须通过试运行来进行全面检验。所以,工程的试运行是对工程的规划设计和施工的最终检验,是工程验收和投入正式运行以前的重要考验。

在进行工程试运行前,组织成立试运行领导小组来统一领导和指挥试运行工作,领导小组由组织施工的负责人及其他有关人员、设计代表、监理工程师、质量监督机构、建设单位、生产运行单位和检验人员等组成,并准备好试运行所需设备、材料、检验仪器和有关工具,对于容易发生安全事故的试运行内容,还应准备好抢险器材或灭火器材,制订好安全防范措施。

为了保证试运行工作顺利进行和提高试运行的质量,还应制订试运行方案及相应的技术措施,印制统一的试运行记录及质量检验记录表格。

试运行方案的内容主要包括:

(1)试运行的对象及目的。

(2)试运行的准备工作。

(3)试运行的组织。

(4)试运行的程序。

(5)在试运行中质量检验的内容和方法,检验的标准。

(6)在试运行出现特殊情况时紧急停止试运行的措施及处理。

(7)试运行的验收标准。

(8)质量问题的处理。

(9)试运行记录及试验报告。

(10)试运行中应注意的事项及安全措施。

(二)试运行阶段的划分

工程试运行一般分为四个阶段。

1.质量检查阶段

在试运行前对工程质量进行全面的综合性的检查,查出工程中仍然存在的各种问题,以便在试运行前及时采取措施予以解决,以保证试运行的顺利进行和试运行的质量。

试运行前的质量检查是在施工阶段质量检查的基础上,重点进行施工质量复查和质量隐患、施工漏项检查,采取施工单位自检和专业检查相结合的方式。

自检是通过回忆施工过程中所发生的各种质量问题和隐患,检查自检记录是否齐全,检查关键部位、关键环节的施工质量,施工中质量不合格部位及处理情况是否已经达到设计和技术规范的要求,以及是否有施工漏项等。

在自检的基础上,再由施工单位质量保证部门会同设计单位、建设单位、监理单位和质量监督部门的人员组织联合质量检查。对检查中发现的各种问题,施工单位应制订整改计划,逐项改正,以便工程的验收。

2.单项试运行阶段

针对工程中的某个项目进行的试运行试验,如机械设备的试运行等,检验其工作性能、操作质量或运行质量。单项试运行合格,取得参加试运行的使用单位人员的确认后,才能办理技术交工。

3.无负荷或非生产性试运行阶段

对于机电设备、动力设备,在有关工程全部安装结束,单项试运行合格的基础上,应进行无负荷或非生产性的联合试运行,同时进行各种有关的质量检验工作,如系统试压、密封性能等的检查,以便发现在单项试运行中不能发现或很难发现的工程质量问题。

4.有负荷试运行阶段

有负荷试运行就是试生产运行,其目的是进一步检查工程的质量,检验工程的各项功能和效果是否完全符合设计要求和满足用户需要。在满足下列条件的情况下,可以进行有负荷试运行:

(1)无负荷或非生产性试运行已经合格。

(2)无负荷或非生产性试运行中发现的各类问题已全部解决和处理,质量已达到设计要求和技术规范标准。

（3）工程已全部配套。

（4）进行有负荷试运行所需要的全部生产人员已经配备齐全。

（5）生产所需的一切材料已经准备妥当。

（6）已具备正常生产的条件。

另外，在试运行之前，还应对参加试运行的人员进行培训，培训的内容包括：

（1）试运行的目的。

（2）试运行的项目和内容。

（3）试运行的程序和步骤。

（4）试运行中所要进行的检验项目及其部位、数量、时间、质量、标准。

（5）试运行的记录格式及填写要求。

（6）发生紧急情况时处理的措施和方法。

（7）试运行中应该注意的事项及安全措施。

（三）试运行报告

对于试运行中所发现的各种质量不合格项目，凡是属于施工质量方面的问题，施工单位应作详细记录，并制订整改方案及措施，及时进行返修和处理；凡是属于设计方面的问题或生产操作方面的问题，应由设计单位或生产运行单位制订整改方案，委托施工单位处理改进。对于运行中发现的、短时间内不易解决，需要经过一段时间的生产运行，在检修中处理的不合格项目，应由施工单位与生产使用单位共同协商，提出处理方案，以便共同执行。

在工程项目试运行中，监理工程师应着重做好以下工作：

（1）审查工程项目的试运行方案、试运行记录格式和质量检验记录格式。

（2）审查试运行的准备情况，包括所用材料、设备和其他物资的准备情况，以及试运行人员的培训情况。

（3）督促有关单位作好试运行记录，并审查试运行记录。

（4）将试运行记录与设计要求进行对比，检查工程项目试运行的可靠性和稳定性。

（5）当试运行过程中出现故障或质量问题时，应协调建设单位、设计单位、施工单位、设备安装单位共同分析原因，研究整改措施，并及时进行处理。

（6）在工程试运行结束后，应由监理工程师牵头，会同建设单位、设计单位和质量监督部门共同对工程进行全面评议，分析工程中存在的质量问题及试运行工作中的问题，在质量监督部门确认已达到试运行预期目的后，由施工单位和监理单位共同编写试运行报告。试运行报告的内容包括：

①工程试运行的情况。

②试运行中所发现的主要工程质量问题。

③试运行中所进行的各种试验、检验结果及其分析。

④对工程质量的评价。

二、工程施工质量的验收

工程施工质量的验收是工程建设质量控制的一个重要环节，包括工程施工质量的中间验收和工程竣工验收两个方面。通过对工程建设中间产品和最终产品的质量验收，在过程控制和终端把关两方面进行工程项目质量控制，确保达到业主所要求的功能和使用价值，实现建设投资的经济效益和社会效益。建设工程项目的竣工验收,是项目建设程序的最后一个环节,是全面考核项目建设成果、检查设计与施工质量、确认项目能否投入使用的重要步骤。竣工验收的顺利完成,标志着项目建设阶段的结束和生产使用阶段的开始。竣工验收工作的完成,对促进项目的尽快投产使用,发挥投资效益,具有非常重要的意义。

工程施工质量验收必然要有统一的标准和相关的规范体系,这些标准是由《建筑工程施工质量验收统一标准》(GB 50300—2013)和各专业验收规范共同组成的,在使用过程中它们必须配套使用。各专业验收规范具体包括:《建筑地基基础工程施工质量验收规范》(GB 50202—2002)、《砌体工程施工质量验收规范》(GB 50203—2011)、《混凝土结构工程施工质量验收规范》(2010 版)(GB 50204—2015)、《钢结构工程施工质量验收规范》(GB 50205—2001)、《木结构工程施工质量验收规范》(GB 50206—2012)、《屋面工程质量验收规范》(GB 50207—2012)、《地下防水工程质量验收规范》(GB 50208—2011)、《建筑地面工程施工质量验收规范》(GB 50209—2010)、《建筑装饰装修工程质量验收规范》(GB 50210—2001)、《建筑给水排水及采暖工程施工质量验收规范》(GB 50242—2002)、《通风空调工程施工质量验收规范》(GB 50243—2016)、《建筑电气工程施工质量验收规范》(GB 50303—2015)、《电梯工程施工质量验收规范》(GB 50310—2002)等。

(一)施工质量验收的基本规定

(1)施工现场质量管理应有相应的施工技术标准,健全的质量管理体系、施工质量检验制度和综合施工质量水平评价考核制度,并作好施工现场质量管理检查记录。

施工现场质量管理检查记录应由施工单位填写,总监理工程师(建设单位项目负责人)进行检查,并作出检查结论。

(2)建筑工程施工质量应按下列要求进行验收:

①建筑工程施工质量应符合建筑工程施工质量验收统一标准和相关专业验收规范的规定。

②建筑工程施工应符合工程勘察、设计文件的要求。

③参加工程施工质量验收的各方人员应具备规定的资格。

④工程质量的验收在施工单位自行检查评定合格的基础上进行。

⑤隐蔽工程在隐蔽前应由施工单位通知有关方进行验收,并应形成验收文件。

⑥涉及结构安全的试块、试件以及有关材料,应按有关规定进行见证取样检测。

⑦检验批的质量应按主控项目和一般项目验收。

⑧对涉及结构安全和使用功能的分部工程应进行抽样检测。

⑨承担见证取样检测及有关结构安全检测的单位应具备相应资质。

⑩工程的观感质量应由验收人员通过现场检查,并应共同确认。

(二)建筑工程施工质量验收

1.检验批的质量验收

(1)主控项目和一般项目的质量经抽样检验合格。

(2)具有完整的施工操作依据、质量检查记录。

从这些规定可以看出,检验批的质量验收包括了质量的资料检查和主控项目、一般项目的检验两方面的内容。

2.检验批验收规定

1)资料检查

质量控制资料反映了检验批从原材料到验收的各施工工序的施工操作依据,检查情况以及保证质量所必需的管理制度等。对其完整性的检查,实际是对过程控制的确认,这是检验批合格的前提。所要检查的资料主要内容为:

(1)图纸会审、设计变更、洽商记录。

(2)建筑材料、成品、半成品、建筑构配件、器具和设备质量证明书及进场试验报告。

(3)工程测量、放线记录。

(4)按专业质量验收规范规定的抽样检验报告。

(5)隐蔽工程检查记录。

(6)施工过程记录和施工过程检查记录。

(7)新材料、新工艺的施工记录。

(8)质量管理资料和施工单位操作依据等。

2)主控项目和一般项目的检验

为确保工程质量,使检验批的质量符合安全和使用功能的基本要求,各专业质量验收规范对各检验批的主控项目和一般项目的子项合格质量都给予明确规定。如砖砌体工程检验批质量验收时主控项目包括砖墙等级、砂浆强度等级、斜槎留置、直槎拉结筋及接槎处理、砂浆饱满度、轴线位移、每层垂直度等内容;而一般项目则包括组砌方法、水平灰缝厚度、顶(楼)面标高、表面平整度、门窗洞口高宽、窗口偏移、水平灰缝的平直度以及清水墙游丁走缝等内容。

检验批的质量合格主要取决于对主控项目和一般项目的检验结果。主控项目是对检验批的基本质量起决定性影响的检验项目,因此必须全部符合有关专业工程验收规范的规定。这就意味着主控项目不允许有不符合要求的检验结果,即这种项目的检查具有否决权。鉴于主控项目对基本质量的决定性影响,从严要求是必须的。如混凝土结构工程中混凝土分项工程的配合比设计其主控项目要求:混凝土应按国家现行标准《普通混凝土配合比设计规程》(JGJ 55—2011)的有关规定,根据混凝土的强度等级、耐久性和工作性能等要求进行配合比设计。对有特殊要求的混凝土,其配合比设计尚应符合国家现行有关标准的专门规定。其检验方法是检查配合比设计资料。而其一般项目则可按专业规范的要求处理。例如,首次使用的混凝土配合比应进行开盘鉴定,其工作性能应满足设计配合比要求。开始生产时,应至少留置一组标准养护试件,作为试验配合比的依据,并通过检查开盘鉴定资料和试件强度试验报告进行检验。混凝土拌制前,应测定砂、石含水率并根据测试结果调整材料用量,提出施工配合比,并通过检查含水率测试结果和施工配合比通知单进行检查,每工作班检查一次。

3)检验批的抽样方案

合理抽样方案的制订对检验批的质量验收有十分重要的影响。在制订检验批的抽样方案时,应考虑合理分配生产方风险(或错判概率 α)和使用方风险(或漏判概率 β),主控项目,对应于合格质量水平的 α 和 β 均不宜超过 5%;对于一般项目,对应于合格质量水平的 α 不宜超过 5%,β 不宜超过 10%。检验批的质量检验,应根据检验项目的特点在下列抽样方案中进行选择:

(1)计量、计数或计量–计数等抽样方案。

(2)一次、二次或多次抽样方案。

(3)根据生产连续性和生产控制稳定性等情况,尚可采用调整型抽样方案。

(4)对重要的检验项目可采用简易快速的检验方法时,可选用全数检验方案。

(5)经实践检验有效的抽样方案。如砂石料、构配件的分层抽样。

4)检验批的质量验收记录

检验批的质量验收记录由施工项目专业质量检查员填写,监理工程师(建设单位项目专业技术负责人)组织项目专业质量检查员等进行验收。

3.分项工程质量验收

分项工程的验收在检验批的基础上进行。一般情况下,两者具有相同或相近的性质,只是批量的大小不同而已。因此,将有关的检验批汇集构成分项工程。分项工程合格质量的条件比较简单,只要构成分项工程的各检验批的验收资料文件完整,并且均已验收合格,则分项工程验收合格。

1)分项工程质量验收合格的规定

(1)分项工程所含的检验批均应符合合格质量的规定。

(2)分项工程所含的检验批的质量验收记录应完整。

2)分项工程质量验收记录

分项工程质量应组织项目专业技术负责人等进行验收。

4.分部(子分部)工程质量验收

1)分部(子分部)工程质量验收合格的规定

(1)分部(子分部)工程所含分项工程的质量均应验收合格。

(2)质量控制资料应完整。

(3)地基与基础、主体结构和设备安装等分部工程有关安全及功能的检验和抽样检测结果应符合有关规定。

(4)观感质量验收应符合要求。

分部工程的验收在其所含分项工程验收的基础上进行。首先,分部工程的各分项工程必须已验收且相应的质量控制资料文件必须完整,这是验收的基本条件。此外,由于各分项工程性质不尽相同,因此作为分部工程不能简单地组合而加以验收,尚须增加以下两类检查。

涉及安全和使用功能的地基基础、主体结构、有关安全及重要使用功能的安装分部工程,应进行有关见证取样送样试验或抽样检测。如建筑物垂直度、标高、全高测量记录,建筑物沉降观测记录,给水管道通水试验记录,暖气管道、散热器压力试验记录,照明动力全负荷试验记录等。关于观感质量验收,这类检查往往难以定量,只能以观察、触摸或简单量测的方式进行,并由各个人的主观印象判断,检查结果并不能给出"合格"或"不合格"的结论,而是综合给出质量评价。评价的结论为"好"、"一般"和"差"三种。对于"差"的检查点应通过返修处理等进行补救。

2)分部(子分部)工程质量验收记录

分部(子分部)工程质量应由总监理工程师(建设单位项目专业负责人)组织施工项目经理和有关勘察、设计单位项目负责人进行验收。

5.单位(子单位)工程质量验收

1)单位(子单位)工程质量验收的规定

(1)单位(子单位)工程所含分部(子分部)工程的质量应验收合格。

(2)质量控制资料应完整。

(3)单位(子单位)工程所含分部工程有关安全和功能的检验资料应完整。

(4)主要功能项目的抽查结果应符合相关专业质量验收规范的规定。

(5)观感质量验收应符合要求。

单位工程质量验收也称质量竣工验收,是建筑工程投入使用前的最后一次验收,也是最重要的一次验收。验收合格条件有五个,除构成单位工程的各分部工程应该合格,并且有关资料文件应完整以外,还应进行以下三方面检查。

涉及安全和使用功能的分部工程应进行检验资料的复查。不仅要全面检查其完整性(不得有漏检缺项),而且对分部工程验收时补充进行的见证抽样检验报告也要复核。这种强化验收的手段体现了对安全和主要使用功能的重视。

此外,对主要使用功能还需进行抽查。使用功能的检查是对建筑工程和设备安装工程最终质量的综合检查,也是用户最为关心的内容。因此,在分项、分部工程验收合格的基础上,竣工验收时再做全面的检查。抽查项目是在检查资料文件的基础上由参加验收的各方人员商定,并用计量、计数的抽样方法确定检查部位。检查要求按有关专业工程施工质量验收标准的要求进行。

最后,还必须由参加验收的各方人员共同进行观感质量检查。检查的方法、内容、结论等应在分部工程的相应部分中阐述,共同确定是否通过验收。

2)单位(子工程)工程质量竣工验收记录

单位(子单位)工程质量竣工验收记录由施工单位填写,验收结论由监理(建设)单位填写。综合验收结论由参加验收各方共同商定,建设单位填写,应对工程质量是否符合设计和规范要求及总体质量水平作出评价。

(三)工程施工质量不符合要求时的处理

一般情况下,不合格现象在检验批验收时就应发现并及时处理,所有质量隐患必须消灭在萌芽状态,否则就会影响后续检验批和相关分项工程、分部工程的验收。但是,在非正常情况下可以按照下述方法进行处理:

(1)经返工重做或者更换了器具、设备检验批,应重新进行验收。这种情况是指主控项目不能满足验收规范规定或一般项目超过偏差限制的子项不符合检验规定要求时,应及时进行处理的检验批。其中,严重的缺陷应推倒重来;一般的缺陷通过返修或更换器具、设备予以解决,允许施工单位在采取相应的措施后重新验收。如果符合相应的专业工程质量验收规范,可以认为该检验批合格。

(2)经有资质的检测单位鉴定达到设计要求的检验批,应予以验收。这种情况指的是个别检验批发现试块强度不满足设计要求等问题,难以确定是否验收时,应请具有资质的法定检测单位检测,当鉴定结果能够达到设计要求时,该检验批应允许通过验收。

(3)经有资质的检测单位鉴定达不到设计要求但经原设计单位核算认可能满足结构安全和使用功能的检验批,可以验收。这种情况指的是在一般情况下,规范标准给出了满足安全和功能的最低限度要求,而设计往往在此基础上留有一些余量。不满足设计要求和符合相应规范标准要求,两者之间并不矛盾。

(4)经返修或加固的分项、分部工程,虽然改变外形尺寸但是仍旧可以满足安全使用功能,可以按照技术处理方案和协商文件进行验收。这种情况指的是更为严重缺陷或范围超过了检验批的更大范围内的缺陷可能影响结构的安全和使用功能。如果经法定检测单位检测鉴定以后认为达不到规范标准相应要求,即不能满足最低限度的安全储备和使用功能,则必须按一定技术方案进行加固处理,使之能保证其满足安全使用功能的基本要求。这样会造成一些永久性的缺陷,如改变结构的外形尺寸,影响一些次要的使用功能等。为了避免社会财富更大的损失,在不影响安全和主要使用功能的条件下可按处理技术方案和协商文件进行验收,但不能作为轻视质量而回避责任的一种出路,这一点应该特别注意。

(5)通过返修或加固仍旧不能满足安全使用要求的分部工程、单位(子单位)工程,严禁验收。

第四节　施工质量验收的资料

质量验收资料必须真实记录和反映项目管理全过程的实际,它的内容必须齐全、完整。按照我国《建设工程项目管理规范》(GB/T 50326—2006)的规定,施工质量验收的资料应包括工程施工技术资料、工程质量保证资料、工程检验评定资料、竣工图和规定的其他应交资料。

一、工程施工技术资料

工程施工技术资料是建设工程施工全过程的真实记录,是在施工全过程的各环节客观产生的工程施工技术文件,它的主要内容有:工程开工报告(包括复工报告)、项目经理部及人员名单、聘任文件,施工组织设计(施工方案),图纸会审记录(纪要),技术交底记录,设计变更通知,技术核定单,地质勘察报告,工程定位测量资料及复核记录,基槽开挖测量资料,地基钎探平面布置图,验槽记录和地基处理记录,桩基施工记录,试桩记录和补桩记录,沉降观测记录,防水工程抗渗试验记录,混凝土浇灌令,商品混凝土供应记录,工程复核探测记录,工程质量事故报告,工程质量事故处理记录,施工日志,建设工程施工合同,补充协议,工程竣工报告,工程竣工验收报告,工程质量保修书,工程预(结)算书,竣工项目一览表,施工项目总结。

二、工程质量保证资料

工程质量保证资料是建设工程施工全过程中全面反应工程质量控制和保证的依据性证明资料,应包括原材料、构配件、器具及设备等的质量证明、合格证明、进场材料试验报告等。

三、工程检验评定资料

工程检验评定资料是建设工程施工全过程中按照国家现行工程质量检验标准,对工程项目进行单位工程、分部工程、分项工程的划分,再由分项工程、分部工程、单位工程逐级对工程质量作出综合评定的资料。工程检验评定资料的主要内容有:施工现场质量管理检查记录,检验批质量验收记录,分项工程质量验收记录,分部(子分部)工程质量验收记录,单位(子单位)工程质量竣工验收记录,单位(子单位)工程质量控制资料核查记录,单位(子单位)工程安全和功能检验资料核查及主要功能抽查记录,单位(子单位)工程观感质量检查记录等。

四、竣工图

竣工图是真实记录各种地下、地上建筑物等详细情况的技术文件,也是使用单位长期保存的技术资料,是工程项目竣工验收及投产交付使用的维修、改建、扩建的依据。按照现行规定绘制好竣工图是竣工验收的条件之一,在竣工验收前不能完成的,应在验收时明确商定补交竣工图的期限内完成。

第五节　工程项目的交接与回访保养

一、工程项目的交接

工程通过竣工验收，承包人应在发包人对竣工验收报告签认后的规定期限内向发包人递交竣工结算和完整的结算资料，在此基础上承发包双方根据合同约定的有关条款进行工程竣工结算。承包人在收到工程竣工结算款后，应在规定期限内向发包人办理工程移交手续。具体内容如下：

（1）按竣工项目一览表在现场移交工程实体。向发包人移交钥匙时，工程项目室内外应清扫干净，达到窗明、地净、灯亮、水通、排污畅通、动力系统可以使用。

（2）按竣工资料目录交接工程竣工资料。资料的交接应在规定的时间内，按工程竣工资料清单目录进行逐项交接，办清交验签章手续。

（3）按工程质量保修制度签署工程质量保修书。原施工合同中未包括工程质量保修书附件的，在移交竣工工程时应按有关规定签署或补签"工程质量保修书"。

（4）承包人在规定时间内按要求撤出施工现场，解除施工现场全部管理责任。

（5）工程移交的其他事宜。

二、工程项目的保修与回访

为使工程项目在竣工验收后达到最佳使用条件和最长使用寿命，施工单位在工程移交时必须向建设单位提出建筑物使用要求，并在用户使用后，实行回访和保修制度。

工程质量保修和回访属于项目竣工后的管理工作。这时，项目经理部已经解体，一般由承包企业建立施工项目交工后的回访与保修制度，并责成企业的工程管理部门具体负责。

（一）工程项目的保修内容

工程质量保修是指施工单位对房屋建筑工程竣工验收后，在保修期限内出现的质量不符合工程建设强制性标准以及合同的约定等质量缺陷，予以修复。

施工单位应当在保修期限内，履行与建设单位约定的关于保修期限、保修范围和保修责任等义务。

1.保修范围

一般来说，各种类型的建筑工程及建筑工程的各个部位都应该实行保修。我国在《中华人民共和国建筑法》中规定：建筑工程的保修范围应当包括地基基础工程、主体结构工程、屋面防水工程和其他土建工程，以及电气管线、上下水管线的安装工程，供热、供冷系统工程等项目。

2.保修期的经济责任

《中华人民共和国建筑法》规定：建筑施工企业违反该法规定，不履行保修义务的，责令改正，可以处以罚款。在保修期间因屋顶、墙面渗漏、开裂等造成的质量缺陷，有关责任企业应当依据实际损失给予实物或价值补偿。

（1）由于承包人未严格按照国家标准、规范和设计施工而造成的质量缺陷，由承包单位负责返修并承担经济责任。

（2）因设计人造成的质量问题，可由承包人修理，由设计人承担经济责任，其费用数额按合同约定，不足部分由建设单位负责协同有关方解决。

（3）因建筑材料、建筑构配件和设备质量不合格引起的质量缺陷，属于承包单位采购的或经其验收同意的，由承包单位承担经济责任；属于建设单位采购的，由建设单位承担经济责任。

（4）因发包人肢解发包或指定分包人，致使施工中接口处理不好，造成工程质量缺陷，或因竣工后自行改建造成工程质量问题的，应由发包人或使用人自行承担经济责任。

（5）因地震、洪水、台风等不可抗拒原因造成的损坏问题，施工单位、设计单位不承担经济责任，由建设单位负责处理。

（6）不属于承包人责任，但使用人有意委托施工单位修理、维修时，承包人应为使用人提供修理、维护等服务。

（7）工程超过合理使用年限后，使用人需要继续使用的，承包人根据有关法规和鉴定资料，采取加固、维修措施时，应按设计使用年限，约定质量保修期限。

（8）发包人与承包人协议根据工程合理使用年限，采用保修保险方式投入并已解决保险费来源的，承包人应按约定的保修期限承诺履行保修责任和义务。

3.保修期限

在正常使用条件下，房屋建筑工程的保修期应从工程竣工验收合格之日计算，其最低保修期限为：

（1）基础设施工程、房屋建筑的地基基础工程和主体结构工程，为设计文件规定的该工程的合理使用年限。

（2）屋面防水工程、有防水要求的卫生间、房间和外墙面的防渗漏为5年。

（3）建筑物的供热及供冷系统为2个采暖期及供冷期。

（4）电气管线、给水排水管道、设备安装和装修工程为2年。

（5）住宅小区内的给水排水设施、道路等配套工程及其他项目的保修期由建设单位和施工单位约定。

4.保修方法

（1）发送保修证书（房屋保修卡）。在工程竣工验收后一周内，施工单位向建设单位发送"建筑安装工程保修证书"。主要内容有：保修范围和保修内容、保修时间、保修说明、保修情况记录。此外，还附有保修单位（施工单位）名称、地址、联系人等。

（2）检查修理和验收。在保修期内，建设单位或用户发现由于施工单位质量而影响使用者，应通知施工单位。施工单位自接到保修通知书之日起，必须在两周内到达现场，与建设单位明确责任，商议返修内容。修理完毕，在保修书上作保修记录，并经建设单位验收签字。

（二）工程回访

回访是一种产品售后服务的方式，工程项目回访，广义地讲是指工程项目的设计、施工、设备及材料供应等单位，在工程竣工验收交付使用后，自签署工程质量保修书起的一定期限内，主动去了解项目的使用情况和设计质量、施工质量、设备运行状态及用户对维修方面的要求，从而发现产品使用中的问题并及时地去处理，使建筑产品能够正常地发挥其使用功能，使建筑工程的质量保修工作真正落到实处。

工程回访一般由施工单位的领导组织生产、技术、质量等有关方面的人员参加。回访时，察看建筑物和设备的运转情况，并应作出回访记录。

回访应纳入发包人工作计划和质量体系文件中,由承包人编制回访工作计划,该计划应包括:主管回访的部门、执行回访工作的单位、回访时间及主要内容和方式。

回访必须认真,必须解决问题,并应写出回访纪要,每次回访结束,执行单位应填写回访记录,主管部门依据回访记录对回访服务的实施效果进行验证。回访记录应包括以下内容:参加回访的人员、回访发现的质量问题、建设单位的意见、回访单位对发现的质量问题的处理意见、回访主管部门的验收签证。

回访的方式一般有3种:一是季节性回访。大多是雨季回访屋面、墙面的防水情况,冬季回访锅炉房及采暖系统运行情况,发现问题及时解决和返修。二是技术性回访。主要了解在工程施工过程中所采用的新材料、新技术、新工艺、新设备等的技术性能和使用后的效果,发现问题及时加以补救和解决,同时便于总结经验,获得科学依据,并为不断改进、完善与进一步推广创造条件。三是保修期结束前的回访。这种回访一般是在保修期即将结束前进行回访。

本章小结

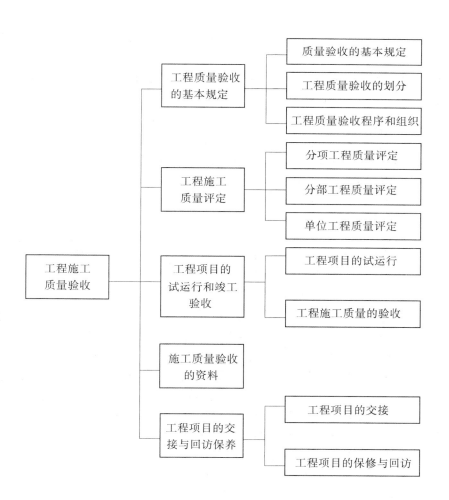

第六章　工程质量事故的处理

【学习目标】
- 掌握工程质量事故的成因、特点和分类
- 掌握工程质量事故的处理
- 掌握工程质量事故处理的方法及验收

第一节　工程质量事故

一、工程质量事故的成因

工程质量事故的成因及其原因分析与工程质量问题基本相同,已在本篇第二章第三节中阐述,本节不再赘述。

二、工程质量事故的特点

根据我国有关质量、质量管理和质量保证方面的国家标准,凡工程产品质量没有满足某个规定的要求,就称之为质量不合格;而没有满足某个预期的使用要求或合理的期望(包括与安全性有关的要求),则称之为质量缺陷。在建设工程中通常所称的工程质量缺陷,一般是指工程不符合国家或行业现行有关技术标准、设计文件及合同中对质量的要求。

由工程质量不合格和质量缺陷而造成或引发经济损失、工期延误或危及人的生命和社会正常秩序的事件,称为工程质量事故。

工程质量事故具有复杂性、严重性、可变性和多发性的特点。

(一)复杂性

建筑生产与一般工业生产相比有产品固定,生产流动;产品多样,结构类型不一,露天作业多,自然条件复杂多变;材料品种、规格多,材料性能各异;多工种、多专业交叉施工,相互干扰大;工艺要求不同、施工方法各异、技术标准不一等特点。因此,影响工程质量的因素繁多,造成质量事故的原因错综复杂,即使是同一类质量事故,而原因却可能截然不同。例如,就墙体开裂质量事故而言,其产生的原因就可能是:设计计算有误,地基不均匀沉降。或温度应力、地震力、冻胀力的作用,也可能是施工质量低劣、偷工减料或材料不良等。所以使得对质量事故进行分析,判断其性质、原因及发展,确定处理方案与措施等都增加了复杂性。

(二)严重性

工程项目一旦出现质量事故,其影响较大。轻者影响工程顺利进行、拖延工期、增加工程费用,重者则会留下隐患成为危险的建筑,影响使用功能或不能使用,更严重的还会引起建筑物的失稳、倒塌,造成人民生命、财产的巨大损失。所以,对于建筑工程质量事故问题不能掉以轻心,必须高度重视,加强对工程建筑质量的监督管理,防患于未然,力争将事故消灭在萌芽状态,以确保建筑物的安全使用。

（三）可变性

许多建筑工程的质量事故出现后，其质量状态并非稳定于发现时的初始状态，而是有可能随时间、环境、施工情况等而不断地发展、变化着。例如，地基基础或桥墩的超量沉降可能随上部荷载的不断增大而继续发展；混凝土结构出现的裂缝可能随环境温度的变化而变化，或随荷载的变化及持续时间的变化而变化等。因此，有些在初始阶段并不严重的质量问题，如不及时处理和纠正，有可能发展成严重的质量事故，例如，开始时微细的裂缝可能发展为结构断裂或建筑物倒塌事故。所以在分析、处理工程质量事故时，一定要注意质量事故的可变性，应及时采取可靠的措施，防止事故进一步恶化，或加强观测与试验，取得可靠数据，预测未来发展的趋向。

（四）多发性

建筑工程质量事故多发性有两层意思：一是有些事故像"常见病"、"多发病"一样经常发生，而成为质量通病。例如，混凝土、砂浆强度不足，预制构件裂缝等。二是有些同类事故一再发生。例如，悬挑结构断塌事故，近几年在全国十几个省、市先后发生数十起，一再重复出现。

三、工程质量事故的分类

建筑工程质量事故一般可按下述不同的方法进行分类。

（一）按事故发生的时间分类

（1）施工期事故。

（2）使用期事故。

从国内外大量的统计资料分析，绝大多数质量事故都发生在施工阶段到交工验收前这段时间内。

（二）按事故损失的严重程度分类

1. 一般质量事故

凡具备下列条件之一者为一般质量事故：

（1）直接经济损失在 5 000 元以上（含 5 000 元），不满 50 000 元的。

（2）影响使用功能和工程结构安全，造成永久质量缺陷的。

2. 严重质量事故

（1）直接经济损失在 5 万元以上（含 5 万元），不满 10 万元的。

（2）严重影响使用功能或工程结构安全，存在重大质量隐患的。

（3）事故性质恶劣或造成 2 人以下重伤的。

3. 重大质量事故

（1）工程倒塌或报废。

（2）由于质量事故，造成人员死亡或重伤 3 人以上。

（3）直接经济损失 10 万元以上。

建筑工程重大事故分为以下四级：

（1）凡造成死亡 30 人以上或直接经济损失 300 万元以上的为一级。

（2）凡造成死亡 10 人以上 29 人以下，或直接经济损失 100 万元以上且不满 300 万元的为二级。

（3）凡造成死亡 3 人以上 9 人以下或重伤 20 人以上，或直接经济损失 30 万元以上且不满 100 万元的为三级。

（4）凡造成死亡 2 人以下或重伤 3 人以上 19 人以下，或直接经济损失 10 万元以上且不满 30 万元的为四级。

4.特别重大事故

一次死亡 30 人以上（含 30 人），或直接经济损失达 500 万元以上（含 500 万元），或其他性质特别严重的情况之一均属特别重大事故。

（三）按施工质量事故产生的原因分类

（1）技术原因引发的质量事故。

（2）管理原因引发的质量事故。

（3）社会、经济原因引发的质量事故。

（四）按施工质量事故责任分类

（1）指导责任事故：如施工技术方案未经分析研究贸然组织施工，材料配方失误，违背施工程序指挥施工等。

（2）操作责任事故：如工序未执行施工操作规程，无证上岗等。

（五）按事故造成的后果分类

（1）未遂事故：凡通过检查所发现的问题，经自行解决处理，未造成经济损失或延误工期的，均属于未遂事故。

（2）已遂事故：凡造成经济损失及不良后果者，则构成已遂事故。

（六）按事故性质分类

（1）倒塌事故：建筑物整体或局部倒塌。

（2）开裂事故：包括砌体或混凝土结构开裂。

（3）错位事故：位置错误，结构构件尺寸、位置偏差过大，以及预埋件、预留洞等错位偏差超过规定等。

（4）地基工程事故：地基失稳或变形，斜坡失稳等。

（5）基础工程事故：基础错位、变形过大，设备基础振动过大等。

（6）结构或构件承载力不足事故：混凝土结构中漏放或少放钢筋，钢结构中杆件连接达不到设计要求等。

（7）建筑功能事故：房屋漏水、渗水，隔热或隔音功能达不到设计要求，装饰工程质量达不到标准等。

第二节　工程质量事故的处理

一、工程质量事故处理的依据

处理工程质量事故，必须分析原因，作出正确的处理决策，这就要以充分的、准确的有关资料作为决策基础和依据。进行工程质量事故处理的主要依据有几个方面：

（1）事故调查分析报告，一般包括以下内容：①质量事故的情况；②事故性质；③事故原因；④事故评估；⑤设计、施工以及使用单位对事故的意见和要求；⑥事故涉及人员与主要责任者的情况等。

（2）具有法律效力的，得到有关当事各方认可的工程承包合同、设计委托合同、材料或设备购销合同以及监理合同或分包合同等合同文件。

(3)有关的技术文件和档案。

(4)相关的法律法规。

(5)类似工程质量事故处理的资料和经验。

二、事故处理的任务与特点

(一)事故处理的主要任务

(1)创造正常施工条件。

(2)确保建筑物安全。

(3)满足使用要求。

(4)保证建筑物具有一定的耐久性。

(5)防止事故恶化,减小损失。

(6)有利于工程交工验收。

(二)质量事故处理的特点

(1)复杂性:相同形态的事故,产生的原因、性质及危害程度会截然不同。

(2)危险性:随时可能诱发倒塌。

(3)连锁性:随时可能产生连锁次生灾害。

(4)选择性:处理方法可有多种选择。

(5)技术难度大:处理受到很多外界环境的限制。

(6)高度的责任性:涉及单位之间关系和人员处理。

三、事故处理的原则与要求

(一)事故处理必须具备的条件

(1)事故情况清楚。

(2)事故性质明确:结构性的还是一般性的问题,表面性的还是实质性的问题,事故处理的迫切程度。

(3)事故原因分析准确、全面。

(4)事故评价基本一致:各单位的评价应基本达成一致的认识。

(5)处理目的和要求明确:恢复外观、防渗堵漏、封闭保护、复位纠偏、减少荷载、结构补强、拆除重建等。

(6)事故处理所需资料齐全。

(二)事故处理的注意事项

(1)综合治理:注意处理方法的综合应用,以便取得最佳效果。

(2)消除事故根源。

(3)注意事故处理期的安全:随时可能发生倒塌,要有可靠支护;对需要拆除结构,应制订安全措施;在不卸载下进行结构加固时,要注意加固方法的影响。

(4)加强事故处理的检查验收:准备阶段开始,对各施工环节进行严格的质量检查验收。

(三)不需要处理的事故

(1)不影响结构安全和正常使用:如错位事故。

（2）施工质量检验存在的问题。

（3）不影响后续工程施工和结构安全。

（4）利用后期强度：混凝土强度未达设计要求，但相差不多，同时短期内不会满载，可考虑利用混凝土后期强度。

（5）通过对原设计进行验算可以满足使用要求：根据实测数据，结合设计要求验算，如能满足要求，经设计单位同意，可不作处理。

四、工程质量事故处理的程序

事故处理的程序：事故调查→事故原因分析→事故调查报告→结构可靠性鉴定→确定处理方案→事故处理设计→处理施工→检查验收→结论。

（一）事故调查

（1）初步调查：工程情况，事故情况，图纸资料，施工资料等。

（2）详细调查：设计情况，地基及基础情况，结构实际情况，荷载情况，建筑物变形观测，裂缝观测等。

（3）补充调查：对有怀疑的地基进行补充勘测，测定所用材料的实际性能，建筑物内部缺陷的检查，较长时期的观测等。

（二）事故原因分析

在事故调查的基础上，分清事故的性质、类别及其危害程度，为事故处理提供必要的依据。

（1）确定事故原点：事故原点的状况往往反映出事故的直接原因。

（2）正确区别同类型事故的不同原因：根据调查的情况，对事故进行认真、全面的分析，找出事故的根本原因。

（3）注意事故原因的综合性：要全面估计各种因素对事故的影响，以便采取综合治理措施。

（三）事故调查报告

事故调查报告主要包括：工程概况，事故概况，事故是否已作过处理，如事故调查中的实测数据和各种试验数据，事故原因分析，结构可靠性鉴定结论，事故处理的建议等。

（四）结构可靠性鉴定

根据事故调查取得的资料，对结构的安全性、适用性和耐久性进行科学的评定，为事故的处理决策确定方向。

可靠性鉴定一般由专门从事建筑物安全鉴定的机构作出。

（五）确定处理方案

根据事故调查报告、实地勘察结果和事故性质，以及用户要求确定优化方案。

（六）事故处理设计

注意事项：

（1）按照有关设计规范的规定进行。

（2）考虑施工的可行性。

（3）重视结构环境的不良影响，防止事故再次发生。

（七）事故处理施工

施工应严格按照设计要求和有关的标准、规范的规定进行，并应注意以下事项：把好材料质量关，复查事故实际状况，做好施工组织设计，加强施工检查，确保施工安全。

(八)工程验收和处理效果检验

事故处理工作完成后,应根据规范规定和设计要求进行检查验收。

(九)事故处理结论

工程质量事故处理的一般程序见图6-1。

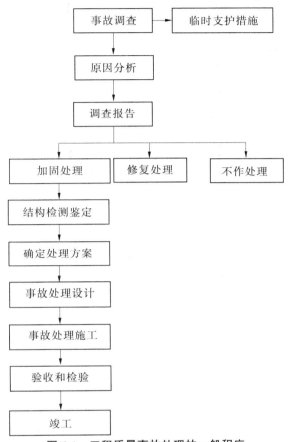

图 6-1　工程质量事故处理的一般程序

第三节　工程质量事故处理的方法及验收

一、建筑工程质量事故处理的方法

采用事故处理方法,应当正确地分析和判断事故产生的原因,通常可以根据质量问题的情况,确定以下几种不同性质的处理方法。

(1)返工处理。即推倒重来,重新施工或更换零部件,自检合格后重新进行检查验收。

(2)修补处理。即经过适当的加固补强、修复缺陷,自检合格后重新进行检查验收。

(3)让步处理。即对质量不合格的施工结果,经设计人的核验,虽未达到设计的质量标准,却尚不影响结构安全和使用功能,经业主同意后可予以验收。

(4)降级处理。如对已完施工部位,因轴线、标高引测差错而改变设计平面尺寸,若返工损失严重,在不影响使用功能的前提下,经承发包双方协商验收。

（5）不作处理。对于轻微的施工质量缺陷,如面积小、点数多、程度轻的混凝土蜂窝麻面、露筋等在施工规范允许范围内的缺陷,可通过后续工序进行修复弥补。

二、建筑工程质量事故处理的验收

1.检查验收

施工单位自检合格报验,按施工验收标准及有关规范的规定进行,结合监理人员的旁站、巡视和平行检验结果,依据质量事故技术处理方案设计要求,通过实际量测确定。

2.必要的鉴定

凡涉及结构承载力等使用安全和其他重要性能的处理工作,均应做相应鉴定。

3.验收结论

验收结论通常有以下几种：

（1）事故已排除,可以继续施工。

（2）隐患已消除,结构安全有保证。

对短期内难以作出结论的,可提出进一步观测检验意见。对于处理后符合规定的,监理工程师应确认,并应注明责任方主要承担的经济责任。对经处理仍不能满足安全使用要求的分部工程、单位（子单位）工程,应拒绝验收。

本章小结

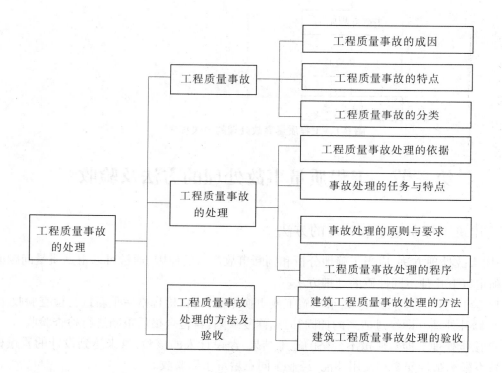

第七章　工程材料的质量控制

【学习目标】
- 了解工程材料质量控制的意义和依据
- 掌握工程材料质量控制的内容

工程材料是构成工程实体的物质基础,工程材料品种多、数量大,材料费占工程造价的60%以上,因此工程材料的质量对工程项目的质量有着重要的影响。

第一节　工程材料质量控制的意义和依据

一、工程材料质量控制的意义

(一)保证工程的质量

由于工程材料是构成工程实体的物质基础,材料质量的好坏将直接影响工程的质量,因此做好工程材料的质量控制,在很大程度上就能保证工程的质量。

(二)保证工程按期竣工

做好工程材料的质量控制,能使工程的施工顺利进行,避免返工,保证工程按期竣工,否则将会因材料质量造成返工,从而延误工期。

(三)降低工程成本

做好工程材料的质量控制,可以避免由于使用质量不符合要求的低劣材料而造成的质量事故,从而减少经济损失,降低工程成本。

(四)保证施工顺利进行

做好工程材料的质量控制,避免了由于材料问题而造成的质量事故,也可以避免由此而引起的一些不必要的纠纷,从而保证施工的顺利进行。

二、工程材料质量控制的依据

(1)国家、行业、企业和地方标准、规范、规程和规定。

工程材料的技术标准分为国家标准、行业标准、企业标准和地方标准等,各级标准分别由相应的标准化管理部门批准并颁布。各级标准部门都有各自的代号,工程材料技术标准中常见代号有:GB—国家标准(过去多采用 GBJ、TJ),JG—住房和城乡建设部行业标准(原为 JGJ),JC—国家建材局标准(原为 JCJ),ZB—国家级专业标准,CECS—中国工程建设标准化协会标准,DB××—地方性标准(××表示序号,由国家统一规定,如北京市的序号为 11)等。

标准代号由标准名称、部门代号(1991 年以后,对于推荐性标准加"/T",无"/T"为强制性标准)、编号和批准年份组成,如国家标准《建设工程监理规范》(GB 50319—2000),部门代号为 GB,编号为 50319,批准年份为 2000 年,为强制性标准。

另外,现行部分建材行业标准有两个年份,第一个年份为批准年份,括号中的年份为重新校对年份,如《粉煤灰砖》(JC 239—91(96))。

无论是国家标准还是部门行业标准,都是全国通用标准,属国家指令性技术文件,均必须严格遵照执行,有关标准中黑体字标志的条文为强制性条文。

(2)工程设计文件及施工图。

(3)工程施工合同。

(4)施工组织设计。

(5)产品说明书、产品质量证明书、产品质量试验报告、质检部门的检测报告、有效鉴定证书、实验室复试报告。

第二节　工程材料质量控制的内容

工程材料的质量控制重点是材料的采购订货、材料进场后的控制和材料的使用等几方面。

一、工程材料采购的质量控制

工程材料的质量取决于供货单位的质量保证能力和材料的质量标准,因此为确保所采购的材料符合规定的要求,必须对材料的采购订货工作进行严格的控制。

(1)仔细阅读工程设计文件、施工图、施工合同、施工组织设计及其他与工程所用材料有关的文件,熟悉这些文件对材料品种、规格、型号、性能强度等级的规定和要求。

(2)认真查阅所用材料的质量标准,学习材料的基本性质,对材料的应用特性、适用范围有全面了解,必要时对主要材料、设备及构配件的选择向业主提供合理化建议。

(3)掌握材料信息,认真考察供货厂家。掌握材料质量、价格、供货能力的信息,可获得质量好、价格低的材料资源,从而既确保工程质量又降低工程造价。

材料在采购订货之前,应广泛收集市场信息,进行分析研究后提供材料采购计划,其中应包括所拟采购材料的规格、品种、型号、数量、单价和样品,同时应提供材料生产厂家的基本情况(厂家的生产规模、产品的品种、质量保证措施、生产业绩和厂家的信誉等)或供应单位的基本情况(营销规模、供应品种、质量保证措施、营销业绩和信誉等)。为了确认供货厂家的质量保证能力,如有必要,可进行现场考查,实地了解厂家的生产情况、质量保证措施和产品的实际质量。

对合格的供货厂家,应建立相应的供货档案,定期对供货厂家的业绩进行评定,并根据评定的结果及时调整供货厂家,以便材料的采购订货实施动态管理。对大批量的材料采购,可采用招标方式,以便择优选定供货厂家。

二、工程材料进场时的质量控制

(一)物单必须相符

材料进场时,应检查到场材料的实际情况与所要求的材料在品种、规格、型号、强度等级、生产厂家与商标等方面是否相符,检查产品的生产编号或批号、型号、规格、生产日期与产品质量证明书是否相符,如有任何一项不符,应要求退货或要求供应商提供材料的资料;标志不清的材料可要求退货(也可进行抽检)。

（二）相应的质量保证资料

进入施工现场的各种原材料、半成品、构配件都必须有生产许可证或使用许可证，产品合格证、质量证明书或质量试验报告单、合格证等都必须盖有生产单位或供货单位的红章并标明出厂日期、生产批号或产品编号。

三、工程材料进场后的质量控制

工程材料运抵施工现场后，应审查材料的质量保证资料，并对材料进行清点检查。

（一）施工现场材料的基本要求

（1）工程上使用的所有原材料、半成品、构配件及设备，都必须审批后方可进入施工现场。

（2）施工现场不能存放与本工程无关或不合格的材料。

（3）所有进入现场的原材料与提交的资料在规格、型号、品种、编号上必须一致。

（4）不同种类、不同厂家、不同品种、不同型号、不同批号的材料必须分别堆放，界限清晰，并由专人管理，避免使用时造成混乱，便于追踪工程质量，以备对分析质量事故的原因提供方便。

（5）应用新材料前必须通过试验和鉴定，代用材料必须通过计算和充分论证，并要符合结构构造的要求。

（二）质量保证资料的核查

工程材料运抵施工现场后，应核查材料的质量保证资料，如"供货总说明"、"产品合格证和技术说明书"、"质量检验证明"、"检测与试验者的资格证明"、"关键工艺操作人员资格证明及操作记录"等，核查质量保证资料是否齐全，并鉴别这些质量保证资料的真实性和可靠性。

（三）工程材料的复验

为防止假冒伪劣产品用于工程，对于工程中应用的重要的工程材料；凡标志不清或认为质量有问题的材料，对质量保证资料有怀疑或与合同规定不符的一般材料，根据工程重要程度，应进行一定比例试验的材料；需要进行追踪检验、以控制和保证其质量的材料等，均应进行复验。对于进口的材料设备和重要工程或关键施工部位所用材料，则应进行全部检验。

（1）采用正确的取样方法，明确复验项目。

在每种产品质量标准中，均规定了取样方法。材料的取样必须按规定的部位、数量和操作要求来进行，确保所抽样品有代表性。抽样时，按要求填写材料见证取样表，明确试验项目。常用材料现场取样方法如表7-1所示。

表7-1　常用材料现场取样方法

序号	材料名称	取样单位	取样数量	取样方法
1	通用硅酸盐水泥	同生产厂、同品种、同强度等级、同编号水泥。散装水泥，≤500 t/批，袋装水泥，≤200 t/批。存放期超过3个月必须复试	≥12 kg	1.散装水泥：在卸料处或输送机上随机取样。当所取水泥深度不超过2 m时，采用散装水泥取样管，在适当位置插入水泥一定深度取样。 2.袋装水泥：在袋装水泥堆场取样。用袋装水泥取样管，随机选择20个以上不同部位，插入水泥适当深度取样

序号	材料名称			取样单位	取样数量	取样方法
2	钢筋	热轧带肋钢筋		钢筋、钢丝、钢绞线均按批检查,每批由同一厂别、同一炉罐号、同一规格、同一交货状态、同一进场时间组成,≤60 t/批	拉伸2根 冷弯2根	1.试件切取时,应在钢筋或盘条的任意一端裁去500 mm; 2.凡规定取2个试件的(低碳钢热轧圆盘条冷弯试件除外)均从任意两根(或两盘中)分别切取,每根钢筋上各取一个拉伸试件、一个冷弯试件; 3.低碳钢热轧圆盘条冷弯试件应取自同盘的两端; 4.试件长度:拉力(伸)试件 $L \geq 5d/10d+200$ mm,冷弯试件 $L \geq 5d/10d+150$ mm(d 为钢筋直径); 5.化学分析试件可利用力学试验的余料钻取,如单项化学分析可取 $L=150$ mm(1~5条亦适用其他类型钢筋)
		热轧光圆钢筋			拉伸2根 冷弯2根	
		低碳钢热轧圆盘条			拉伸1根 冷弯2根	
		余热处理钢筋			拉伸2根 冷弯2根	
3	冷轧带肋钢筋			按批检验,每批由同一牌号、同一外形、同一规格、同一生产工艺和同一交货状态组成,≤60 t/批	拉伸每盘1个 冷弯每批2个	
4	预应力混凝土热处理钢筋			同一外形截面尺寸、同一热处理制度和同一炉罐号,≤60 t/批	拉伸2根	从每批钢筋中选取10%(≥25盘)进行力学性能试验,从每批钢筋中选取10%(≥25盘)进行表面、尺寸偏差检查
5	钢绞线			同一牌号、同一规格、同一生产工艺,≤60 t 批	每个性能每盘1根	从每批中选取3盘;如每批小于3盘,则逐盘检验。从每盘钢绞线端部正常部位截取1根试样
6	进口钢筋			同一牌号、同一规格、同一生产工艺,<60 t/m	拉伸2根 冷弯2根	需先经化学成分检验和焊接试验,符合有关规定后方可用于工程,取样方法参照国产钢筋相关规定
7	钢筋焊接接头	电阻点焊	骨架网	凡钢筋级别、直径及尺寸相同的焊接骨架应视为同一类型制品,且每200件/批,一周内不足200件亦按一批计算	热轧钢筋焊点 抗剪3个	1.力学性能试验的试件应从每批成品中切取。 2.试件尺寸:从焊接部位两端各向外延长150 mm。由几种钢筋直径组合的焊接骨架,应对每种组合做力学性能试验,所切试件尺寸要符合规定要求
					冷拔低碳钢丝焊点 抗剪3个,对较小钢丝做拉伸3个	

序号	材料名称			取样单位	取样数量	取样方法
7	钢筋焊接接头	电阻点焊	骨架网	凡钢筋级别、直径及尺寸相同的焊接网应视为同一类型制品，每批不应大于30 t，或者200件为1批，一周内不足30 t或200件，也应按一批计算	纵、横向钢筋各1个拉伸试件	试件长度：两夹头之间的距离不应小于20倍试件受拉钢筋的直径，且不小于180 mm；对于双根钢筋，非受拉钢筋应在离交叉焊点约20 mm处切断
			冷轧带肋钢筋或冷拔低碳钢丝焊点			
			冷轧带肋钢筋焊点		纵、横向钢筋各1个弯曲试件	在单根钢筋焊网中，应取钢筋直径较大的一根；在双根钢筋焊接网中，应取双根钢筋中的一根；试件长度应大于或等于200 mm，弯曲试件的受弯曲部位与交叉点的距离大于或等于25 mm
			热轧钢筋、冷轧带肋钢筋或冷拔低碳钢丝焊点		抗剪 3个	应沿同一横向钢筋随机切取，其受拉钢筋为纵向钢筋；对于双根钢筋，非受拉钢筋应在焊点外切断，且不应损伤受拉钢筋焊点
		闪光对焊		在同一台班内，由同一焊工完成的300个同级别、同直径钢筋焊接接头为一批。当同一台班内焊接接头数量较少，可在一周内累计计算；累计仍不足300个接头，应按一批计算	拉伸 3个 弯曲 3个	力学性能试验时，应从每批接头中随机切取；焊接等长的预应力钢筋（包括螺丝端杆与钢筋）时，可按生产时间等条件制作模拟试件；螺丝端杆接头可只做拉伸试验；模拟试件的试验结果不符合要求时，应从成品中再切取试件进行复试，其数量和要求应与初始试验时相同
		电弧焊		在工厂焊接条件下，300个同接头型式、同钢筋级别的接头作为一批；在现场安装条件下，每1~2楼层中以300个同接头型式、同钢筋级别的接头作为一批；不足300个接头仍应作为一批	拉伸 3个	在一般构筑物中应从成品中每批随机切取3个接头；在装配式结构中，可按生产条件制作模拟试件

序号	材料名称	取样单位	取样数量	取样方法
7 钢筋焊接接头	电渣压力焊	在一般构筑物中，以300个同级别钢筋接头作为一批；在现浇钢筋混凝土多层结构中，应以每一楼层或施工区段中300个同级别钢筋接头作为一批；不足300个接头仍应作为一批	拉伸 3 个	试件应从每批接头中随机切取
	预埋件钢筋T形接头埋弧压力焊	应以300件同类型预埋件作为一批；一周内连续焊接时可累计计算；当不足300件时，亦应按一批计算	拉伸 3 个	试件应从每批预埋件中随机切取，试件的钢筋长度≥200 mm，钢板的长度和宽度均应≥60 mm
	气压焊	在一般构筑物中，以300个接头作为一批；在现浇钢筋混凝土房屋结构中，同一楼层中应以300个接头作为一批；不足300个接头仍应作为一批	拉伸 3 个，在梁板水平钢筋连接中应加做 3 个弯曲试验	试件应从每批接头中随机切取
8 钢筋连接接头	带肋钢筋套筒挤压连接	同一施工条件下采用同一批材料的同等级、同型式、同规格接头≤500个/批；若连续10批拉伸试验一次抽样合格，验收批数量可≥1 000个	拉伸不少于3根	随机抽取不小于3个试件做单向拉伸试验，接头试件的钢筋母材应进行抗拉强度试验
	钢筋锥螺纹接头	同一施工条件下采用同一批材料的同等级、同型式、同规格接头≤500个/批；若连续10批拉伸试验一次抽样合格，验收批数量可≥1 000个	拉伸不少于3根	随机抽取不小于3个试件做单向拉伸试验，接头试件的钢筋母材应进行抗拉强度试验

序号	材料名称		取样单位	取样数量	取样方法
9	建筑钢结构焊接工艺试验的焊接接头		每一工艺试验	拉伸、面弯、背弯和圆弯各2个试件,冲击试验9个试件	焊接接头力学性能试验以拉伸和冷弯(面弯、背弯)为主,冲击试验按设计要求决定,有特殊要求时应做侧弯试验
10	砖、砌块	烧结普通砖	同一产地、规格(下同)≤15万块/批	强度10块	预先确定抽样方案,在成品堆(垛)中随机抽取,不允许替换
		烧结多孔砖			
		(蒸养)粉煤灰砖	≤10万块/批		
		煤渣砖	≤10万块/批		
		灰砂砖	≤10万块/批		
		烧结空心砖和空心砌块	≤3万块/批		
		粉煤灰砌块	≤200 mm³/批	强度3块	
		普通混凝土小型空心砌块	≤1万块批	强度5块	预先确定抽样方案,在成品堆(垛)中随机抽取,不允许替换(抗冻10块,相对含水率、抗渗、空心率各3块)
11	砂		同分类、规格、适用等级及日产量≤600 t/批,日产量超过2 000 t时≤1 000 t/批	见表7-2	在料堆上取样时,取样部位应均匀分布;取样前先将取样部位表层铲除,然后从不同部位抽取大致等量的8份,组成一组样品
12	碎(卵)石		同分类、规格、适用等级及日产量≤600 t/批,日产量超过2 000 t时≤1 000 t/批,日产量超过5 000 t时≤2 000 t/批	见表7-3	在料堆上取样时,取样部位应均匀分布;取样前先将取样部位表层铲除,然后从不同部位抽取大致等量的石子15份(在料堆的顶部、中部和底部均匀分布的15个不同部位取得)组成一组样品
13	轻集料		同一产地、同一规格、同一进场时间≤300 m³/批	最大粒径≤20 mm:60 L;最大粒径>20 mm:80 L	1.对均匀料进行取样时,试样可以从堆料锥体自上而下的不同部位、方向任选10个点抽取,但要注意避免抽取离析的及面层的材料,取样后缩取至所需数量;2.从袋装料抽取试样时,应从不同位置和高度的10个袋中抽取后再缩取

序号	材料名称		取样单位	取样数量	取样方法
14	混凝土外加剂	减水剂、早强剂、缓凝剂、引气剂	同一厂家、同一品种、同一编号（下同）≤10 t/批	不小于 0.2 t 水泥所需量	试样应充分混匀，分配成两等份
		泵送剂	≤10 t/批	不小于 0.2 t 水泥所需量	从至少 10 个不同容器中抽取等量试样混合均匀，分成两等份
		防水剂	年产 500 t 以上：≤50 t/批；年产 500 t 以下：≤30 t/批	不小于 0.2 t 水泥所需量	试样应充分混匀，分配成两等份
		防冻剂	≤50 t/批	不小于 0.15 t 水泥所需量	试样应充分混匀，分配成两等份
		膨胀剂	≤60 t/批	≥10 kg	可连续取，也可从 20 个以上不同部位抽取等量试样混合均匀，分成两等份
		速凝剂	≤20 t/批	4 kg	从 16 个点取样，每个点取样 250 g，共取 4 000 g，将试样混合均匀，分成两等份
15	粉煤灰		连续供应的同厂别、同等级，≤ 200 t/批	平均试样	1.散装粉煤灰：从不同部位取 10 份试样，每份试样不少于 1 kg，混合均匀，按四分法缩取试验所需量大一倍的样（称为平均试样）； 2.袋装粉煤灰：从每批中任抽 10 袋，并从每袋中各取试样不少于 1 kg，混合均匀，按四分法缩取试验所需量大一倍的样
16	建筑、道路石油沥青		同一厂家、同一品种、同一标号，≤ 20 t/批	1 kg	从均匀分布(不少于 5 处)的部位，取洁净的等量试样，共 1 kg
17	防水涂料	聚氨酯防水涂料	同一厂家、同一品种、同一标号（下同）甲组分≤5 t/批 乙组分按产品重量配比组批	2 kg	随机抽取桶数不低于 $\sqrt{\dfrac{n}{2}}$ 的整桶样品（n 是交货产品的桶数），逐桶检查外观，然后从初检过的桶内不同部位取相同量的样品，混合均匀
		溶剂型橡胶沥青	≤5 t/批	2 kg	同聚氨酯防水涂料
		聚氯乙烯弹性	≤20 t/批	2 kg	同聚氨酯防水涂料
		水性沥青基	每班的生产量为一批	2 kg	同聚氨酯防水涂料

序号	材料名称		取样单位	取样数量	取样方法
18	防水卷材	石油沥青油毡	同一厂家、同一品种、同一标号、同一等级（下同），≤1 500卷/批	500 mm长2块	任抽一卷切除距外层卷头2 500 mm后，顺纵向截取长500 mm的全幅卷材2块，一块做物理试验，另一块备用
		改性沥青聚乙烯胎防水卷材	≤10 000 m²/批	1 000 mm长2块	任抽3卷，放在15～30 ℃室温下至少4 h，从中抽1卷，距端部2 000 mm处，顺纵向截取长1 000 mm的全幅卷材2块
		弹（塑）体沥青防水卷材	≤1 000卷/批	800 mm长2块	样品长为800 mm，其他同石油沥青油毡
		三元丁橡胶防水卷材	同规格、同等级，≤300卷/批	500 mm长1块	任取3卷，从被检测厚度的卷材上切取500 mm进行状态调节后切取试样
		聚氯乙烯、氯化聚乙烯防水卷材	≤5 000 m²/批	3 000 mm长1块	任取3卷，从外观质量合格卷材中任取1卷，截去300 mm后，纵向截取3 000 mm作为样品，并进行状态调节
19	混凝土预制构件		在生产工艺正常下生产的同强度等级、同工艺、同结构类型构件≤1 000件/批，且<3个月/批；当连续10批抽检合格，可改为≤2 000件/批，且≤3个月/批	正常1件复检2件	随机抽取，抽样时宜从设计荷载最大、受力最不利或生产数量最多的构件中抽取
20	回填土	柱基	柱基的10%	≥5点	环刀法：每段每层进行检验，应在夯实层下半部（至每层表面以上2/3处）用环刀取样；灌砂法：数量可比环刀法适当减少，取样部位应为每层压实后的全部深度
		基槽、管沟、排水沟	每层长度为20～50 m	≥1点	
		基坑、挖填方、地面、路面、室内回填	每层长度为100～500 m	≥1点	
		场地平整	每层长度为400～900 m	≥1点	
		路基	每层1 000 m²	3点	环刀法

序号	材料名称	取样单位	取样数量	取样方法
21	普通混凝土			同一强度等级、同一配合比、同一生产工艺的混凝土,应在浇筑地点随机取样。强度试件(每组3块)的取样与留置规定如下: (1)每拌制100盘且不超过100 m³的同配合比的混凝土,取样不得少于一次; (2)每工作班拌制的同配合比的混凝土不足100盘时,取样不得少于一次; (3)当一次连续浇筑超过1 000 m³时,同一配合比的混凝土每200 m³取样不得少于一次; (4)每一现浇楼层同配合比的混凝土,其取样不得少于一次; (5)每次取样应至少留置一组标准养护试件,同条件养护试件的留置组数应根据实际需要确定。 对于有抗渗要求的混凝土结构(抗渗试件每组6个),GB 50204—2002规定:同一工程、同一配合比的混凝土,取样不应少于一次,留置组数可根据实际需要确定;GB 50208—2002规定:连续浇筑混凝土每500 m³应留置一组抗渗试件,且每项工程不得少于两组,采用预拌混凝土的抗渗试件,留置组数应视结构的规模和要求而定
22	轻集料混凝土			同一强度等级、同一配合比、同一生产工艺的混凝土,应在浇筑地点随机取样,每次取样必须取自同一次搅拌的混凝土拌和物。强度试件留置规定如下: (1)每100盘,且不超过100 m³的同配合比的混凝土,取样次数不得少于1次; (2)每一工作班拌制的同配合比的混凝土不足100 m³时,其次数不得少于1次
23	砌筑砂浆			同一强度等级、同一配合比的砂浆,应在搅拌机出料口随机抽取,强度试件每组6个立方体试样;每一检验批不超过250 m³砌体的各种类型及强度等级的砌筑砂浆,每台搅拌机应至少抽检一次

表 7-2　砂单项试验取样数量　　　　　　　　　　　　(单位:kg)

序号	试验项目	最少取样数量	序号	试验项目		最少取样数量
1	颗粒级配	4.4	8	硫酸盐和硫化物含量		0.6
2	含泥量	4.4	9	氯化物含量		4.4
3	石粉含量	6.0	10	坚固性	天然砂	8.0
4	泥块含量	20.0			人工砂	20.0
5	云母含量	0.6	11	表观密度		2.6
6	轻物质含量	3.2	12	堆积密度与空隙率		5.0
7	有机物含量	2.0	13	碱—集料反应		20.0

表 7-3　粗集料单项试验取样数量　　　　　　　　　　　　　　　　　　　　（单位:kg）

序号	试验项目	不同最大粒径(mm)下的最少取样数量							
1	颗粒级配	9.5	16.0	19.0	26.0	31.5	37.5	63.0	75.0
2	含泥量	9.5	16.0	19.0	25.0	31.5	37.5	63.0	80.0
3	泥块含量	8.0	8.0	24.0	24.0	40.0	40.0	80.0	80.0
4	针片状颗粒含量	8.0	8.0	24.0	24.0	40.0	40.0	80.0	80.0
5	有机物含量	1.2	4.0	8.0	12.0	20.0	40.0	40.0	40.0
6	硫酸盐和硫化物含量	按试验要求的粒级和数量取样							
7	坚固性								
8	岩石抗压强度	随机选取完整石块锯切或钻取成试验用样品							
9	压碎指标值	按试验要求的粒级和数量取样							
10	表观密度	8.0	8.0	8.0	8.0	12.0	16.0	24.0	24.0
11	堆积密度与空隙率	40.0	40.0	40.0	40.0	80.0	80.0	120.0	120.0
12	碱—集料反应	20.0	20.0	20.0	20.0	20.0	20.0	20.0	20.0

（2）取样数量应正确。

在材料的质量标准中,均明确规定了产品出厂(矿)检验的取样数量,在一些质量验收规范中也规定取样批次。

（3）选择资质符合要求的实验室来进行检测。

材料取样后,应在规定的时间内送检。实验室要经过当地政府主管部门批准,持有在有效期内的"建筑企业试验室资质等级证书",其试验范围必须在规定的业务范围内,试验室业务范围如表7-4所示。

表 7-4　不同企业各级实验室业务范围

实验室所属企业	实验室资质等级		
	一	二	三
建筑施工企业	1.砂、石、砖、轻集料、沥青等原材料; 2.水泥强度等级及有关项目; 3.混凝土、砂浆试配及试块强度; 4.钢筋(含焊件)力学性能试验; 5.道路用材料试验; 6.简易土工试验; 7.外加剂、掺合剂、涂料防腐试验; 8.混凝土抗渗、抗冻试验	1.砂、石、砖、轻集料、沥青等原材料; 2.水泥强度等级及有关项目; 3.混凝土、砂浆试配及试块强度; 4.钢筋(含焊件)力学性能试验; 5.混凝土抗渗试验; 6.简易土工试验; 7.道路用材料试验	1.砂、石、砖、沥青等原材料; 2.混凝土、砂浆试配及试块强度; 3.钢筋(含焊件)力学性能试验; 4.简易土工试验; 5.路基材料一般试验

实验室所属企业	实验室资质等级		
	一	二	三
市政施工企业	1.砂、石、轻集料、外加剂等原材料; 2.水泥强度等级及有关项目; 3.混凝土、砂浆试配及试块强度; 4.钢筋(含焊件)力学性能试验、钢材化学分析; 5.构件结构试验; 6.张拉设备和应力测定仪的校验; 7.根据需要对特种混凝土做冻融、渗透、收缩试验	1.砂、石、轻集料等原材料; 2.水泥强度等级及有关项目; 3.混凝土、砂浆试配及试块强度; 4.钢筋(含焊件)力学性能试验; 5.构件结构试验	1.砂、石、轻集料等原材料; 2.混凝土、砂浆试配及试块强度; 3.钢筋(含焊件)力学性能试验; 4.构件结构试验(预应力短向板)
预制构件厂	1.砂、石、砖、轻集料、防水材料等原材料; 2.水泥强度等级及有关项目; 3.混凝土、砂浆试配及试块强度; 4.钢筋(含焊件)力学性能试验、钢材化学分析; 5.混凝土非破损试验; 6.简易土工试验; 7.外加剂、掺合剂、涂料防腐试验; 8.混凝土抗渗、抗冻试验	1.砂、石、砖、轻集料、防水材料等原材料; 2.水泥强度等级及有关项目; 3.混凝土、砂浆试配及试块强度; 4.钢筋(含焊件)力学性能试验; 5.混凝土抗渗试验; 6.简易土工试验	1.砂、石、砖、沥青等原材料; 2.混凝土、砂浆试配及试块强度; 3.钢筋(含焊件)力学性能试验; 4.简易土工试验
预拌混凝土搅拌站	1.砂、石、外加剂等原材料; 2.水泥强度等级及有关项目; 3.混凝土试配及主要力学性能试验(抗渗、抗冻); 4.外加剂有关项目试验		

(4)认真审定抽检报告。

与材料见证取样表对比,做到物单相符;将试验数据与技术标准规定值或设计要求值进行对照,确认合格后方可允许使用该材料。否则,责令施工单位将该种或该批材料立即运离施工现场,对已应用于工程的材料及时作出处理意见。

(四)工程材料供应的质量控制

建立材料运输、调度、储存的科学管理体系,加快材料的周转,减少材料的积压和储存,做到既能按质、按量、按时地供应施工所需的材料,又能降低费用,提高效益。

(五)工程材料使用的质量控制

建立材料使用验证的质量控制制度,材料在正式用于施工之前,施工单位应组织现场试验,并编写试验报告。现场试验合格,试验报告及资料经审查确认后,这批材料才能正式用于施工。

同时,应充分了解材料的性能、质量标准、适用范围和对施工的要求,使用前应详细核对,以防用错或使用了不适当的材料。

对于重要部位和重要结构所使用的材料,在使用前应仔细核对和认证材料的规格、品种、型号、性能是否符合工程特点和设计要求。此外,还应严格进行下列材料的质量控制:

(1)对于混凝土、砂浆、防水材料等,应进行试配,并应检查、监督施工单位按试验要求严格控制配合比。

(2)对于钢筋混凝土构件及预应力混凝土构件,应按有关规定进行抽样检验。

(3)对于预制加工厂生产的成品、半成品,应由生产厂家提供出厂合格证明,必要时还应进行抽样检验。

(4)对于高压电缆、电绝缘材料,应组织进行试验后才能使用。

(5)对于新材料、新构件,要经过权威单位进行技术鉴定合格后,才能在工程中正式使用。

(6)对于进口材料,应会同商检部门按合同规定进行检验,核对凭证,如发现问题,应在规定期限内提出索赔。

(7)凡标志不清或怀疑质量有问题的材料,以及对质量保证资料有怀疑或与合同规定不符的材料,均应进行抽样检验。

(8)储存期超过3个月的过期水泥或受潮、结块的水泥,需重新检定其强度等级,并且不得使用在工程的重要部位。

(9)工程中所使用的物资通常都必须经过检验,禁止使用未经检验的物资,对于确因生产急需而又来不及检验就必须投入使用的物资,需经有关负责人(相应授权人)批准,并作出明确标识和记录,一旦发现不符合规定要求的可以立即追回和更换。

本章小结

第八章　工程质量资料

【学习目标】
- 掌握工程质量资料的编制
- 掌握工程质量资料的分类和组卷

第一节　工程质量资料的编制

一、图纸会审、设计变更、工程洽商记录

(一)图纸会审

(1)图纸会审由建设(监理)单位组织,设计单位交底,勘察、施工等单位参加(含分包)。

(2)图纸会审前各单位应作好图纸自审,形成自审记录,报建设(监理)单位并由其转交设计单位进行设计交底准备。

(3)图纸会审纪要由施工单位按建筑、结构、安装等顺序整理、汇总,各单位技术负责人会签并加盖公章形成正式文件。

(4)图纸会审纪要是正式文件,不得在纪要上涂改或变更。

(二)设计变更

(1)施工单位必须按照工程设计图纸和施工技术标准施工,不得擅自修改工程设计;施工过程中如发现设计文件和图纸有差错、不合理,或因施工条件、材料规格、品种、质量不能够完全符合设计要求需进行施工图修改,应由设计单位修改设计并由建设(监理)单位签认。

(2)建设(监理)单位对建筑工程提出的修改意见,须由设计单位同意并由其修改设计。

(3)涉及工程规模、规划、环境、消防、人防等政府监管内容的修改,须由相关行政主管部门同意后,方可进行设计变更。

(4)设计变更应及时办理,内容必须明确具体,变更应注明原图号,必要时应附图。

(5)设计变更应严格执行变更签证制度,重要设计变更应由原施工图审查机构审核后方可实施。

(6)分包工程的设计变更应通过工程总包单位确认后,方可办理设计变更。

(7)所有设计变更应汇总于设计变更汇总记录。

(三)工程洽商记录

(1)工程洽商是有关单位就技术或其他事务交换意见的记录文件,其内容涉及设计变更的,应由建设(监理)单位、设计单位、施工单位各方签认并满足设计变更记录的有关规定。不涉及设计变更的,由洽商涉及各方签认。

（2）工程洽商记录按日期先后顺序编号。

（3）工程洽商经签认后不得随意涂改或删除。

（4）工程洽商记录原件存档于提出单位，其他单位可复印（复印件应注明原件存放处）。

二、工程定位测量、放线记录

（1）测量工作开始前，应熟悉设计图纸及有关技术资料，根据设计图纸要求，结合现场实际情况，制订测量技术方案。

（2）建筑物定位测量、桩基定位测量、轴线及标高放线测量工作中，应注意内外业等复核检查，防止发生差错。测量工作结束后，应及时整理原始资料，并应进行验收。

（3）建筑物定位测量、桩基定位测量复核情况应以简图形式记录在验收表中，简图中应标明轴线控制桩的位置及标高、桩位偏差、轴线位置及偏差、轴线投测点、标高投测点等位置。

（4）建筑物轴线及标高放线测量复核情况应以简图形式记录在验收表中，简图中应标明轴线位置及偏差、轴线投测点、标高投测点的位置。

三、原材料出厂合格证书及进场检（试）验报告

（一）钢材出厂合格证及进场检验报告

（1）凡结构设计施工图所配各种受力钢筋，应有钢筋出厂合格证及力学性能现场抽样检验报告单，出厂合格证备注栏中应由施工单位注明单位工程名称、使用部位和进场数量。

（2）使用进口钢筋应有商检证及主要技术性能指标。进场后应严格遵守"先检验后使用"的原则进行力学性能及化学成分检验，其各项指标符合国产相应级别钢筋的技术标准及有关规定后，方可根据其应用范围用于工程。当进口钢筋的级别及强度级别不明时，可根据检验结果确定钢筋级别，但不应用在主要承重结构的重要部位。

（3）冷拉钢筋、冷拔钢筋、冷轧钢筋、冷轧带肋钢筋除应有母材的出厂合格证及力学性能检验报告外，还应有冷拉、冷拔、冷轧后的钢筋出厂合格证及力学性能现场抽样检验报告。

（4）预应力混凝土工程所用的热处理钢筋、钢绞线、碳素钢丝、冷拔钢丝等材料应有出厂合格证及力学性能现场抽样检验报告，其技术性能和指标应符合设计要求及有关标准规范的规定。

（5）无黏结预应力筋（是指带有专用防腐油脂涂料层和外包层的无黏结预应力筋）现场抽样检验的力学性能技术指标，应符合《钢绞线、钢丝束无粘结预应力筋》（JG 3006—93）的要求。防腐润滑脂应提供合格证，其有关指标必须符合《无粘结预应力筋专用防腐润滑脂》（JG 3007—1993）标准的规定。

（6）预应力筋用锚具、夹具和连接器应有出厂合格证，进场后应按批抽样检验并提供检验报告，其指标应符合标准后方可用于工程。无合格证时，应按国家标准进行质量检验。预应力筋用锚具系统的质量检验和合格验收应符合国家现行标准《预应力筋用锚具、夹具和连接器应用技术规程》（JGJ 85—2010）和《预应力筋用锚具、夹具和连接器》（GB/T 14370—2007）的规定。

（7）预应力混凝土用金属螺旋管应有出厂合格证，进场后应按批抽样检验，并提供检验报告，其指标应符合国家现行行业标准《预应力混凝土用金属螺旋管》（JG/T 3013—1994）

后方可用于工程。

(8)钢材检验报告应根据有关规定按相应格式内容填写,检验方法应符合国家有关标准。

(9)钢材力学性能检验时,如某一项检验结果不符合标准要求,则应根据不同种类钢材的抽样方法从同批钢材中再取双倍数量的试件重做该项目的检验,如仍不合格,则该批钢材即为不合格,不得用于工程,不合格品的钢材必须有处理情况说明,并应归档备查。

(二)水泥出厂合格证及进场检验报告

(1)凡建设工程用的水泥均应按厂别、品种提供水泥出厂合格证,合格证备注栏中由施工单位填明单位工程名称及使用部位、进场数量,散装水泥还应提供出厂卡片。

(2)凡属下列情况之一者,必须进行水泥物理力学性能检验,并提供水泥检验报告单:

①水泥出厂时间超过3个月(快硬硅酸盐水泥超过1个月);

②在使用中对水泥质量有怀疑;

③水泥因运输或存放条件不良,有受潮结块等异常现象;

④使用进口水泥;

⑤设计中有特殊要求的水泥。

(3)水泥检验报告在混凝土配合比设计之前提供,检验结论要明确。

(4)当水泥质量合格证或检验报告中的初凝时间或安定性指标不符合有关标准时均为废品,不得用于工程。终凝时间、细度不符合标准规定或强度低于强度等级规定的指标时为不合格品,不合格品经鉴定可由企业技术负责人签章处理。

(5)特种水泥(白色硅酸盐水泥、低热水泥、膨胀水泥)也应提供合格证或按第(2)条的要求提供检验报告,其性能指标应符合相应标准的规定。

(6)水泥检验报告上注明的水泥品种、出厂日期、强度等级、出厂编号等应与水泥合格证相一致。

(三)砖、砌块出厂合格证及进场检验报告

(1)砌体工程所用砌墙砖应有出厂合格证,其外观检验、强度检验数据及结论均应满足设计要求,同时要符合《烧结普通砖》(GB/ 5101—2003)、《烧结多孔砖和多孔砌块》(GB 13544—2011)、《烧结空心砖和空心砌块》(GB13545—2003)和《普通混凝土小型空心砌块》(GB 8239—1997)标准的要求。

(2)进场的砌墙砖应按规定取样检验,并提供强度检验报告。

(3)砖检验报告应按相关表格填写。

(四)砂、石出厂合格证及进场检验报告

(1)混凝土用砂、石及砂浆用砂应有出厂合格证或检验报告,同时混凝土用砂、石要符合《普通混凝土用砂、石质量及检验方法标准》(JGJ 52—2006)、《建筑用卵石、碎石》(GB/T 14685—2011)标准的要求。

(2)设计有特殊要求的必须按要求取样检验,并提供检验报告。

(3)砂、石检验报告应根据有关规定按相关表格填写,对一些主要的检验指标不得缺检,检验方法应符合《普通混凝土用砂、石质量及检验方法标准》(JGJ 52—2006)和《普通混凝土用碎石或卵石质量标准及检验方法》(JGJ 53—1992)标准的规定。

(五)外加剂出厂合格证及进场检验报告

(1)混凝土用外加剂应符合《混凝土外加剂》(GB 8076—2008)、《砂浆、混凝土防水剂》

（JC 474—2008）、《混凝土膨胀剂》（GB 23439—2009）、《混凝土外加剂应用技术规范》（GB 50119—2003）标准的要求和有关环境保护的规定。用于防水工程中的外加剂还应同时符合《建筑防水材料应用技术规程》（DBJ 13—39）标准中对外加剂的要求。

（2）凡属工程使用的外加剂，必须按进场的批次和产品的抽样检验方案进行取样检验，并提供检验报告单。

（3）外加剂检验报告应根据有关规定按相关表格填写，对一些主要的检验指标不得缺检，检验方法应符合产品国家及行业标准的规定。

（4）进场的外加剂应同时附有合格证和出厂检验报告，还必须提供有效的抽样型式检验报告。对首次使用的外加剂或使用间断三个月以上时，厂方必须提供有效的型式检验报告或经型式检验合格后方可使用。存放期超过三个月的外加剂，使用前应重新检验，并相应调整配合比。

（5）设计有特殊要求的外加剂应有专项性能检验报告。

（六）掺合料出厂合格证及进场检验报告

（1）混凝土及砂浆用粉煤灰应符合《粉煤灰在混凝土和砂浆中应用技术规程》（JGJ 28—86）标准的要求。高炉矿渣粉应符合《用于水泥和混凝土中的粒化高炉矿渣粉》（GB/T 18046—2000）标准的要求。

（2）粉煤灰检验方法应符合《用于水泥和混凝土中的粉煤灰》（GB 1596—2005）标准的规定，对一些主要的检验指标不得缺检，高炉矿渣粉检验方法应符合《用于水泥和混凝土中的粒化高炉矿渣粉》（GB/T 18046—2008）标准的规定。

（3）设计有特殊要求的粉煤灰，应有专项性能检验报告。

（七）防水材料合格证及检验报告

（1）建筑工程用的防水材料如防水卷材、防水涂料、卷材胶粘剂、涂料胎体增强材料、密封材料及刚性防水材料等必须有出厂合格证和进场复验报告。

（2）防水材料检验报告应按相关表格填写，检验方法应符合国家有关标准。

（八）隔热保温材料出厂合格证及进场检验报告

（1）所有材料进场时应对品种、规格、外观和尺寸进行验收。材料包装应完好，应有产品合格证书、中文说明书及相关性能的检测报告；进口产品应按规定进行商品检验。

（2）进场后，需要进行的检验项目必须包括：抗压强度、吸水率、导热系数、密度。同厂家生产的同品种、同批次的进场材料应至少抽取一组样品送检测机构进行检验。

（九）建筑外墙涂料及外墙腻子出厂合格证及进场检验报告

（1）所有材料进场时应对品种、外观等进行验收，材料包装应完好，应有产品合格证书、中文说明书及相关性能的检测报告。

（2）建筑外墙涂料进场后需要进行检测项目主要包括：耐水性、耐碱性、耐洗刷性、耐沾污性。同厂家生产的同品种、同批次的进场材料应至少抽取一组样品进行检验。

四、施工试验报告及见证检测报告

（一）地基压实系数试验报告

（1）对灰土地基、砂和砂石地基、粉煤灰地基及土方回填工程，应按设计要求和规范规定，分层填筑，夯压密实，现场分层取样，实测试样的密度、含水率，据此计算压实系数。

（2）设计未提出控制干密度指标的工程，在施工前应对填料做击实试验（黏性土）或砂的相对密度试验（回填砂）确定其最大干密度 ρ_{dmax}，再根据设计压实系数，分别计算出填料的施工控制干密度。

（3）密度及含水率试验，灌水、灌砂法密度试验，击实试验，砂的相对密度试验及压实度试验。压实度试验报告应附分层取样平面示意图。

（二）砂浆配合比设计报告

砂浆应按设计要求由实验室通过试配确定配合比，提交配合比设计报告。当砂浆的组成材料有变更时，其配合比应重新确定。

（三）砂浆试件抗压强度试验报告

（1）砂浆应按设计分类提供试件抗压强度试验报告。

（2）当砂浆试件块强度评定不合格或试件留置组数严重不足或对砂浆强度的代表性有怀疑，应由具有相应资质的检测机构采用非破损或局部破损的检测方法，按国家现行有关标准的规定对砂浆和砌体强度进行鉴定，并作为处理的依据。鉴定处理应有处理记录，并经设计单位同意签认。

（四）混凝土配合比设计报告

（1）混凝土应按设计要求由实验室通过试配确定配合比，提交配合比试验报告。当混凝土的组成材料有变更时，其配合比应重新确定。

（2）现场施工时的混凝土配合比，应根据砂、石的含水率作相应调整并作好记录。

（五）混凝土试件抗压强度试验报告

（1）混凝土应按设计要求提供试件抗压强度试验报告。

（2）当混凝土试件强度评定不合格或混凝土强度的代表性不真实或有怀疑而又无从证实时，应由具有相应资质的检测机构采用非破损或局部破损的检测方法，按国家现行有关标准的规定对结构构件中的混凝土强度进行鉴定，并作为处理的依据。经鉴定处理的结构或构件应有处理记录，并经设计单位同意签认。

（六）混凝土抗渗试验报告

混凝土应按设计要求提供试件抗渗试验报告。

（七）焊接及机械连接出厂合格证及进场检验报告

（1）凡采用焊接或机械连接的受力钢筋均应有力学性能检验报告，其被连接母材质量检验结果均须符合设计及有关标准、规范及规程的规定。

（2）钢筋焊接和机械连接检验报告应按质控表格规定内容填写每个试件检验结果数据及结论，应说明破坏部位（断在接头、热影响区或接头外）及破坏状态（呈现脆性或延性断裂等）；焊接接头弯曲检验应注明弯心直径、弯曲角度及每根试件弯曲后在焊缝处是否发生断裂，并判断该组试件的拉伸及弯曲检验结果是否合格。

（3）凡施焊用的各种钢筋及型钢均应有质量证明书；焊条、焊剂应有产品合格证，焊条的规格、型号必须与设计要求一致。当设计未作规定时，钢筋电弧焊焊条牌号应按《钢筋焊接及验收规程》（JGJ 18—2012）的规定选用。进行电渣压力焊和埋弧焊若设计对焊剂的牌号未作规定时可采用 431 焊剂（高锰、高硅、低氟焊剂，适合于Ⅰ、Ⅱ级钢筋的焊接）或其他性能相似的焊剂。

（4）对焊条质量有怀疑时（如锈蚀、受潮严重），应按批抽样检验，并提供焊条检验报告。

(5)凡从事焊接及机械连接的人员必须经过考试,取得焊工考试合格证后方可从事焊接工作,焊接报告中应填上操作人姓名及焊工证编号。

(6)机械连接接头使用的连接件必须具备出厂合格证并按规定提供型式检验报告,当在操作过程中发现异常时,应对该批连接件材质进行化学成分、力学性能及其他专项检验。合格证报告中材料的性能应符合《钢筋机械连接技术规程》(JGJ 107—2010)、《镦粗直螺钢筋接头》(JG 171—2005)等标准的规定。

(八)见证检测报告

(1)建筑工程中涉及结构安全的试块、试件和材料应在建设单位或工程监理单位人员的见证下,由施工单位的现场试验人员在现场取样,并送至经过省级以上建设行政主管部门资质认可的对外检测单位进行检测。

(2)在施工过程中,见证人员应按照见证取样和送检计划,对施工现场的取样和送检进行见证,取样人员应在试样或其包装上作出标识、封志。标识和封志应标明工程名称、取样部位、取样日期、样品名称和样品数量,并由见证人员和取样人员签字。见证人员应制作见证记录,并将见证记录归入施工技术档案。

(3)见证检测报告应注明检验性质为见证送样,并注明见证人姓名。

(九)建筑地面、屋面坡度检查记录

(1)建筑地面坡度检查的批次应按每一层次或每层施工段(或变形缝)作为一批,高层建筑的标准层可按每三层(不足三层按三层计)作为一批,每批抽查数量应按自然间(或标准间)随机检验不少于三间(点),不足三间,应全数检查;其中走廊(过道)应以10延长米为一间,工业厂房(按单跨计)、礼堂、门厅应以两个轴线为一间计算。

(2)屋面找平层(含天沟、檐沟)的排水坡度,必须符合设计要求。当设计无要求时,平屋面采用结构找坡不应小于3%,采用材料找坡宜为2%;天沟、檐沟纵向找坡不应小于1%。沟底水落差不得超过200 mm。

(3)建筑地面、屋面坡度检查记录。

五、隐蔽工程验收记录

(一)地基验槽记录

(1)地基验槽必须经土方工程质量检验评定合格后,方可提请有关单位进行验槽,并提供验槽记录。

(2)基槽(坑)的几何尺寸和槽底标高或挖土深度(最小埋置深度)应符合设计要求。如有局部加深、加宽者,应附图说明其原因及部位。

(3)基槽施工中遇有坟穴、地窖、废井、旧基础、管道、泉眼、橡皮土等局部异常现象时,应将其所处部位、深度、特征及处理方法进行描述,并有附图说明。

(4)经过技术处理的地基基础及验槽中存在的问题,处理后须进行复验,复验意见和结论要明确,签证应齐全。必要时应有勘察部门参加并签字。

(二)现场预制桩钢筋安装

现场预制桩钢筋必须在钢筋检验批质量验收合格后,提请有关单位进行隐蔽工程验收,并填写隐蔽工程验收记录。

(三)混凝土灌注桩钢筋笼

混凝土灌注桩钢筋笼,必须在钢筋检验批质量验收合格后,提请有关单位进行隐蔽工程验收,并填写隐蔽工程验收记录。

(四)钢筋混凝土工程

(1)钢筋混凝土工程钢筋必须在钢筋检验批质量验收合格,在模板合模前或浇捣混凝土前,提请有关单位进行隐蔽工程验收,并填写隐蔽工程验收记录。

(2)重要构件的钢筋结点隐蔽应附简图。

(五)砌体工程

砌体工程验收前,必须提请有关单位进行隐蔽工程验收,并填写隐蔽工程验收记录。

六、施工记录

(一)工程定位测量检查记录

(1)工程定位测量前,应先由城建规划部门根据建筑红线以及城市规划要求,确定方位,提供建设各方测量标志。

(2)施工单位应根据城建规划部门提供的水准点、坐标点以及施工红线图等,作出包括建筑位置线、现场标准水准点、坐标点(包括标准轴线桩、示意图)等,填写工程定位测量检查记录,报监理(建设)单位确认。

(二)地基钎探记录

(1)对地质复杂的或重要的工程,对地基变形有特殊要求以及地基开挖后对地基土有疑义时,应根据设计要求或验槽磋商的意见进行钎探试验,并作好测试记录,钎探记录应填写清楚、真实,并有钎探记录人、施工员、项目技术负责人签字,钎探记录应附有打钎平面图以及钎探结果的分析。

(2)钎探打钎按平面图标定的钎探点顺序进行,记录每打入 300 mm(一步)深度的锤击数,钎探锤重、落距、钎径应符合规范规定。

(3)钎探完毕,要认真分析钎探记录,查明槽底以下土质的变化,分析孔深范围内基土坚硬程度是否均匀,如有异常需处理,应在打钎平面布点图上标明部位、区段、标高及处理方法。

(三)地基处理记录

(1)地基处理记录包括地基处理综合描述记录、试桩试夯试验记录、地基处理施工过程记录,施工单位应根据确认的处理方案作好相应的记录。

(2)地基处理综合描述应对地基处理前状态、处理方案、处理部位、处理过程、处理结果作一综合的描述。

(3)重锤夯实地基应作试夯记录,夯实过程应填写施工记录。

(4)深层密实法施工记录要求:

①施工过程中应对各项参数及施工情况进行详细记录,包括夯点记录与每遍的汇总记录,对强夯地基的质量检验应在夯后一定的间歇期之后进行。

②振冲地基在正式施工前,应在现场在代表性的场地上进行试桩试验,确定有关施工参数,作好记录。施工时应检查振冲器与填料的性能,施工中应检查各种施工参数,并作好施工记录。对振冲地基的质量检验应根据不同的填料,在施工结束后间歇一定时间进行。

(5)胶结法施工记录要求:

①高压喷射注浆地基、水泥土搅拌桩地基在方案确定后应进行现场试桩试验,并通过试验性施工或根据工程经验确定施工参数及控桩标准,并作好记录;

②高压喷射注浆地基在施工前应检查水泥与外掺剂等的质量、桩位、压力表与流量表的精度和灵敏度、施工设备的性能等,施工中应检查施工参数及施工程序,如实记录各项参数和出现的异常现象,施工记录,桩体质量及承载力检验应在施工结束后28 d进行;

③水泥土搅拌桩地基施工前应检查水泥及外掺剂的质量、桩位、搅拌机工作性能及各种计量设备完好程度,施工中应检查机头提升速度、喷浆时间、复搅次数、水泥浆或水泥注入量、搅拌桩的长度及标高,施工记录,搅拌深度记录误差不得大于50 mm,时间记录误差不得大于5 s,施工结束后应检查桩体强度、桩体直径及地基承载力,强度检验应取90 d龄期的试件。

(四)试桩记录

(1)试桩过程应描述打桩情况,如试桩位的选择、该试桩位与地质报告中描述的地质情况是否吻合等,其原始的参数记录均按各类桩基施工记录表进行记录。

(2)试桩后应填写试桩记录,以明确工程桩正式施工各类桩的参数标准,如持力层的确定、进入持力层的深度、桩长、贯入度、锤击数、压桩力、终压力、终孔条件的判定等。

(五)桩基施工记录

(1)桩基记录包括各种混凝土预制桩、先张法预应力管桩、钢桩、锚杆静压桩、混凝土灌注桩等。工程桩施工前应作好施工组织设计或施工方案。各种桩的记录应按不同的要求作出详尽记录,要求填写齐全,数据准确真实,且应符合设计要求和规范规定,竣工时应附桩位竣工平面图。

(2)桩基工程施工前应在现场做试打桩(压桩)或成孔试验,并填写试桩记录。

(3)钢管桩及预应力混凝土管桩应符合设计要求并附有出厂合格证和材质检验报告,经进场验收合格后才能打(压)桩。

(4)锤击预制桩的施工记录用表。

(5)静压预制桩施工记录。压桩施工过程中,必须认真作好压桩施工各阶段的记录,锚杆静压桩与基础连接前,应对压桩孔进行认真检查。

(6)各种预制桩施工过程中对需要接桩的,应检查接桩质量,并提供隐蔽记录,符合要求后方可继续施工。

(7)混凝土和钢筋混凝土灌注桩(包括泥浆护壁成孔灌注桩、干作业成孔灌注桩、人工挖孔灌注桩和套管成孔灌注桩等)应进行成孔质量检查。检查内容包括:桩位轴线、孔径、垂直度、持力层土层情况、孔底沉渣厚度及孔的深度检查等,对于泥浆护壁成孔的桩还应进行孔底泥浆比重的测定,并记录检查结果。

(8)人工挖孔桩应复验孔底持力层土(岩)性。嵌岩桩必须有桩端持力层的岩性报告。

(9)沉管灌注桩宜采用钢筋混凝土预制桩尖,其混凝土强度等级应不低于C30且应提供合格证。

(10)水下混凝土的浇注应由专人测量导管埋深及管内外混凝土面的高差,并提供水下混凝土灌注记录汇总表。

(11)灌注桩施工过程,应按各类桩的不同要求作好施工记录。

(12)基桩施工完,应提供按设计要求或规范规定的单桩承载力和桩身完整性抽样检测报告。

（13）经测试单桩承载力和桩身质量达不到设计要求，或是在打桩过程中发现贯入度剧变、桩身突然发生倾斜位移、严重回弹、桩身碎裂，或泥浆护壁成孔时发生斜孔、弯孔、缩孔和塌孔，地面沉降等异常情况者，应有技术鉴定，需采取技术措施处理的，应有处理记录和示意图，并需经设计、监理(建设)、施工等单位验收签证。

（六）预检工程检查记录

（1）本预检工程检查记录为通用施工记录。

（2）模板预检记录：要求按施工组织设计的方案进行，保证模板及其支架应具有足够的承载能力、刚度和稳定性，要求几何尺寸、轴线、标高、预埋件及预留孔位置准确，柱墙应预留清扫口，模板内应清理干净，模板应涂刷隔离剂，节点做法应符合操作规程要求。

（3）预制构件预检记录：预制构件型号应符合图纸要求，其外观质量、尺寸偏差及结构性能应符合标准或设计要求，预制构件的端头加固以及搁置长度，预制构件与结构之间的连接等应符合设计要求，对于预制构件安装的高程偏差等应符合图纸设计要求。

（4）设备基础预检记录：要求设备基础的位置高程、几何尺寸，以及预埋件与预留孔的标高、中心距、深度、平整度、孔垂直度等均应符合图纸及规范要求。

（5）混凝土工程结构施工缝预检记录：要求施工缝的留置位置、留置方法以及接槎处均应按设计和规范要求以及确定的施工技术方案进行。

（七）大体积混凝土测温记录

大体积混凝土的温控施工中，除应进行水泥水化热的测试外，在混凝土浇筑过程中还应进行混凝土浇筑温度的监测，在养护过程中应进行混凝土浇筑块体升降温、内外温差、降温速度及环境温度等监测，同时填写大体积混凝土养护测孔平面图和大体积混凝土测温记录。其监测的规模可根据所施工工程的重要程度和施工经验确定，测温的办法可以采用先进的电子自动测温方法。

（八）混凝土开盘鉴定

（1）凡符合下列规定的现场搅拌混凝土或预拌混凝土，应实行混凝土开盘鉴定，并填写记录：

①承重结构当第一次使用的配合比时；

②防水混凝土第一次浇筑前；

③特种或特殊要求混凝土当每次浇筑前；

④大体积混凝土当每次浇筑前。

（2）混凝土开盘鉴定应由施工单位组织监理(建设)单位、混凝土搅拌单位进行，采用现场搅拌的，应由施工单位组织监理(建设)单位进行。参加人员为：建设单位的项目技术负责人、监理单位的监理工程师、施工单位的项目技术负责人、混凝土搅拌单位的质检部门代表。开盘鉴定最后结果应由参加鉴定人员代表单位签字。

（3）开盘鉴定时应提供下列资料：

①混凝土配合比申请单或供货申请单；

②混凝土配合比设计单；

③水泥出厂质量证明书；

④水泥3 d复试报告；

⑤砂子试验报告；

⑥石子试验报告；

⑦混凝土掺合料合格证；

⑧混凝土掺合料出厂检验报告；

⑨混凝土掺合料试验报告；

⑩外加剂使用及性能说明书；

⑪外加剂出厂合格证或检验报告；

⑫外加剂型式检验报告；

⑬外加剂复检报告；

⑭试配混凝土抗压试验报告；

⑮混凝土试块 28 d 抗压强度试验报告(后补上)。

(九)混凝土施工记录

(1)混凝土拌制方式可分为现场搅拌及预拌两种,使用现场搅拌混凝土填写混凝土工程(现场搅拌)施工记录;使用预拌混凝土填写混凝土工程(预拌)施工记录。

(2)拌制混凝土所用的原材料必须是合格的,并具有出厂合格证、出厂检验报告和进场复验报告等相关技术资料。砂、石含水率的测定每工作班不少于一次。

(十)结构吊装记录

(1)对预制混凝土框架结构、钢结构、网架结构及大型结构构件的吊装,应有逐层、逐段的构件型号、安装位置、安装标高、搭接长度、固定方法、连接和接缝处理以及构件外观与吊装节点处理的质量情况等的检查记录,并附有分层段的吊装平面图。

(2)钢结构安装前,应按设计图和构件明细表,核对进场的构件,查验产品的合格证。工厂预拼装过的构件在现场组装时,应根据预拼装记录进行。安装过程中,制孔、组装、焊缝或高强螺栓、涂装等检查结果必须符合设计要求和《钢结构工程施工质量验收规范》(GB 50205—2001)的规定。当设计要求钢结构进行结构试验时,应附有结构检验报告,检查结果应符合相应的设计文件要求。

(十一)现场施工预应力记录

(1)预应力筋及预应力筋用锚具、夹具和连接器应符合有关标准规定和设计要求,并应有产品的合格证、出厂检验报告和进场复试报告。

(2)预应力张拉记录包括预应力施工部位、预应力筋规格、平面示意图、张拉顺序、应力记录、伸长量。

(3)预应力张拉应对每根预应力筋的张拉实测值进行记录。

七、预制构件、预拌混凝土合格证

(一)预制构件合格证

(1)本规定构件主要指预制钢筋混凝土构件、预应力钢筋混凝土构件、钢结构构件、网架结构构件、隔墙板、门窗、建筑幕墙等。

(2)生产厂家应有生产许可证或资质。各类预制构件合格证应在安装前逐批提供,并在明显部位加盖出厂标记,标明生产单位、构件型号、生产日期和质量验收标志。构件上的预埋件、插筋,预留孔洞的规格、位置、数量应符合设计或标准图的要求。合格证的格式见质检(建)表。所有厂家提供的合格证应涵盖上述表格内容的信息。

(3)建筑结构承重预制构件应按规定提供合格证及有关结构性能检验报告。现场预制的承重构件应提供原材料质量证明书、检验批、分项质量评定及有关试验报告。结构性能检验不合格的预制构件不得使用。普通钢筋混凝土预制构件应符合《混凝土结构工程施工质量验收规范》(GB 50204—2002)的规定。

(4)各类门窗必须提供出厂合格证。设计要求做"三性"试验的铝合金门窗、塑钢门窗应提供"三性"试验报告。当设计未明确时,按规程规定进行。

(5)钢结构构件进场时,必须提供出厂合格证和试验报告。钢结构构件质量应符合设计及现行国家标准《钢结构工程施工质量验收规范》(GB 50205—2001)的规定,网架构件的质量还应符合《网架结构工程质量检验评定标准》(JGJ 78—1991)的要求。

(6)建筑幕墙构件质量应符合设计要求及《建筑幕墙》(GB/T 21086—2007)、《建筑装饰装修工程质量验收规范》(GB 50210—2001)、《玻璃幕墙工程质量检验标准》(JGJ/T 139—2001)的要求,进场时所用材料应有出厂合格证、材质证明书及有关试验报告。

(7)玻璃幕墙构件出厂时应有质量检验证书。

(8)隔墙板应有产品合格证、使用说明书。

(9)先张法预应力混凝土管桩出厂时应提供出厂合格证及材质检验报告,检验程序及结果应符合设计和规范规定。

(二)预拌混凝土合格证

(1)预拌混凝土出厂合格证应按质控(建)表内容填写完整,签字应完整,结论应明确。

(2)预拌混凝土所使用的各种原材料必须符合国家现行标准、规范的规定,进厂的原材料必须有相应的产品说明书、每批产品合格证和出厂检验报告。进厂原材料须经检验合格后方可使用。

(3)预拌混凝土出厂应进行检验,出厂检验试样取样应在搅拌地点进行,由供方出具的出厂检验报告不作为工程质量评定与验收依据。

(4)预拌混凝土交货检验混凝土拌和物性能不合格,需方或施工单位有权拒收和退货,并作好记录。

(5)判决混凝土质量是否符合要求时,强度、坍落度以及抗渗等级检验应以交货检验结果为依据,氯化物含量可以出厂检验结果为依据(在原材料不变的情况下,每台班提供一次,不足一台班亦提供一次),其他的检验项目可按合同规定执行。

(6)交货时,预拌混凝土生产厂家必须向需方提供有关质量控制资料及每一车发货单。质量控制资料按开盘次数提供。

第二节 工程质量资料的整理

一、资料的分类

(一)开工前资料

开工前资料包括:①中标通知书及施工许可证;②施工合同;③委托监理工程的监理合同;④施工图审查批准书及施工图审查报告;⑤质量监督登记书;⑥质量监督交底要点及质量监督工作方案;⑦岩土工程勘察报告;⑧施工图会审记录;⑨经监理(或业主)批准的施工

组织设计或施工方案;⑩开工报告;⑪质量管理体系登记表;⑫施工现场质量管理检查记录;⑬技术交底记录;⑭测量定位记录。

(二)质量验收资料

质量验收资料包括:①地基验槽记录;②基桩工程质量验收报告;③地基处理工程质量验收报告;④地基与基础分部工程质量验收报告;⑤主体结构分部工程质量验收报告;⑥特殊分部工程质量验收报告;⑦线路敷设验收报告;⑧地基与基础分部及所含子分部、分项、检验批质量验收记录;⑨主体结构分部及所含子分部、分项、检验批质量验收记录;⑩装饰装修分部及所含子分部、分项、检验批质量验收记录;⑪屋面分部及所含子分部、分项、检验批质量验收记录;⑫给水、排水及采暖分部及所含子分部、分项、检验批质量验收记录;⑬电气分部及所含子分部、分项、检验批质量验收记录;⑭智能分部及所含子分部、分项、检验批质量验收记录;⑮通风与空调分部及所含子分部、分项、检验批质量验收记录;⑯电梯分部及所含子分部、分项、检验批质量验收记录;⑰单位工程及所含子单位工程质量竣工验收记录;⑱室外工程的分部(子分部)、分项、检验批质量验收记录。

(三)试验资料

试验资料包括:①水泥物理性能检验报告;②砂、石检验报告;③各强度等级混凝土配合比试验报告;④混凝土试件强度统计表、评定表及试验报告;⑤各强度等级砂浆配合比试验报告;⑥砂浆试件强度统计表及试验报告;⑦砖、石、砌块强度试验报告;⑧钢材力学、弯曲性能检验报告及钢筋焊接接头拉伸、弯曲检验报告或钢筋机械连接接头检验报告;⑨预应力筋、钢丝、钢绞线力学性能进场复验报告;⑩桩基工程试验报告;⑪钢结构工程试验报告;⑫幕墙工程试验报告;⑬防水材料试验报告;⑭金属及塑料的外门、外窗检测报告(包括材料及三性);⑮外墙饰面砖的拉拔强度试验报告;⑯建(构)筑物防雷装置验收检测报告;⑰有特殊要求或设计要求的回填土密实度试验报告;⑱质量验收规范规定的其他试验报告;⑲地下室防水效果检查记录;⑳有防水要求的地面蓄水试验记录;㉑屋面淋水试验记录;㉒抽气(风)道检查记录;㉓节能、保温测试记录;㉔管道、设备强度及严密性试验记录;㉕系统清洗、灌水、通水、通球试验记录;㉖照明全负荷试验记录;㉗大型灯具牢固性试验记录;㉘电气设备调试记录;㉙电气工程接地、绝缘电阻测试记录;㉚制冷、空调、管道的强度及严密性试验记录;㉛制冷设备试运行调试记录;㉜通风、空调系统试运行调试记录;㉝风量、温度测试记录;㉞电梯设备开箱检验记录;㉟电梯负荷试验、安全装置检查记录;㊱电梯接地、绝缘电阻测试记录;㊲电梯试运行调试记录;㊳智能建筑工程系统试运行记录;㊴智能建筑工程系统功能测定及设备调试记录;㊵单位(子单位)工程安全和功能检验所必需的其他测量、测试、检测、检验、试验、调试、试运行记录。

(四)材料、产品、构配件等合格证资料

材料、产品、构配件等合格证资料包括:①水泥出厂合格证(含28 d补强报告);②砖、砌块出厂合格证;③钢筋、预应力、钢丝、钢绞线、套筒出厂合格证;④钢桩、混凝土预制桩、预应力管桩出厂合格证;⑤钢结构工程构件及配件、材料出厂合格证;⑥幕墙工程配件、材料出厂合格证;⑦防水材料出厂合格证;⑧金属及塑料门窗出厂合格证;⑨焊条及焊剂出厂合格证;⑩预制构件、预拌混凝土合格证;⑪给水排水与采暖工程材料出厂合格证;⑫建筑电气工程材料、设备出厂合格证;⑬通风与空调工程材料、设备出厂合格证;⑭电梯工程设备出厂合格证;⑮智能建筑工程材料、设备出厂合格证;⑯施工要求的其他合格证。

（五）施工过程资料

施工过程资料包括：①设计变更、洽商记录；②工程测量、放线记录；③预检、自检、互检、交接检记录；④建（构）筑物沉降观测测量记录；⑤新材料、新技术、新工艺施工记录；⑥隐蔽工程验收记录；⑦施工日志；⑧混凝土开盘报告；⑨混凝土施工记录；⑩混凝土配合比计量抽查记录；⑪工程质量事故报告单；⑫工程质量事故及事故原因调查、处理记录；⑬工程质量整改通知书；⑭工程局部暂停施工通知书；⑮工程质量整改情况报告及复工申请；⑯工程复工通知书。

（六）必要时应增补的资料

必要时应增补的资料包括：①勘察、设计、监理、施工（包括分包）单位的资质证明；②建设、勘察、设计、监理、施工（包括分包）单位的变更、更换情况及原因；③勘察、设计、监理单位执业人员的执业资格证明；④施工（包括分包）单位现场管理人员及各工种技术工人的上岗证明；⑤经建设单位（业主）同意认可的监理规划或监理实施细则；⑥见证单位派驻施工现场设计代表委托书或授权书；⑦设计单位派驻施工现场设计代表委托书或授权书；⑧其他。

（七）竣工资料

竣工资料包括：①施工单位工程竣工报告；②监理单位工程竣工质量评价报告；③勘察单位勘察文件及实施情况检查报告；④设计单位设计文件及实施情况检查报告；⑤建设工程质量竣工验收意见书或单位（子单位）工程质量竣工验收记录；⑥竣工验收存在问题整改通知书；⑦竣工验收存在问题整改验收意见书；⑧工程的具备竣工验收条件的通知及重新组织竣工验收通知书；⑨单位（子单位）工程质量控制资料核查记录（质量保证资料审查记录）；⑩单位（子单位）工程安全和功能检验资料核查及主要功能抽查记录；⑪单位（子单位）工程观感质量检查记录（观感质量评定表）；⑫定向销售商品房或职工集资住宅的用户签收意见表；⑬工程质量保修合同（书）；⑭建设工程竣工验收报告（由建设单位填写）；⑮竣工图（包括智能建筑分部）。

（八）建筑工程质量监督存档资料

建筑工程质量监督存档资料包括：①建设工程质量监督登记书；②施工图纸审查批准及建筑工程施工图审查报告；③单位工程质量监督工作方案；④建设工程质量监督交底会议通知书及交底要点；⑤建设工程质量监督记录；⑥建设工程质量管理体系登记表；⑦施工现场质量管理检查记录；⑧地基、基桩工程质量监督验收检查通知书；⑨地基验槽记录及基桩工程质量验收报告；⑩地基、基桩工程质量核查记录；⑪设计单位出具（或认可）的地基处理措施及地基处理工程质量验收报告；⑫地基与基础分部工程质量监督验收检查通知书及验收报告；⑬地基与基础分部工程质量核查记录；⑭主体结构分部工程质量监督验收检查通知书及验收报告；⑮主体结构分部工程质量核查记录；⑯特殊部分工程质量监督验收检查通知书及验收报告；⑰线路敷设工程质量监督验收检查通知书及验收报告；⑱钢材力学、弯曲性能检查报告及钢结构焊接接头拉伸、弯曲检验报告；⑲预应力筋、钢丝、钢绞线力学性能进场复验报告；⑳水泥物理性能检验报告；㉑混凝土试件强度统计表、评定表试验报告；㉒装配或预制构件结构性能检验合格证及施工接头、拼缝的混凝土承受施工满载、全部满载时试件强度试验报告；㉓防水混凝土和喷射混凝土抗压、抗渗试验报告及锚杆抗拔力试验报告；㉔地基处理工程中各类地基和各类复合地基施工完成后的地基强度（承载力）检验结果；㉕桩基工程基桩试验报告；㉖砂浆强度统计表及试件试验报告；㉗砖、石、砌块强度检验报告；㉘建筑工程材料有害物质及室内环境的检测报告；㉙防水材料（包括止水带条和接缝密封材料）、保温隔热及密封材料的复验报告；㉚金属及塑料外门、外窗复验报告（包括材料、风压性、气透性、水渗性）；㉛外墙饰面砖的拉拔强度试验报告；㉜各类电梯、自动扶梯、自动人行道安装工程的整机安装验收报告；㉝各类设备安装工程的隐蔽验收、系统联动、系统调试及系统安装验收记录；㉞混凝土楼面板厚度钻孔抽查记录；㉟工程质量事故报告单；㊱工程质量整改通知书及工程局部暂停施工通知书；㊲工程质量复工意见书及工程质量复工通知书；㊳单位（子单位）工程质量控制资料核查记录（质量保证资料审查记录）；㊴单位（子单位）工程安全和功能检验资料核查及主要功能抽查记录；㊵单位（子单位）工程观感质量检查记录（观感质量评定表）；㊶施工单位工程竣工报告；㊷监理单位工程竣工质量评价报告；㊸勘察单位勘察文件及实施情况检查报告；㊹设计单位设计文件及实施情况检查报告；㊺建设工程竣工验收报告；㊻工程竣工验收监督检查通知书；㊼质量保证资料核查记录；㊽单位（子单位）工程质量竣工验收记录（工程质量竣工验收意见书）；㊾重新组织竣工验收通知书；㊿工程竣工复验意见；(51)竣工验收存在问题整改通知书及存在问题整改验收意见书；(52)工程质量保修合同；(53)单位（子单位）工程质量监督报告。

二、资料的组卷

工程中资料整理要遵循工程文件自然形成的规律，保持卷内文件的有机联系，便于档案的保管和查阅利用。一个建设工程项目由多个单位工程组成时，工程资料应按单位工程分别进行整理。案卷内不应有重复资料。案卷不宜过厚，一般不超过 40 mm，公司建议不超过 30 mm。封面要求：资料管理员在装订工程资料前，需按照工程项目名称、案卷名称、案卷类别编制不同的封面。

工程文件可按建设程序划分为监理文件、施工文件、竣工图、竣工验收文件 4 部分；监理文件及施工文件可按单位工程 、分部工程、专业、阶段等组卷；竣工图可按单位工程 、专业等组卷。

本章小结

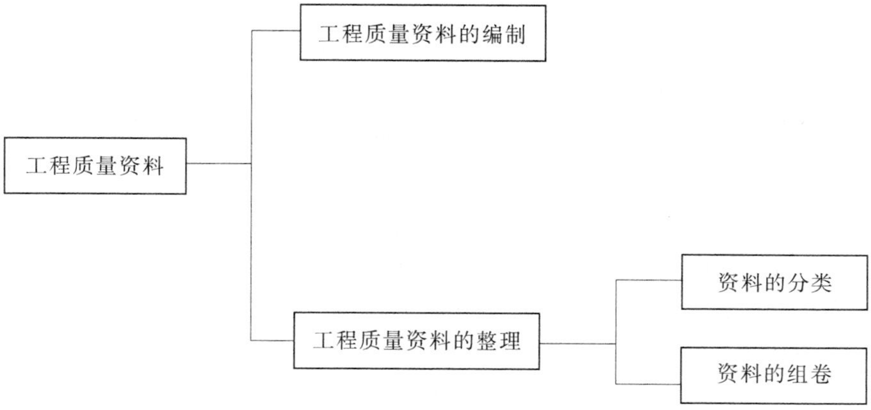

第二篇 施工质量控制实施要点

第九章 土方工程

【学习目标】
- 了解施工准备
- 了解土方的开挖与回填
- 了解土方工程的排水与降水
- 了解基坑(槽)支护

第一节 施工准备

在土木工程施工过程中,首先遇到的就是场地平整和基坑开挖,一切土的开挖、填筑、运输等统称为土方工程。它也包括开挖过程中的基坑降水、排水、坑壁支护等辅助工程。

土方工程施工前应做好以下准备工作:

(1)勘察施工现场,进行现场清理。

(2)研究制订场地平整、基坑开挖方案。土方工程施工前应进行挖、填方的平衡计算,综合考虑土方运距最短、运程合理和各个工程项目的合理施工程序等,作好土方平衡调配,减少重复挖运。

土方平衡调配应尽可能与城市规划和农田水利相结合,将余土一次性运到指定弃土场,做到文明施工。

(3)在挖方前,应检查定位放线,做好地面排水和降低地下水位工作。

(4)进行场地平整。平整场地的表面坡度应符合设计要求,如设计无要求,排水沟方向的坡度不应小于 2‰。平整后的场地表面应逐点检查,检查点为每 100~400 m² 取 1 点,但不应少于 10 点;长度、宽度和边坡均为每 20 m 取 1 点,每边不应少于 1 点。

(5)平面控制桩和水准控制点应采取可靠的保护措施,定期复测和检查。

(6)对雨季和冬季施工还应遵守国家现行有关标准。

第二节 土方开挖与回填

一、土方开挖

(一)场地挖方的一般要求

(1)土方开挖前应检查定位放线、排水和降低地下水位系统,合理安排土方运输车的行走路线及弃土场。

(2)施工过程中应检查平面位置、水平标高、边坡坡度、压实度、排水、降低地下水位系统,并随时观测周围的环境变化,土方不应堆在基坑边缘。

(3)临时性挖方的边坡值应符合表9-1的规定。

表 9-1　临时性挖方边坡值

土的类别		边坡值(高:宽)
砂土(不包括细砂、粉砂)		1:1.25~1:1.50
一般性黏土	硬	1:0.75~1:1.00
	硬、塑	1:1.00~1:1.25
	软	1:1.50 或更缓
碎石类土	充填坚硬、硬塑性黏土	1:0.50~1:1.00
	充填砂土	1:1.00~1:1.50

注:1.设计有要求时,应符合设计标准。

2.如采取降水或其他加固措施,可不受本表限制,但应计算复核。

3.开挖深度,对软土不应超过4 m,对硬土不应超过8 m。

(4)土方开挖工程的质量检验标准应符合表9-2的规定。

表 9-2　土方开挖工程质量检验标准　　　　　　　　　　(单位:mm)

项目	序号	检查项目	柱基基坑(槽)	挖方场地平整 人工	挖方场地平整 机械	管沟	地(路)面基层	检验方法
主控项目	1	标高	−50	±30	±50	−50	−50	水准仪
	2	长度、宽度 (由设计中心线向两边量)	+200 −50	+300 −100	+500 −150	+100	—	经纬仪,用钢尺量
	3	边坡	设计要求					观察或用坡度尺检查
一般项目	1	表面平整度	20	20	50	20	20	用2 m靠尺和楔形塞尺检查
	2	基底土性	设计要求					观察或土样分析

注:地(路)面基层的偏差只适用于直接在挖、填方上做地(路)面的基层

(二)基坑(槽)开挖的一般要求

(1)土方开挖的顺序、方法必须与设计工况相一致,并遵循"开槽支撑,先开后挖,分层

开挖,严禁超挖"的原则。

（2）基坑（槽）和管沟开挖上部应有排水设施,防止地面水流入坑内,冲刷边坡造成塌方和破坏基土。

（3）基坑（槽）开挖不加支撑时的容许深度应执行表9-3的规定,挖深在5 m之内不加支撑的最陡坡度应执行表9-4的规定。

表9-3　基坑（槽）、管沟不加支撑时容许深度

项次	土的种类	容许深度（m）
1	中密的砂土和碎石类土（充填物为砂土）	1.00
2	硬塑、可塑的粉质黏土和粉土	1.25
3	硬塑、可塑的黏土和碎石类土（充填物为黏性土）	1.50
4	坚硬的黏土	2.00

表9-4　深度在5 m内的基坑内的基坑（槽）、管沟边坡的最陡坡度（不加支撑）

岩石类别	边坡坡度（高宽比）		
	坡顶无荷载	坡顶有静载	坡顶有动载
中密的砂土	1:1.00	1:1.25	1:1.50
中密的碎石类土（充填物为砂土）	1:0.75	1:1.00	1:1.25
硬塑的粉土	1:0.67	1:0.75	1:1.00
中密的碎石类土（充填物为黏性土）	1:0.50	1:0.67	1:0.75
硬塑的粉质黏土、黏土	1:0.33	1:0.50	1:0.67
老黄土	1:0.10	1:0.25	1:0.33
软土（经井点降水后）	1:1.00	—	—

注:1.静载指堆土或材料等,动载指机械挖土或汽车运输作业等。静载或动载应距挖方边缘0.8 m以外,堆土或材料高度不宜超过1.5 m。

　　2.当有成熟经验时,可不受本表限制。

（4）开挖基坑深于邻近建筑物基础时,开挖应保持一定的距离和坡度,要满足$h/l \leqslant 0.5 \sim 1$,h为相邻两基础高差,l为相邻两基础外边缘水平距离。

（5）根据土的性质、层理特性、挖方深度和施工期等确定基坑边坡护面措施,见表9-5。

（三）深基坑开挖的一般要求

（1）适用范围:地下水位较高的软土地区、挖土深度较深（>6 m）的基坑挖土。

（2）根据工程具体情况,对基坑围护进行设计,编制基坑降水和挖土施工方案。

（3）基坑围护设计方案须按相关要求进行评审。

（4）挖土前,围护结构达到设计要求;基坑降水必须降到坑底以下500 mm。

（5）挖土过程中,对周围邻近建筑物、地下管线进行监测。

（6）挖土机械不得碰撞支撑、工程桩和立柱,挖机、运输车辆下的路基箱等不得直接压在围护基坑上。

（7）施工现场配备必要的抢险物质。

（8）每挖一层土,围护上部坑壁及支撑上的零星杂物必须及时清除。

表 9-5　基坑边坡护面措施

名称	应用于范围	护面措施
薄膜覆盖或砂浆覆盖法	基础施工工期较短的临时性基坑边坡	在边坡上铺塑料薄膜,在坡顶或坡脚用草袋或纺织袋装土或砖压住,或在边坡上抹水泥砂浆 2～2.5 cm 保护层,为防止脱落,在上部及底部均应搭盖不少于 80 cm,同时在土中插适当锚筋连接,在坡脚设排水沟
挂网或挂网抹面法	基础施工期短,土质较差的临时性基坑边坡	在垂直坡面楔入直径 10～12 mm、长 40～60 cm 的插筋,纵横间距 1 m,上铺 20 号钢丝网,上下用草袋或聚丙烯麻丝编织袋(装土或砂)压住,或在钢丝网上抹 2.5～3.5 cm 厚的 M5 水泥砂浆
喷射混凝土或混凝土护面法	邻近有建筑物的深基坑边坡	在垂直坡面楔入直径 10～12 mm、长 40～50 cm 的插筋,纵横间距 1 m,上铺 20 号钢丝网,在表面喷射 40～60 mm 厚的 C15 细石混凝土直到坡顶或坡脚,也可不铺钢丝网而坡面铺 ϕ 4～6 mm、纵横间距 200 mm 的钢丝或钢丝网片,浇筑 50～60 mm 厚的细石混凝土,表面抹光
土袋或砌石压砌法	深度在 5 m 以内的临时性基坑边坡	在边坡下部用草袋或聚丙烯编织袋装土堆砌或砌石压住坡脚,边坡高 3 m 以内可采用单排顶砌法;5 m 以内,水位较高,用二排砌或一排一顶构筑法,以保持坡脚稳定。在坡顶设挡水堤或排水沟,防止冲刷坡面,在底部作排水沟,防止冲坏坡脚

（四）土方开挖施工质量控制

1.施工质量控制要点

（1）在挖土过程中及时排除坑底表面积水。

（2）在开挖过程中,若发生边坡滑移、坑涌,则应立即停止开挖,根据具体情况采取必要措施。

（3）基坑严禁超挖,在开挖过程中,用水准仪跟踪控制挖土标高;机械挖土时坑底留 200～300 mm 厚余土,进行人工修土。

2.质保资料检查要求

（1）测量定位记录。

（2）挖土令。

（3）施工日记。

（4）自检记录。

二、土方回填

（一）一般要求

（1）土方回填前应清除基底的垃圾、树根等杂物,抽除坑穴积水、淤泥,验收基底标高。如在耕植土或松土上填方,应在基底压实后再进行。

（2）对填方土料应按设计要求验收后方可填入。填方土料应符合以下规定:含水率符合压实要求的黏性土可用作各层填料;一般碎石类土、砂土及爆破石渣,可用作表层以下的填料,其最大土块粒径不得超过每层铺填厚度的2/3,当用振动碾碾压时,不得超过3/4,碎块草皮和有机物含量大于8%的土,仅可用于无压实要求的填方;淤泥和淤泥质土,一般不用作填料;含盐量符合规定的盐渍土,一般可用作填料,但土中不得含有盐晶、盐块或含盐植物根基。

（3）填方土料含水率应符合要求。土料含水率的大小,直接影响到夯实(碾压)遍数和夯实(碾压)质量,在夯实(碾压)前应预试验,以得到符合密实度要求条件下的最优含水率和最少夯实(或碾压)遍数。含水率过小,夯实(碾压)不实;含水率过大,则易成橡皮土。各种土的最优含水率和最大干密实度参考数值见表9-6。

表9-6 土的最优含水率和最大干密度参考值

项次	土的种类	变动范围	
		最优含水率(%)（重量比）	最大干密度(t/m^3)
1	砂土	8～12	1.8～1.88
2	黏土	19～23	1.58～1.7
3	粉质黏土	12～15	1.85～1.95
4	粉土	16～22	1.61～1.8

（4）填方施工结束后,应检查标高、边坡坡度、压实程度等,检验标准应符合表9-7的规定。

表9-7 填土工程质量检验标准 （单位:mm）

项目	序号	检查项目	允许偏差或允许值					检验方法
			柱基坑(槽)	挖方场地平整		管沟	地(路)面基础层	
				人工	机械			
主控项目	1	标高	−50	±30	±50	−50	−50	水准仪
	2	分层压实系数	设计要求					按规定方法
一般项目	1	回填土料	设计要求					取样检查或直观鉴别
	2	分层厚度及含水率	设计要求					水准仪及抽样检查
	3	表面平整度	20	20	30	20	20	用靠尺或水准仪

(二)填土方法

填方施工中应检查排水设施,采取措施防止地表滞水流入填方区,浸泡地基,造成基土下陷;当填方位于水田、沟、渠、池塘或含水率很大的松软土地段,应根据具体情况采取排水,或全部挖出换土、抛填片石、填砂砾石、掺石灰等措施进行处理。当填方场地地面陡于1/5时,应先将斜坡挖成阶梯形,阶高0.2～0.3 m,宽大于1 m,然后分层填土,以利结合和防止滑动。填筑厚度及压实遍数应根据土质、压实系数及所用机具确定。如无试验依据,应符合表9-8的规定。

表 9-8　填土施工时的分层厚度及压实遍数

压实机具	分层厚度(mm)	每层压实遍数
平碾	250～300	6～8
振动压实机	250～350	3～4
柴油打夯机	200～250	3～4
人工打夯	<200	3～4

(三)填方施工质量控制

1.施工质量控制要点

(1)对有密实度要求的填方,在夯实或压实之后,要对每层回填土的质量进行检验。一般采用环刀取样测定土的干密度和密实度;或用小轻便触探仪直接通过捶击数来检验干密度和密实度,符合设计要求后,才能填筑上层。

(2)基坑和室内回填土,由场地最低部位开始,由一端向另一端自下而上分层铺填,每层虚铺厚度,砂质土不大于 30 cm,黏性土不大于 20 cm,用人工木夯夯实,用打夯机械夯实时,不大于 30 cm。每层按 30～50 m² 取样一组;场地平整填方,每层按 400～900 m²,取样一组;基坑或管沟回填每 20～50 m² 取样一组,但每层均不小于一组,取样部位在每层压实后的下半部。

(3)填方密实的干密度,应有 90%以上符合设计要求;其余 10%的最低值与设计值之差不得大于 0.08 t/m³,且不宜集中。

2.质保资料检查要求

(1)基槽隐蔽验收记录。

(2)土工试验记录。

(3)回填土干密度试验记录。

(4)施工日记。

(5)自检记录。

(6)土方分项工程质量检验评定表。

第三节　土方工程的排水与降水

一、场地排水方法

场地排水方法有直接排水和间接排水两种。

(一)基坑内挖明沟排水法

设若干集水井与明沟相连,用水泵直接排水。

(二)分层明沟排水法

当基坑开挖土层由多种土壤组成,中部夹有透水性强的砂类土壤,为避免上层地下水冲刷基坑下部边坡,造成塌方,可在基坑边坡上设置 2～3 层明沟及相应的集水井分层阻截,排除上部土层中的地下水。

(三) 深沟排水法

当地下设备基础成群,基坑相连,土层渗水量和排水量大,为减少大量设置排水沟的复杂性,可在基坑外、距坑边 6~30 m 或基坑内深基础部位开挖一条纵长、深的明排水沟,使附近基坑地下水均通过深沟自流入水沟或设集水井用水泵打到施工场地以外的沟道,在建筑物四周或内部设置支沟,将水流引至主沟排走。

(四) 暗沟或渗排水层法排水

在场地狭窄地下水很大的情况下,设置明沟困难,可结合工程设计,在基础底板四周设暗沟(盲沟)或渗排水层,暗沟或渗排水层的排水管(沟)坡向集水坑(井)。在挖土时先挖排水沟,随挖随加深,形成连通基坑内外的暗沟排水系统,以控制地下水位,至基础底板标高后做成暗沟,或渗排水层,使基础周围地下水流向永久性下水道或集中到设计永久性排水坑,用水泵将地下水排走,使水位降低到基础底板以下。

(五) 工程设施排水法

选择基坑附近深基础先施工,作为施工排水的集水井或排水设施,使基础内的附近地下水汇流至较低处集中,再用水泵排走;或先施工建筑物周围或内部的正式防水、排水设计的渗排水工程或地下水道工程,利用其排水作为排水设施,在基础一侧或两侧设排水明沟或暗沟,将水流引至渗排水系统或下水道排走。本法利用永久性排水设施排水,省去大量挖沟工程和排水设施,因此最为经济。该法适用于工程附近有较大型地下设施(如设备基础群、地下室、油库等)工程的排水。

(六) 综合排水法

在深沟截水的基础上,如中部有透水性强的土层,辅以分层明沟排水,或在上部再辅以轻型井点截水等方法同时使用,以达到综合排除大量地下水的目的。本法排水效果好,可防止流砂现象,但多一道设施,费用稍高。该法适用于土质不均、基坑较深、涌水量较大的大面积基坑排水。

(七) 排水沟截面选择

排水沟截面选择与土质、基坑面积有关,参见表 9-9。

表 9-9 基坑(槽)排水沟常用截面

图示	基坑面积 (m²)	截面 编号	粉质黏土			黏土		
			地下水位以下的深度(m)					
			4	4~8	8~12	4	4~8	8~12
	5 000 以下	a	0.5	0.7	0.9	0.4	0.5	0.6
		b	0.5	0.7	0.9	0.4	0.5	0.6
		c	0.3	0.3	0.3	0.2	0.3	0.3
	5 000~10 000	a	0.8	1.0	1.2	0.5	0.7	0.9
		b	0.8	1.0	1.2	0.5	0.7	0.9
		c	0.3	0.4	0.4	0.3	0.3	0.3
	10 000 以上	a	1.0	1.2	1.5	0.6	0.8	1.0
		b	1.0	1.5	1.5	0.6	0.8	1.0
		c	0.4	0.4	0.5	0.3	0.8	0.4

二、人工降低地下水方法

对不同的土质应用不同的降水形式,常用的降水形式有:轻型井点和多级轻型井点、喷射井点、电渗井点、深井井点等,各种井点适用范围及方法原理参见表 9-10。

表 9-10　各种井点的适用范围及方法原理

名称	适用范围	方法原理
单层轻型井点	适用于渗透系数为 0.5~50 m/d 的砂土、黏性土,降水深度为 3~6 m	在工程外围竖向埋设一系列井点管深入含水层内,井点管的上端通过连接弯管与集水总管连接,集水总管再与真空泵和离心泵相连,启动真空泵,使井点系统形成真空,井点周围形成一个真空区,真空区通过砂井向上向外扩展一定范围,地下水便在真空泵吸力作用下,使井点附近的地下水通过砂井、滤水管被强制吸入井点管和集水总管;排除空气的,由离心水泵的排水管排出,使井点附近的地下水位得以降低
多层轻型井点	当一级轻型井点不能满足降水深度时,可用二级或多级轻型井点,降水深度为 6~12 m	在工程外围竖向埋设一系列井点管深入含水层内,井点管的上端通过连接弯管与集水总管连接,集水总管再与真空泵和离心泵相连,启动真空泵,使井点系统形成真空,井点周围形成一个真空区,真空区通过砂井向上向外扩展一定范围,地下水便在真空泵吸力作用下,使井点附近的地下水通过砂井、滤水管被强制吸入井点管和集水总管;排除空气的,由离心水泵的排水管排出,使井点附近的地下水位得以降低
喷射井点	适用于渗透系数为 3~50 m/d 的砂土或渗透系数为 0.1~3 m/d 的粉砂、淤泥质土、粉质黏土	在井点内部装设特制的喷射器,用高压水泵或空气压缩机通过井点管中的内管向喷射器输入高压水(喷水井点)或压缩空气(喷气井点),形成水汽射流,将地下水经井点外管与内管之间的间隙抽出排走
电渗井点	适用于渗透系数为 0.1~0.002 m/d 的黏土和淤泥	利用黏性土的电渗现象和电泳特性,使黏性土空隙中的水流动加快,起到一定疏干作用,从而使软土地基排水效率得到提高
管井井点	适用于渗透系数为 20~200 m/d,地下水丰富的土层和砂层,降水深度为 3~5 m	由滤水井管、吸水管和抽水机械等组成
深井井点	适用于渗透系数为 10~250 m/d 的砂类土,地下水丰富,降水深,面积大时间长的降水工程	在深基坑的周围埋设深于基底的井管,使地下水通过设置在井管内的潜水泵将地下水抽出,使地下水位低于坑底
小沉井井点	适用于渗透系数为 50~250 m/d,涌水量大的粉质黏土、粉土、砂土、砂卵石土	在基坑的周围或基坑部位下沉深于基坑底的小型沉井,使地下水通过设在沉井底的滤砂笼和潜水泵,将地下水降低至基坑底以下 500 mm
无砂混凝土管井点	适用于渗透系数为 0.1~250 m/d 的各种土层,特别适用于砂层、砂质黏土层	在基坑的周围或基坑部位埋设多个无砂混凝土滤水管井点,在管内设潜水泵,将地下水位降至要求的深度

三、排水与降水施工的质量检验

排水与降水施工的质量检验标准应符合表 9-11 的规定。

表 9-11　降水与排水施工质量检验标准

序号	检查项目	允许值或允许偏差		检查方法
		单位	数值	
1	排水沟坡度	‰	1～2	目测：坑内不积水，沟内排水畅通
2	井管(点)垂直度	%	1	插管时目测
3	井管(点)间距(与设计相比)	%	≤150	用钢尺量
4	井管(点)插入深度(与设计相比)	mm	≤200	水准仪
5	过滤砂砾料填灌(与设计值相比)	mm	≤5	检查回填料用量
6	井点真空度：轻型井点	kPa	>60	真空度表
	喷射井点	kPa	>93	真空度表
7	电渗井点阴阳极距离：轻型井点	kPa	80～100	用钢尺量
	喷射井点	kPa	120～150	用钢尺量

第四节　基坑(槽)支护

一、浅基坑(槽)、管沟的支撑方法

（1）间断式水平支撑。两侧挡土板水平放置，用工具式或木横撑借木楔顶紧，挖一层土，支顶一层。适于能保持立壁的干土或天然湿度的黏土类土，地下水很少，深度在 2 m 内。

（2）连续式水平支撑。挡土板水平连续放置，不留间隙，然后两侧同时对称立竖楞木，上、下各顶一根撑木，端头再用木楔顶紧。适于土质较松散的干土或天然湿度的黏土类土，地下水很少，深度在 3～5 m 以内。

（3）连续或间断式垂直支撑。挡土板垂直放置，连续或留适当间隙，然后每侧上、下各水平顶一根楞木，并用横撑顶紧。适于土质较松散或湿度很高的土，地下水较少，深度不限。

（4）水平垂直支撑。沟、槽上部连续式水平支撑，下部设连续垂直支撑。适于沟槽深度较大，下部有含水土层的情况。

（5）多层水平垂直混合式支撑。沟槽上、下部设多层连续式水平支撑和垂直支撑。适于沟槽深度较大、下部有含水土层的情况。

（6）斜撑支撑。水平挡土板钉在柱桩内侧，柱桩外侧用斜撑支顶，斜撑底端支在木桩上，在挡土板内侧回填土。适于开挖较大型、深度不大的基坑或使用机械挖土的情况。

（7）锚拉支撑。水平挡土板支在柱桩的内侧，柱桩一端打入土中，另一端用拉杆与锚桩拉紧，在挡土板内侧回填土。适于开挖较大型、深度不大的基坑，或使用机械挖土而不能安设横撑的情况。

（8）型钢柱横挡板支撑。沿挡土位置预先打入钢轨、工字钢或 H 型钢桩，间距 1.0~1.5 m，然后边挖方，边将 3~6 cm 厚的挡土板塞进钢桩之间挡土，并在横向挡板与型钢桩之间打上楔子，使横板与土体紧密接触。适于地下水位较低、深度不很大的一般黏性砂土层的情况。

（9）短柱横隔。打入小短木桩，部分打入土中，部分露出地面，钉上水平挡土板，在背面填土。适于开挖宽度大的基坑，以及部分地段下部放坡不够的情况。

（10）临时挡土墙支撑。沿坡脚用砖、石叠砌或用草袋装土、砂堆砌，使坡脚保持稳定。适于开挖宽度大的基坑。

二、深基坑支护方法

（1）钢板桩支护。在开挖基坑的周围打钢板桩或钢筋混凝土板桩，板桩入土深度及悬臂长度应按高处确定，如基坑宽度很大，可加水平支撑。适于一般地下水、深度和宽度不很大的黏性砂土层。

（2）钢板桩与钢构架结合支护。在开挖基坑的周围打钢板桩，在柱位置上打入暂时的钢柱，在基坑中挖土，每下挖 3~4 m，安装一层构架支撑体系，挖土在钢构架网格中进行，亦可不预先打入钢柱，随挖随接长支柱。适于在饱和软弱土层中开挖较大、较深基坑，钢板桩钢度不够时。

（3）挡土灌注桩支护。在开挖基坑的周围用钻机钻孔，现场灌注钢筋混凝土桩，达到强度后，在基坑中间用人工或机械挖土，下挖 1 m 左右装上横撑，在桩背面装上拉杆，与已设锚桩拉紧，然后继续挖土至要求深度，在桩间土方挖成外拱形，使起土拱作用，若基坑深度小于 6 m 或邻近有建筑物，亦可不设锚拉杆，采取加密柱距或加大桩径处理。适于开挖较大、较深(>6 m)基坑，邻近有建筑物，不允许支护，背面地基有下沉、位移时。

（4）挡土灌注桩与土层锚杆结合支护。同挡土灌注桩支撑，但在桩顶不设锚桩拉杆，而是挖至一定深度每隔一定距离向桩背面斜下方用锚杆钻孔机打孔，安放钢筋锚杆，用水泥压力灌浆，达到强度后，安上横杆，拉紧固定，在桩中间进行挖土直至设计深度。如设 2~3 层锚杆，可挖一层土，装设一次锚杆。适于在大型较深基坑，施工期较长，邻近有高层建筑，不允许支护邻近地基有任何下沉、位移时使用。

（5）挡土灌注桩与旋喷桩组合支护。在深基坑内侧设置直径 0.6~1.0 m 混凝土灌注桩，间距 1.2~1.5 m；在紧靠混凝土灌注桩的外侧设置直径 0.8~1.5 m 的旋喷水泥浆方式使形成水泥土桩与混凝土灌注桩紧密结合，组成一道防渗帷幕，既可起抵抗土压力、水压力作用，又起挡水抗渗透作用。挡土灌注桩与旋喷桩采取分段间隔施工。当基坑为淤泥质土层，有可能在基坑底部产生管涌、涌泥现象时亦可在基坑底部以下用旋喷桩封闭。在混凝土灌注桩外侧设旋喷桩，有利于支护结构的稳定，加固后能有效减少作用于支护结构上的主动土压力。防止边坡坍塌、渗水和管涌等现象发生。适于土质条件较差、地下水位较高，要求既挡土又挡水防渗的支护工程。

（6）双层挡土灌注桩支护。将挡土灌注桩在平面布置上由单排桩改为双排桩，呈对应或梅花式排列，桩数保持不变，双排桩的桩径 d 一般为 400~600 mm，排距 L 为 (1.5~3.0)d，在双排桩顶部设圈梁使成为整体钢架结构。亦可在基坑每侧中段设双排桩，而在四角仍采用单排桩。采用双排桩可有效地使支护整体刚度增大，桩的内力和水平位移减少，提高护坡效果。适于基坑较深,采用单排悬臂混凝土灌注桩挡土,强度和刚度均不能胜任时。

(7)地下连续墙支护。在开挖的基坑周围先施工钢筋混凝土地下连续墙,达到强度后,在墙中间用机械或人工挖土直至要求深度。当跨度、深度很大时可在内部加设水平支撑及支柱。用于逆作法施工,每下挖一层,把下一层梁、板、柱浇筑完成,以此作为地下连续墙的水平框架支撑,如此循环作业,直到地下室的底层全部挖完土。适于开挖较大、较深(>10 m)、有地下水、周围有建筑物、公路的基坑,作为地下结构外墙的一部分,或用于高层建筑的逆作法施工、作为地下室结构的部分外墙。

(8)地下连续墙与土层锚杆结合支护。在开挖的基坑周围,先施工地下连续墙支护,在墙中部用机械配合人工挖土至锚杆部位,用锚杆钻机在要求位置钻孔,放入锚杆,进行灌浆,待达到强度,装上锚杆横梁或锚头垫座,然后继续下挖至要求深度,如设2~3层锚杆,每挖一层装一层,采用快凝砂浆灌浆。适于开挖较大、较深(>10 m)、有地下水的大型基坑,周围有高层建筑,不允许支护有变形;采用机械挖方,要求有较大空间,不允许内部设支撑时。

(9)土层锚杆支护。沿开挖基坑边坡每2~4 m设置一层水平土层锚杆,直至挖土至要求深度。土层锚杆,每挖一层装一层,采用快凝砂浆灌浆,适于在较硬土层或破碎岩石中开挖较大、较深基坑,邻近有建筑物必须保证边坡稳定时采用。

(10)板桩(灌注桩)中央横顶支护。在基坑周围打板桩或设挡土灌注桩,在内侧放坡,挖中间部分土方到坑底,先施工中间部分结构至地面,然后利用此结构作支承向板桩(灌注桩)支水平横顶撑,挖除放坡部分土方,每挖一层支一层水平横顶撑,直至设计深度,最后建该部分结构。适于在开挖较大、较深基坑,支护桩刚度不够,又不允许设置过多支撑时采用。

(11)板桩(灌注桩)中央斜顶支护。在基坑周围打板桩或设挡土灌注桩,内侧放坡,挖中间部分土方到坑底,并先施工好中间部分基础,再从基础向桩上方支斜顶撑,然后把放坡的土方挖除,每挖一层,支一层斜顶撑,直至坑底,最后建该项部分结构。适于在开挖较大、较深基坑,支护桩刚度不够,坑内又不允许设置过多支撑时采用。

(12)分层板桩支护。在开挖厂房群基础,周围先打支护板桩,然后在内侧挖土方至群基础底标高,再在中部主体深基础四周打二级支护板桩,挖深基础土方,施工主体结构至地面,最后施工外围群基础。适于开挖较大、较深基坑。当中部主体与周围群基础标高不等,而又无重型板桩时采用。

三、圆形深基坑支护方法

(1)钢筋笼支护。应用短钢筋笼悬挂在孔口作圆形基坑的支护,笼与土壁间插木板支垫。适于天然湿度的较松软黏土类土,作直径不大的圆形结构挖孔桩支护,深度为3~6 m。

(2)钢筋或钢筋骨架支护。每挖0.6~1.0 m,用2根直径25~32 mm钢筋或钢筋骨架作顶箍,接头用螺栓连接,顶箍之间用吊筋连接,靠土一面插木护板作支撑。适于天然湿度的黏土类土,地下水很少,作圆形结构支护,深度为6~8 m。

(3)混凝土或钢筋混凝土支护。每挖1.0 m,拆上节横板,支下节,浇下节混凝土,循环作业直至要求深度。主筋用搭接或焊接,浇灌斜口用砂浆堵塞。适于天然湿度的黏土类土,地下水很少,地面荷载较大,深度为6~30 m的圆形结构护壁或直径1.5 m以上的人工挖孔桩护壁。

(4)砖砌或抹砂浆支护。每挖1.0~1.5 m,用M10砂浆砌半砖或1/4砖厚护壁,用3 cm

厚的 M10 水泥砂浆填实于砖与土壁之间空隙,每挖好一段,即砌筑一段,要求灰缝饱满,挖(砌)第二段时,比每一段的孔径缩小 60 mm,以下逐段进行,直到要求深度。适于土质较好、直径不大、停留时间较短的圆形基坑,直径 1.5~2.0 m 深 30 m 以内人工挖孔桩护壁。

（5）局部砖砌支护。上部 1.0 m 高,用 M1.0 砂浆砌半砖或 1/4 砖护口,下部如土质较好,不砌护壁,如局部遇软弱土或粉细砂层,则仅在该层用 M10 砂浆砌半砖或 1/4 砖厚护壁,并高出土层交界各 250~300 mm。适于无地下水、土质较好、直径 1.0~1.5 m、深 15 m 以内人工挖孔桩护壁。

本章小结

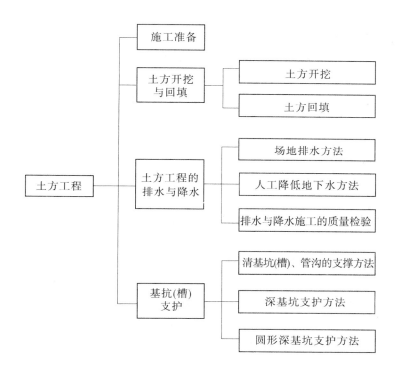

第十章　地基与基础工程

【学习目标】
- 掌握地基处理
- 掌握桩基工程
- 掌握(浅)基础工程
- 掌握地基与基础工程常见质量通病的防治

地基与基础工程是建筑工程中重要的组成部分,任何一个建筑物或构筑物都是由上部结构、基础和地基三部分组成的。基础担负着承受建筑物的全部荷载并将其传给地基的任务。

第一节　地基处理

地基处理的主要目的是提高软弱地基的承载力,保证地基的稳定。地基处理常用的方法有换填垫层法、预压法、振冲法、砂石桩法、水泥土搅拌法和高压喷射注浆法等。

一、一般规定

(1)建筑物地基的施工应具备下述资料:

①岩土工程勘察资料。

②邻近建筑物和地下设施类型、分布及结构质量情况。

③工程设计图纸、设计要求及需达到的标准及检验手段。

(2)砂、石子、水泥、钢材、石灰、粉煤灰等原材料的质量、检验项目、批量和检验方法,应符合国家现行标准的规定。

(3)地基施工结束,宜在一个间歇期后进行质量验收,间歇期由设计确定。

地基施工考虑间歇期是因为地基土的密实、孔隙水压力的消散、水泥或化学浆液的固结等均有一个期限,施工结束即进行验收有不符实际的可能。至于间歇多长时间,在各类地基规范中有所考虑,但仅是参考数字,具体可由设计人员根据要求确定。有些大工程施工周期较长,一部分已到间歇要求,另一部分仍有施工,就不一定待全部工程施工结束后再进行取样检查,可先在已完工程部位进行,但是否有代表性应由设计方确定。

(4)地基加固工程,应在正式施工前进行试验施工,论证设定的施工参数及加固效果。为验证加固效果所进行的载荷试验,其施加载荷应不低于设计载荷的2倍。

(5)对灰土地基、砂和砂石地基、土工合成材料地基、粉煤灰地基、强夯地基、注浆地基、预压地基,其竣工后的结果(地基强度或承载力)必须达到设计要求的标准。检验数量,每单位工程不应少于3点;1 000 m² 以上工程,每100 m² 至少应有1点;3 000 m² 以上工程,每300 m² 至少应有1点;每一独立基础下至少应有1点;基槽每20延米应有1点。

(6)对水泥土搅拌复合地基、高压喷射注浆桩复合地基、砂石桩地基、振冲桩复合地基、土和灰土挤密桩复合地基、水泥粉煤灰碎石桩复合地基及夯实水泥土桩复合地基,其承载力检验数量为总数的1.5%～1%,但不应少于3根。

水泥土搅拌桩地基、高压喷射注浆桩地基、砂石桩地基、振冲桩地基、土和灰土挤密桩地基、水泥粉煤灰碎石桩地基及夯实水泥土桩地基为复合地基,桩是主要施工对象,首先应检验桩的质量,检查方法可按国家现行行业标准《建筑工程基桩检测技术规范》(JGJ 106—2014)的规定执行。

(7)当灰土地基、砂和砂石地基底面标高不同时,应挖成阶梯形或斜坡搭接,并按先深后浅的顺序施工,搭接处应夯压密实。分层铺设时,接头应做成斜坡和阶梯形搭接,每层错开0.5～1.0 m,并注意充分捣实。

(8)除上述(5)、(6)指定的主控项目外,其他主控项目及一般项目可随意抽查,但复合地基中的水泥土搅拌桩、高压喷射注浆桩、振冲桩、土和灰土挤密桩、水泥粉煤灰碎石桩及夯实水泥土桩至少应抽查20%。

二、地基处理

(一)换填垫层法

1.换填法施工材料要求

1)素土

一般的黏土或粉质黏土,土料中有机物含量不得超过5%,土料中不得含有冻土或膨胀土,土料中含有碎石时,其粒径不宜大于50 mm。

2)灰土

土料宜用黏性土及塑性指数大于4的粉土,不得含有松软杂质,土料应过筛,颗粒不得大于15 mm,石灰应用Ⅲ级以上新鲜块灰,含氧化钙、氧化镁越高越好,石灰消解后使用,颗粒不得大于5 mm,消石灰中不得夹有未熟化的生石灰块粒及其他杂质,也不得含有过多的水分。灰土采用体积配合比,一般宜为2∶8或3∶7。

3)砂

宜用颗粒级配良好,质地坚硬的粗砂或中砂,当用细砂、粉砂时,应掺加粒径20～50 mm的卵石或碎石,但要分布均匀,砂中不得含有杂草、树根等有机物,含泥量应小于5%。

4)砂石

采用自然级配的砂砾石或碎石的混合物,最大粒径不得大于50 mm,不得含有植物残体、有机物垃圾等杂物。

5)粉煤灰

粉煤灰是电厂的工业废料,选用的粉煤灰含SiO_2、Al_2O_3、Fe_2O_3,总量是越高越好,颗粒宜粗,烧失量宜低,含SO_3宜小于0.4%,以免对地下金属管道等具有腐蚀性,粉煤灰中严禁混入植物、生活垃圾及其他有机杂质。

6)工业废渣

工业废渣俗称干渣,可选用分级干渣、混合干渣或原状干渣。小面积垫层用8～40 mm与40～60 mm分级干渣或0～60 mm的混合干渣;大面积铺填时,用混合或原状干渣,混合干渣最大粒径不大于200 mm或不大于碾压分层需铺厚度的2/3。干渣必须具备质地坚硬、性能稳定、松散重度不小于11 kN/m³,泥土与有机杂质含量不大于5%的条件。

2.换填法施工质量控制

1) 施工质量控制要点

(1) 当对湿陷性黄土地基进行换填加固时,不得选用砂石,土料中不得夹有砖瓦和石块等可导致渗水的材料。

(2) 当用灰土做换填垫层加固材料时,应加强对活性氧化钙含量的控制。

(3) 当换填垫层底部存在古井、石墓、洞穴、旧基础、暗塘等软硬不均的部位时,应根据《建筑地基处理技术规范》(JGJ 79—2012)第4.3.4条予以处理。

(4) 垫层施工的最优含水率,垫层材料的含水率,在当地无可靠经验值可取时,应通过击实试验来确定最优含水率。分层铺垫厚度,每层压实遍数和机械碾压速度应根据选用不同材料及使用的施工机械通过压实试验确定。灰土分层铺垫厚度可参考表10-1数值,砂石垫层铺设厚度及施工最优含水率可参考表10-2数值。

(5) 垫层分段施工或垫层在不同标高层上施工时应遵守《建筑地基处理技术规范》(JGJ 79—2012)第4.3.7条规定。

表 10-1 灰土最大虚铺厚度

序号	夯实机具	质量(t)	厚度(mm)	说明
1	石夯、木夯	0.04~0.08	200~250	人力送夯,落距400~500 mm,每夯搭接半夯
2	轻型夯实机械	—	200~250	蛙式或柴油打夯机
3	压路机	机重6~10	200~300	双轮

表 10-2 砂垫层和砂石垫层铺设厚度及施工最优含水率

项次	压实方法	每层铺筑厚度(mm)	施工时的最优含水率(%)	施工要点	说明
1	平振法	200~250	15~20	1.用平板式振动器往复振捣,往复次数以测定密实度合格为准; 2.振动器移动时,每行应搭接1/3,以防振动器移动而不搭接	不宜使用干细砂或含泥量较大的砂所铺筑的砂地基
2	插振法	振捣器插入深度	饱和	1.用插入式振动器; 2.插入间距可根据机械振动大小决定; 3.不应插至下卧黏性土层; 4.插入振动完毕所留的孔洞应用砂填实; 5.应有控制地注水和排水	不宜使用细砂或含泥量较大的砂所铺筑的砂地基
3	水撼法	250	饱和	1.注水高度略超过铺设面层; 2.用钢叉摇撼捣实,插入点间距100 mm左右; 3.有控制地注水和排水; 4.钢叉分四齿,齿的间距30 mm,长300 mm,木柄长900 mm,重4 kg	湿陷性黄土、膨胀土、细砂地基上不得使用

项次	压实方法	每层铺筑厚度（mm）	施工时的最优含水率（%）	施工要点	说明
4	夯实法	150~200	饱和	1.用木夯或机械夯； 2.木夯重 40 kg，落距 400~500 mm； 3.一夯压半夯，全面夯实	适用于砂石垫层
5	碾压法	150~350	8~12	用压路机往复碾压，碾压次数以达到要求密实度为准，一般不少于 4 遍；用振动压实机械，振动 3~5 min	适用于大面积的石垫层，不宜用地下水位以下的砂垫层

注：在地下水位以下的地基，其最下层的铺筑厚度可比本表增加 50 mm。

2）施工质量检验要求

（1）对素土、灰土、砂垫层用贯入仪检验垫层质量；对砂垫层也可用钢筋贯入度检验。灰土地基的质量验收标准应符合表 10-3 的规定，砂和砂石地基的质量验收标准应符合表 10-4 的规定。

表 10-3　灰土地基质量检验标准

项目	序号	检查项目	允许偏差或允许值		检查方法
			单位	数量	
主控项目	1	地基承载力	设计要求		按规定方法
	2	配合比	设计要求		按拌和时的体积比
	3	压实系数	设计要求		现场实测
一般项目	1	石灰粒径	mm	≤5	筛选法
	2	土料有机质含量	%	≤5	实验室焙烧法
	3	土颗粒粒径	mm	≤5	筛分法
	4	含水率（与要求的最优含水率比较）	%	±2	烘干法
	5	分层厚度偏差（与设计要求比较）	mm	±50	水准仪法

（2）检验的数量分层检验的深度按《建筑地基处理技术规范》（JGJ 79—2012）第 4.4.3 条规定执行。

（3）当用贯入仪和钢筋检验垫层质量时，均应通过现场控制压实系数所对应的贯入度为合格标准，压实系数检验可用环刀法或其他方法。

（4）粉煤灰垫层的压实系数≥0.9，施工试验确定的压实系数为合格。

（5）干渣垫层表面应达到坚实、平整、无明显软陷，每层压陷差<2 mm 为合格。

3）质量保证资料检查要求

（1）检查地质资料与验槽是否吻合，当不吻合时，对进一步搞清地质情况的记录和设计采取进一步加固的图纸和说明。

（2）确定施工四大参数的试验报告和记录：

①最优含水率的试验报告。

②分层虚铺厚度,每层压实遍数,机械碾压运行速度的记录。

③每层垫层施工时的检验记录和检验点的图示。

表 10-4　砂及砂石地基质量检验标准

项目	序号	检查项目	允许偏差或允许值		检查方法
			单位	数量	
主控项目	1	地基承载力	设计要求		按规定方法
	2	配合比	设计要求		按拌和时的体积比
	3	压实系数	设计要求		现场实测
一般项目	1	砂石料有机质含量	%	≤5	焙烧法
	2	砂石料含泥量	%	≤5	水洗法
	3	石料粒径	mm	≤100	筛分法
	4	含水率(与要求的最优含水率比较)	%	±2	烘干法
	5	分层厚度(与设计要求比较)	mm	±50	水准仪法

(二) 预压法

预压法分为堆载预压法和真空预压法两种,适用于处理淤泥质土、淤泥和冲填土等饱和黏性土地基。

1.堆载预压法

1)堆载预压法施工技术要求

(1)用以灌入砂井的砂应用干砂。

(2)用以造孔成井的钢管内径应比砂井需要的直径略大,以减少施工过程中对地基土的扰动。

(3)用以排水固结用的塑料排水板,应有良好的透水性、足够的湿润抗拉强度和抗弯曲能力。

2)堆载预压法施工质量控制

(1)检查砂袋放入孔内高出孔口的高度不宜小于 200 mm,以利排水砂井和砂垫层形成垂直水平排水通道。

(2)检查砂井的实际灌砂量应不小于砂井计算灌砂的95%,砂井计算灌砂的原则是按井孔的体积和砂在中密时的干密度计算。

(3)袋装砂井和塑料排水袋施工时平面井距偏差应不大于井径,垂直度偏差小于1.5%,拔管时被管子带上砂袋或塑料排水板的长度不宜超过 500 mm。塑料排水带需要接长时,应采用滤膜内芯板平搭接的连接方式,搭接长度宜大于 200 mm。

(4)严格控制加载速率,竖向变形每天不应超过 10 mm,边桩水平位移每天不应超过 4 mm。

2.真空预压法

1)真空预压法施工技术要求

(1)抽真空用密封膜应为抗老化性能好、韧性好、抗穿刺能力强的不透气材料。

(2)真空预压用的抽气设备宜用射流真空泵,抽气时必须达到 95 kPa 以上的真空吸力。

（3）滤水管的材料应用塑料管和钢管，管的连接采用柔性接头，以适应预压过程地基的变形。

2）真空预压法施工质量控制

（1）垂直排水系统要求同预压法。

（2）水平向排水的滤水管布置应形成回路，并把滤水管设在排水砂垫层中，其上覆盖100~200 mm厚砂。滤水管外宜缠绕钢丝或尼龙纱或土工织物等滤水材料，保证滤水能力。

（3）密封膜热合黏结时用两条膜的热合黏结缝平搭接，搭接宽度大于15 mm。密封膜宜铺三层，覆盖膜周边可采用挖沟折平铺用黏土压边、围埝沟内覆水、膜上全面覆水等方法密封。

（4）为避免密封膜内的真空度在停泵后很快降低，在真空回路中设置止回阀和闸阀。

（5）为防止密封膜被锐物刺破，在铺密封膜前，要认真清理平整砂垫层，拣除带尖石子，填平打设袋装砂井或塑料排水板留下空洞。

（6）真空度可一次抽气至最大，当连续5 d实测沉降速率≤2 mm/d或固结度≥80%，或符合设计要求时，可停止抽气。

3.施工质量检验要求

施工结束后，应检查地基土的强度及要求达到的其他物理力学指标，重要建筑物地基应做承载力检验。一般工程在预压结束后，做十字板剪切强度或标贯、静力触探试验即可，重要的建筑物地基就应做承载力检验。如设计有明确规定，应按设计要求进行检验。

预压地基和塑料排水带质量检验标准应符合表10-5的规定。

表10-5　预压地基和塑料排水带质量检验标准

项目	序号	检查项目	允许偏差或允许值		检查方法
			单位	数量	
主控项目	1	预压荷载	%	≤2	按规定方法
	2	固结度（与设计要求比）	%	≤2	根据设计要求采用不同的方法
	3	承载能力或其他性能指标	设计要求		按规定方法
一般项目	1	沉降速度（与控制值比）	%	±10	水准仪
	2	砂井或塑料排水带位置	mm	±100	用钢尺量
	3	砂井或塑料排水带插入深度	mm	±200	插入时用经纬仪检查
	4	插入塑料排水带时的回带长度	mm	≤500	用钢尺量
	5	塑料排水带或砂井高出砂垫层距离	mm	≥200	用钢尺量
	6	插入塑料排水带的回带根数	%	<5	目测

（三）振冲法

振冲法分为振冲置换法和振冲密实法两类。

1.振冲置换法

1）振冲置换法施工技术要求

（1）材料要求：置换桩体材料可选用含泥量不大于5%的碎石、卵石、角砾、圆砾等硬质材料，粒径为20~50 mm，最大粒径不宜超过80 mm。

（2）施工设备要求：振冲器的功率为30 kW，用55~75 kW更好。

2）振冲置换法施工质量控制

（1）振冲置换法施工质量三参数：密实电流、填料量、留振时间应通过现场成桩试验确定。施工过程中要严格按施工三参数执行，并作好详细记录。

（2）施工质量监督要严格检查每米填料的数量，达到密实电流值，振冲达到密实电流值时，要保证留振数 10 s 后，才能提升振冲器进行上段桩体施工，留振是防止瞬间电流桩体尚不密实假象的措施。

（3）开挖施工时，应将桩顶的松散桩体挖除，或用碾压等方法使桩顶松散材料密实，防止因桩顶松散而发生附加沉降。

2.振冲密实法

振冲密实法的材料和设备要求同振冲置换法，振冲密实法又分填料和不填料两种。振冲密实法施工质量控制如下：

（1）填料法是把填料放在孔口，振冲点上要放钢护筒护好孔口，振冲器对准护筒中心，使桩中心不偏斜。

（2）振冲器下沉速率控制在 1~2 mm/min 范围内。

（3）每段填料密实后，振冲器向上提 0.3~0.5 m，不要多提，以免造成提升高度内达不到密实效果。

（4）不加填料的振冲密实法用于砂层中，每次上提振冲器高度不能大于 0.3~0.5 m。

（5）详细记录各深度的最终电流值、填料量。不加填料的记录各深度留振时间和稳定密实电流值。

（6）加料或不加料振冲密实加固均应通过现场成桩试验确定施工参数。

3.施工质量检验要求

振冲地基质量检验标准应符合表 10-6 的规定。

表 10-6　振冲地基质量检验标准

项目	序号	检查项目	允许偏差或允许值		检查方法
			单位	数量	
主控项目	1	填料粒径	设计要求		抽样检查
	2	密实电流（黏性土）	A	50~55	电流表读数
		密实电流（砂性土或粉土）（以上为 30 kW 振冲器）	A	40~50	
		密实电流（其他类型振冲器）	A_0	(1.5~2.0)A_0	电流表读数，A_0 为空振电流
	3	地基承载力	设计要求		按规定方法
一般项目	1	填料含泥量	%	<5	抽样检查
	2	振冲器喷水中心与孔径中心偏差	mm	≤50	用钢尺量
	3	成孔中心与设计孔位中心偏差	mm	≤100	用钢尺量
	4	桩体直径	mm	<50	用钢尺量
	5	孔深	mm	±200	量钻杆或重锤测

(四)砂石桩法

1.砂石桩法施工技术要求

(1)振动施工时,控制好填砂石量、提升速度和高度、挤压次数和时间、电机的工作电流等,拔管速度为1~1.5 m/min,且振动过程不断用振动棒捣实管中砂子,使其更加密实。

(2)砂石桩施工应从外围或两侧向中间进行。灌砂量应按桩孔的体积和砂在中密度时的干密度计算(一般取2倍桩管入土体积),可在原位进行复打灌砂。

2.砂石桩法施工质量控制

(1)施工前应检查砂料的含泥量及有机质含量、样桩的位置等。

(2)桩孔内实际填砂石量(不包括水重),不应少于设计值的95%。

(3)施工中检查每根砂石桩的桩位、灌砂量、标高、垂直度等。

(4)施工结束后,应检查被加固地基的强度和承载力。

3.施工质量检验要求

砂石桩地基的质量检验标准应符合表10-7的规定。

表10-7　砂石桩地基的质量检验标准

项	序号	检查项目	允许偏差或允许值		检查方法
			单位	数量	
主控项目	1	灌砂量	%	≥95	实际用砂量与计算体积比
	2	地基强度	设计要求		按规定方法
	3	地基承载力	设计要求		按规定方法
一般项目	1	砂料的含泥量	%	≤3	实验室测定
	2	砂料的有机质含量	%	≤5	焙烧法
	3	桩位	mm	≤50	用钢尺量
	4	砂桩标高	mm	±150	水准仪
	5	垂直度	%	≤1.5	经纬仪检查桩管垂直度

(五)水泥土搅拌法

水泥土搅拌法分为深层搅拌法(又称作湿法)和粉体喷搅法(又称作干法)。

1.水泥土搅拌法施工技术要求

(1)固化剂:宜选用32.5级及以上普通硅酸盐水泥,水泥的掺入量一般为被加固湿土重的10%~15%。湿法的水泥浆水灰比可选用0.45~0.55。

(2)外加剂:外掺剂可根据工程需要和土质条件选用具有早强、缓凝、减水以及节省水泥等作用的材料,但应避免污染环境。

早强剂可选取用三乙醇胺、氯化钙、碳酸钠和水玻璃等,掺入量宜分别取水泥重量的0.05%、2%、0.5%、2%;减水剂选用木质素磺酸钙,其掺入量宜为水泥重量的0.2%;缓凝早强剂选用石膏,石膏兼有缓凝和早强的作用,其掺入量宜为水泥量的2%。

(3)施工设备:为使搅入土中水泥浆和喷入土中水泥粉体计量准确,湿法施工的深层搅拌机必须采用喷浆量及搅拌深度的计量装置;干法施工的粉喷桩机必须安装能瞬时检测并记录粉体喷出的流量计及搅拌深度自动记录仪,无计量装置的机械不能投入施工生产使用。

2.水泥土搅拌法施工质量控制

(1)水泥土搅拌法施工现场事先应予以平整,必须清除地上和地下的障碍物。遇有明沟、池塘及洼地时应抽水和清淤,回填黏性土料并予以压实,不得回填杂填土或生活垃圾。

(2)水泥土搅拌桩施工前应根据设计进行工艺性试桩,数量不得少于2根。把灰浆泵的输浆量和搅拌机的提升速度等施工参数通过成桩试验使之符合设计要求,以确定搅拌桩的水泥浆配合比、每分钟输浆量、每分钟搅拌头提升速度等施工参数,以决定选取用一喷二搅或二喷三搅施工工艺。

(3)为了保证桩端的质量,当水泥浆液或粉体到达桩端设计标高后,搅拌头停止提升,喷浆或喷粉 30 s,使浆液或粉体与已搅拌的松土充分搅拌固结。

(4)水泥土作为工程桩使用时,施工时设计停灰面一般应高出基础底面标高 300~500 mm,在基础开挖时把它人工挖除。

(5)为了保证桩顶质量,当喷浆口达到桩顶标高时,搅拌头停止提升,搅拌数秒,保证桩头均匀密实,当选用干法施工且地下水位标高在桩顶以下时,粉喷制桩结束后,应在地面浇水,使水泥干粉与土搅拌后水解水化反应充分。

3.施工质量检验要求

施工结束后,应检查桩体强度、桩体直径及地基承载力。水泥土搅拌桩地基质量检验标准应符合表 10-8 的规定。

表 10-8　水泥土搅拌桩地基质量检验标准

项目	序号	检查项目	允许偏差或允许值		检查方法
			单位	数量	
主控项目	1	水泥及外掺剂质量	设计要求		查产品合格证书或抽样送检
	2	水泥用量	参数指标		查看流量计
	3	桩体强度	设计要求		按规定方法
	4	地基承载力	设计要求		按规定方法
一般项目	1	机头提升速度	m/min	≤0.5	量机头上升距离及时间
	2	桩底标高	mm	±200	测机头深度
	3	桩顶标高	mm	+100,−50	水准仪(最上部 500 mm 不计入)
	4	桩位偏差	mm	<50	用钢尺量
	5	桩径		<0.04D	用钢尺量,D 为桩径
	6	垂直度	%	≤1.5	经纬仪
	7	搭接	mm	>200	用钢尺量

(六) 高压喷射注浆法

1.高压喷射注浆法施工技术要求

(1)高压喷射注浆的主要材料为水泥,对于无特殊要求的工程,宜采用强度等级为32.5级及以上的普通硅酸盐水泥。根据需要可加入适量的外加剂及掺合料,外加剂和掺合料的用量,应通过试验确定。

（2）水泥浆液的水灰比应按工程要求确定，可取 0.8~1.5，常用 1.0。稠度过大，流动缓慢，喷嘴常要堵塞；稠度过小，对强度有影响。为防止浆液沉淀和离析，一般可加入水泥量的 3%的陶土、0.09%的碱。浆液应在旋喷前 1 h 以内配制，使用时滤去硬块、砂石等，以免堵塞管路和喷嘴。

2.高压喷射注浆法施工质量控制

（1）为防止浆液凝固收缩影响桩顶标高，应在原孔位采用冒浆回灌或二次注浆。

（2）注浆管分段提升搭接长度不得小于 100 mm。

（3）当处理和加固原有建筑物时，要加强对原有建筑物的沉降观测；高压旋喷注浆过程中要大间距隔孔旋喷和及时用冒浆回灌，防止地基与基础之间有脱空现象而产生附加沉降。

3.施工质量检验要求

桩体质量及承载能力检验宜在高压喷射注浆结束 28 d 后进行。高压喷射注浆地基检验标准应符合表 10-9 的规定。

表 10-9　高压喷射注浆地基检验标准

项目	序号	检查项目	允许偏差或允许值		检查方法
			单位	数量	
主控项目	1	水泥及外掺剂质量	符合出厂要求		查产品合格证书或抽样送检
	2	水泥用量	设计要求		查看流量计及水泥浆水灰比
	3	桩体强度或完整性试验	设计要求		按规定方法
	4	地基承载力	设计要求		按规定方法
一般项目	1	钻孔位置	mm	≤50	用钢尺量
	2	钻孔垂直度	%	≤1.5	经纬仪测钻杆或实测
	3	孔深	mm	±200	用钢尺量
	4	注浆压力	按设定参数指标		查看压力表
	5	桩体搭接	mm	>200	用钢尺量
	6	桩体直径	mm	≤50	开挖后用钢尺量
	7	桩身中心允许偏差		≤0.2D	开挖后桩顶下 500 mm 用钢尺量，D 为桩径

第二节　桩基工程

桩基工程是人工地基的一种，属于地下隐蔽工程，应用范围较为广泛，如建筑、水工、交通、道路、桥梁等工程中。

一、一般规定

（1）桩位的放样允许偏差为：群桩 20 mm，单排桩 10 mm。

（2）桩基工程的桩位验收，除设计有规定外，应按下述要求进行。

①当桩顶设计标高与施工现场标高相同，或桩基施工结束后，有可能对桩位进行检查

时,桩基工程的验收应在施工结束后进行。

②当桩顶设计标高低于施工场地标高,送桩后无法对桩位进行检查时,对打入桩可在每根桩桩顶沉至场地标高时,进行中间验收,待全部桩施工结束,承台或底板开挖到设计标高后,再做最终验收。对于灌注桩可对护筒位置做中间验收。

桩顶标高低于施工场地标高时,如不做中间验收,在土方开挖后如有桩顶位移发生则不易明确责任,究竟是土方开挖不妥,还是本身桩位不准(打入桩施工不慎,会造成挤土,导致桩位位移),如加一次中间验收有利于责任区分,则会引起打桩及土方承包商的重视。

(3)打(压)入桩(预制混凝土方桩、先张法预应力管桩、钢桩)的桩位偏差,必须符合表10-10的规定。斜桩倾斜度的偏差不得大于倾斜角正切值的15%(倾斜角系桩的纵向中心线与铅垂线间夹角)。

表 10-10　预制桩(钢桩)桩位的允许偏差　　　　　　　　　(单位:mm)

项次	项目		允许偏差
1	盖有基础梁的桩:垂直基础梁的中心线		100+0.01H
	沿基础梁的中心线		150+0.01H
2	桩数为 1~3 根桩基中的桩		100
3	桩数为 4~16 根桩基中的桩		1/2 桩径或边长
4	桩数大于 16 根桩基中的桩:最外边的桩		1/3 桩径或边长
	中间桩		1/2 桩径或边长

注:H 为施工现场地面标高与桩顶设计标高的距离。

(4)灌注桩的桩位偏差必须符合表10-11的规定,桩顶标高至少要比设计标高高出 0.5 m,桩底清孔质量按不同的成桩工艺有不同的要求,应按本章的各节要求执行。每浇筑 50 m³ 必须有 1 组试件,小于 50 m³ 的桩,每根桩必须有 1 组试件。

表 10-11　灌注桩的平面位置和垂直度的允许偏差

序号	成孔方法		桩径允许偏差(mm)	垂直度允许偏差(%)	桩位允许偏差(mm)	
					1~3 根、单排桩基垂直于中心线方向和群桩基础的边桩	条形桩基沿中心线方向和群桩基础的中间桩
1	泥浆护壁	D≤1 000 mm	±50	<1	D/6,且不大于100	D/4,且不大于150
		D>1 000 mm	±50		100+0.01H	150+0.01H
2	套管成孔灌注桩	D≤500 mm	−20	<1	70	150
		D>500 mm			100	150
3	干成孔灌注桩		−20	<1	70	150
4	人工挖孔桩	混凝土护壁	+50	<0.5	50	150
		钢套管护壁	+50	<1	100	200

注:1.桩径允许偏差的负值是指个别断面。

　　2.采用复打、反插法施工的桩,其桩径允许偏差不受表 10-10 限制。

　　3.H 为施工现场地面标高与桩顶设计标高的距离,D 为设计桩径。

（5）工程桩应进行承载力检验。对于地基基础设计等级为甲级或地质条件复杂，成桩质量可靠性低的灌注桩，应采用静载荷试验的方法进行检验，检验桩数不应少于总数的1%，且不应少于3根，当总桩数不少于50根时，不应少于2根。

（6）桩身质量应进行检验。对设计等级为甲级或地质条件复杂，成桩质量可靠性低的灌注桩，抽检数量不应少于总数的30%，且不应少于20根；其他桩基工程的抽检数量不应少于总数的20%，且不应少于10根；对混凝土预制桩及地下水位以上且终孔后经过核验的灌注桩，检验数量不应少于总桩数的10%，且不得少于10根。每个柱子承台下不得少于1根。打入预制桩的质量容易控制，问题也较易发现，抽查数可较灌注桩少。

（7）对砂、石子、钢材、水泥等原材料的质量、检验项目、批量和检验方法，应符合国家现行标准的规定。

（8）除（5）、（6）规定的主控项目外，其他主控项目应全部检查。对一般项目，除已明确规定外，其他可按20%抽查，但混凝土灌注桩应全部检查。

二、静力压桩

（一）静力压桩质量控制

（1）施工前应对成品桩（锚杆静压成品桩一般均由工厂制造，运至现场堆放）做外观及强度检验，接桩用焊条或半成品硫黄胶泥应有产品合格证书，或送有关部门检验，压桩用压力表、锚杆规格及质量也应进行检查。应100 kg做一组试件（3件）。

半成品硫黄胶泥必须在进场后做检验。压桩用压力表必须标定合格方能使用，压桩时的压力数值是判断承载力的依据，也是指导压桩施工的一项重要参数。

（2）静力压桩在一般情况下分段预制，分段压入，逐段接长。接桩方法有焊接法和硫黄胶泥锚接法。

（3）压桩施工前，应了解施工现场土层土质情况，检查桩机设备，以免压桩时中途中断，造成土层固结，使压桩困难。如果压桩过程原定需要停歇，则应考虑桩尖应停歇在软土层中，以使压桩启动阻力不致过大。压桩机自重大，行驶路基必须有足够承载力，必要时应加固处理。

（4）压桩过程中应检查压力、桩垂直度、接桩间歇时间、桩的连接质量及压入深度。重要工程应对电焊接桩的接头做10%的探伤检查。对承受反力的结构应加强观测。接桩间歇时间对硫黄胶泥必须控制，浇注硫黄胶泥时间必须快，慢了硫黄胶泥在容器内结硬，浇注入连接孔内不易均匀流淌，质量也不易保证。

（5）压桩时，应始终保持桩轴心受压，若有偏移应立即纠正。接桩应保证上下节桩轴线一致，并应尽量减少每根桩的接头个数，一般不宜超过4个接头。施工中桩尖有可能遇到厚砂层等使阻力增大。这时可以用最大压桩力作用于桩顶，采用忽停忽开的办法，使桩有可能缓慢下沉，穿过砂层。

（6）当桩压至接近设计标高时，不可过早停压，应使压桩一次成功，以免发生压不下或超压的现象。若工程中有少数桩不能压至设计标高，可采取截去桩顶的方法。

（7）施工结束后，应做桩顶承载力及桩体质量检验。压桩的承载力试验，在有经验地区将最终压入力作为承载力估算的依据，当有足够的经验时是可行的，但最终应由设计确定。

（二）施工质量检验要求

锚杆静压力桩质量检验标准应符合表10-12的规定。

表 10-12　静压力桩质量检验标准

项目	序号	检查项目		允许偏差或允许值		检查方法
				单位	数值	
主控项目	1	桩体质量检验		按基桩检测技术规范		按基桩检测技术规范
	2	桩位偏差		见表 10-10		用钢尺量
	3	承载力		按基桩检测技术规范		按基桩检测技术规范
一般项目	1	成品桩质量	外观	表面平整,颜色均匀,掉角深度<10 mm,蜂窝面积小于总面积的 0.5%		直观
			外形尺寸	见表 10-16		见表 10-16
			强度	满足设计要求		查产品合格证书或钻芯试压
	2	硫黄胶泥质量（半成品）		设计要求		查产品合格证书或抽样送检
	3	接桩	电焊接桩	焊缝质量	见规范 GB 50200—2002 表 5.5.4-2		见规范 GB 50200—2002 表 5.5.4-2
				电焊结束后停歇时间	min	>1.0	秒表测定
			硫黄胶泥接桩	胶泥浇注时间	min	<2	秒表测定
				浇注后停歇时间	min	>7	秒表测定
	4	电焊条质量		设计要求		查产品合格证书
	5	压桩压力（设计有要求时）		%	±5	查压力表读数
	6	接桩时上下节平面偏差		mm	<10	用钢尺量
		接桩时节点弯曲矢高		<1/1 000l		用钢尺量
	7	桩顶标高		mm	±50	水准仪

注:l 为两节桩长。

三、混凝土灌注桩

（一）混凝土灌注桩施工质量控制

1.混凝土灌注桩施工材料要求

（1）粗集料:选用卵石或碎石,含泥量控制按设计混凝土强度等级从《建筑用碎石、卵石》（GB/T 14685—2011）选取。粗集料粒径用沉管成孔时不宜大于 50 mm,用泥浆护壁成孔时粗集料粒径不宜大于 40 mm,并不得大于钢筋净距的 1/3;对于素混凝土灌注桩,不得大于桩径的 1/4,并不宜大于 70 mm。

（2）细集料：选用中、粗砂，含泥量控制按设计混凝土强度等级从《普通混凝土用砂、石质量及检验方法标准》（JGJ 52—2006）选取。

（3）水泥：宜选用普通硅酸盐水泥、矿渣硅酸盐水泥、粉煤灰硅酸盐水泥，当灌注桩浇注方式为水下浇混凝土时，严禁选用快硬水泥做胶凝材料。

（4）钢筋：钢筋的质量应符合国家标准《钢筋混凝土用钢 第 2 部分：热轧带肋钢筋》（GB 1499.2—2007）的有关规定。进口热轧变形钢筋应符合《进口热轧变形钢筋应用若干规定》（80）建发施字 82 号的有关规定。

以上四种材料进场均应有出厂质量证明书，材料到达施工现场后，取样复试合格后才能用于工程。对于钢筋进场时应保护标牌不缺损，按标牌批号进行外观检验，外观检验合格后再取样复试，复试报告上应填明批号标识，施工现场核对批号标识进行加工。

2.混凝土灌注桩施工质量控制

（1）施工前应对水泥、砂、石子（如现场搅拌）、钢材等原材料进行检查，对施工组织设计中制定的施工顺序、监测手段（包括仪器、方法）也应检查。

（2）施工中应对成孔、清渣、放置钢筋笼、灌注混凝土等进行全过程检查，人工挖孔桩尚应复验孔底持力层土（岩）性。嵌岩桩必须有桩端持力层的岩性报告。

沉渣厚度应在钢筋笼放入后，混凝土浇筑前测定。成孔结束后，放钢筋笼、混凝土导管都会造成土体跌落，增加沉渣厚度，因此沉渣厚度应是二次清孔后的结果。沉渣厚度的检查目前均用重锤，有些地方用较先进的沉渣仪，这种仪器应预先作标定。

（3）施工结束后，应检查混凝土强度，并应做桩体质量及承载力的检验。

（二）施工质量检验要求

混凝土灌注桩的质量检验标准应符合表 10-13、表 10-14 的规定。

表 10-13　混凝土灌注桩钢筋笼质量检验标准　　　　　　（单位：mm）

项目	序号	检查项目	允许偏差或允许值	检查方法
主控项目	1	主筋间距	±10	用钢尺量
	2	长度	±10	用钢尺量
一般项目	1	钢筋材质检验	设计要求	抽样送检
	2	箍筋间距	±20	用钢尺量
	3	直径	±10	用钢尺量

四、混凝土预制桩

（一）混凝土预制桩施工质量控制

1.预制桩钢筋骨架质量控制

（1）预制桩在锤击时，桩主筋可采用对焊或电弧焊，在对焊和电弧焊时同一截面的主筋接头不得超过 50%，相邻主筋接头截面的距离应大于 35 d 且不小于 500 mm。

（2）为了防止桩顶击碎，桩顶钢筋网片位置要严格控制按图施工，并采取措施使网片位置固定正确、牢固。保证混凝土浇捣时不移位；浇筑预制桩的混凝土时，从桩顶开始浇筑，要保证桩顶和桩尖不积聚过多的砂浆。

表 10-14　混凝土灌注桩质量检验标准

项目	序号	检查项目	允许偏差或允许值		检查方法
			单位	数值	
主控项目	1	桩位	见表 10-11		基坑开挖前量护筒,开挖后量桩中心
	2	孔深	mm	+300	只深不浅,用重锤测,或测钻杆、套管长度,嵌岩桩应确保进入设计要求的嵌岩深度
	3	桩体质量检验	按基桩检测技术规范。如钻芯取样,大直径嵌岩桩应钻至桩尖下 50 mm		按基桩检测技术规范
	4	混凝土强度	设计要求		试件报告或钻芯取样送检
	5	承载力	按基桩检测技术规范		按基桩检测技术规范
一般项目	1	垂直度	见表 10-11		测套管或钻杆,或用超声波探测,干施工时吊垂球
	2	桩径	见表 10-11		井径仪或超声波检测,干施工时用钢尺量,人工挖孔桩不包括内衬厚度
	3	泥浆相对密度(黏性土或砂性土中)		1.15~1.20	清孔后在距孔底 50 cm 处取样
	4	泥浆面标高(高于地下水位)	m	0.5~1.0	目测
	5	沉渣厚度:端承桩	mm	≤50	用沉渣仪或重锤测量
		摩擦桩	mm	≤150	
	6	混凝土坍落度:水下灌注干施工	mm	160~220	坍落度仪
			mm	70~100	
	7	钢筋笼安装深度	mm	±100	用钢尺量
	8	混凝土充盈系数		>1	检查每根桩的实际灌注量
	9	桩顶标高	mm	+30	水准仪,需扣除桩顶浮浆层及劣质桩体
				−50	

（3）为防止锤击时桩身出现纵向裂缝,导致桩身击碎,被迫停锤,预制桩钢筋骨架中,主筋距桩顶的距离必须严格控制,绝不允许出现主筋距桩顶面过近甚至触及桩顶的质量问题。

（4）预制桩分节长度的确定。应在掌握地层土质的情况下,避开桩尖接近硬持力层或桩尖处于硬持力层中接桩。桩尖停在硬层内接桩时,由于电焊接桩耗时长,桩周围摩阻得到恢复,使继续沉桩发生困难。

（5）沉桩应做到强度和龄期双控制。根据许多工程的实践经验，凡龄期和强度都达到要求的预制桩，大都能顺利打入土中，很少打裂。

2.混凝土预制桩的起吊、运输和堆存质量控制

（1）预制桩达到设计强度70%方可起吊，达到100%才能运输。

（2）桩水平运输，应用运输车辆，严禁在场地上直接拖拉桩身。

（3）垫木和吊点应保持在同一横断面上，且各层垫木上下对齐，防止垫木参差不齐，造成错位，桩被剪切断裂。

3.混凝土预制桩接桩施工质量控制

（1）硫黄胶泥锚接法仅适用于软土层，管理和操作要求较严；一级建筑桩基或承受拔力的桩应慎用。

（2）焊接接桩材料：钢板宜用低碳钢，焊条宜用E43；焊条使用前必须经过烘焙，降低烧焊时含氢量，防止焊缝产生气孔而降低强度和韧性；焊条烘焙应有记录。

（3）焊接接桩时，应先将四角焊固定，焊接必须对称进行以保证设计尺寸正确，使上下节桩对中好。

4.混凝土预制桩沉桩质量控制

（1）沉桩顺序是打桩施工方案的一项十分重要的内容，必须督促施工企业认真对待，预防桩位偏移、上拔、地面隆起过多，邻近建筑物破坏事故发生。

（2）《建筑桩基技术规范》(JGJ 94—2008)停止锤击的控制原则适用于一般情况。如软土中的密集桩群，按设计标高控制，但由于大量桩沉入土中产生挤土效应，后续沉桩发生困难，如坚持按设计标高控制很难实现。按贯入度控制的桩，有时也会产生贯入度过大而满足不了设计要求的情况。又有些重要建筑，设计要求标高和贯入度实行双控，而发生贯入度已达到，桩身不等长度的冒在地面而采取大量截桩的现象，因此确定停锤标准是较复杂的，发生不能按要求停锤控制沉桩时，应由建设单位邀请设计单位、施工单位在借鉴当地沉桩经验与通过静(动)载试验综合研究来确定停锤标准，以作为沉桩检验的依据。

（3）为避免或减少沉桩挤土效应和对邻近建筑物、地下管线的影响，在施打大面积密集桩群时，有采取预钻孔，设置袋装砂井或塑料排水板，消除部分超孔隙水压力以减少挤土现象，设置隔离板桩或地下连续墙、开挖地面防振沟以消除部分地面振动，限制打桩速率等辅助措施。不论采取一种或多种措施，在沉桩前应对周围建筑、管线进行原始状态观测数据记录，在沉桩过程应加强观测和监护，每天在监测数据的指导下进行沉桩，做到有备无患。

（4）锤击法沉桩和静压法沉桩同样有挤土效应，导致孔隙水压力增加而发生土体隆起，相邻建筑物破坏等，为此在选用静压法沉桩时仍然应采取辅助措施消除超大型孔隙水压力和挤土等破坏现象，并加强监测，采取预防措施。

（5）插桩是保证桩位正确和桩身垂直度的重要开端，插桩应用2台经纬仪两个方向来控制插桩的垂直度，并应逐桩记录，以备核对查验。

（二）施工质量检验要求

（1）预制桩钢筋骨架质量检验标准应符合表10-15的规定。

表 10-15　预制桩钢筋骨架质量检验标准　　　　（单位:mm）

项目	序号	检查项目	允许偏差或允许值	检查方法
主控项目	1	主筋距桩顶距离	±5	用钢尺量
	2	多节桩锚固钢筋位置	5	用钢尺量
	3	多节桩预埋铁件	±3	用钢尺量
	4	主筋保护层厚度	±5	用钢尺量
一般项目	1	主筋间距	±5	用钢尺量
	2	桩尖中心线	10	用钢尺量
	3	箍筋间距	±20	用钢尺量
	4	桩顶钢筋网片	±10	用钢尺量
	5	多节桩锚固钢筋长度	±10	用钢尺量

（2）钢筋混凝土预制桩的质量检验标准应符合表 10-16 的规定。

五、钢桩

（一）钢桩施工质量控制

1. 钢桩（钢管桩、H 型钢桩及其他异形钢桩）制作施工质量控制

1）材料要求

（1）国产低碳钢加工前必须具备钢材合格证和试验报告。

（2）进口钢管:在钢桩到港后,由商检局做抽样检验,检查钢材化学成分和机械性能是否满足合同文本要求,加工制作单位在收到商检报告后才能加工。

2）加工要求

（1）钢桩制作偏差应满足《建筑桩基技术规范》（JGJ 94—2008）的规定。

（2）钢桩制作分两部分完成:

①加工厂制作均为定尺钢桩,定尺钢桩进场后应逐根检查在运输和堆放过程中桩身有无局部变形,变形的应予纠正或割除,检查应留下记录。

②现场整根桩的焊接组合,设计桩的尺寸不一定是定尺桩的组合,多数情况下,最后一节是非定尺桩,这就要进行切割,要对切割后的节段和拼装后的桩进行外形尺寸检验,合格后才能沉桩。检验应留有记录。

3）防腐要求

地下水有侵蚀的地区或腐蚀性土层中用的钢桩,沉桩前必须按设计要求作好防腐处理。

2.钢桩焊接施工质量控制

（1）焊丝或焊条应有出厂合格证,焊接前必须在 200～300 ℃温度下烘干 2 h,避免焊丝不烘干,引起烧焊时含氢量高,使焊缝容易产生气孔而降低强度和韧性,烘干应留有记录。

表 10-16　钢筋混凝土预制桩的质量检验标准

项目	序号	检查项目		允许偏差或允许值		检查方法
				单位	数值	
主控项目	1	桩体质量检验		按基桩检测技术规范		按基桩检测技术规范
	2	桩位偏差		见表 10-10		用钢尺量
	3	承载力		按基桩检测技术规范		按基桩检测技术规范
一般项目	1	砂、石、水泥、钢材等原材料（现场预制时）		符合设计要求		查出厂质保文件或抽样送检
	2	混凝土配合比及强度（现场预制时）		符合设计要求		检查称量及查试块记录
	3	成品桩外形		表面平整,颜色均匀,掉角深度<10 mm,蜂窝面积小于总面积0.5%		直观
	4	成品桩裂缝（收缩裂缝或起吊、装运、堆放引起的裂缝）		深度<20 mm,宽度<0.25 mm,横向裂缝不超过边长的一半		裂缝测定仪,该项在地下水有侵蚀地区及锤击数超过500击的长桩不适用
	5	成品桩尺寸	横截面边长	mm	±5	用钢尺量
			桩顶对角线差	mm	<10	用钢尺量
			桩尖中心线	mm	<10	用钢尺量
			桩身弯曲矢高	<1/1 000l		用钢尺量,l 为桩长
			桩顶平整度	mm	<2	用水平尺量
	6	电焊接桩	焊缝质量	见规范 GB 50200—2002表 5.5.4-2		见规范 GB 50200—2002表 5.5.4-2
			电焊结束后停歇时间	min	>1.0	秒表测定
			上下节平面偏差	mm	<10	用钢尺量
			节点弯曲矢高	<1/1 000l		用钢尺量,l 为两节桩长
	7	硫黄胶泥接桩	胶泥浇筑时间	min	<2	秒表测定
			浇筑后停歇时间	min	>7	秒表测定
	8	桩顶标高		mm	±50	水准仪
	9	停锤标准		设计要求		现场实测或查沉桩记录

（2）焊接质量受气候影响很大,雨云天气,在烧焊时,由于水分蒸发,会有大量氢气混入焊缝内形成气孔。风速大于 10 m/s 的会使保护气体和电弧火焰不稳定。无防风避雨措施,遇下雨或刮风天气不能施工。

（3）焊接质量检验：

①按《建筑桩基技术规范》（JGJ 94—2008）的规定进行接桩焊缝外观允许偏差检查。

②按《建筑桩基技术规范》（JGJ 94—2008）进行超声或拍片检查。

（4）异形钢桩连接加强处理。

H 型钢桩或其他异形薄壁钢桩，应按设计要求在接头处加连接板，如设计无规定形式，可按等强度设置，防止沉桩时在刚度小的一侧失稳。

3.钢桩沉桩施工质量控制

（1）混凝土预制桩沉桩质量控制要点均适用于钢桩施工。

（2）H 型钢桩沉桩时为防止横向失稳，锤重不宜大于 4.5 t 级（柴油锤），且在锤击过程中桩架前应有横向约束装置。持力层较硬时，H 型钢桩不宜送桩。

（3）钢管桩如锤击沉桩有困难，可在管内取土以助沉。

（4）施工结束后应做承载力检验。

（二）施工质量检验要求

钢桩施工质量检验标准应符合表 10-17 的规定。

表 10-17　钢桩施工质量检验标准

项目	序号	检查项目		允许偏差或允许值		检查方法
				单位	数值	
主控项目	1	桩位偏差		见表 10-10		用钢尺量
	2	承载力		按基桩检测技术规范		按基桩检测技术规范
一般项目	1	电焊接桩焊缝	上下节端部错口（外径≥700 mm）	mm	≤3	用钢尺量
			上下节端部错口（外径<700 mm）	mm	≤2	用钢尺量
			焊缝咬边深度	mm	≤0.5	焊缝检查仪
			焊缝加强层高度	mm	2	焊缝检查仪
			焊缝加强层宽度	mm	2	焊缝检查仪
			焊缝电焊质量外观	无气孔，无焊瘤，无裂缝		直观
			焊缝探伤检验	满足设计要求		按设计要求
	2	电焊结束后停歇时间		min	>1.0	秒表测定
	3	节点弯曲矢量			<1/1 000l	用钢尺量，l 为两节桩长
	4	桩顶标高		mm	±50	水准仪
	5	停锤标准		设计要求		用钢尺量或查沉桩记录

第三节　浅基础工程

浅基础工程是建筑工程中最重要的分部工程之一，涉及多项工种工程。浅基础的种类较多，有刚性基础、扩展基础、杯形基础、筏形基础及箱形基础等多种类型。

一、刚性基础施工

刚性基础是指用砖、石、混凝土、灰土、三合土等材料建造的基础,这种基础的特点是抗压性能好,而整体性、抗拉、抗弯、抗剪性能差。它适用于地基坚实、均匀、上部荷载较小,6层和6层以下(三合土基础不宜超过4层)的一般民用建筑和墙承重的轻型厂房。

(一)混凝土基础施工质量控制

1.施工质量控制要点

(1)基槽(坑)应进行验槽,局部软弱土层应挖去,用灰土或砂砾石分层回填夯实至基底相平。如有地下水或地面滞水,应挖沟排除;对粉土或细砂土地基,应用轻型井点方法降低地下水位至基坑(槽)底以下50 mm处;基槽(坑)内浮土、积水、淤泥、垃圾、杂物应清除干净。

(2)如地基土质良好,且无地下水,基槽(坑)第一阶可利用原槽(坑)浇筑,但应保证尺寸正确,砂浆不流失。上部台阶应支模浇筑,模板要支撑牢固,缝隙孔洞应堵严,木模应浇水湿润。

(3)基础混凝土浇筑高度在2 m以内,混凝土可直接卸入基槽(坑)内,应注意使混凝土能充满边角;浇筑高度在2 m以上时,应通过漏斗、串筒或溜槽下料。

(4)浇筑台阶式基础应按台阶分层一次浇筑完成,每层先浇边角,后浇中间,施工时应注意防止上下台阶交接处混凝土出现蜂窝和脱空(即吊脚、烂脖子)现象。措施是待第一台阶捣实后,继续浇筑第二台阶前,先沿第二台阶模板底圈做成内外坡度,待第二台阶混凝土浇筑完成后,再将第一台阶混凝土铲平、拍实、抹平,或第一台阶混凝土浇筑完成后稍停0.5~1 h,待下部沉实,再浇上一台阶。

(5)锥形基础如斜坡较陡,斜面部分应支模浇筑,或随浇随安装模板,应注意防止模板上浮。斜坡较平时,可不支模,但应注意斜坡部位及边角部位混凝土的捣固密实,振捣完后,再用人工将斜坡表面修正、拍平、抹实。

(6)当基槽(坑)因土质不一挖成阶梯形式时,应先从最低处开始浇筑,按每阶高度,其各边搭接长度应不小于500 mm。

(7)混凝土浇筑完后,外露部分应适当覆盖,洒水养护。拆模后及时分层填土并夯实。

2.质量控制资料检查要求

(1)混凝土配合比。

(2)掺合料、外加剂的合格证明书及复试报告。

(3)试块强度报告。

(4)施工日记。

(5)混凝土质量自检记录。

(6)隐蔽工程验收记录。

(7)混凝土分项工程质量验收记录表。

(二)砖基础施工质量控制

1.施工质量控制要点

(1)砖基础应用强度等级不低于MU7.5、无裂缝的砖和不低于M10的水泥砂浆砌筑。在严寒地区,应采用高强度等级的砖和水泥砂浆砌筑。

(2)砖基础一般做成阶梯形,俗称大放脚。大放脚做法有等高式(两皮一收)和间隔式(两皮一收和一皮一收相间)两种,每一种收退台宽度均为1/4砖,后者节省材料,采用较多。

（3）砖基础施工前应清理基槽（坑）底，除去松散软弱土层，用灰土填补夯实，并铺设垫层；按基础大样图，吊线分中，弹出中心线和大放脚边线；检查垫层标高、轴线尺寸，并清理好垫层；先用于砖试摆，以确定排砖方法和错缝位置，使砌体平面尺寸符合要求；砖应浇水湿透，垫层适量洒水湿润。

（4）砌筑时，应先铺底灰，再分皮挂线砌筑；铺砖按"一丁一顺"砌法，做到里外咬槎，上下层错缝。竖缝至少错开 1/4 砖长；转角处要放七分头砖，并在山墙和槽墙两处分层交替设置，不能通缝，基础最下与最上一皮砖宜采用丁砌法。先在转角处及交接处砌几皮砖，然后拉通线砌筑。

（5）内外墙基础应同时砌筑或做成踏步式。如基础深浅不一，应从低处砌起，接槎高度不宜超过 1 m，高低相接处要砌成阶梯，台阶长度应不小于 1 m，其高度不大于 0.5 m，砌到上面后再和上面的砖一起退台。

（6）如砖基础下半部为灰土，则灰土部分不做台阶，其宽高比应按要求控制，同时应核算灰土顶面的压应力，以不超过 250~300 kPa 为宜。

（7）砌筑时，灰缝砂浆要饱满。严禁用冲浆法灌缝。

（8）基础中预留洞口及预埋管道，其位置、标高应准确，管道上部应预留沉降空隙。基础上铺放地沟盖板的出槽砖，应同时砌筑。

（9）基础至防潮层时，须用水平仪找平，并按规定铺设 20 mm 厚 1:(2.5~3.0) 防水砂浆（掺加水泥重量 3% 的防水剂）防潮层，要求压实抹平。用一油一毡防潮层，待找平层干硬后，刷冷底子油一道，浇沥青玛琋脂，摊铺卷材并压紧，卷材搭接宽度不少于 100 mm，如无卷材，亦可用塑料薄膜代替。

（10）砌完基础应及时清理基槽（坑）内杂物和积水，在两侧同时回填土，并分层夯实。

2.质量控制资料检验要求

（1）材料合格证及试验报告，水泥复试报告。

（2）砂浆试块强度报告。

（3）砂浆配合比。

（4）施工日记。

（5）自检记录。

（6）砌筑分项工程质量验收记录表。

二、扩展基础施工

扩展基础是指柱下钢筋混凝土独立基础和墙下混凝土条形基础，它由于钢筋混凝土的抗弯性能好，可充分放大基础底面尺寸，达到减小地基应力的效果，同时可有效地减小埋深，节省材料和土方开挖量，加快工程进度。适用于 6 层和 6 层以下一般民用建筑和整体式结构厂房承重的柱基和墙基。柱下独立基础，当柱荷载的偏心距不大时，常用方形，偏心距大时，则用矩形。

（一）扩展基础施工技术要求

（1）锥形基础（条形基础）边缘高度 h 一般不小于 200 mm；阶梯形基础的每阶高度 h_1 一般为 300~500 mm。基础高度 $h \leqslant 350$ mm，用一阶；350 mm $< h \leqslant 900$ mm，用二阶；$h > 900$

mm,用三阶。为使扩展基础有一定刚度,要求基础台阶的宽高比不大于2.5。

(2)垫层厚度一般为100 mm,混凝土强度等级为C10,基础混凝土强度等级不宜低于C15。

(3)底部受力钢筋的最小直径不宜小于8 mm,当有垫层时,钢筋保护层的厚度不宜小于35 mm;无垫层时,不宜小于70 mm。插筋的数目和直径应与柱内纵向受力钢筋相同。

(4)钢筋混凝土条形基础,在T字形与十字形交接处的钢筋沿一个主要受力方向通长放置。

(5)柱基础纵向钢筋混凝土除应满足冲切要求外,尚应满足锚固长度的要求,当基础高度在900 mm以内时,插筋应伸至基础底部的钢筋网,并在端部做成直弯钩;当基础高度较大时,位于柱子四角的插筋应伸到基础底部,其余的钢筋只需伸至锚固长度即可。插筋伸出基础部分长度应按柱的受力情况及钢筋规格确定。

(二)扩展基础施工质量控制

1.施工质量控制要点

(1)基坑验槽清理同刚性基础。垫层混凝土在基坑验槽后应立即浇筑,以免地基土被扰动。

(2)垫层达到一定强度后,在其上划线、支模、铺放钢筋网片。上下部垂直钢筋应绑扎牢固,并注意将钢筋弯钩朝上,连接柱的插筋,下端要用90°弯钩与基础钢筋绑扎牢固,按轴线位置校核后用方木架成井字形,将插筋固定在基础外模板上;底部钢筋网片应用混凝土保护层同厚度的水泥砂浆垫塞,以保证位置正确。

(3)在浇筑混凝土前,模板和钢筋上的垃圾、泥土和钢筋上的油污杂物,应清除干净。模板应浇水加以润湿。

(4)浇筑现浇柱下基础时,应特别注意柱子插筋位置的正确性,防止造成位移和倾斜,在浇筑开始时,先满铺一层5~10 cm厚的混凝土,并捣实使柱子插筋下段和钢筋网片上的位置基本固定,然后对称浇筑。

(5)基础混凝土宜分层连续浇筑完成,对于阶梯形基础,每一台阶高度内应整分浇捣层,每浇筑完一台阶应稍停0.5~1 h,待其初步获得沉实后,再浇筑上层,以防止下台阶混凝土溢出,在上台阶根部出现"烂脖子"。每一台阶浇完,表面应随即原浆抹平。

(6)对于锥形基础,应注意保持锥体斜面坡度的正确性,斜面部分的模板应随混凝土浇捣分段支设,以防模板上浮变形,边角处的混凝土必须注意捣实。严禁斜面部分不支模,用铁锹拍实。基础上部柱子后施工时,可在上部水平面留设施工缝。施工缝的处理应按有关规定执行。

(7)条形基础应根据高度分段分层连续浇筑,一般不留施工缝,各段各层间应相互衔接,每段长2~3 m,做到逐段逐层呈阶梯形推进。浇筑时应先使混凝土充满模板内边角,然后浇筑中间部分,以保证混凝土密实。

(8)基础上插筋时,要加以固定保证插筋位置的正确性,防止浇捣混凝土时发生移位。

(9)混凝土浇筑完毕,外露表面应覆盖浇水养护。

2.质量控制资料检查要求

(1)混凝土配合比。

(2)掺合料、外加剂的合格证明书及复试报告。

（3）试块强度报告。

（4）施工日记。

（5）混凝土质量自检记录。

（6）隐蔽工程验收记录。

（7）混凝土分项工程质量验收记录表。

三、杯形基础施工

杯形基础形式有杯口、双杯口、高杯口钢筋混凝土基础等,接头采用细石混凝土灌浆。杯形基础主要用作工业厂房装配式钢筋混凝土柱的高度不大于 5 m 的一般工业厂房柱基础。

（一）杯形基础施工技术要求

（1）柱的插入深度 h_1 可按表 10-18 选用,此外,h_1 应满足锚固长度的要求(一般为 20 倍纵向受力钢筋直径)和吊装时柱的稳定性(不小于吊装时柱长的 0.05 倍)。

表 10-18　柱的插入深度 h_1　　　　　　　　　　　　（单位:mm）

矩形或工字形柱				单肢管柱	双肢柱
$h<500$	$500\leqslant h<800$	$800\leqslant h<1000$	$h>1\,000$		
$(1\sim1.2)h$	h	$0.9h$, 且 $\geqslant800$	$0.8h$, 且 $\geqslant1\,000$	$1.5d$, 且 $\geqslant500$	$(1/3\sim2/3)h_\mathrm{a}$ 或 $(1.5\sim1.8)h_\mathrm{b}$

注:1.h 为柱截面长边尺寸;d 为管柱的外直径;h_a 为双肢柱整个截面长边尺寸;h_b 为双肢柱整个截面短边尺寸。

　　2.柱轴心受压或小偏心受压时,h_1 可以适当减小,偏心距 $e_0>2h$(或 $e_0>2d$)时,h_1 适当加大。

（2）基础的杯底厚度和杯壁厚度,可按表 10-19 采用。

表 10-19　基础的杯底厚度和杯壁厚度　　　　　　　　（单位:mm）

柱截面长边尺寸	杯底厚度	杯壁厚度
$h<500$	$\geqslant150$	$150\sim200$
$500\leqslant h<800$	$\geqslant200$	$\geqslant200$
$800\leqslant h<1\,000$	$\geqslant200$	$\geqslant300$
$1\,000\leqslant h<1\,500$	$\geqslant250$	$\geqslant350$
$1\,500\leqslant h<2\,000$	$\geqslant300$	$\geqslant400$

注:1.双肢柱的杯壁厚度值可适当加大;

　　2.当有基础梁时,基础梁下的杯壁厚度应满足其支撑宽度的要求;

　　3.柱子插入杯口部分的表面,应尽量凿毛,柱子与杯口之间的空隙,应用细石混凝土(比基础混凝土强度等级高一级)密实充填,其强度达到基础设计强度等级的 70% 以上(或采取其他相应措施)时,方能进行上部吊装。

（3）大型工业厂房柱双杯口和高杯口基础与一般杯口基础构造要求基本相同。

（二）杯形基础施工质量控制

1.施工质量控制要点

（1）杯口模板可用木或钢定型模板,可做成整体,也可做成两半形式,中间各加楔形板一块,拆模时,先取出楔形板然后分别将两半杯口模取出。为便于周转宜做成工具式,支模时杯口模板要固定牢固。

（2）混凝土应按台阶分层浇筑。对杯口基础的高台阶部分按整体分层浇筑,不留施工缝。

（3）浇捣杯口混凝土时,应注意杯口的位置,由于模板仅上端固定,浇捣混凝土时,四侧应对称均匀下灰,避免将杯口模板挤向一侧。

(4)杯形基础一般在杯底均留有 50 cm 厚的细石混凝土找平层,在浇筑基础混凝土时,要仔细控制标高,如用无底式杯口模板施工,应先将杯底混凝土振实,然后浇筑杯口四周的混凝土,此时宜采用低流动性混凝土;或杯底混凝土浇完后停 0.5~1 h,待混凝土沉实,再浇杯口四周混凝土等,避免混凝土从杯底挤出,造成蜂窝麻面。基础浇筑完毕后,将杯口底冒出的少量混凝土掏出,使其与杯口模下口齐平,如用封底式杯口模板施工,应注意将杯口模板压紧,杯底混凝土振捣密实,并加强检查,以防止杯口模板上浮。基础浇捣完毕,混凝土终凝后用倒链将杯口模板取出,并将杯口内侧表面混凝土划(凿)毛。

(5)施工高杯口基础时,由于最上一台阶较高,可采用后安装杯口模板的方法施工,即当混凝土浇捣接近杯口底时,再安装固定杯口模板,继续浇筑杯口四侧混凝土,但应注意位置标高的正确性。

(6)其他施工监督要点同扩展基础。

2.质量控制资料检查要求

(1)混凝土配合比。

(2)掺合料、外加剂的合格证明书及复试报告。

(3)试块强度报告。

(4)施工日记。

(5)混凝土质量自检记录。

(6)隐蔽工程验收记录。

(7)混凝土分项工程质量验收记录表。

四、筏形基础施工

筏形基础由整块式钢筋混凝土平板或板与梁等组成,它在外形和构造上像倒置的钢筋混凝土平面无梁楼盖或肋形楼盖,分为平板式和梁板式两类。前者一般在荷载不很大,柱网较均匀,且间距较小的情况下采用;后者用于荷载较大的情况。由于筏形基础扩大了基底面积,增强了基础的整体性,抗弯刚度大,可调整建筑物局部发生显著的不均匀沉降,故适用于地基土质软弱又不均匀(或筑有人工垫层的软弱地基)、有地下水或当柱子或承重墙传来的荷载很大的情况,或建造 6 层及 6 层以下横墙较密的民用建筑。

(一)筏形基础施工技术要求

(1)垫层厚度宜为 100 mm,混凝土强度等级采用 C10。每边伸出基础底板不小于 100 mm;筏形基础混凝土强度等级不宜低于 C15;当有防水要求时,混凝土强度等级不宜低于 C20,抗渗等级不宜低于 P6。

(2)筏板厚度应根据抗冲切、抗剪切要求确定,但不得小于 200 mm;梁截面按计算确定,高出底板的顶面,一般不小于 300 mm,梁宽不小于 250 mm。筏板悬挑墙外的长度,从轴线起算,横向不宜大于 1 500 mm,纵向不宜大于 1 000 mm,边端厚度不小于 200 mm。

(3)当采用墙下预制式筏板,四周必须设置向下边梁,其埋入室外地面下不得小于 500 mm,梁宽不宜小于 200 mm,上下钢筋可取最小配筋率,并不少于 2 φ 10,箍筋及腰筋一般采用φ 8@ 150~250 mm,与边梁连接的筏板上部要配置受力钢筋,底板四角应布置放射状附加钢筋。

（二）筏形基础施工质量控制

1.施工质量监督要点

（1）地基开挖，如有地下水，应采用人工降低地下水位至基坑底50 cm以下部位，保持在无水的情况下进行土方开挖和基础结构施工。

（2）基坑土方开挖应注意保持基坑底土的原状结构，如采用机械开挖，基坑底面以上20~30 cm厚的土层应采用人工清除，避免超挖或破坏基土。如局部有软弱土层或超挖，应进行换填，采用与地基土压缩性相近的材料进行分层回填，并夯实。基坑开挖应连续进行，如基坑挖好后不能立即进行下一道工序，应在基底以上留置150~200 mm厚土层不挖，待下一道工序施工时再挖至设计基坑底标高，以免基土被扰动。

（3）筏形基础施工，采取底板和梁钢筋、模板一次同时支好，梁侧模板用混凝土支墩或钢支脚支承，并固定牢固，混凝土一次连续浇筑完成。

（4）当筏形基础长度很长（40 m以上）时，应考虑在中部适当部位留设贯通后浇带，以避免出现温度收缩缝和便于进行施工分段流水作业；对超厚的筏形基础应考虑采取降低水泥水化热和浇筑入模温度措施，以避免出现大温度收缩应力，导致基础底板裂缝，做法参见箱形基础施工相关部分。

（5）基础浇筑完毕。表面应覆盖和洒水养护，并不少于7 d，必要时应采取保温养护措施，并防止浸泡地基。

（6）在基础底板上埋设好沉降观测点，定期进行观测、分析，作好记录。

2.质量控制资料检查要求

（1）混凝土配合比。

（2）掺合料、外加剂的合格证明书及复试报告。

（3）试块强度报告。

（4）施工日记。

（5）混凝土质量自检记录。

（6）隐蔽工程验收记录。

（7）混凝土分项工程质量验收记录表。

五、箱形基础施工

箱形基础是由钢筋混凝土底板、顶板、外墙和一定数量的内隔墙构成一封闭空间的整体箱体，基础中空部分可在内隔墙开门洞做地下室。它具有整体性好、刚度大、抗不均匀沉降能力及抗震能力强，可消除因地基变形使建筑物开裂的可能性、减少基底处原有地基自重应力，降低总沉降量等特点。适用于软弱地基上的面积较大、平面轴线分布简单、荷载较大或上部结构分布不均匀的高层建筑物的基础及对建筑物沉降有严格要求的设备基础或特种构筑物基础，特别在城市高层建筑物基础中得到较广泛的应用。

（一）箱形基础施工技术要求

（1）箱形基础的埋置深度除满足一般基础埋置深度有关规定外，还应满足抗倾覆和抗滑稳定性要求，同时考虑使用功能要求，一般最小埋置深度为3.0~5.0 m。在地震区，埋深不宜小于建筑物总高度的1/10。

（2）箱形基础高度应满足结构刚度和使用要求，一般可取建筑物高度的1/8~1/12，且不宜小于箱形基础长度的 1/6~1/8,且不小于 3 m。

（3）基础混凝土强度等级不应低于 C20,如采用密实混凝土防水,宜采用 C30,其外围结构的混凝土抗渗等级不宜低于 P6。

（二）箱形基础施工质量控制

1.施工质量监督要点

（1）施工前应查明建筑物荷载影响范围内地基土组成、分布、均匀性及性质和水文情况,判明深基坑和稳定性及对相邻建筑的影响;编制施工组织设计,包括土方开挖、地基处理、深基坑降水和支护以及对邻近建筑物的保护等方面和具体施工方案。

（2）基坑开挖,如地下水位较高,应采取措施降低地下水位至基坑底以下 50 cm 处,当地下水位较高,土质为粉土、粉砂或细砂时,不得采用明沟排水,宜采取轻型井点或深井井点方法降水措施,并应设置水位降低观测孔,井点设置应有专门设计。

（3）基础开挖应验算边坡稳定性,当地基为软弱土或基坑邻近有建(构)筑物时,应有临时支护措施,如设钢筋混凝土钻孔灌注桩,桩顶浇混凝土连续梁连成整体,支护离箱形基础应不小于 1.2 m,上部应避免堆载、卸土。

（4）开挖基坑应注意保持基坑底土的原状结构,当采用机械开挖基坑时,在基坑底面设计标高以上 20~30 cm 厚的土层,应用人工挖除并清理,如不能立即进行下一道工序施工,应留置 15~20 cm 厚土层,待下道工序施工前挖除,以防止地基土被扰动。

（5）箱形基础开挖深度大,挖土卸载后,土中压力减小,土的弹性效应有时会使基坑坑面土体回弹变形,基坑开挖到设计基底标高经验收后,应随即浇筑垫层和箱形基础底板,防止地基土被破坏,冬期施工时,应采取有效措施,防止基坑底土的冻胀。

（6）箱形基础底板,内外墙和顶板的支模、钢筋绑扎和混凝土浇筑,可采取分块进行,其施工缝的留设,外墙水平施工缝应在底板面上部 300~500 mm 范围内和无梁顶板下部 20~30 cm 处,并应做成企口形式,有严格防水要求时,应在企口中部设镀锌钢板(或塑料)止水带。外墙的垂直施工缝宜用凹缝,内墙的水平和垂直施工缝多采用平缝,内墙与外墙之间可留垂直缝,在继续浇混凝土前必须清除杂物,将表面冲洗洁净,注意接缝质量,然后浇筑混凝土。

（7）当箱形基础长度超过 40 m 时,为避免表面出现温度收缩裂缝或减轻浇筑强度,宜在中部设置贯通后浇带,后浇带宽度不小于 800 mm,并从两侧混凝土内伸出贯通主筋,主筋按原设计连续安装而不切断;后浇带用高一级强度等级的半干硬性混凝土或微膨胀混凝土灌筑密实,使连成整体并加强养护,但后浇带必须是在底板、墙壁和顶板的同一位置上部留设,使形成环形,以利释放早、中期温度应力。若只在底板和墙壁上留后浇带,而在顶板上不留设,将会在顶板上产生应力集中,出现裂缝,且会传递到墙壁后浇带,也会引起裂缝。底板后浇带处的垫层应加厚,局部加厚范围可采用 800 mm+C(C 为钢筋最小锚固长度),垫层顶面设防水层,外墙外侧在上述范围也应设防水层,并用强度等级为 M5 的砂浆砌半砖墙保护;后浇带适用于变形稳定较快,沉降量较小的地基,对变形量大,变形延续时间长的地基不宜采用。当有管道穿过箱形基础外墙时,应加焊止水片防漏。

（8）钢筋绑扎应注意钢筋间距和位置准确,接头部位采用闪光对焊、电弧焊或机械连接,严格控制接头位置及数量,混凝土浇筑前须经验收。外部模板宜采用大块模板组装,内壁用定型模板;墙间距采用直径 12 mm 穿墙对接螺栓控制墙体截面尺寸,埋设件位置应准确固定。箱顶板应适当预留施工洞口,以便内墙模板拆除后取出。

（9）混凝土浇筑要合理选择浇筑方案，根据每次浇筑量，确定搅拌、运输、振捣能力，配备机械人员，确保混凝土浇筑均匀、连续，避免出现过多施工缝和薄弱层面。底板混凝土浇筑，一般应在底板钢筋和墙壁钢筋全部绑扎完毕，柱子插筋就位后进行，可沿长方向分 2~3 个区，由一端向另一端分层推进，分层均匀下料。当底面积大或底板呈正方形，宜分段分组浇筑，当底板厚度小于 50 cm，可不分层，采用斜面赶浆法浇筑，表面及时平整；当底板厚度大于或等于 50 cm，宜水平分层或斜面分层浇筑，每层厚 25~30 cm，分层用插入式或平板式振动器捣固密实，同时应注意各区、组搭接处的振捣，防止漏振，每层应在水泥初凝时间内浇筑完成，以保证混凝土的整体性和强度，提高抗裂性。

（10）墙体浇筑应在全部钢筋绑扎完，包括顶板插筋、预埋件、各种穿墙管道敷设完毕、模板尺寸正确、支撑牢固安全、经检查无误后进行。一般先浇外墙，后浇内墙，或内外同时浇筑，分支流向轴线前进，各组兼顾横墙左、右宽度各半。外墙浇筑可采分层分段循环浇筑法，即将外墙沿周边分成若干段，分段的长度应由混凝土的搅拌运输能力、浇筑强度、分层厚度和水泥初凝时间而定。本法能减少混凝土浇筑时产生的对模板的侧压力，各小组循环递进，以利于提高工效，但要求混凝土输送和浇筑过程均匀连续，劳动组织严密。当周边较长，工程量较大，亦可采取分层分段一次浇筑法，本法每组有固定的施工段，以利于提高质量，对水泥初凝时间控制没有什么要求，但混凝土一次浇至墙体全高，模板侧压力大，要求模板牢固。箱形基础顶板（带梁）混凝土浇筑方法与基础底板浇筑方法基本相同。

（11）箱形基础混凝土浇筑完后，要加强覆盖，并浇水养护；冬期要保温，防止温差过大出现裂缝，以保证结构使用和防水性能。

（12）箱形基础施工完毕后，应防止长期暴露，要抓紧基坑回填土。回填时要在相对的两侧或四周同时均匀进行，分层夯实；停止降水时，应验算箱形基础的抗浮稳定性；地下水基础的浮力，一般不考虑折减，抗浮稳定系数宜小于 1.20，如不能满足，必须采取有效措施，防止基础上浮或倾斜，地下室施工完成后，方可停止降水。

2.质量控制资料检查要求

（1）混凝土配合比。

（2）掺合料、外加剂的合格证明书、复试报告。

（3）试块强度报告。

（4）施工日记。

（5）温控记录。

（6）混凝土质量自检记录。

（7）隐蔽工程验收记录。

（8）混凝土分项工程质量验收记录表。

第四节　常见质量通病的预防及治理

地基与基础工程是建筑工程施工质量控制的重要组成部分，其质量的好坏直接关系到整体建筑工程的质量。据统计资料显示，在房屋建筑工程出现的所有工程事故中，仅因地基和基础工程的质量问题而导致的事故占总事故的 21%。因为房屋的地基与基础工程都是地下隐蔽工程，不可见因素太多，施工完成后不易检查和量测，使用期间出现问题也不易察觉。一旦发生事故就难以补救,甚至造成灾难性后果。表 10-20～表 10-22 对地基与基础工程施工中一些常见质量通病出现的原因及防治进行了介绍。

表 10-20　地基处理常见质量通病原因及防治措施

常见质量通病	现象	原因分析	预防措施	治理方法
1. 换土加固基坑(槽)坍塌	施工挖掘土方时,基坑(槽)壁突然发生坍方	同本书第二篇第九章土方工程常见质量通病中"边坡塌方"的原因分析	(1)施工中必须按规定放坡。 (2)同第二篇第九章土方工程常见质量通病中"边坡塌方"的预防措施(2)、(3)、(4)。 (3)如果简易支撑无法消除边坡坍塌,可采用打板桩防护	参见本书第二篇第九章土方工程常见质量通病中"边坡塌方"的治理方法
2. 换土加固地基密实度达不到要求	换土后的地基,经夯击、碾压后,达不到设计要求的密实度	(1)换土用的土料不纯。 (2)分层虚铺厚度过大。 (3)土料含水率过大或过小。 (4)机具使用不当,夯击能量不能达到有效影响深度	参见本书第二篇第九章土方工程常见质量通病中"回填土密实度达不到要求"的预防措施	参见本书第二篇第九章土方工程常见质量通病中"回填土密实度达不到要求"的治理方法
3. 振冲地基加固效果差	(1)砂土地基经振冲后,通过检验达不到要求的密实度。 (2)黏性土地基经振冲后,通过载荷试验检验,复合地基的承载力与刚度均未能达到设计要求	(1)振冲加密砂土时水量不足,未能使砂土达到饱和;在振冲时留振时间不够,未能使砂土充分液化。 (2)黏性土地基振冲施工时,未能适当控制水压、电流、填料量不足或桩体密实度欠佳	(1)在砂土地基中施工时,应严格控制含水率,当振冲器水管供水仍未能使地基达到饱和,可在孔口另外加水管灌水,也可在加固区预先浸水后再施工。但要注意水量不可过大,以免将地基中的部分砂砾冲走,影响地基密实度。 (2)在黏性土地基中进行振冲时,应视地基土的软硬情况调节水压,一般造孔水压应适当大些,填料的水压应适当降低。 (3)填料时,可以分几次或连续填料,视土质情况而定,填料量不少于一根桩的体积容量,以确保达到设计要求置换率。 (5)严格作好施工记录,检查有否漏桩等情况	(1)振冲挤密砂土时,振冲器应以 1～2 m/min 速度提升,每提升 30～50 cm,留振 30～60 s,以保证砂土充分液化。 (2)当振冲器沉至加固深度以上 30～50 cm 时,应将振冲器以 5～6 m/min 的速度提升至孔口,再以同样速度下沉至原来深度

常见质量通病	现象	原因分析	预防措施	治理方法
4. 砂桩加固地基桩身缩颈	成桩灌料拔管时,桩身局部出现缩颈	(1)原状土含饱和水再加上施工注水润滑,经振动产生流塑状,瞬间形成高空隙水压力,使局部桩体挤成缩颈。 (2)地下水位与其上土层结合处,易产生缩颈。 (3)流动状态的淤泥质土,因钢套管受较强振动,也易产生缩颈。 (4)桩间距过小,互相挤压形成缩颈	(1)施工前分析地质报告,确定适宜的工法。 (2)控制贯入速度,以增加对土层预振动,提高密度。 (3)选择激振力,提高振动频率。 (4)根据情况采用袋装砂井配合使用	(1)控制拔管速度,一般为 0.8～1.5 m/min。 (2)用反插法来克服缩颈。 (3)用复打法克服缩颈
5. 高压喷射注浆加固地基钻孔沉管困难、偏斜、冒浆	旋喷设备钻孔困难,并出现偏斜过大及冒浆现象	(1)遇有地下物,地面不平实,未校正钻机,垂直度超过1%的规定。 (2)注浆量与实际需要量相差较多	(1)旋喷前场地要平整夯实或压实,稳钻杆或下管要双向校正,使垂直度控制在1%范围内。 (2)采用控制水泥浆配合比,控制好提升、旋转、注浆等措施。	(1)放桩位点时应钎探,摸清情况,遇有地下物,应清除或移桩位点。 (2)利用侧口式喷头,减小出浆口孔径并提高喷射压力,使压浆量与实际需要量相当,以减少冒浆量。 (3)回收冒浆,除去泥土过滤后再用

表 10-21　桩基工程常见质量通病原因及防治措施

常见质量通病	现象	原因分析	预防措施	治理方法
1.预制桩桩身断裂	在沉桩过程中,桩身突然倾斜错位,贯入度突然增大	（1）桩身混凝土强度低于设计要求,或原材料不符合要求,使桩身局部强度不够。 （2）桩在堆放(搁置)、起吊、运输过程中,不符合规定要求,产生裂缝,再经锤击而出现断桩。 （3）接桩时,上下节相接的两节桩不在同一轴线而产生弯曲,或焊缝不足,在焊接质量差的部位脱开。 （4）桩制作时,桩身弯曲超过规定值,沉桩时桩身发生倾斜。 （5）桩的细长比过大。沉桩时遇到障碍物,垂直度不符合要求,采用桩架校正桩垂直度,使桩身产生弯曲	（1）桩的混凝土强度不宜低于C30,制桩时各分项工程应符合有关验评标准的规定,同时,必须要有足够的养护期和正确的养护方法。 （2）堆放、起吊、运输中,应遵照有关规定或操作规程,当发现桩开裂超过有关验收规定时,严禁使用。 （3）接桩时,要保持相接的两节桩在同一轴线上,接头构造及施工质量符合设计要求和规范规定。 （4）沉桩前,应对桩构件进行全面检查,若桩身弯曲大于 1% 桩长,且大于 20 mm 的桩,不得使用。 （5）沉桩前,应将桩位下的障碍物清理干净,在初步沉桩过程中,若桩发生倾斜、偏位,应将桩拔出重新沉桩;若桩打入一定深度,发生倾斜、偏位,不得采用移动桩架的方法来纠正,以免造成桩身弯曲;一节桩的细长比一般不超过 40,软土中可适当放宽。	应会同设计人员共同研究处理方法。根据工程地质条件,上部载荷及桩所处的结构部位,可以采用补桩的方法。可在轴线两侧分别补一根或两根桩
2.钢管桩桩顶变形	钢管桩在施打过程中,特别是较长的桩,经大能量、长时间打击,产生变形	（1）遇到了坚硬的障碍物难以穿过,如大石块等。 （2）遇到了坚硬的硬夹层,如较厚的砂层、砂卵石等。 （3）由于地质描述不详,勘探点较少。 （4）桩顶的减振材料垫的过薄,更换不及时,选材不合适。 （5）打桩锤选择不当,打桩顺序不合理。 （6）稳桩校正不严格,造成锤击偏心,影响了垂直贯入。 （7）场地平整度偏差过大,造成桩易倾斜打入,使桩沉入困难	（1）根据地质的复杂程度进行详细勘察,加密探孔,必要时,一桩一探。 （2）放桩时,先用钎探查找地下物,及时清除后,再放桩位点。 （3）平整打桩场时,应将旧房基等挖除掉,场地平整度要求不超过10%,并要求密实度能使桩机正常行走。 （4）穿硬夹层时,可选用射水法、气吹法等措施。 （5）打桩前,桩冒内垫上合适的减振材料,如麻袋等物,随时更换或一桩一换。稳桩要双向校正,保证垂直贯入,垂直偏差不得大于 0.5%。	（1）打坏变形的桩顶,接桩时应割掉,以便顺利接桩。 （2）施打超长又直径较大的桩时,应选用大能量的柴油锤,以重锤低击为好

常见质量通病	现象	原因分析	预防措施	治理方法
3.干作业成孔灌注桩桩身混凝土质量差	桩身表面有蜂窝、空洞,桩身夹土、分段级配不均匀,浇筑混凝土后的桩顶浮浆过多	(1)混凝土浇筑时没有按操作工艺边灌边振捣,或只在桩顶振捣,使混凝土不密实,出现蜂窝等现象。 (2)混凝土浇筑时,孔壁受到振动,使孔壁土塌落同混凝土一起灌入孔中,造成桩身夹土。 (3)混凝土浇筑一半后,放钢筋笼时碰到孔使土掉入孔内,再继续浇筑混凝土,造成桩身夹土。 (4)每盘混凝土的搅拌时间或加水量不一致,造成坍落度不均匀,和易性不好,故混凝土浇筑时有离析现象,使桩身出现分段不均匀的情况。 (5)拌制混凝土的水泥过期,集料含泥量大或不符合要求,混凝土配合比不当,造成桩身强度低。 (6)浇筑混凝土时,孔口未放铁板或漏斗,会使孔口浮土混入	(1)严格按照混凝土操作规程施工。 (2)浇筑混凝土前先放好钢筋笼,避免在浇筑混凝土过程中吊放钢筋笼。 (3)浇筑混凝土前,先在孔口放好铁板或漏斗,以防止回落土掉入孔内。 (4)雨季施工孔口要做围堰,防止雨水灌孔影响质量。 (5)桩孔较深时,可吊放振动棒振捣,以保证桩底部密实度	(1)如单桩承载力不大且缺陷不严重,可与设计人员研究采用加大承台梁的方法。 (2)如缺陷严重,应会同设计人员共同研究处理方法,一般可采用在轴线两侧补桩的方法。
4.湿作业成孔灌注桩缩孔	孔径小于设计孔径	(1)塑性土膨胀; (2)选用机具、工艺不合理	(1)根据不同的土层,应选用相应的机具和工艺。 (2)成孔后立即验孔,安放钢筋笼,浇筑桩身混凝土	发现缩孔,采用上下反复扫孔的办法,以扩大孔径

表 10-22　（浅）基础工程常见质量通病原因及防治措施

常见质量通病	现象	原因分析	预防措施	治理方法
1.基础位置、尺寸偏差大	（1）基础轴线或中心线偏离设计位置。 （2）基础平面尺寸误差过大	（1）测量放线错误，常见的是看错图或读错尺。 （2）控制基础尺寸和标高的标志板出现移动变形。 （3）砖基础等大放脚进行收分(退台)砌筑时，其收分(退台)量控制不准，造成基础顶面轴线偏位。 （4）混凝土基础模板尺寸偏差过大	（1）在建筑物定位放线时，外墙角必须设置标志板，并有相应的保护措施。 （2）横墙轴线不宜采用基槽内排尺方法控制，应设置中心桩。 （3）在基础收分(退台)部分砌完后，拉通线重新核对，并以新定出的轴线为准砌筑基础直墙部分。 （4）基础施工前，应先用钢尺校核放线尺寸，允许误差应符合规范规定。 （5）混凝土基础应在检查模板尺寸、位置无误后，方可浇筑	（1）发现基础位置偏差过大时，必须请设计等有关方面协商处理。 （2）当基础尺寸严重偏小时，应约请有关方面研究采取加固补强措施
2.基础标高偏差过大	基础顶面标高不在同一水平面，其偏差明显超过施工规范的规定，这将影响上层墙体标高	（1）砖基础下部的基层(灰土、混凝土)标高偏差较大，因而在砌筑砖基础时对标高不易控制。 （2）由于基础大放脚宽大，基础皮数杆不能贴近，难以察觉所砌砖层与皮数杆的标高差。 （3）基础大放脚填芯砖采用大面积铺灰的砌筑方法，由于铺灰厚薄不匀或铺灰面太长，砌筑速度跟不上，砂浆因停歇时间过久挤浆困难，灰缝不易压薄而出现冒高现象。 （4）砌基础不设皮数杆	（1）基础施工前应校核标志板标高，发现偏差应及时修正。 （2）砌体施工应设置皮数杆，并应根据设计要求、块材规格和灰缝厚度在皮数杆上标明皮数及竖向构造的变化部位。 （3）基础垫层施工时，应准确控制其顶面标高，宜在允许的负偏差范围内。 （4）砌筑基础前，应对基层标高普查一遍	基础顶面标高偏差过大时，应用细石混凝土找平后再砌墙，并以找平后的顶面标高为准设置皮数杆

常见质量通病	现象	原因分析	预防措施	治理方法
3.混凝土基础外观缺陷	（1）基础中心线错位。 （2）基础平面尺寸、台阶形基础台阶宽和高的尺寸偏差过大。 （3）带形基础上口宽度不准，基础顶面的边线不直；下口陷入混凝土内；拆模后上段混凝土有缺损，侧面有蜂窝、麻面；底部支模不牢。 （4）杯形基础的杯口模板位移；芯模上浮，或芯模不易拆除	（1）测量放线错误。安装模板时，挂线或拉线不准。造成垂直度偏差大，或模板上口不在一条直线上。 （2）模板上口仅用铁丝拉紧，且松紧不一致，上口不钉木带或不加顶撑，浇混凝土时的侧压力使模板下口向外推移（上口内倾），造成上口宽度大小不一。 （3）模板未撑牢，基础上部浇筑的混凝土从模板下口挤出后，未及时清除，均可造成侧模下部陷入混凝土内。 （4）模板支撑直接撑在基坑土面上，土体松动变形，导致模板尺寸、形状偏差。 （5）杯形基础上段模板支撑方法不当，杯芯模底部密闭，浇筑混凝土时，杯芯模上浮。 （6）模板两侧的混凝土不同时浇筑，造成模板侧压力差太大而发生偏移。 （7）浇筑混凝土时，操作脚手板搁置在基础上部模板上，造成模板下沉	（1）在确认测量放线标记和数据正确无误后，方可以此为据，安装模板。模板安装中，要准确地挂线和拉线，以保证模板垂直度和上口平直。 （2）模板及支撑应有足够的强度和刚度，支撑的支点应坚实可靠。 （3）上段模板应支承在预先横插圆钢或预制混凝土垫块上，也可用临时木支撑将上部侧模支承牢靠，并保持标高、尺寸准确。 （4）发现混凝土由上段模板下翻上来时，应及时铲除、抹平，防止模板下口被卡住。 （5）模板支撑支承在土上时，下面应垫木板，以扩大支承面。模板长向接头处应加拼条，使板面平整，连接牢固。 （6）杯基芯模板应刨光直拼，表面涂隔离剂，底部钻几个孔，以利排气（水）。 （7）浇筑混凝土时，两侧或四周应均匀下料并振捣。脚手板不得搁在模板上	（1）凡位移值不影响结构质量时，可不进行处理；如只需进行少量局部剔凿和修补处理，应适当修整。一般可用1:2或1:2.5水泥砂浆或比原混凝土高一强度等级的细石混凝土进行修补。 （2）凡位移值影响结构受力性能时，可根据具体情况，采取结构加固或局部返工处理。 （3）表面局部不平整的，可用细石混凝土或1:2水泥砂浆修补。 （4）遇混凝土麻面时，应在麻面部分浇水充分湿润后，用原混凝土配合（去石子）砂浆，将麻面抹平压光。 （5）遇混凝土蜂窝时，对小蜂窝，可用水洗刷干净后，用1:2或1:2.5水泥砂浆压实抹平；对较大蜂窝，先凿去蜂窝处薄弱松散的混凝土和突出的颗粒，刷洗干净后支模，用比原混凝土高一强度等级的细石混凝土进行修补

本章小结

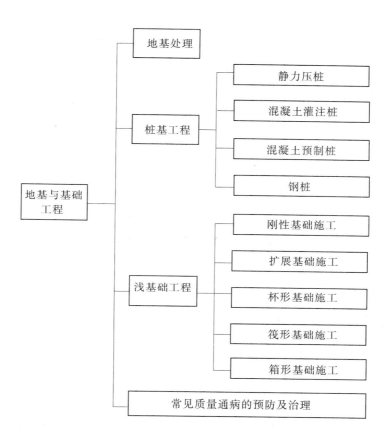

第十一章 砌体工程

【学习目标】

- 掌握砌体工程质量控制的一般规定
- 掌握砌筑砂浆及砖砌体工程
- 了解混凝土小型空心砌块砌体工程
- 了解配筋砌体工程及填充墙砌体工程
- 了解分部(子分部)工程质量验收
- 掌握砌体工程常见质量通病的防治及常见质量缺陷的处理

第一节 基本规定

一、砌体工程质量控制的一般规定

(一)材料要求

砌体工程所用的材料应有产品的合格证书、产品性能检测报告。块材、水泥、钢筋、外加剂等尚应有材料主要性能的进场复验报告,严禁使用国家明令淘汰的材料。

(二)砌筑顺序

(1)基底标高不同时,应从低处砌起,并应由高处向低处搭砌。当设计无要求时,搭接长度 L 不应小于基础底的高差 H,搭接长度范围内下层基础应扩大砌筑。

(2)砌体的转角处和交接处应同时砌筑。当不能同时砌筑时,应按规定留槎、接槎。

(三)洞口留置规定

(1)设计要求的洞口、管道、沟槽应于砌筑时正确留出或预埋,未经设计同意,不得打凿墙体和在墙体上开凿水平沟槽。宽度超过 300 mm 的洞口上部,应设置过梁。

(2)在墙上留置临时施工洞口,其侧边离交接处墙面不应小于 500 mm,洞口净宽度不应超过 1 m。抗震设防烈度为 9 度的地区建筑物的临时施工洞口位置,应会同设计单位确定,临时施工洞口应做好补砌。

(3)脚手眼补砌时,应清除脚手眼内掉落的砂浆、灰尘,脚手眼处砖及填塞用砖应湿润,并应填实砂浆。

(四)不得在下列墙体或部位设置脚手眼

(1)120 mm 厚墙、清水墙、料石墙、独立柱和附墙柱;

(2)过梁上与过梁成 60°角的三角形范围及过梁净跨度 1/2 的高度范围内,宽度小于 1 m 的窗间墙;

(3)门窗洞口两侧石砌体 300 mm,其他砌体 200 mm 范围内;

(4)转角处石砌体 600 mm,其他砌体 450 mm 范围内;

（5）梁或梁垫下及其左右 500 mm 范围内；

（6）设计不允许设置脚手眼的部位；

（7）轻质墙体；

（8）夹心复合墙外叶墙。

（五）每日砌筑高度规定

正常施工条件下，砖砌体、小砌块砌体每日砌筑高度宜控制在 1.5 m 或一步脚手架高度内；石砌体不宜超过 1.2 m。在墙体砌筑过程中，当砌筑砂浆初凝后，块体被撞动或需移动时，应将砂浆清除后再铺浆砌筑。

（六）轴线标高校核

砌筑完基础或每一楼层后，应校核砌体的轴线和标高。在允许偏差范围内，轴线偏差可在基础顶面或楼面上校正，标高偏差宜通过调整上部砌体灰缝厚度校正。

（七）预制梁、板搁置要求

搁置预制梁、板的砌体顶面应平整，标高一致。砌体顶面应找平，当无具体要求时应采用 1：2.5 水泥砂浆。

（八）砌体施工质量控制等级

由于砌体的施工存在较大量的人工操作过程，所以砌体结构的质量也在很大程度上取决于人的因素。施工过程对砌体结构质量的影响直接表现在砌体的强度上。砌体施工质量控制等级应分为三级，并应符合表 11-1 的规定。

（九）防腐要求

砌体结构中钢筋（包括夹心复合墙内外墙间的拉结件的防腐），应符合设计规定。

（十）雨天砌筑要求

雨天不宜在露天砌筑墙体，对下雨当日砌筑的墙体应进行遮盖。继续施工时，应复核墙体的垂直度，如果垂直度超过允许偏差，应拆除重新砌筑。

（十一）质量和安全事故预防

砌体施工时，楼面和屋面堆载不得超过楼板的允许荷载值。当施工层进料口处施工荷载较大时，楼板下宜采取临时支撑措施。

表 11-1　施工质量控制等级

项目	施工质量控制等级		
	A	B	C
现场质量管理	制度健全，并严格执行；非施工方质量监督人员经常到现场，或现场设有常驻代表；施工方有在岗专业技术管理人员，人员齐全，并持证上岗	制度基本健全，并能执行；非施工方质量监督人员间断地到现场进行质量控制；施工方有在岗专业技术管理人员，并持证上岗	有制度；非施工方质量监督人员很少作现场质量控制；施工方有在岗专业技术管理人员
砂浆、混凝土强度	试块按规定制作，强度满足验收规定，离散性小	试块按规定制作，强度满足验收规定，离散性较小	试块强度满足验收规定，离散性大
砂浆拌和方式	机械拌和，配合比计量控制严格	机械拌和，配合比计量控制一般	机械或人工拌和，配合比计量控制较差
砌筑工人	中级工以上，其中高级工不少于 20%	高、中级工不少于 70%	初级工以上

二、砌体结构工程质量验收

分项工程的验收应在检验批验收的基础上进行,检验批验收可根据施工段划分。

(一)砌体结构工程检验批的划分应同时符合下列规定:

(1)所用材料类型及同类型材料的强度等级相同;

(2)不超过 250 m³ 砌体;

(3)主体结构砌体一个楼层(基础砌体可按一个楼层计);填充墙砌体量少时可多个楼层合并。

(二)主控项目和一般项目质量要求

砌体结构工程检验批验收时,其主控项目应全部符合本规范的规定;一般项目应有80%及以上的抽检处符合本规范的规定;有允许偏差的项目,最大超差值为允许偏差值的1.5倍。

砌体结构分项工程中检验批抽检时,各抽检项目的样本最小容量除有特殊要求外,按不应小于5确定。

第二节　砌筑砂浆

砌筑砂浆是砖砌体的重要组成部分,它把各个块体胶结在一起形成一个整体,并因抹平块体表面而促使应力的分布较为均匀。在砂浆硬结后,砖砌体可以均匀地传递上部传来的荷载。

一、砌筑砂浆的组成材料质量要求

砌筑砂浆按其成分可分为:无塑性掺合料的(纯)水泥砂浆、有塑形掺合料(石灰浆或粘土浆)的混合砂浆,以及不含水泥的石灰砂浆、粘土砂浆和石膏砂浆等非水泥砂浆。为了节约水泥及增加砂浆的可塑性,应采用有塑形掺合料的混合砂浆。

(一)水泥

水泥是砌筑砂浆的主要胶凝材料。水泥进场使用前,应分批对其强度、安定性进行复验。检验批应以同品种、同等级、同批号连续进场的水泥,袋装水泥不超过 200 t 为一批,散装水泥不超过 500 t 为一批,每批抽样不少于一次。当在使用中对水泥质量有怀疑或水泥出厂超过三个月(快硬硅酸盐水泥超过一个月)时,应复查试验,并按其结果使用。不同品种的水泥,不得混合使用,水泥宜采用通用硅酸盐水泥或砌筑水泥,水泥强度等级应根据砂浆品种及强度等级的要求进行选择。M15 及以下强度等级的砌筑砂浆宜选用 32.5 级的通用硅酸盐水泥或砌筑水泥;M15 以上强度等级的砌筑砂浆宜选用 42.5 级通用硅酸盐水泥。

(二)砂

普通混凝土中的砂石用量约占混凝土总重量的四分之三,因此砂石的质量对混凝土来说相当重要,它不仅影响混凝土的强度,也大大影响混凝土的耐久性和结构性能。根据《普通混凝土用砂、石质量及检验方法标准》JGJ 52—2006 相关规定。沙的粗细程度按细度模数分为粗、中、细、特细四级,配置泵送混凝土宜选用中砂,应全部通过 4.75 mm 的筛孔。不得含有有害杂物。砂中含泥量、泥块含量、人工砂或混合沙中石粉含量、以及云母、轻物质、有机物、硫化物、硫酸盐等有害物质和氯离子含量等应符合现行行业标准的有关规定。人工砂、山砂及特细砂，应经试配能满足砌筑砂浆技术条件要求。

（三）掺加料

混凝土掺合料，是为了改善混凝土性能，节约用水，调节混凝土强度等级，在混凝土拌合时掺入天然的或人工的能改善混凝土性能的粉状矿物质。掺合料可分为活性掺合料和非活性掺合料。活性矿物掺合料本身不硬化或者硬化速度很慢，但能与水泥水化生成氧化钙起反应，生成具有胶凝能力的水化产物，如粉煤灰、粒化高炉矿渣粉、沸石粉、硅灰等。非活性矿物掺合料基本不与水泥组分起反应，如石灰石、磨细石英砂等材料。为改善砂浆和易性，降低水泥用量，往往在水泥砂浆中掺入部分石灰膏、电石膏或粉煤灰等。外加剂掺合料的掺量应通过试验确定，并应符合国家现行标准《混凝土外加剂应用技术规范》（GB 50119—2013）、《粉煤灰在混凝土和砂浆中应用技术规程》（JGJ 28—86）《粉煤灰混凝土应用技术规程》（GB/T 50146—2014）、《用于水泥与混凝土中粒化高炉矿渣粉》（GB/T 18046—2008）等的规定。

（四）水

水是混凝土不可缺少、不可替代的主要组分之一，直接影响混凝土拌合物的性能，如力学性能、长期性能和耐久性能，应制定技术标准进行规范，保证混凝土质量，满足建设工程的要求。拌合砂浆用水应符合国家线现行标准《混凝土拌合用水标准》（JGJ 63—2006）的规定，且应符合国家现行其他有关标准的规定。对于设计使用年限为 100 年的结构混凝土，氯离子含量不得超过 500 mg/L；对使用钢丝或经热处理钢筋的预应力混凝土，氯离子含量不得超过 350 mg/L。地表水、地下水、再生水的放射性应符合现行国家标准《生活饮用水卫生标准》（GB 5749—2006）的规定。被检验水样应与饮用水样进行水泥凝结时间对比试验。对比试验的水泥初凝时间差及终凝时间差均不应大于 30 min；同时，初凝和终凝时间应符合现行国家标准《硅酸盐水泥、普通硅酸盐水泥》（GB 175—2007）的规定。被检验水样应与饮用水样进行水泥胶砂强度对比试验，被检验水样配制的水泥胶砂 3 d 和 28 d 强度不应低于饮用水配制的水泥胶砂 3 d 和 28 d 强度的 90%。混凝土拌合用水不应有漂浮明显的油脂和泡沫，不应有明显的颜色和异味。混凝土企业设备洗刷水不宜用于预应力混凝土、装饰混凝土、加气混凝土和暴露于腐蚀环境的混凝土；不得用于使用碱活性或潜在碱活性骨料的混凝土。未经处理的海水严禁用于钢筋混凝土和预应力混凝土。在无法获得水源的情况下，海水可用于素混凝土，但不宜用于装饰混凝土。

（五）外加剂

为改善砂浆的某些性能，也可加入塑化、早强、防冻、缓凝等作用的外加剂。一般应使用无机外加剂，其品种和掺量应经试验确定。最常使用的外加剂是微沫剂，微沫剂是一种憎水性的表面活性剂，掺入砂浆中，它会吸附在水泥颗粒的表面形成一层皂膜，降低水的表面张力，经强力搅拌后，形成无数微小气泡，增加了水泥的分散性，使水泥颗粒和沙粒之间的摩擦阻力变小，而且气泡本身易变形，使砂浆流动性增大，和易性变好。外加剂应符合国家现行有关标准的规定，保水增稠材料和引气型外加剂还应有完整的型式检验报告。外加剂的掺量应通过试验确定，并应符合国家现行标准《混凝土外加剂应用技术规范》（GB 50119—2013）等的规定。

二、砌筑砂浆的性能

(一)砌筑砂浆拌和物的技术性质(和易性)

和易性是指新拌砌筑砂浆易于各工序施工操作(搅拌、运输、浇注、捣实等)并能获得质量均匀、成型密实的性能,其含义包含流动性、粘聚性及保水性。也称混凝土的工作性。和易性好的砂浆,不仅在运输和施上过程中不易产生分层、析水现象,而且能在粗糙的砖面上铺成均匀的薄层,与砖面很好地粘接,胶结后的强度、密实度和耐久性好。和易性是一项综合的技术性质,它与施工工艺密切相关。通常包括有流动性、保水性和粘聚性等三个方面。

(1)流动性:砂浆的流动性是指新拌砂浆在自重或外力的作用下,能产生流动的性能,用稠度表示。根据中华人民共和国行业标准《建筑砂浆基本性能试验方法标准》(JGJ/T 70—2009)中规定,砂浆稠度的大小是以砂浆稠度测定仪的圆锥沉入砂浆内深度的毫米(mm)来表示。圆锥沉入的深度越深,表明砂浆的流动性越大。砂浆的流动性不能过大,否则强度会下降并且出现分层、析水的现象;流动性小,砂浆偏干,又不便于施工操作,灰缝不易填充。所以新搅的砂浆应具有要求的稠度,砂浆流动性的大小与砌体材料种类、施工条件及气候条件等因素有关,可按表 11-2 选用砌筑砂浆的适宜稠度。

表 11-2 砌筑砂浆的稠度

砌体种类	砂浆稠度(mm)
烧结普通砖	70~90
混凝土实心砖、混凝土多孔砖砌体 普通混凝土小型空心砌块砌体 蒸压灰砂砖砌体	50~70
烧结多孔砖、空心砖砌体 轻集料小型空心砌块砌体 蒸压加气混凝土砌块砌体	60~80
石砌体	30~50

(2)保水性:即砂浆具有一定的保水能力,在搅拌、运输及使用过程中,砂浆内的水与胶结材料及骨料分离快慢程度,不致产生严重泌水现象的性能。保水性反映砂浆的稳定性。保水性不好的砂浆,在运输和放置过程中,容易泌水离析,失去流动性,不易铺成均匀的薄层或水分易被砖块很快的吸走,影响水泥正常硬化,降低了砂浆与砖面的粘结力,导致砌体质量下降。

砂浆的保水性用 "保水率" 表示。"保水率" 衡量砂浆保水性能的指标,参考国外标准及考虑到我国目前砂浆品种日益增多,有些新品种砂浆用传统的分层度试验来衡量砂浆各组分的稳定性或保持水分的能力已不太适宜,而且在砌筑砂浆实际应用中分层度与保水率相比,分层度难操作,可复验性差,《建筑砂浆基本性能试验方法标准》(JGJ/T 70—2009)提出了"保水性试验"标准,《砌筑砂浆配合比设计规程》(JGJ 98—2010)取消了分层度指标,增加了砂浆保水率的要求,砌筑砂浆的保水率应符合表 11-3 的规定。

表 11-3　砌筑砂浆的保水率

砂浆种类	保水率(%)
水泥砂浆	≥80
水泥混合砂浆	≥84
预拌砌筑砂浆	≥88

(二)砌筑砂浆硬化后的技术性质

1.砂浆强度等级

砂浆以测定砂浆立方体的抗压强度作为其强度指标。标准试件尺寸为 70.7m m³ 立方体试件,一组 3 块,试件制作后应在室温为(20±5)℃的环境下静置(24±2)h,当气温较低时,可适当延长时间,但不应超过两昼夜,然后对试件进行编号、拆模。试件拆模后应立即放入温度为(20±2)℃,相对湿度为 90%以上的标准养护室中养护。按照《建筑砂浆基本性能试验方法标准》(JGJ/T 70—2009)测定其抗压强度平均值。水泥砂浆及预拌砌筑砂浆的强度等级可分为 M5、M7.5、M10、M15、Ml20、M25、m30 七个等级;水泥混合砂浆的强度等级可分为 M5 、M7.5、M10、M15 四个等级。

影响砂浆强度的因素有很多,如块材性质、搅拌时间、配合比和施工质量等,其中主要影响因素是块材料性质和搅拌时间。

(1)块材性质:砂浆的强度与块材的吸水性能有关。砖是一种吸水材料,虽然作用于其上的砂浆的用水量稍有不同,但经过砖面吸水后,保留在砂浆中的水分已大致相同,砂浆的强度主要取决于水泥标号及水泥用量。

(2)搅拌及使用时间:搅拌和使用时间的长短,对砂浆的强度有较大的影响。

砌筑砂浆应采用机械搅拌,搅拌时间自开始加水算起符合:水泥砂浆和水泥混合砂浆不得少于 120 s;水泥粉煤灰砂浆和掺用外加剂的砂浆不得少于 180 s;掺增塑剂的砂浆,其搅拌方式、搅拌时间应符合现行行业标准《砌筑砂浆增塑剂》(JG/T 164—2004)的有关规定;干混砂浆及加气混凝土砌块专用砂浆宜按掺用外加剂的砂浆确定搅拌时间或按产品说明书采用。

现场拌制的砂浆应随拌随用,拌制的砂浆应在 3h 内使用完毕;当施工期间最高气温超过 30℃时,应在 2 h 内使用完毕。预拌砂浆及蒸压加气混凝土砌块专用砂浆的使用时间应按照厂方提供的说明书确定。

2.砌筑砂浆的粘结强度

砌筑砂浆必须有足够的粘结力,才能将砖石粘结为坚固的整体,砂浆粘结力的大小,将影响砌体的抗剪强度、耐久性、稳定性及抗震能力。一般情况下,砂浆的抗压强度越高,与砌体材料的粘结力也越大。砂浆保水性的好坏,对砂浆粘结力强弱影响最大,保水性不好的砂浆在运输和放置过程中,容易泌水离析,失去流动性不易铺成均匀的薄层,或水分易被砖很快吸走,影响水泥正常硬化,降低了砂浆与砖面的粘结力。此外,砂浆与砌体材料的粘结状况与砌筑材料表面状态、洁净程度、湿润状况、砌筑操作水平以及养护条件等因素也有着直接的关系。因此,烧结普通砖砌筑前前应将砖块浇水湿润(烧结类块体的相对含水率60%~70%),不使砖面沾染泥土,以提高砂浆与砖的粘结力,保证砌体质量。

(三)砌筑砂浆的抗冻性

有抗冻性要求的砌体工程,砌筑砂浆应进行冻融试验。砌筑砂浆的抗冻性应符合表11-4的规定,且当设计对抗冻性有明确要求时,尚应符合设计规定。

表 11-4 砌筑砂浆的抗冻性

使用条件	抗冻指标	质量损失率 (%)	强度损失率 (%)
夏热冬暖地区	F15		
夏热冬冷地区	F25	≤5	≤25
寒冷地区	F35		
严寒地区	F50		

三、砌筑砂浆的选用

水泥砂浆具有较高的强度和良好的耐久性,但和易性和保水性较差,宜在对强度和耐久性有较高要求、以及在地面或防潮层以下的砌体中采用;混合砂浆具有较好的和易性和保水性,也具有一定的强度和耐久性,是墙体砌筑中常用的砂浆;非水泥砂浆其强度和耐久性都较差,一般常用于低层和简易住宅中。

四、试块

(一)试块制作

(1)试模:尺寸为 7.07 cm×7.07 cm×7.07 cm 的带钢底试模,应用黄油等密封材料涂抹试模的外接缝,试模内涂刷薄层机油或脱模剂。

(2)将拌制好的砂浆一次性装满砂浆试模,成型方法根据稠度而定。当稠度≥50 mm时采用人工振捣成型,当稠度<50 mm 时采用振动台振实成型。

①人工振捣:用捣棒均匀地由边缘向中心按螺旋方式插捣 25 次,插捣过程中如砂浆沉落低于试模口,应随时添加砂浆,可用油灰刀插捣数次,并用手将试模一边抬高 5 mm~10 mm 各振动 5 次,使砂浆高出试模顶面 6 mm~8 mm。

②机械振动:将砂浆一次装满试模,放置到振动台上,振动时试模不得跳动,振动 5~10 秒或持续到表面出浆为止,不得过振。

(3)待表面水分稍干后,将高出试模部分的砂浆沿试模顶面刮去并抹平。

(二)试块养护

试件制作后应在室温为(20±5)℃的环境下静置(24±2)h,当气温较低时,可适当延长时间,但不应超过两昼夜,然后对试件进行编号、拆模。

试件拆模后应立即放入温度为(20±2)℃,相对湿度为90%以上的标准养护室中养护。养护期间,试件彼此间隔不小于 10 mm,混合砂浆试件上面应覆盖以防有水滴在试件上。

(三)砂浆强度

砂浆强度等级以标准养护、龄期为 28 d 的试块抗压试验结果为准。每组试块为 3 块,取 3 块试验结果的算术平均值作为该组砂浆试块的抗压强度,以三个试件测值的算术平均值的 1.3 倍作为该组试件的砂浆立方体试件抗压强度平均值。

当三个测值的最大值或最小值中如有一个与中间值的差值超过中间值的 15% 时,则把最大值及最小值一并舍除,取中间值作为该组试件的抗压强度值;如有两个测值与中间值的差值均超过中间值的 15% 时,则该组试件的试验结果无效。

(四)砌筑砂浆试块强度验收

(1)同一验收批砂浆试块强度平均值应大于或等于设计强度等级值的 1.10 倍;

(2)同一验收批砂浆试块抗压强度的最小一组平均值应大于或等于设计强度等级值的 85%。

(3)抽检数量

每一检验批且不超过 250 m^3 砌体的各类、各强度等级的普通砌筑砂浆,每台搅拌机应至少抽检一次。验收批的预拌砂浆、蒸压加气混凝土砌块专用砂浆,抽检可为 3 组。

(4)检验方法

在砂浆搅拌机出料口或在湿拌砂浆的储存容器出料口随机取样制作砂浆试块(现场拌制的砂浆,同盘砂浆只应作 1 组试块),试块标养 28 d 后作强度试验。预拌砂浆中的湿拌砂浆稠度应在进场时取样检验。

注:①砌筑砂浆的验收批,同一类型、强度等级的砂浆试块不应少于 3 组;同一验收批砂浆只有 1 组或 2 组试块时,每组试块抗压强度平均值应大于或等于设计强度等级值的 1.10 倍;对于建筑结构的安全等级为一级或设计使用年限为 50 年及以上的房屋,同一验收批砂浆试块的数量不得少于 3 组;

②砂浆强度应以标准养护,28 d 龄期的试块抗压强度为准;

③制作砂浆试块的砂浆稠度应与配合比设计一致。

第三节 砖砌体工程

砖砌体包括烧结普通砖、烧结多孔砖、混凝土多孔砖、混凝土实心砖、蒸压灰砂砖、蒸压粉煤灰砖等砌体工程。

一、砖砌体材料的质量要求

(一)砖的选用

砖的质量直接影响砌体的施工质量。项目部应审核进场砖的质保资料,按规定频率对砖进行复试检验,检查其是否符合设计要求。对进场砖的外观质量和几何尺寸进行检查,不符合要求的砖坚决不得使用。

砌块应有出厂合格证,砌块品种强度等级及规格应符合设计要求;砌块进场应按要求进行取样试验,并出具试验报告,合格后方可使用。

用于清水墙、柱表面的砖,应边角整齐,色泽均匀。

砌体砌筑时,混凝土多孔砖、混凝土实心砖、蒸压灰砂砖、蒸压粉煤灰砖等块体的产品龄期不应小于 28 d。

有冻胀环境和条件的地区、地面以下或防潮层以下的砌体,不应采用多孔砖。

不同品种的砖不得在同一楼层混砌。

施工现场砌块应堆放平整,堆放高度不宜超过2米,有防雨要求的要防止雨淋,并做好排水,砌块保持干净。

(二)砖的湿润

砌筑烧结普通砖、烧结多孔砖、蒸压灰砂砖、蒸压粉煤灰砖砌体时,砖应提前1 d~2 d适度湿润,严禁采用干砖或处于吸水饱和状态的砖砌筑,块体湿润程度宜符合下列规定:

烧结类块体的相对含水率60%~70%。

混凝土多孔砖及混凝土实心砖不需浇水湿润,但在气候干燥炎热的情况下,宜在砌筑前对其喷水湿润。其他非烧结类块体的相对含水率40%~50%。施工中避免砖干燥吸收砂浆中过多的水分而影响粘结力,但浇水过多会产生砌体走样或滑动,使施工操作困难。

(三)砖砌体的砌筑

采用铺浆法砌筑砌体,铺浆长度不得超过750 mm;当施工期间气温超过30℃时,铺浆长度不得超过500 mm。

240 mm厚承重墙的每层墙的最上一皮砖,砖砌体的阶台水平面上及挑出层的外皮砖,应整砖丁砌。

砖砌弧拱式及平拱式过梁的灰缝应砌成楔形缝,拱底灰缝宽度不宜小于5 mm,拱顶灰缝宽度不应大于15 mm,拱体的纵向及横向灰缝应填实砂浆;平拱式过梁拱脚下面应伸入墙内不小于20 mm;砖砌平拱过梁底应有1%的起拱;砖过梁底部的模板及其支架拆除时,灰缝砂浆强度不应低于设计强度的75%。

多孔砖的孔洞应垂直于受压面砌筑。半盲孔多孔砖的封底面应朝上砌筑。

砖砌体施工临时间断处补砌时,必须将接槎处表面清理干净,洒水湿润,并填实砂浆,保持灰缝平直。

夹心复合墙的砌筑应符合下列规定:

(1)墙体砌筑时,应采取措施防止空腔内掉落砂浆和杂物;

(2)拉结件设置应符合设计要求,拉结件在叶墙上的搁置长度不应小于叶墙厚度的2/3,并不应小于60 mm;

(3)保温材料品种及性能应符合设计要求。保温材料的浇注压力不应对砌体强度、变形及外观质量产生不良影响。

二、砖砌体质量控制要点

(1)砌筑前,检查砌筑部位是否清理干净浇水湿润,提前1~2天对砖进行浇水湿润;复核墙身中心线及边线是否符合设计要求;复核检查皮数杆是否根据设计要求、砖的规格和灰缝厚度对皮数、竖向构造的变化部位进行标明。基础砌筑前应校核放线尺寸,允许偏差如表11-5所示。

(2)坚持样板开道的原则,要求砌筑人员姓名、砌筑日期上墙。泥工的砌筑水平对墙体的砌筑质量影响很大,因此需根据样板对泥工进行筛选。

(3)宽度小于1米的窗间墙,应选用整砖砌筑,半砖和破损的砖应分散使用在受力较小的砖墙,小于1/4砖体积的碎砖不能使用。

表 11-5　放线允许偏差

长度 L、宽度 B （m）	允许偏差 （mm）	长度 L、宽度 B （m）	允许偏差 （mm）
L（或 B）≤30	±5	60<L（或 B）≤90	±15
30<L（或 B）≤60	±10	L（或 B）>90	±20

（4）墙体每天砌筑高度不宜超过 1.8 米。雨季施工日，每日砌筑高度不宜超过 1.2 米，提醒施工要有防雨冲刷砂浆措施，如收工时采用防雨材料覆盖新砌墙体表面。

（5）竖向灰缝不得出现瞎缝、透明缝和假缝。

（6）现场随时巡查督促，重点监控组砌方法、砂浆饱满度、马牙槎的留置尺寸、拉结筋有否遗漏及其埋置长度和间距设置、脚手眼的留置部位是否准确，及时发现问题及时纠正，不留隐患。

三、砖砌体工程的质量检验预验收

（一）主控项目

（1）砖和砂浆的强度等级必须符合设计要求

抽检数量：每一生产厂家，烧结普通砖、混凝土实心砖每 15 万块，烧结多孔砖、混凝土多孔砖、蒸压灰砂砖及蒸压粉煤灰砖每 10 万块各为一验收批，不足上述数量时按一批计，抽检数量为 1 组。砂浆试块的抽检数量执行规范的有关规定。

检验方法：查砖和砂浆试块试验报告。

（2）砌体灰缝砂浆应密实饱满，砖墙水平灰缝的砂浆饱满度不得低于 80%；砖柱水平灰缝和竖向灰缝饱满度不得低于 90%。

抽检数量：每检验批抽查不应少于 5 处。

检验方法：用百格网检查砖底面与砂浆的粘结痕迹面积，每处检测 3 块砖，取其平均值。

（3）砖砌体的转角处和交接处应同时砌筑，严禁无可靠措施的内外墙分砌施工。在抗震设防烈度为 8 度及 8 度以上地区，对不能同时砌筑而又必须留置的临时间断处应砌成斜槎，普通砖砌体斜槎水平投影长度不应小于高度的 2/3，多孔砖砌体斜槎长高比不应小于 1/2。斜槎高度不得超过一步脚手架的高度。

抽检数量：每检验批抽查不应少于 5 处。

检验方法：观察检查。

（4）非抗震设防及抗震设防烈度为 6 度、7 度地区的临时间断处，当不能留斜槎时，除转角处外，可留直槎，但直槎必须做成凸槎，且应加设拉结钢筋，拉结钢筋应符合下列规定：

①每 120 mm 墙厚放置 1φ6 拉结钢筋（120 mm 厚墙应放置 2φ6 拉结钢筋）。

②间距沿墙高不应超过 500 mm，且竖向间距偏差不应超过 100 mm。

③埋入长度从留槎处算起每边均不应小于 500 mm，对抗震设防烈度 6 度、7 度的地区，不应小于 1000 mm。

④末端应有 90° 弯钩。

抽检数量：每检验批抽查不应少于 5 处。

检验方法:观察和尺量检查。

(二)一般项目

(1)砖砌体组砌方法应正确,内外搭砌,上下错缝。清水墙、窗间墙无通缝;混水墙中不得有长度大于 300 mm 的通缝,长度 200 mm~300 mm 的通缝每间不超过 3 处,且不得位于同一面墙体上。砖柱不得采用包心砌法。

抽检数量:每检验批抽查不应少于 5 处。

检验方法:观察检查。砌体组砌方法抽检每处应为 3m~5m。

(2)砖砌体的灰缝应横平竖直,厚薄均匀,水平灰缝厚度及竖向灰缝宽度宜为 10 mm,但不应小于 8 mm,也不应大于 12 mm。

抽检数量:每检验批抽查不应少于 5 处。

检验方法:水平灰缝厚度用尺量 10 皮砖砌体高度折算;竖向灰缝宽度用尺量 2m 砌体长度折算。

(3)砖砌体尺寸、位置的允许偏差及检验应符合表 11-6 规定。

表 11-6　砖砌体尺寸、位置的允许偏差及检验

项次	项目			允许偏差(mm)	检验方法	抽检数量
1	轴线位移			10	用经纬仪和尺或用其他测量仪器检查	承重墙、柱全数检查
2	基础、墙、柱顶面标高			±15	用水准仪和尺检查	不应少于 5 处
3	墙面垂直度	每层		5	用 2 m 托线板检查	不应少于 5 处
		全高	≤10	10 m	用经纬仪、吊线和尺或用其他测量仪器检查	外墙全部阳角
			>10	20 m		
4	表面平整度	清水墙、柱		5	用 2 m 靠尺和楔形塞尺检查	不应少于 5 处
		混水墙、柱		8		
5	水平灰缝平直度	清水墙		7	拉 5 m 线和尺检查	不应少于 5 处
		混水墙		10		
6	门窗洞口高、宽(后塞口)			±10	用尺检查	不应少于 5 处
7	外墙上下窗口偏移			20	以底层窗口为准。用经纬仪或吊线检查	不应少于 5 处
8	清水墙游丁走缝			20	以每层第一皮砖为准。用吊线和尺检查	不应少于 5 处

第四节　混凝土小型空心砌块砌体工程

本节适用于普通混凝土小型空心砌块和轻骨料混凝土小型空心砌块(以下简称小砌块)工程的施工质量验收。

普通混凝土小型空心砌块,是以水泥、砂、碎石或乱石、水搅拌浇注成型,养护而成。主规格尺寸为:长 390 mm,宽 190 mm,高 190 mm,最小外壁厚应不小于 30 mm,用于承重墙时最小肋厚应不小于 25 mm,按其抗压强度不同分为 MU20、MU15、MU10、MU7.5 和 MU5 五个等级。轻骨料混凝土小型空心砌块组成成份与普通混凝土小型空心砌块的不同之处,主要是以轻骨料(如陶粒、陶砂)代替了卵石或碎石。

一、材料质量要求

(1)施工时所用的小砌块的产品龄期不应小于 28 d。

小砌块的主要组成成成份是水泥,制成成品后,前期自身收缩速度快,后期收缩速度缓慢,且强度趋于稳定。龄期不小于 28 d,主要是为了保证控制砌体收缩裂缝和砌体强度。

(2)承重墙体使用的小砌块应完整、无破损、无裂缝。砌筑小砌块时,应清除表面污物和芯柱用小砌块孔洞底部的毛边,剔除外观质量不合格的小砌块。

(3)底层室内地面以下或防潮层以下的砌体,应采用强度等级不低于 C20(或 Cb20)的混凝土灌实小砌块的孔洞。

(4)砌筑小砌块砌体,宜选用专用小砌块砌筑砂浆。专用砂浆是指符合国家现行标准《砌体结构工程施工质量验收规范》(GB50203—2015)和《混凝土小型空心砌块和混凝土砖砌筑砂浆》(JC860—2008)的砂浆,专用砂浆可提高小砌块与砂浆间的粘结力,且施工性能好。

(5)砌筑普通混凝土小型空心砌块砌体,不需对小砌块浇水湿润,如遇天气干燥炎热,宜在砌筑前对其喷水湿润;对轻骨料混凝土小砌块,应提前浇水湿润,块体的相对含水率宜为 40%~50%,雨天及小砌块表面有浮水时,不得施工。

(6)砌块的堆放场地应平整夯实,使砌块堆放平稳,并做好排水工作;砌块不宜直接堆放在地面上,应堆在草袋、煤渣垫层或其他垫层上,以免砌块底面被污染,砌块的规格、数量必须配套,不同类型分别堆放。堆置高度不宜超过 1.6 m。

(7)承重墙体严禁使用断裂小砌块。

(8)小砌块应底面朝上反砌于墙上。

(9)小砌块墙体应对孔错缝搭砌,搭接长度不应小于 90 mm。墙体的个别部位不能满足上述要求时,应在灰缝中设置拉结钢筋或钢筋网片,但竖向通缝仍不得超过两皮小砌块。

(10)浇灌芯柱的混凝土,宜选用专用的小砌块灌孔混凝土,当采用普通混凝土时,其坍落度不应小于 90 mm。

(11)浇灌芯柱混凝土,应遵守下列规定:

①清除孔洞内的砂浆等杂物,并用水冲洗。

②砌筑砂浆强度大于 1 MPa 时,方可浇灌芯柱混凝土。

③浇灌芯柱混凝土前应先注入适量与芯柱混凝土相同的去石水泥砂浆,再现浇灌混凝

土。

（12）需要移动砌体中的小砌块或小砌块被撞动时，应重新铺砌。

二、混凝土小型空心砌块砌体工程质量控制要点

（一）小砌块砌筑

施工前，应按房屋设计图编绘小砌块平、立面排块图，施工中应按排块图施工。在编制时，宜由水电管线安装人员与土建施工人员共同商定。

砌筑前应按砌块尺寸和灰缝厚度计算皮数和排数，立好皮数杆。拉线应拉通线，小线要拉紧，每层砌块要穿线看平，使水平缝均匀一致、平直顺通。

小砌块墙体应孔对孔、肋对肋错缝搭砌。单排孔小砌块的搭接长度应为块体长度的1/2；多排孔小砌块的搭接长度可适当调整，但不宜小于小砌块长度的1/3，且不应小90 mm。墙体的个别部位不能满足上述要求时，应在灰缝中设置拉结钢筋或钢筋网片。加筋的长度不应小于700 mm，网片两端距离竖向灰缝距离不得小于300 mm，但竖向通缝（搭接长度小于90 mm）仍不得超过两皮小砌块。

小砌块墙的转角处，应隔皮纵横墙砌块相互搭砌，即小砌块隔皮露端面。空心砌块墙的"T"字交接处，应隔皮使横墙砌块露端面。当该处无芯柱时，应在纵墙上交接处砌两块一孔半的辅助规格砌块，隔皮砌在横墙露头砌块下，其半孔应位于中间。当该处有芯柱时，应在在交接处应砌三孔砌块，隔皮相互垂直相交，中间孔相互对正。不允许墙面出现连续三皮通缝。

小砌块应将生产时的底面（壁、肋稍厚一面）朝上反砌于墙上，易于铺放砂浆和保证水平灰缝砂浆的饱满度。

在散热器、厨房和卫生间等设备的卡具安装处砌筑的小砌块，宜在施工前用强度等级不低于C20（或Cb20）的混凝土将其孔洞灌实。

厕浴间或者有防水要求的房间，墙底浇筑不小于200 mm高的混凝土坎台。

雨天应有防雨措施，砌筑完毕的砌体应进行遮盖。

砂浆应随拌随用，砂浆配合比应采用重量比，计量精度水泥为±2%，砂、灰膏控制在±5%以内，砂浆应采用机械搅拌，搅拌时间符合下列规定：水泥砂浆和水泥混合砂浆不得少于2 mm。水泥粉煤灰砂浆和掺用外加剂的砂浆不得少于3 mm。

构造要求：混凝土小型空心砌块砌体所用的材料，除满足强度计算要求外，尚应符合下列要求：

（1）对室内地面以下的砌体，应采用普通混凝土小砌块和不低于M5的水泥砂浆。

（2）对5层及5层以上民用建筑的底层墙体，应采用不低于MU5的混凝土小砌块和M5的砌筑砂浆。

（3）在墙体的下列部位，应用C20混凝土灌实砌块的孔洞：

①底层室内地面以下；或防潮层以下的砌体。

②无圈梁的楼板支承面下的一皮砌块。

③没有设置混凝土垫块的屋架、梁等构件支承面下，高度不应小于600 mm，长度不应小于600 mm的砌体。

(二)小砌块砌体灰缝

砌筑一般采用"披灰挤缝",先用瓦刀在砌块底面的周肋上满披灰浆,铺灰长度为2~3m,再在待砌的端头满披头灰,然后双手搬运砌块,进行挤浆砌筑。砌筑应尽量采用主规格砌块,用反砌法(底面朝上)砌筑,从转角或定位处开始向一侧进行。内外墙同时砌筑,纵横梁交错搭接。上下皮砌块要求对孔、错缝搭砌,个别不能对孔时,允许错孔砌筑,但搭接长度不应小于90 mm。如无法保证搭接长度,应在灰缝中设置构造筋或加网片拉结。承重墙体严禁使用断裂小砌块。

在砌筑过程中用采用"原浆随砌随收法",先勾水平缝,后勾竖向缝。灰缝与砌块面要平整密实,不得出现丢缝、瞎缝、开裂和粘结不牢等现象,以避免墙面渗水和开裂,以利于墙面粉饰和装饰。

小砌体的灰缝应横平竖直,全部灰缝均应铺填砂浆;水平灰缝的砂浆饱满度不得低于90%;竖向灰缝的砂浆饱满度不得低于80%;砌筑中不得出现瞎缝、透明缝。水平灰缝厚度和竖向灰缝宽度应控制在8~12 mm。当缺少辅助规格小砌块时,砌体通缝不应超过两皮砌块。

(三)混凝土芯柱

墙体的下列部位宜设置芯柱:在外墙转角的纵横墙交接处、楼梯间四角的3个孔洞,宜设置素混凝土芯柱。5层及5层以上的房屋,应在上述部位设置钢筋混凝土芯柱。

芯柱的构造要求:芯柱截面不宜小于120 mm×120 mm,宜用不低于C20的细石混凝上浇灌。钢筋混凝土芯柱每孔内插竖筋不应小于1ψ10,底部应插入室内地面下500 mm或与基础圈梁锚固,顶部与屋盖圈梁锚固。

每一楼层芯柱处第一皮砌块应采用开口小砌块以形成清扫口。

砌筑时应随砌随清除小砌块孔内的毛边,并将灰缝中挤出的砂浆刮净。

芯柱混凝土宜选用专用小砌块灌孔混凝土。浇筑芯柱混凝土应符合下列规定:

(1)每次连续浇筑的高度宜为半个楼层,但不应大于1.8 m;

(2)浇筑芯柱混凝土时,砌筑砂浆强度应大于1 MPa;

(3)浇筑混凝土前,从清理口掏出砌块孔洞内的杂物,并用水冲洗孔洞内壁,将积水排出,用混凝土预制块封闭清理口。

(4)浇筑芯柱混凝土前,应先注入适量与芯柱混凝土成分相同的去石砂浆;

(5)每浇筑400 mm~500 mm高度捣实一次,或边浇筑边捣实。

三、混凝土小型空心砌块砌体工程的质量检查与验收

(一)主控项目

(1)小砌块和芯柱混凝土、砌筑砂浆的强度等级必须符合设计要求。

抽检数量:每一生产厂家,每1万块小砌块为一验收批,不足1万块按一批计,抽检数量为1组;用于多层以上建筑的基础和底层的小砌块抽检数量不应少于2组。砂浆试块每一检验批且不超过250 m³砌体的各类、各强度等级的砌筑砂浆,每台搅拌机应至少抽检一次。

检验方法:检查小砌块和芯柱混凝土、砌筑砂浆试块试验报告。

(2)砌体水平灰缝和竖向灰缝的砂浆饱满度,按净面积计算不得低于90%。

抽检数量:每检验批抽查不应少于5处。

检验方法:用专用百格网检测小砌块与砂浆粘结痕迹,每处检测 3 块小砌块,取其平均值。

(3)墙体转角处和纵横交接处应同时砌筑。临时间断处应砌成斜槎,斜槎水平投影长度不应小于斜槎高度。施工洞口可预留直槎,但在洞口砌筑和补砌时,应在直槎上下搭砌的小砌块孔洞内用强度等级不低于 C20(或 Cb20)的混凝土灌实。

抽检数量:每检验批抽查不应少于 5 处。

检验方法:观察检查。

(4)小砌块砌体的芯柱在楼盖处应贯通,不得削弱芯柱截面尺寸;芯柱混凝土不得漏灌。

抽检数量:每检验批抽查不应少于 5 处。

检验方法:观察检查。

(二)一般项目

砌体的水平灰缝厚度和竖向灰缝宽度宜为 10 mm,但不应小于 8 mm,也不应大于 12 mm。

抽检数量:每检验批抽查不应少于 5 处。

检验方法:水平灰缝厚度用尺量 5 皮小砌块的高度折算;竖向灰缝宽度用尺量 2m 砌体长度折算。

第五节 配筋砌体工程

配筋砌体结构是指配置钢筋的砌体作为建筑物主要受力构件的结构。是网状配筋砌体柱、水平配筋砌体墙、砖砌体和钢筋混凝土面层或钢筋砂浆面层组合砌体柱(墙)、砖砌体和钢筋混凝土构造柱组合砌墙和配筋砌块剪力墙结构的统称。

网状配筋砖砌体是在水平灰缝内每隔 3~5 皮砖设置一层横向钢筋网片的砌体,砖柱内采用方格网或连弯钢筋网,砖墙内采用方格网配筋。组合砖砌体是由砖砌体和其表面的钢筋混凝土面层或钢筋砂浆面层组合而成的受压构件。配筋砌块剪力墙是在普通混凝土小型空心砌块墙体的孔洞中配置竖向钢筋,在水平灰缝或在凸槽砌块中配置水平钢筋并在配筋孔洞中灌实混凝土(形成芯柱),以承受竖向和水平作用的墙体。

一、材料质量要求

(1)钢筋的品种规格、数量和性能必须符合设计要求。

(2)钢筋在运输、堆放和使用过程中,应避免被泥、油或其他引起化学作用的物质污染,影响钢筋与砂浆、混凝土的粘结性能。

(3)设置在水平灰缝内的钢筋应进行适当保护,可在其表面涂刷钢筋防腐涂料或防锈剂。

(4)配筋小砌块砌体剪力墙,应采用专用的小砌块砌筑砂浆砌筑,专用小砌块灌孔混凝土浇筑芯柱。

二、质量控制要点

(一)网状配筋砖砌体

(1)网状配筋砖砌体所用的砂浆强度等级不应低于 M7.5；钢筋网应设置在砌体的水平灰缝中，灰缝厚度应保证钢筋上下至少各有 2 mm 厚的砂浆层。

(2)钢筋网可采用方格网或连弯网。方格网的钢筋直径宜采用 3~4 mm；连弯网的钢筋直径不应大于 8 mm。

(3)钢筋网中钢筋的间距，不应大于 120 mm，并不应小于 30 mm。

(4)钢筋网的间距，不应大于五皮砖，并不应大于 400 mm。当柱中采用连弯网时，网的钢筋方向应互相垂直，沿砖砌体高度交错设置钢筋网的竖向间距取同方向网的间距。设置钢筋网的水平灰缝厚度，应保证钢筋上下至少各有 2 mm 厚的砂浆层。

(二)组合砖砌体构件

1.砖砌体和钢筋混凝土面层或钢筋砂浆面层的组合砌体构件

(1)面层混凝土强度等级宜采用 C20。面层水泥砂浆强度等级不宜低于 M10，砌筑砂浆的强度等级不宜低于 M7.5。

(2)砂浆面层的厚度，可采用 30 mm~45 mm。当面层厚度大于 45 mm 时，其面层宜采用混凝土。

(3)竖向受力钢筋宜采用 HPB300 级钢筋，对于混凝土面层，亦可采用 HRB335 级钢筋。竖向受力钢筋的直径，不应小于 8 mm，钢筋的净间距，不应小于 30 mm。

(4)组合砖砌体构件的顶部和底部，以及牛腿部位，必须设置钢筋混凝土垫块。竖向受力钢筋伸入垫块的长度，必须满足锚固要求。

2.砖砌体和钢筋混凝土构造柱组合墙

(1)砂浆的强度等级不应低于 M5，构造柱的混凝土强度等级不宜低于 C20。

(2)砖砌体与构造柱的连接处应砌成马牙槎，并应沿墙高每隔 500 mmm 设 2φ6 mm 的拉结钢筋，且每边伸入墙内不宜小于 600 mm。有抗震要求时沿墙高每隔 500 mm 设 2φ6 水平钢筋和 φ4 分布短筋平面内点焊组成的拉结网片或 φ4 点焊钢筋网片，每边伸入墙内不宜小于 1m，7 度时，底部 3 楼层，8 度时底部 1/2 楼层，9 度时全部楼层，上述拉结钢筋网片应沿墙体水平通长设置。

(三)配筋砌块砌体剪力墙

钢筋的直径不宜大于 25 mm，当设置在灰缝中时不应小于 4 mm，在其他部位不应小于 10 mm；

设置在灰缝中钢筋的直径不宜大于灰缝厚度的 1/2；

两平行的水平钢筋间的净距不应小于 50 mm；

柱和壁柱中的竖向钢筋的净距不宜小于 40 mm(包括接头处钢筋间的净距)；

在砌体水平灰缝中，钢筋的锚固长度不宜小于 50 d，且其水平或垂直弯折段的长度不宜小于 20 d 和 250 mm，钢筋的搭接长度不宜小于 55 d；

钢筋在灌孔混凝土中的锚固，应符合下列规定：当计算中充分利用竖向受拉钢筋强度时，其锚固长度 la，对 HRB335 级钢筋不应小于 30 d；对 HRB400 和 RRB400 级钢筋不应小于 35 d；在任何情况下钢筋(包括钢筋网片)锚固长度不应小于 300 mm。

水平受力钢筋(网片)的锚固和搭接长度

(1)在凹槽砌块混凝土带中钢筋的锚固长度不宜小于 30 d,且其水平或垂直弯折段的长度不宜小于 d 和 200 mm;钢筋的搭接长度不宜小于 35 d;

(2)在砌体水平灰缝中,钢筋的锚固长度不宜小于 50 d,且其水平或垂直弯折段的长度不宜小于 20d 和 250 mm;钢筋的搭接长度不宜小于 55 d;

(3)在隔皮或错缝搭接的灰缝中为 55 d+2 h,d 为灰缝受力钢筋的直径,h 为水平灰缝的间距。

钢筋的直径大于 22 mm 时宜采用机械连接接头,接头的质量应符合国家现行有关标准的规定;其他直径的钢筋可采用搭接接头,并应符合下列规定:

(1)钢筋的接头位置宜设置在受力较小处;

(2)受拉钢筋的搭接接头长度不应小于 1.1la,受压钢筋的搭接接头长度不应小于 0.7la,且不应小于 300 mm;

(3)当相邻接头钢筋的间距不大于 75 mm 时,其搭接长度应为 1.2 la。当钢筋间的接头错开 20 d 时,搭接长度可不增加。

三、配筋砌体工程质量检查与验收

(一) 主控项目

(1)钢筋的品种、规格、数量和设置部位应符合设计要求。

检验方法:检查钢筋的合格证书、钢筋性能复试试验报告、隐蔽工程记录。

(2)构造柱、芯柱、组合砌体构件、配筋砌体剪力墙构件的混凝土及砂浆的强度等级应符合设计要求。

抽检数量:每检验批砌体,试块不应少于 1 组,验收批砌体试块不得少于 3 组。

检验方法:检查混凝土和砂浆试块试验报告。

(3)构造柱与墙体的连接应符合下列规定:

①墙体应砌成马牙槎,马牙槎凹凸尺寸不宜小于 60 mm,高度不应超过 300 mm,马牙槎应先退后进,对称砌筑;马牙槎尺寸偏差每一构造柱不应超过 2 处;

②预留拉结钢筋的规格、尺寸、数量及位置应正确,拉结钢筋应沿墙高每隔 500 mm 设 2φ6,伸入墙内不宜小于 600 mm,钢筋的竖向移位不应超过 100 mm,且竖向移位每一构造柱不得超过 2 处;

③施工中不得任意弯折拉结钢筋。

抽检数量:每检验批抽查不应少于 5 处。

检验方法:观察检查和尺量检查。

(4)配筋砌体中受力钢筋的连接方式及锚固长度、搭接长度应符合设计要求。检查数量:每检验批抽查不应少于 5 处。

检验方法:观察检查。

(二) 一般项目

(1)构造柱一般尺寸允许偏差及检验方法应符合表 11-7 的规定。

表 11-7 构造柱一般尺寸允许偏差及检验方法

项次	项目			允许偏差（mm）	检验方法
1	中心线位置			10	用经纬仪和尺检查或用其他测量仪器检查
2	层间错位			8	用经纬仪和尺检查或用其他测量仪器检查
3	垂直度	每层		10	用 2 m 托线板检查
		全高	≤10 m	15	用经纬仪、吊线和尺检查或用其他测量仪器检查
			>10 m	20	

（2）设置在砌体灰缝中钢筋的防腐保护应符合,应符合设计规定,且钢筋防护层完好,不应有肉眼可见裂纹、剥落和擦痕等缺陷。

抽检数量:每检验批抽查不应少于 5 处。

检验方法:观察检查。

（3）网状配筋砖砌体中,钢筋网规格及放置间距应符合设计规定。每一构件钢筋网沿砌体高度位置超过设计规定一皮砖厚不得多于一处。

抽检数量:每检验批抽查不应少于 5 处。

检验方法:通过钢筋网成品检查钢筋规格,钢筋网放置间距采用局部剔缝观察,或用探针刺入灰缝内检查,或用钢筋位置测定仪测定。

（4）钢筋安装位置的允许偏差及检验方法应符合表 11-8 的规定。

抽检数量:每检验批抽查不应少于 5 处。

表 11-8 钢筋安装位置的允许偏差

项目		允许偏差（mm）	检验方法
受力钢筋保护层厚度	网状配筋砌体	±10	检查钢筋网成品,钢筋网放置位置局部剔缝观察,或用探针刺入灰缝内检查,或用钢筋位置测定仪测定
	组合砖砌体	±5	支模前观察与尺量检查
	配筋小砌块砌体	±5	浇筑灌孔混凝土前观察与尺量检查
配筋小砌块砌体墙凹槽中水平钢筋间距		±10	钢尺量连续三挡,取最大值

第六节 填充墙砌体工程

填充墙是指在框架结构、剪力墙结构、框架剪力墙等结构中起围护和分隔作用,不承担和传递上部结构和荷载的墙体,为非承重性构件,砌体材料多采用空心砖、蒸压加气混凝土砌块等。填充墙的施工一般在主体结构施工中穿插或者主体结束后进行。

本节适用于烧结空心砖、蒸压加气混凝土砌块、轻骨料混凝土小型空心砌块等填充墙砌体工程。

一、材料质量规定

（1）蒸压加气混凝土砌块、轻骨料混凝土小型混凝土砌块，其组成的材料均有水泥，系为水泥增强的块材，前期自身收缩快，强度以 28 d 为标准设计强度。为了减少墙体收缩裂缝和保证砌体强度。使用时，产品龄期应超过 28 d。蒸压加气混凝土砌块的含水率宜小于 30%。

（2）烧结空心砖、蒸压加气混凝土砌块、轻骨料混凝土小型空心砌块等的运输、装卸过程中，严禁抛掷和倾倒；进场后应按品种、规格堆放整齐，堆置高度不宜超过 2 m。蒸压加气混凝土砌块在运输及堆放中应防止雨淋。堆放现场必须平整，并做好排水。

堆置高度的控制，主要是因为这些砌块的容重小，强度不高；防止雨淋主要是加气混凝土砌块相对吸湿较大。

砌筑填充墙时，轻骨料混凝土小型空心砌块和蒸压加气混凝土砌块的产品龄期不应小于 28 d。

（3）采用普通砌筑砂浆砌筑填充墙时，烧结空心砖、吸水率较大的轻骨料混凝土小型空心砌块应提前 1 d~2 d 浇（喷）水湿润。当采用蒸压加气混凝土砌块砌筑砂浆或普通砌筑砂浆砌筑蒸压加气混凝土砌块时，应在砌筑当天对砌块砌筑面喷水湿润。吸水率较小的轻骨料混凝土小型空心砌块及采用薄灰砌筑法施工的蒸压加气混凝土砌块，砌筑前不应对其浇（喷）水湿润；在气候干燥炎热的情况下，对吸水率较小的轻骨料混凝土小型空心砌块宜在砌筑前喷水湿润。

合适的相对含水率：烧结空心砖的相对含水率 60%~70%；吸水率较大的轻骨料混凝土小型空心砌块、蒸压加气混凝土砌块的相对含水率 40%~50%。

注：薄灰砌筑法是指采用蒸压加气混凝土砌块粘结砂浆砌筑蒸压加气混凝土砌块墙体的施工方法，水平灰缝厚度和竖向灰缝宽度为 2 mm~4 mm

（4）根据施工图纸进行工程量计算，确定材料种类及各阶段材料用量，进行定货采购，与厂家签定供货合同，且材料按施工进度分批进场，以满足工程施工的需要，确保工程施工顺利进行。

（5）砂浆宜优先采用干混砂浆，进场使用前应分批对其稠度、抗压强度进行复验。

（6）冬期施工砌筑砂浆的稠度，宜比常温施工时适当增加。

（7）预埋件应做好防腐处理。

二、质量控制要点

（1）按照砌体施工检验批做好对楼层的放线工作。楼层放线应以结构施工内控点主线为依据，根据业主确认的砌体固化图弹好楼层标高控制线和墙体边线。

（2）蒸压加气混凝土砌块等砌块类砌筑前应根据建筑物的平面、立面图绘制砌块排列图。填充墙砌筑时必须设置皮数杆，拉水准线。

（3）砌体放线合格后，与砼结构交界处采用植筋方式对墙体拉接筋等进行植筋，其锚固长度必须满足设计要求。

（4）墙体拉结钢筋有多种留置方式，目前主要采用预埋钢板再焊接拉结筋、用膨胀螺栓固定先焊在铁板上的预留拉结筋以及采用植筋方式埋设拉结筋等方式。植筋位置根据不同梁高组砌排砖按"倒排法"准确定位,钻孔深度必须满足设计要求;孔洞的清理要求用专用电动吹风机,确保粉尘的清理效果;墙体拉接筋抗拔试验合格后才能进行砌筑。采用焊接方式连接拉结筋,单面搭接焊的焊缝长度应大于等于 10 d,双面搭接焊的焊缝长度应大于等于 5 d。焊接不应有边,气孔等质量缺陷,并进行焊接质量检查验收。

(5)砌体填充的墙的墙段长度大于 5 m 时或墙长大于 2 倍层高时,墙顶宜与梁底或板底拉结,墙体中部应设钢筋混凝土构造柱。在填充墙施工前应先将构造柱钢筋绑扎完毕,构造柱竖向钢筋与原结构上预留插孔的搭接绑扎长度应满足设施要求。

(6)蒸压加气混凝土砌块、轻骨料混凝土小型空心砌块不应与其他块体混砌,不同强度等级的同类块体也不得混砌。

注:窗台处和因安装门窗需要,在门窗洞口处两侧填充墙上、中、下部可采用其他块体局部嵌砌;对与框架柱、梁不脱开方法的填充墙,填塞填充墙顶部与梁之间缝隙可采用其他块体。

(7)小砌块填充墙,拉结筋处的下皮小砌块宜采用半盲孔小砌块或用混凝土灌实孔洞的小砌块;薄灰砌筑法施工的蒸压加气混凝土砌块砌体,拉结筋应放置在砌块上表面设置的沟槽内

(8)砌块在厨房、卫生间、浴室等处采用轻骨料混凝土小型空心砌块、蒸压加气混凝土砌块砌筑墙体时,墙底部宜现浇混凝土坎台,其高度宜为 200 mm。

(9)所有墙体砌筑三皮实心配砖(除卫生间素砼浇筑 200 mm 外)。

(10)墙体砌筑前根据墙高采用"倒排法"确定砌块皮数(采取由上至下原则,即先留足后塞口 200 mm 高度(预留高度允许误差±10 mm),然后根据砖模数进行排砖)排砖至墙底铺底灰厚超过 2 cm 时,应采取细石砼进行铺底砌筑,后塞口斜砖逐块敲紧挤实,斜砌角度控制在 60°±10°。

(11)填充墙与梁板之间的空隙(后塞口)须等墙体砌筑完成 14 天后再进行斜砌挤紧。

(12)构造柱模板必须采用对拉螺杆拉接,构造柱上端制作喇叭口,砼浇筑牛腿,模板拆除后将牛腿剔凿。喇叭口模板安装高度略高于梁下口 1~2 cm,确保喇叭口混凝土浇筑密实。

三、质量检验预验收

(一)主控项目

(1)烧结空心砖、小砌块和砌筑砂浆的强度等级应符合设计要求。

抽检数量:烧结空心砖每 10 万块为一验收批,小砌块每 1 万块为一验收批,不足上述数量时按一批计,抽检数量为 1 组。

砂浆试块的抽检数量执行本章第二节砌筑砂浆试块验收数量有关规定。

检验方法:查砖、小砌块进场复验报告和砂浆试块试验报告。

(2)填充墙砌体应与主体结构可靠连接,其连接构造应符合设计要求,未经设计同意,不得随意改变连接构造方法。每一填充墙与柱的拉结筋的位置超过一皮块体高度的数量不得多于一处。

抽检数量:每检验批抽查不应少于 5 处。

检验方法:观察检查。

（3）填充墙与承重墙、柱、梁的连接钢筋,当采用化学植筋的连接方式时,应进行实体检测。锚固钢筋拉拔试验的轴向受拉非破坏承载力检验值应为6.0 kN。抽检钢筋在检验值作用下应基材无裂缝、钢筋无滑移宏观裂损现象;持荷2 min期间荷载值降低不大于5%。一检验批验收可按表11-9、表11-10通过正常检验一次、二次抽样判定。

抽检数量:按表11-11确定。

检验方法:原位试验检查。

表11-9　正常一次性抽样的判定

样本容量	合格判定数	不合格判定数	样本容量	合格判定数	不合格判定数
5	0	1	20	2	3
8	1	2	32	3	4
13	1	2	50	5	6

表11-10　正常二次性抽样的判定

样本容量	合格判定数	不合格判定数	样本容量	合格判定数	不合格判定数
(1)-5	0	2	(1)-20	1	3
(2)-10	1	2	(2)-40	3	4
(1)-8		2	(1)-32	2	5
(2)-16	1	2	(2)-64	6	7
(1)-13	0	3	(1)-50	3	6
(2)-26	3	4	(2)-100	9	10

表11-11　检验批抽检锚固钢筋样本最小容量

检验批的容量	样本最小容量	检验批的容量	样本最小容量
≤90	5	281~500	20
91~150	8	501~1 200	32
151~280	13	1 201~3 100	50

（二）一般项目

（1）填充墙砌体尺寸、位置的允许偏差及检验方法应符合表11-12的规定。

表 11-12　填充墙砌体尺寸、位置的允许偏差及检验方法

项次	项目		允许偏差（mm）	检验方法
1	轴线位移		10	用尺检查
2	垂直度 （每层）	≤3 m	5	用 2 m 托线板或吊线、尺检查
		>3 m	10	
3	表面平整度		8	用 2 m 靠尺和楔形尺检查
4	门窗洞口高、宽（后塞口）		±10	用尺检查
5	外墙上、下窗口偏移		20	用经纬仪或吊线检查

抽检数量：每检验批抽查不应少于 5 处。

（2）填充墙砌体的砂浆饱满度及检验方法应符合表 11-13 的规定。

表 11-13　填充墙砌体的砂浆饱满度及检验方法

砌体分类	灰缝	饱满度及要求	检验方法
空心砖砌体	水平	≥80%	采用百格网检查块体底面或侧面砂浆的黏结痕迹面积
	垂直	填满砂浆，不得有透明缝、瞎缝、假缝	
蒸压加气混凝土砌块、轻集料混凝土小型空心砌块砌体	水平	≥80%	
	垂直	≥80%	

第七节　分部（子分部）工程质量验收

砌体工程验收前，应提供下列文件和记录：

（1）设计变更文件。

（2）施工执行的技术标准。

（3）原材料出厂合格证书、产品性能检测报告和进场复验报告。

（4）混凝土及砂浆配合比通知单。

（5）混凝土及砂浆试件抗压强度试验报告单。

（6）砌体工程施工记录。

（7）隐蔽工程验收记录。

（8）分项工程检验批的主控项目、一般项目验收记录。

（9）填充墙砌体植筋锚固力检测记录。

（10）重大技术问题的处理方案和验收记录。

（11）其他必要的文件和记录。

砌体子分部工程验收时，应对砌体工程的观感质量作出总体评价。

当砌体工程质量不符合要求时，应按现行国家标准《建筑工程施工质量验收统一标准》

（GB 50300—2001）如下规定执行：

（1）经返工重做或更换器具、设备的检验批，应重新进行验收。

（2）经有资质的检测单位检测鉴定能够达到设计要求的检验批，应予以验收。

（3）经有资质的检测单位检测鉴定达不到设计要求，但经原设计单位核算认可能够满足安全和使用功能的检验批，可予以验收。

（4）经返修或加固处理的分项、分部工程，满足安全及使用功能要求时，可按技术处理方案和协商文件予以验收。

（5）通过返修或加固处理仍不能满足安全使用要求的分部工程、单位（子单位）工程，严禁通过验收。

有裂缝的砌体应按下列情况进行验收：

（1）对不影响结构安全性的砌体裂缝，应予以验收，对明显影响使用功能和观感质量的裂缝，应进行处理。

（2）对有可能影响结构安全性的砌体裂缝，应由有资质的检测单位检测鉴定，需返修或加固处理的，待返修或加固处理满足使用要求后进行二次验收。

第八节　常见质量通病的防治及常见质量缺陷的处理

常见质量通病的类型、现象及防治措施见表 11-14。

表 11-14　常见质量通病的类型、现象及防治措施

分项工程名称	通病类型	通病现象	防治措施、处理办法
砌体工程	砖砌体组砌混乱	混水墙组砌混乱，出现直缝和"二层皮"砖柱采用包心砌法，里外皮砖互不相咬，形成周圈通天缝	（1）提高操作工对砌砖组砌形式的重视，使其认识到不单纯为了清水墙美观，而同时为了满足传递荷载的需要；因此，不论清、混水墙，墙体中砖缝搭接不得少于 1/4 砖长；内外皮砖层砖最多隔五层就应有一丁砖拉结（五顺一丁），为了充分利用半砖头，但也应满足 1/4 砖长的搭接要求，半砖头应分散砌于混水墙中； （2）砖柱的组砌方法，应根据砖柱断面和实际情况统一考虑，但不得采用包心砌法； （3）砖柱横、竖向灰缝的砂浆都必须饱满，每砌完一层砖，都要进行一次竖缝刮浆塞缝工作，以提高砌体强度。 （4）砖体组砌形式的选用，应根据所砌部位的受力性质和砖的规格尺寸误差而定

分项工程名称	通病类型	通病现象	防治措施、处理办法
砌体工程	砂浆强度不稳定	砂浆强度的波动性较大,匀质性差,其中低强度等级的砂浆特别严重,强度低于设计要求的情况较多	(1)砂浆配合比的确定,应结合现场材质情况进行试配,试配时应采用重量比,在满足砂浆和易性的条件下,控制砂浆强度。如低强度等级砂浆受单方水泥预算用量的限制而不能达到设计要求的强度时,应适当调整水泥预算用量。 (2)建立施工计量器具校验、维修、保管制度,以保证计量的准确性。 (3)砂浆搅拌加料顺序为:用砂浆搅拌机搅拌应分两次投料,先加入部分砂子、水和全部塑化材料,通过搅拌叶片和砂子搓动,将塑化材料打开(不见疙瘩为止),再投入其余的砂子和全部水泥。用鼓式混凝土搅拌机拌制砂浆,应配备一台抹灰用麻刀机,先将塑化材料搅成稀粥状,再投入搅拌机内搅拌。人工搅拌应有拌灰池,先在池内放水,并将塑化材料打开到不见疙瘩,另在池边干拌水泥和砂子至颜色均匀时,用铁锹将拌好的水泥砂子均匀撒入池内,同时用三刺铁扒动,直到拌和均匀。 (4)试块的制作、养护和抗压强度取值,应按《建筑砂浆基本性能试验方法标准》(JGJ/T 70—2009)的规定执行
	大梁处的墙体裂缝	大梁底部的墙体(窗间墙),产生局部竖直裂缝	(1)有大梁集中荷载作用的窗间墙,应有一定的宽度(或加垛)。 (2)梁下应设置足够面积的现浇混凝土梁垫,当大梁荷载较大时,墙体尚应考虑横向配筋。 (3)对宽度较小的窗间墙,施工中应避免留脚手眼
	砖缝砂浆不饱满,砂浆与砖黏结不良	砌体水平灰缝砂浆饱满度低于80%;竖缝出现瞎缝,特别是空心砖墙,常出现较多的透明缝;砌筑清水墙采取大缩口铺灰,缩口缝深度甚至达20 mm以上,影响砂浆饱满度。砖在砌筑前未浇水湿润,干砖上墙,或铺灰长度过长,致使砂浆与砖黏结不良	(1)改善砂浆和易性是确保灰缝砂浆饱满度和提高黏结强度的关键。 (2)改进砌筑方法。不宜采取铺浆法或摆砖砌筑,应推广"三一砌砖法",即使用大铲,一块砖、一铲灰、一挤揉的砌筑方法。 (3)当采用铺浆法砌筑时,必须控制铺浆的长度,一般气温情况下不得超过750 mm,当施工期间气温超过30 ℃时,不得超过500 mm。 (4)严禁用干砖砌墙。砌筑前1～2 d应将砖浇湿,使砌筑时烧结普通砖和多孔砖的含水率达到10%～15%;灰砂砖和粉煤灰砖的含水率达到8%～12%

分项工程名称	通病类型	通病现象	防治措施、处理办法
砌体工程	砌体尺寸不符合设计图纸要求	墙身的厚度尺寸达不到设计要求,砌体水平灰缝厚度10皮砖的累计数不符合验评标准的规定,混凝土结构圈梁、构造柱、墙柱胀模	(1)同一单位工程宜使用同一厂家生产的砖。 (2)正确设置皮数杆,皮数杆间距一般为15~20 m,转角处均控制在10 mm左右。 (3)水平与竖向灰缝的砂浆均应饱满,其厚(宽)度应控制在10 mm左右。 (4)浇筑混凝土前,必须将模具支撑牢固;混凝土要分层浇筑,振动棒不可直接接触墙体
	温度变化引起的墙体裂缝	八字裂缝主要出现在顶层纵横墙两端(一般在1~2开间的范围内),严重时可发展至房屋1/3的长度内;水平裂缝一般发生在平屋顶屋檐下	(1)合理安排屋面保温层施工。 (2)屋面施工尽量避免高温季节。 (3)屋面挑檐可采取分块预制或留置伸缩缝,以减少混凝土伸缩对墙体的影响
	配筋砌体钢筋遗漏和锈蚀	配筋砌体(水平配筋)中钢筋操作时漏放,或没有按照设计规定放置;配筋砖缝中砂浆不饱满,年久钢筋受到严重锈蚀而失去作用使配筋体强度大幅度地降低	(1)砌体中的钢筋与混凝土中的钢筋一样,都属于隐蔽工程项目,应加强检查,并填写检查记录存档。 (2)钢筋宜采用冷拔钢丝点焊网片,砌筑时,应适当增加灰缝厚度(以钢筋网片厚度上下各有2 mm保护层为宜);如同一标高墙面有配筋和无配筋两种情况,可分划两种皮数杆。 (3)为了确保砖缝中钢筋保护层质量,应先将钢筋刷水泥浆;网片放置前,底面砖层的纵横竖缝应用砂浆填实,以增强砌体强度,同时能防止铺灰砌筑时砂浆掉入竖缝而出现露筋现象
	框架梁底、柱边裂缝	框架梁底、柱边出现裂缝	(1)柱边设置间距不大于500 mm的2Φ6,且在砌体内锚固长度不小于1 000 mm拉结筋。 (2)填充墙梁下斜砖应在下部墙砌完成7 d后砌筑,并有中间开始向两边斜砌。 (3)柱与填充墙连接处应设置钢丝网片,阻止粉刷裂缝

本章小结

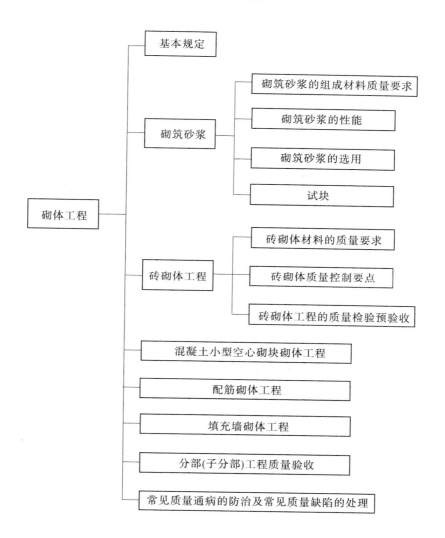

砌体工程
- 基本规定
- 砌筑砂浆
  - 砌筑砂浆的组成材料质量要求
  - 砌筑砂浆的性能
  - 砌筑砂浆的选用
  - 试块
- 砖砌体工程
  - 砖砌体材料的质量要求
  - 砖砌体质量控制要点
  - 砖砌体工程的质量检验预验收
- 混凝土小型空心砌块砌体工程
- 配筋砌体工程
- 填充墙砌体工程
- 分部(子分部)工程质量验收
- 常见质量通病的防治及常见质量缺陷的处理

第十二章　混凝土结构工程

【学习目标】
- 掌握模板分项工程
- 掌握钢筋分项工程
- 掌握预应力分项工程
- 掌握混凝土分项工程
- 了解现浇结构和装配式结构分项工程
- 了解分部(子分部)工程质量验收
- 掌握混凝土施工强度试验
- 掌握混凝土结构工程的质量缺陷及处理

混凝土结构工程是按设计要求将钢筋和混凝土两种材料,利用模板浇筑而成的各种形状和大小的构件或结构,具有耐久性、耐火性、整体性、可塑性好、节约钢材、可就地取材等优点,在工程建设中应用极为广泛。在建筑工程施工质量验收体系中,混凝土结构子分部工程包括模板、钢筋、预应力、混凝土、现浇结构和装配式结构六个分项工程。

第一节　模板分项工程

模板是使混凝土构件按几何尺寸成型的模型板。模板分项工程是为混凝土浇筑成型用的模板及支架的设计、安装、拆除等一系列技术工作和完成实体的总称,模板工程占钢筋混凝土工程总价的 20%～30%,占劳动量的 30%～40%,占工期的 50% 左右,决定着施工方法和施工机械的选择,直接影响工期和造价。模板工程的验收工作应该在浇筑混凝土之前进行,其验收的内容主要分为模板的设计和安装两个部分,模板及支架拆除的顺序及安全措施应符合现行国家标准《混凝土结构工程施工规范》(GB 50666—2011) 的规定和施工方案的要求,不再参与混凝土结构质量验收。

模板工程应编制施工方案。爬升式模板工程、工具式模板工程及高大模板支架工程的施工方案,还应按有关规定进行技术论证。

一、模板的设计

模板及支架的设计应根据安装、使用和拆除工况进行设计,并应满足承载力、刚度和整体稳固性要求,能可靠地承受浇筑混凝土的重量、侧压力以及施工荷载。此项为强制项目。

在《混凝土结构工程施工质量验收规范》(GB50204—2015) 中并没有此部分质量验收内容及方法的文字说明,主要原因对于定型模板和常用的模板拼接,在其适用范围内一般不需进行设计和验算。但对于一些特殊结构、新型体系的模板,或超出适用范围的一般模板则还应该进行设计和验算。

二、模板的安装

由于模板可以连续周转使用,模板分项工程所含检验批通常根据模板及支架数量或混凝土结构(构件)的数量确定。

(一)主控项目

(1)模板及支架用材料的技术指标应符合国家现行有关标准的规定。进场时应抽样检验模板和支架材料的外观、规格和尺寸。

检查数量:按国家现行相关标准的规定确定。

检验方法:检查质量证明文件;观察,尺量。

(2)现浇混凝土结构模板及支架的安装质量,应符合国家现行有关标准的规定和施工方案的要求。

检查数量:按国家现行相关标准的规定确定。

检验方法:按国家现行有关标准的规定执行。

(3)后浇带处的模板及支架应独立设置。

检查数量:全数检查。

检验方法:观察。

(4)支架竖杆和竖向模板安装在土层上时,土层应坚实、平整,其承载力或密实度应符合施工方案的要求;应有防水、排水措施;对冻胀性土,应有预防冻融措施;支架竖杆下应有底座或垫板。

检查数量:全数检查。

检验方法:观察;检查土层密实度检测报告、土层承载力验算或现场检测报告。

(二)一般项目

(1)模板安装应满足:模板的接缝严密;模板内不应有杂物、积水或冰雪等;模板与混凝土的接触面应平整、清洁;用作模板的地坪、胎膜等应平整、清洁,不应有影响构件质量的下沉、裂缝、起砂或起鼓;对清水混凝土工程及装饰混凝土工程,应使用能达到设计效果的模板。

检查数量:全数检查。

检验方法:观察。

(2)隔离剂的品种和涂刷方法应符合施工方案的要求。隔离剂不得影响结构性能及装饰施工;不得沾污钢筋、预应力筋、预埋件和混凝土接槎处;不得对环境造成污染。

检查数量:全数检查。

检验方法:检查质量证明文件;观察。

(3)模板的起拱应符合现行国家标准《混凝土结构工程施工规范》(GB 50666—2011)的规定,并应符合设计及施工方案的要求。

检查数量:在同一检验批内,对梁,跨度大于18 m时应全数检查,跨度不大于18 m时应抽查构件数量的10%,且不应少于3件;对板,应按有代表性的自然间抽查10%,且不应少于3间;对大空间结构,板可按纵、横轴线划分检查面,抽查10%,且不应少于3面。

检验方法:水准仪或尺量。

(4)现浇混凝土结构多层连续支模应符合施工方案的规定。上下层模板支架的竖杆宜对准。竖杆下垫板的设置应符合施工方案的要求。

检查数量：全数检查。

检验方法：观察。

（5）固定在模板上的预埋件、预留孔和预留洞均不得遗漏，且应安装牢固；有抗渗要求的混凝土结构中的预埋件，应按设计及施工方案的要求采取防渗措施；预埋件和预留孔洞的位置应满足设计和施工方案的要求。当设计无具体要求时，其位置偏差应符合表 12-1 的规定。

检查数量：在同一检验批内，对梁、柱和独立基础，应抽查构件数量的 10%，且不少于 3 件；对墙和板，应按有代表性的自然间抽查 10%，且不少于 3 间；对大空间结构，墙可按相邻轴线间高度 5 m 左右划分检查面，板可按纵横轴线划分检查面，抽查 10%，且均不少于 3 面。

检验方法：观察；尺量。

（6）现浇结构模板安装的偏差及检验方法应符合表 12-2 的规定。

检查数量：在同一检验批内，对梁、柱和独立基础，应抽查构件数量的 10%，且不少于 3 件；对墙和板，应按有代表性的自然间抽查 10%，且不少于 3 间；对大空间结构，墙可按相邻轴线间高度 5 m 左右划分检查面，板可按纵、横轴线划分检查面，抽查 10%，且均不少于 3 面。

（7）预制构件模板安装的偏差及检验方法应符合表 12-3 的规定。

检查数量：首次使用及大修后的模板应全数检查；使用中的模板应抽查 10%，且不应少于 5 件，不足 5 件时应全数检查。

检验方法：见表 12-3。

表 12-1　预埋件和预留孔洞的允许偏差

项目		允许偏差（mm）
预埋钢板中心线位置		3
预埋管、预留孔中心线位置		3
插筋	中心线位置	5
	外露长度	+10,0
预埋螺栓	中心线位置	2
	外露长度	+10,0
预留洞	中心线位置	10
	尺寸	+10,0

注：检查中心线位置时，应沿纵、横两个方向量测，并取其中偏差的较大值。

表 12-2　现浇结构模板安装的允许偏差及检验方法

项目		允许偏差（mm）	检验方法
轴线位置		5	尺量
底模上表面标高		±5	水准仪或拉线、尺量
截面内部尺寸	基础	±10	尺量
	柱、墙、梁	±5	尺量
	楼梯相邻踏步高差	±5	尺量
层高垂直度	层高≤6 m	8	经纬仪或吊线、尺量
	层高>6 m	10	经纬仪或吊线、尺量
相邻两板表面高低差		2	尺量
表面平整度		5	2 m 靠尺和塞尺检查

注：检查轴线位置时，应沿纵、横两个方向量测，并取其中偏差的较大值。

表 12-3　预制构件模板安装的允许偏差及检验方法

项目		允许偏差（mm）	检验方法
长度	板、梁	±4	尺量两侧边，取其中较大值
	薄腹梁、桁架	±8	
	柱	0、-10	
	墙板	0、-5	
宽度	板、墙板	0、-5	尺量两端及中部，取其中较大值
	梁、薄腹梁、桁架、柱	+2、-5	
高或厚度	板	+2、-3	尺量两端及中部，取其中较大值
	墙板	0、-5	
	梁、薄腹梁、桁架、柱	+2、-5	
侧向弯曲	梁、板、柱	L/1000 且≤15	拉线、尺量最大弯曲处
	墙板、薄腹梁、桁架	L/1500 且≤15	
板的表面平整度		3	2 m 靠尺和塞尺检查
相邻两板表面高低差		1	尺量
对角线差	板	7	尺量两个对角线
	墙板	5	
翘曲	板、墙板	L/1500	水平尺在两端量测
设计起拱	薄腹梁、桁架、梁	±3	拉线、尺量跨中

注：L 为构件长度（mm）。

第二节 钢筋分项工程

钢筋分项工程是普通钢筋及成型钢筋进场检验、钢筋加工、钢筋连接、钢筋安装等一系列技术工作和完成实体的总称。钢筋分项工程所含的检验批可根据施工工序和验收的需要确定。钢筋、成型钢筋进场检验,若是获得认证的钢筋、成型钢筋;或为同一厂家、同一牌号、同一规格的钢筋,连续三批均一次检验合格;或同一厂家、同一类型、同一钢筋来源的成型钢筋,连续三批均一次检验合格;则其检验批容量可扩大一倍。

钢筋工程属于隐蔽工程,在浇筑混凝土之前,必须对钢筋工程及其预埋件进行验收,并做好隐蔽工程记录,以便查证。验收内容包括:纵向受力钢筋的品种、规格、数量、位置等;钢筋的连接方式、接头位置、接头数量、接头面积百分率等;箍筋、横向钢筋的品种、规格、数量、间距、位置,箍筋弯钩的弯折角度及平直段长度;预埋件的规格、数量、位置等。

一、材料

在混凝土结构中,混凝土的抗压能力强而抗拉性能低,而在受拉区配上抗拉性能很强的钢筋则正好弥补了混凝土的这一缺陷,两者共同工作,各自发挥其受力特性,从而使得构件既能承受较大拉力亦能承受较大的压力。

钢筋的这种材料的种类很多,建筑工程中常用的钢筋按生产工艺可分为:热轧钢筋、冷拔钢丝、热处理钢筋、碳素钢丝、刻痕钢丝和钢绞线;按化学成分可分为:碳素钢钢筋和普通合金钢钢筋;按轧制外形可分为:光圆钢筋和变形钢筋;按供应形式又可分为:盘圆钢筋和直条钢筋等等。

(一) 主控项目

(1)钢筋进场时,应按现行国家相关标准的规定抽取试件作作屈服强度、抗拉强度、伸长率、弯曲性能和重量偏差检验,检验结果应符合相应标准的规定。此项为强制项目。

检查数量:按进场的批次和产品的抽样检验方案确定。

检验方法:检查质量证明文件和抽样检验报告。

(2)成型钢筋进场时,应抽取试件作屈服强度、抗拉强度、伸长率和重量偏差检验,检验结果应符合国家现行相关标准的规定。

对由热轧钢筋制成的成型钢筋,当有施工单位或监理单位的代表驻厂监督生产过程,并提供原材钢筋力学性能第三方检验报告时,可仅进行重量偏差检验。

检查数量:同一厂家、同一类型、同一钢筋来源的成型钢筋,不超过 30t 为一批,每批中每种钢筋牌号、规格均应至少抽取 1 个钢筋试件,总数不应少于 3 个。

检验方法:检查质量证明文件和抽样检验报告。

(3)对按一、二、三级抗震等级设计的框架和斜撑构件(含梯段)中的纵向受力普通钢筋应采用 HRB335E、HRB400E、HRB500E、HRBF335E、HRBF400E 或 HRBF500E 钢筋.其强度和最大力下总伸长率的实测值应符合下列规定:一是抗拉强度实测值与屈服强度实测值的比值不应小于 1.25;二是屈服强度实测值与强度标准值的比值不应大于 1.30;三是最大力下总伸长率不应小于 9%。此项为强制项目。

检查数量:按进场的批次和产品的抽样检验方案确定。

检验方法:检查抽样检验报告。

4(二)一般项目

(1)钢筋应平直、无损伤,表面不得有裂纹、油污、颗粒状或片状老锈。

检查数量:全数检查。

检验方法:观察。

(2)成型钢筋的外观质量和尺寸偏差应符合国家现行相关标准的规定。

检查数量:同一厂家、同一类型的成型钢筋,不超过 30t 为一批,每批随机抽取 3 个成型钢筋。

检验方法:观察,尺量。

(3)钢筋机械连接套筒、钢筋锚固板以及预埋件等的外观质量应符合国家现行相关标准的规定。

检查数量:按国家现行相关标准的规定确定。

检验方法:检查产品质量证明文件;观察,尺量。

二、钢筋的加工

钢筋的加工包括调直、除锈、下料剪切和弯曲成型工作。

(一)主控项目

(1)钢筋弯折的弯弧内直径应符合下列规定:

①光圆钢筋,不应小于钢筋直径的 2.5 倍;

②335 MPa 级、400 MPa 级带肋钢筋,不应小于钢筋直径的 4 倍;

③500 MPa 级带肋钢筋,当直径为 28 mm 以下时不应小于钢筋直径的 6 倍,当直径为 28 mm 及以上时不应小于钢筋直径的 7 倍;

④箍筋弯折处尚不应小于纵向受力钢筋的直径。

检查数量:同一设备加工的同一类型钢筋,每工作班抽查不应少于 3 件。

检验方法:尺量。

(2)纵向受力钢筋的弯折后平直段长度应符合设计要求。光圆钢筋末端作 180°弯钩时,弯钩的平直段长度不应小于钢筋直径的 3 倍。

检查数量:同一设备加工的同一类型钢筋,每工作班抽查不应少于 3 件。

检验方法:尺量。

(3)箍筋、拉筋的末端应按设计要求做弯钩,并应符合下列规定:

①对一般结构构件,箍筋弯钩的弯折角度不应小于 90°,弯折后平直段长度不应小于箍筋直径的 5 倍;对有抗震设防要求或设计有专门要求的结构构件,箍筋弯钩的弯折角度不应小于 135°,弯折后平直段长度不应小于箍筋直径的 10 倍;

②圆形箍筋的搭接长度不应小于其受拉锚固长度,且两末端弯钩的弯折角度不应小于 135°,弯折后平直段长度对一般结构构件不应小于箍筋直径的 5 倍,对有抗震设防要求的结构构件不应小于箍筋直径的 10 倍;

③梁、柱复合箍筋中的单肢箍筋两端弯钩的弯折角度均不应小于 135°,弯折后平直段长度应符合本条①中对箍筋的有关规定。

检查数量:同一设备加工的同一类型钢筋,每工作班抽查不应少于 3 件。

检验方法:尺量。

(4)盘卷钢筋调直后应进行力学性能和重量偏差检验,其强度应符合国家现行有关标准的规定,其断后伸长率、重量偏差应符合表12-4的规定。检验重量偏差时,试件切口应平滑并与长度方向垂直,其长度不应小于500 mm;长度和重量的量测精度分别不应低于1 mm和1 g。采用无延伸功能的机械设备调直的钢筋,可不进行本条规定的检验。

检查数量:同一加工设备、同一牌号、同一规格的调直钢筋,重量不大于30 t为一批,每批见证抽取3个试件。

检验方法:检查抽样检验报告。

表12-4　盘卷钢筋调直后的断后伸长率、重量偏差要求

钢筋牌号	断后伸长率 A（%）	重量偏差（%）	
		直径6mm～12mm	直径14mm～16mm
HPB300	≥21	≥-10	-
HRB335、HRBF335	≥16	≥-8	≥-6
HRB400、HRBF400	≥15		
RRB400	≥13		
HRB500、HRBF500	≥14		

注:断后伸长率A的量测标距为5倍钢筋直径。

（二）一般项目

钢筋加工的形状、尺寸应符合设计要求,其偏差应符合表12-5的规定。

检查数量:同一设备加工的同一类型钢筋,每工作班抽查不应少于3件。

检验方法:尺量。

表12-5　钢筋加工的允许偏差

项目	允许偏差（mm）
受力钢筋沿长度方向的净尺寸	±10
弯起钢筋的弯折位置	±20
箍筋外廓尺寸	±5

三、钢筋的连接

钢筋的连接可以分为焊接连接、机械连接和绑扎连接三种方式。其中焊接连接可以节约钢材,改善结构的受力性能、提高工效和降低成本,常采用电阻点焊、闪光对焊、电弧焊、电渣压力焊、预埋件埋弧焊和气压焊方法;机械连接是通过机械手段将两根钢筋进行对接,具有接头质量稳定可靠,不受钢筋化学成分的影响,操作简便,施工速度快不受气候条件影响,无污染等优点,常用于粗直径钢筋连接,机械连接一般常采用套筒挤压连接、锥螺纹连接和直螺纹连接方法。目前,钢筋的连接方式已有多种,应按设计要求采用。

（一）主控项目

(1)钢筋的连接方式应符合设计要求。

检查数量:全数检查。

检验方法:观察。

(2)钢筋采用机械连接或焊接连接时,钢筋机械连接接头、焊接接头的力学性能、弯曲性能应符合国家现行相关标准的规定。接头试件应从工程实体中截取。

检查数量:按现行行业标准《钢筋机械连接技术规程》(JGJ107—2016)和《钢筋焊接及验收规程》(JGJ 18—2012)的规定确定。

检验方法:检查质量证明文件和抽样检验报告。

(3)钢筋采用机械连接时,螺纹接头应检验拧紧扭矩值,挤压接头应量测压痕直径,检验结果应符合现行行业标准《钢筋机械连接技术规程》(JGJ107—2016)的相关规定。

检查数量:按现行行业标准《钢筋机械连接技术规程》(JGJ107—2016)的规定确定。

检验方法:采用专用扭力扳手或专用量规检查。

(二)一般项目

(1)钢筋接头的位置应符合设计和施工方案要求。有抗震设防要求的结构中,梁端、柱端箍筋加密区范围内不应进行钢筋搭接。接头末端至钢筋弯起点的距离不应小于钢筋直径的10倍。

检查数量:全数检查。

检验方法:观察,尺量。

(2)钢筋机械连接接头、焊接接头的外观质量应符合现行行业标准《钢筋机械连接技术规程》(JGJ107—2016)和《钢筋焊接及验收规程》(JGJ 18—2012)的规定。

检查数量:按现行行业标准《钢筋机械连接技术规程》(JGJ107—2016)和《钢筋焊接及验收规程》(JGJ 18—2012)的规定确定。

检验方法:观察,尺量。

(3)当纵向受力钢筋采用机械连接接头或焊接接头时,同一连接区段内纵向受力钢筋的接头面积百分率应符合设计要求;当设计无具体要求时,应符合下列规定:

①受拉接头,不宜大于50%;受压接头,可不受限制;

②直接承受动力荷载的结构构件中,不宜采用焊接;当采用机械连接时,不应超过50%。

检查数量:在同一检验批内,对梁、柱和独立基础,应抽查构件数量的10%,且不应少于3件;对墙和板,应按有代表性的自然间抽查10%,且不应少于3间;对大空间结构,墙可按相邻轴线间高度5m左右划分检查面,板可按纵横轴线划分检查面,抽查10%,且均不应少于3面。

检验方法:观察,尺量。

注:接头连接区段是指长度为35 d且不小于500 mm的区段,d为相互连接两根钢筋的直径较小值;同一连接区段内纵向受力钢筋接头面积百分率为接头中点位于该连接区段内的纵向受力钢筋截面面积与全部纵向受力钢筋截面面积的比值。

(4)当纵向受力钢筋采用绑扎搭接接头时,接头的设置应符合下列规定:

①接头的横向净间距不应小于钢筋直径,且不应小于25 mm;

②同一连接区段内,纵向受拉钢筋的接头面积百分率应符合设计要求;当设计无具体要求时,对于梁类、板类及墙类构件,不宜超过25%;基础筏板,不宜超过50%;柱类构件,不宜

超过 50%；当工程中确有必要增大接头面积百分率时，对梁类构件，不应大于 50%。

检查数量：在同一检验批内，对梁、柱和独立基础，应抽查构件数量的 10%，且不应少于 3 件；对墙和板，应按有代表性的自然间抽查 10%，且不应少于 3 间；对大空间结构，墙可按相邻轴线间高度 5m 左右划分检查面，板可按纵横轴线划分检查面，抽查 10%，且均不应少于 3 面。

检验方法：观察，尺量。

注：接头连接区段是指长度为 1.3 倍搭接长度的区段，其中搭接长度取相互连接两根钢筋中较小直径计算；同一连接区段内纵向受力钢筋接头面积百分率为接头中点位于该连接区段长度内的纵向受力钢筋截面面积与全部纵向受力钢筋截面面积的比值。

（5）梁、柱类构件的纵向受力钢筋搭接长度范围内箍筋的设置应符合设计要求；当设计无具体要求时，应符合下列规定：

①箍筋直径不应小于搭接钢筋较大直径的 1/4；

②受拉搭接区段的箍筋间距不应大于搭接钢筋较小直径的 5 倍，且不应大于 100 mm；

③受压搭接区段的箍筋间距不应大于搭接钢筋较小直径的 10 倍，且不应大于 200 mm；

④当柱中纵向受力钢筋直径大于 25 mm 时，应在搭接接头两个端面外 100 mm 范围内各设置二道箍筋，其间距宜为 50 mm。

检查数量：在同一检验批内，应抽查构件数量的 10%，且不应少于 3 件。

检验方法：观察，尺量。

四、钢筋的安装

单根钢筋经过加工后，即可成型为钢筋骨架或钢筋网；钢筋成型后通过焊接或机械连接或现场绑扎后，即可进行现场安装。

（一）主控项目

（1）钢筋安装时，受力钢筋的品种、级别、规格和数量必须符合设计要求。此项为强制项目。

检查数量：全数检查。

检验方法：观察，尺量。

（2）钢筋应安装牢固。受力钢筋的安装位置、锚固方式应符合设计要求。

检查数量：全数检查。

检验方法：观察，尺量。

（二）一般项目

钢筋安装位置的偏差应符合表 12-6 的规定，受力钢筋保护层厚度的合格点率应达到 90% 及以上，且不得有超过表中数值 1.5 倍的尺寸偏差。

检查数量：在同一检验批内，对梁、柱和独立基础，应抽查构件数量的 10%，且不少于 3 件；对墙和板，应按有代表性的自然间抽查 10%，且不行于 3 间；对大空间结构，墙可按相邻轴线间高度 5 m 左右划分检查面，板可按纵、横轴线划分检查面，抽查 10%，且均不少于 3 面。

表 12-6　钢筋安装位置的允许偏差和检验方法

项目		允许偏差（mm）	检验方法
绑扎钢筋网	长、宽	±10	尺量
	网眼尺寸	±20	尺量连续三档，取最大偏差值
绑扎钢筋骨架	长	±10	尺量
	宽、高	±5	尺量
纵向受力钢筋	锚固长度	—20	尺量
	间距	±10	尺量两端、中间各一点，取最大偏差值
	排距	±5	
纵向受力钢筋、箍筋的混凝土保护层厚度	基础	±10	尺量
		±5	尺量
		±3	尺量
绑扎箍筋、横向钢筋间距		±20	尺量连结三档，取最大偏差值
钢筋弯起点位置		20	尺量
预埋件	中心线位置	5	尺量
	水平高差	+3,0	塞尺量测

注：检查预埋件中心线位置时，应沿纵、横两个方向量测，并取其中偏差的较大值；

第三节　预应力分项工程

预应力分项工程是预应力筋、锚具、夹具、连接器等材料的进场检验、后张法预留管道设置或预应力筋布置、预应力筋张拉、放张、灌浆直至封锚保护等一系列技术工作和完成实体的总称。由于预应力施工工艺复杂，专业性较强，质量要求较高，故预应力分项工程所含检验项目较多，且规定较为具体。根据具体情况，预应力分项工程可与混凝土结构一同验收，也可单独验收。

在浇筑混凝土之前，应进行预应力隐蔽工程验收，其内容包括预应力筋的品种、规格、数量、位置等；预应力筋锚具和连接器的品种、规格、数量、位置等；预留孔道的规格、数量、位置、形状及灌浆孔、排气兼泌水管等以及锚固区局部加强构造等。

预应力筋、锚具、夹具、连接器、成孔管道的进场检验，当为获得认证的产品或同一厂家、同一品种、同一规格的产品，连续三批均一次检验合格时，其检验批容量可扩大一倍；预应力筋张拉机具及压力表应定期维护和标定。张拉设备和压力表应配套标定和使用，标定期限不应超过半年。

一、材料

预应力分项工程的原材料包括预应力筋和预应力锚固体系。

（一）主控项目

（1）预应力筋进场时，应按现行国家相关标准规定抽取试件作抗拉强度、伸长率检验，其质量必须符合有关标准的规定。此项为强制项目。

检查数量:按进场的批次和产品的抽样检验方案确定。

检验方法:检查质量证明文件和抽样检验报告。

(2)无粘结预应力钢绞线进场时,应进行防腐润滑脂量和护套厚度的检验,检验结果应符合现行行业标准《无粘结预应力钢绞线》(JG 161—2016)的规定。

经观察认为涂包质量有保证时,无粘结预应力筋可不作油脂量和护套厚度的抽样检验。

检查数量:按现行行业标准《无粘结预应力钢绞线》(JG 161—2016)的规定确定。

检验方法:观察,检查质量证明文件和抽样检验报告。

(3)预应力筋用锚具、夹具和连接器应按设计要求采用,其性能应符合现行国家标准《预应力筋用锚具、夹具和连接器应用技术规程》(JGJ 85—2010)的相关规定对其性能进行检验,检验结果应符合该标准的规定。。

锚具、夹具和连接器用量不足检验批规定数量的 50%,且供货方提供有效的试验报告时,可不作静载锚固性能试验。

检查数量:接现行行业标准《预应力筋用锚具、夹具和连接器应用技术规程》(JGJ 85—2010)的规定确定。

检验方法:检查质量证明文件、锚固区传力性能试验报告和抽样检验报告。

(4)孔道灌浆用水泥应采用普通硅酸盐水泥,硅酸盐水泥或普通硅酸盐水泥,水泥、外加剂的质量应分别第四节混凝土分项工程中原材料主控项目的第一条、第二条的规定;成品灌浆材料的质量应符合现行国家标准《水泥基灌浆材料应用技术规范》(GB/T50448—2015)的规定。

检查数量:按进场批次和产品的抽样检验方案确定。

检验方法:检查质量证明文件和抽样检验报告。

(5)处于三 a、三 b 类环境条件下的无粘结预应力筋用锚具系统,应按现行行业标准《无粘结预应力混凝土结构技术规程》(JGJ 92—2016)的相关规定检验其防水性能,检验结果应符合该标准的规定。

检查数量:同一品种、同一规格的锚具系统为一批,每批抽取 3 套。

检验方法:检查质量证明文件和抽样检验报告。

(二)一般项目

(1)预应力筋使用前应进行外观检查,其质量应符合下列要求:

①有粘结预应力筋展开后应平顺,不得有弯折,表面不应有裂纹、小刺、机械损伤、氧化铁皮和油污等;

②无粘结预应力筋护套应光滑、无裂缝,无明显褶皱;无粘结预应力筋护套轻微破损者应外包防水塑料胶带修补,严重破损者不得使用。

检查数量:全数检查。

检验方法:观察。

(2)预应力筋用锚具、夹具和连接器使用前应进行外观检查,其表面应无污物、锈蚀、机械损伤和裂纹。

检查数量:全数检查。

检验方法:观察。

（3）预应力成孔管道进场时,应进行管道外观质量检查、径向刚度和抗渗漏性能检验,其检验结果应符合下列规定:

①金属管道外观应清洁,内外表面应无锈蚀、油污、附着物、孔洞;波纹管不应有不规则褶皱,咬口应无开裂、脱扣;钢管焊缝应连续;

②塑料波纹管的外观应光滑、色泽均匀,内外壁不应有气泡、裂口、硬块、油污、附着物、孔洞及影响使用的划伤;

③径向刚度和抗渗漏性能应符合现行行业标准《预应力混凝土桥梁用塑料波纹管》（JT/T 529—2016）或《预应力混凝土用金属波纹管》（JG 225—2007）的规定。

检查数量:外观应全数检查;径向刚度和抗渗漏性能的检查数量应按进场的批次和产品的抽样检验方案确定。

检验方法:观察,检查质量证明文件和抽样检验报告。

二、预应力筋的制作和安装

（一）主控项目

（1）预应力筋安装时,其品种、级别、规格、数量必须符合设计要求。此项为强制项目。
检查数量:全数检查。
检验方法:观察,尺量。
（2）预应力筋的安装位置应符合设计要求。
检查数量:全数检查。
检验方法:观察。

（二）一般项目

（1）预应力筋端部锚具的制作质量应符合下列规定:
①钢绞线挤压锚具挤压完成后,预应力筋外端露出挤压套筒的长度不应小于 1 mm;
②钢绞线压花锚具的梨形头尺寸和直线锚固段长度不应小于设计值;
③钢丝镦头不应出现横向裂纹,镦头的强度不得低于钢丝强度标准值的 98%。

检查数量:对挤压锚,每工作班抽查 5%,且不应少于 5 件;对压花锚,每工作班抽查 3 件。对钢丝镦头强度,每批钢丝检查 6 个镦头试件。

检验方法:观察,尺量,检查镦头强度试验报告。
（2）预应力筋或成孔管道的安装质量应符合下列规定:
①成孔管道的连接应密封;
②预应力筋或成孔管道应平顺,并应与定位支撑钢筋绑扎牢固;
③锚垫板的承压面应与预应力筋或孔道曲线末端垂直,预应力筋或孔道曲线末端直线段长度应符合表 12-7 规定;
④当后张有粘结预应力筋曲线孔道波峰和波谷的高差大于 300 mm,且采用普通灌浆工艺时,应在孔道波峰设置排气孔。

检查数量:第 1~3 条应全数检查;第 4 条应抽查预应力束总数的 10%,且不少于 5 束。
检验方法:观察,尺量。

表 12-7　预应力筋曲线起始点与张拉锚固点之间直线段最小长度

预应力筋张拉控制力 $N(kN)$	$N \leqslant 1500$	$1500 < N \leqslant 6000$	$N > 6000$
直线段最小长度（mm）	400	500	600

（3）预应力筋或成孔管道定位控制点的竖向位置偏差应符合表 12-8 的规定，其合格点率应达到 90% 及以上，且不得有超过表中数值 1.5 倍的尺寸偏差。

表 12-8　预应力筋或成孔管道定位控制点的竖向位置允许偏差

构件截面高（厚）度（mm）	$h \leqslant 300$	$300 < h \leqslant 1\,500$	$h > 1\,500$
允许偏差（mm）	±5	±10	±15

检查数量：在同一检验批内，应抽查各类型构件总数的 10%，且不少于 3 个构件，每个构件不应少于 5 处。

检验方法：尺量。

三、预应力筋的张拉和放张

预应力筋的张拉力大小，直接影响预应力效果。张拉力越高，建立的预应力值越大，构件的抗裂性也越好；但预应力筋在使用过程中经常处于过高应力状态下，构件出现裂缝的荷载与破坏荷载接近，往往在破坏前没有明显的警告，这是危险的。施加预应力用的机具设备及仪表，应由专人使用和管理，并定期维护和校验。预应力筋张拉和放张时，均应填写施加预应力记录表。

（一）主控项目

（1）预应力筋张拉或放张时，混凝土强度应符合设计要求；同条件养护的混凝土立方体试件抗压强度应符合设计要求，当设计无要求时：应符合配套锚固产品技术要求的混凝土最低强度且不应低于设计混凝土强度等级值的 75%；对采用消除应力钢丝或钢绞线作为预应力筋的先张法构件，不应低于 30 MPa。

检查数量：全数检查。

检验方法：检查同条件养护试件抗压强度试验报告。

（2）对后张法预应力结构构件，钢绞线出现断裂或滑脱的数量不应超过同一截面钢绞线总根数的 3%，且每根断裂的钢绞线不得超过一丝；对多跨双向连续板，其同一截面应按每跨计算。此项为强制项目。

检查数量：全数检查。

检验方法：观察，检查张拉记录。

（3）对先张法预应力筋张拉锚固后，实际建立的预应力值与工程设计规定检验值的相对允许偏差为 ±5%。

检查数量：每工作班抽查预应力筋总数的 1%，且不少于 3 根。

检验方法：检查预应力筋应力检测记录。

（二）一般项目

（1）预应力筋张拉质量应符合下列规定：

①采用应力控制方法张拉时,张拉力下预应力筋的实测伸长值与计算伸长值的相对允许偏差为士6%;

②最大张拉应力不应大于现行国家标准《混凝土结构工程施工规范》(GB 50666—2011)的规定。

检查数量:全数检查。

检验方法:检查张拉记录。

(2)锚固阶段张拉端预应力筋的内缩量应符合设计要求;当设计无具体要求时,应符合表12-9的规定。

检查数量:每工作班抽查预应力筋总数的3%,且不少于3束。

检验方法:尺量。

(3)先张法预应力构件,应检查预应力筋张拉后的位置偏差,张拉后预应力筋的位置与设计位置的偏差不得大于5 mm,且不得大于构件截面短边边长的4%。

检查数量:每工作班抽查预应力筋总数的3%,且不少于3束。

检验方法:尺量。

12-9　张拉端预应力筋的内缩量限值

锚具类别		内缩量限值(mm)
支承式锚具(镦头锚具等)	螺帽缝隙	1
	每块后加垫板的缝隙	1
锥塞式锚具		5
夹片式锚具	有顶压	5
	无顶压	6~8

四、灌浆和封锚

后张法预应力筋张拉锚固后,利用灌浆泵将水泥浆压灌到预应力筋孔道中去,其作用是保护预应力筋,防止其锈蚀,增加结构的整体性和耐久性。

(一)主控项目

(1)预留孔道灌浆后,孔道内水泥浆应饱满、密实。

检查数量:全数检查。

检验方法:观察,检查灌浆记录。

(2)锚具的封闭保护措施应符合设计要求。当设计无要求时,外露锚具和预应力筋的混凝土保护层厚度不应小于:一类环境时20 mm,二a、二b类环境时50 mm,三a、三b类环境肘80 mm。

检查数量:在同一检验批内,抽查预应力筋总数的5%,且不少于5处。

检验方法:观察,尺量。

(3)灌浆用水泥浆的性能应符合下列规定:

①3h自由泌水率宜为0,且不应大于1%,泌水应在24 h内全部被水泥浆吸收;

②水泥浆中氯离子含量不应超过水泥重量的0.06%;

③当采用普通灌浆工艺时,24 h 自由膨胀率不应大于 6%;当采用真空灌浆工艺时,24 h 自由膨胀率不应大于 3%。

检查数量:同一配合比检查一次。

检验方法:检查水泥浆配比性能试验报告。

(4)现场留置的灌浆用水泥试件的抗压强度不应小于 30 MPa。

试件抗压强度检验应符合下列规定:

①每组应留取 6 个边长为 70.7 mm 的立方体试件,并应标准养护 28 d;

②试件抗压强度应取 6 个试件的平均值;当一组试件中抗压强度最大值或最小值与平均值相差超过 20%时,应取中间 4 个试件强度的平均值。

检查数量:每工作班留置一组。

检验方法:检查试件强度试验报告。

(二)一般项目

后张法预应力筋锚固后,锚具外预应力筋的外露长度不应小于其直径的 1.5 倍,且不应小于 30 mm。

检查数量:在同一检验批内,抽查预应力筋总数的 3%,且不少于 5 束。

检验方法:观察,尺量。

第四节　混凝土分项工程

混凝土分项工程是从水泥、砂、石、水、外加剂、矿物掺合料等原材料进场检验、混凝土配合比设计及称量、拌制、运输、浇筑、养护、试件制作直至混凝土达到预定强度等一系列技术工作和完成实体的总称。在整个过程中,各个 9 工序紧密联系,相互影响。如其中任一个工序处理不当,都会影响混凝土工程的最终的质量。混凝土分项工程所含的检验批可根据施工工序和验收的需要确定。

一、原材料

(一)主控项目

(1)水泥进场时,应对其品种、代号、等级强度、包装或散装编号、出厂日期等进行检查,并应对水泥强度、安定性及凝结时间进行检验,其质量必须符合现行国家标准《硅酸盐水泥、普通硅酸盐水泥》(GBl75—2007)等的规定。当在使用中对水泥质量有怀疑或水泥出厂超过三个月(快硬硅酸盐水泥超过一个月)时,应进行复验,并按复验结果使用。钢筋混凝土结构、预应力混凝土结构中,严禁使用含氯化物的水泥。此项为强制项目。

检查数量:按同一厂家、同一品种、同一代号、同一强度等级、同一批号且连续进场的水泥,袋装不超过 200 t 为一批,散装不超过 500 t 为一批,每批抽样不少于一次。

检验方法:检查质量证明文件和抽样检验报告。

(2)混凝土外加剂进场时,应对其品种、性能、出厂日期等进行检查,并应对外加剂的相关性能指标进行检验,检验结果应符合现行国家标准《混凝土外加剂》(GB8076—2008)和《混凝土外加剂应用技术规范》(GB50119—2013)的规定。

检查数量:按同一厂家、同一品种、同一性能、同一批号且连续进场的混凝土外加剂,不超过 50 t 为一批,每批抽样数最不应少于一次。

检验方法:检查质量证明文件和抽样检验报告。

(3)水泥、外加剂进场检验,当满足下列条件之一时,其检验批容量可扩大一倍:

①获得认证的产品;

②同一厂家、同一品种、同一规格的产品,连续三次进场检验均一次检验合格。

（二）一般项目

(1)混凝土用矿物掺合料进场时,应对其品种、性能、出厂日期等进行检查,并应对矿物掺合料的相关性能指标进行检验,检验结果应符合国家现行有关标准的规定。

检查数量:按同一厂家、同一品种、同一批号且连续进场的矿物掺合料,粉煤灰、石灰石粉、磷渣粉和钢铁渣粉不超过 200 t 为一批,粒化高炉矿渣粉和复合矿物掺合料不超过 500 t 为一批,沸石粉不超过 120 t 为一批,硅灰不超过 30 t 为一批,每批抽样数量不应少于一次。

检验方法:检查质量证明文件和抽样检验报告。

(2)混凝土原材料中的粗骨料、细骨料质量应符合现行行业标准《普通混凝土用砂、石质量及检验方法标准》(JGJ 52—2006)的规定,使用经过净化处理的海砂应符合现行行业标准《海砂混凝土应用技术规范》(JGJ 206—2010)的规定,再生混凝土骨料应符合现行国家标准《混凝土用再生粗骨料》(GB/T 25177—2010)和《混凝土和砂浆用再生细骨料》(GB/T 25176—2010)的规定。

检查数量:按现行行业标准《普通混凝土用砂、石质量及检验方法标准》(JGJ 52—2006)的规定确定。

检验方法:检查抽样检验报告。

(3)混凝土拌制及养护用水应符合现行行业标准《混凝土用水标准》(JGJ 63—2006)的规定。采用饮用水作为混凝土用水时,可不检验;采用中水、搅拌站清洗水、施工现场循环水等其他水源时,应对其成分进行检验。

检查数量:同一水源检查不应少于一次。

检验方法:检查水质检验报告。

二、混凝土拌合物

混凝土的施工配料是保证混凝土质量的重要环节之一,必须加以严格控制。

（一）主控项目

(1)顶拌混凝土进场时,其质量应符合现行国家标准《预拌混凝土》GB/T 14902 的规定。

检查数最:全数检查。

检验方法:检查质量证明文件。

(2)混凝土拌合物不应离析。

检查数虽:全数检查。

检验方法:观察。

(3)混凝土中氯离子含量和碱总含量应符合现行国家标准《混凝土结构设计规范》GB 50010 的规定和设计要求。

检查数量:同一配合比的混凝土检查不应少于一次。

检验方法:检查原材料试验报告和氯离子、碱的总含量计算书。

(4)首次使用的混凝土配合比应进行开盘鉴定,其原材料、强度、凝结时间、稠度等应满足设计配合比的要求。

检查数量:同一配合比的混凝土检查不应少于一次。

检验方法:检查开盘鉴定资料和强度试验报告.。

(二)一般项目

(1)混凝土拌合物稠度应满足施工方案的要求。

检查数量:对同一配合比混凝土,取样应符合下列规定:

①每拌制100盘且不超过100 m³时,取样不得少于一次;

②每工作班拌制不足100盘时,取样不得少于一次;

③连续浇筑超过1 000 m³时,每200 m³取样不得少于一次,

④每一楼层取样不得少于一次。

检验方法:检查稠度抽样检验记录。

(2)混凝土有耐久性指标要求时.应在施工现场随机抽取试件进行耐久性检验,其检验结果应符合国家现行有关标准的规定和设计要求。

检查数量:同一配合比的混凝土,取样不应少于一次,留置试件数量应符合国家现行标准《普通混凝土长期性能和耐久性能试验方法标准》(GB/T 50082—2009)和《混凝土耐久性检验评定标准》(JGJ/T 193—2009)的规定。

检验方法:检查试件耐久性试验报告。

(3)混凝土有抗冻要求时,应在施工现场进行混凝土含气量检验,其检验结果应符合国家现行有关标准的规定和设计要求。

检查数量:同一配合比的混凝土,取样不应少于一次,取样数量应符合现行国家标准《普通混凝土拌合物性能试验方法标准》(GB/T 50080—2016)的规定。

检验方法:检查混凝土含气量检验报告。

三、混凝土施工

混凝土施工包括混凝土组成材料的计量、混凝土拌合物的搅拌、运输、浇筑和养护等工序。

(一)主控项目

结构混凝土的强度等级必须符合设计要求。用于检查结构构件混凝土强度的试件,应在混凝土的浇筑地点随机抽取,此项为强制项目。

取样与试件留置应符合下列规定:

①每拌制重100盘且不超过100 m³的同配合比的混凝土,取样不得少于一次;

②每工作班拌制不足100盘时,取样不得少于一次;

③连续浇筑超过1 000 m³时,每200 m³取样不得少于一次;

④每一楼层取样不得少于一次;

⑤每次取样应至少留置一组标准养护试件。

检验方法:检查施工记录及混凝土强度试验报告。

(二)一般项目

(1)后浇带的留置位置应按设计要求和施工技术方案确定。后浇带和施工缝的留设和

处理方法应按施工技术方案进行。

检查数量:全数检查。

检验方法:观察,检查施工记录。

（2）混凝土浇筑完毕后,应及时进行养护,养护时间以及养护方法应符合施工方案要求。

检查数量:全数检查。

检验方法:观察,检查混凝土养护记录。

第五节　现浇结构分项工程

现浇结构分项工程是以模板、钢筋、预应力、混凝土四个分项工程为依托,是拆除模板后的混凝土结构实物外观质量、几何尺寸检验等一系列技术工作的总称。现浇结构分项工程可按楼层、结构缝或施工缝划分。

对于现浇结构质量验收应在拆模后、混凝土表面未作修整和装饰前进行,并应作出记录;已经隐蔽的不可直接观察和量测的内容,可检查隐蔽工程验收记录;修整或返工的结构构件或部位应有实施前后的文字及图像记录。

现浇结构的外观质量缺陷应由监理单位、施工单位等各方根据其对结构性能和使用功能影响的严重程度按表12-10确定;装配式结构现浇部分的外观质量、位置偏差、尺寸偏差验收应符合本章要求。

一、外观质量

表 12-10　现浇结构外观质量缺陷

名称	现　象	严重缺陷	一般缺陷
露筋	构件内钢筋未被混凝土包裹而外露	纵向受力钢筋有露筋	其他钢筋有少量露筋
蜂窝	混凝土表面缺少水泥砂浆而形成石子外露	构件主要受力部位有蜂窝	其他部位有少量蜂窝
孔洞	混凝土中孔穴深度和长度均超过保护层厚度	构件主要受力部位有孔洞	其他部位有少量孔洞
夹渣	混凝土中夹有杂物且深度超过保护层厚度	构件主要受力部位有夹渣	其他部位有少量夹渣
疏松	混凝土中局部不密实	构件主要受力部位有疏松	其他部位有少量疏松
裂缝	缝隙从混凝土表面延伸至混凝土内部	构件主要受力部位有影响结构性能或使用功能的裂缝	其他部位有少量不影响结构性能或使用功能的裂缝
连接部位缺陷	构件连接处混凝土有缺陷或连接钢筋、连接件松动	连接部位有影响结构传力性能的缺陷	连接部位有基本不影响结构传力性能的缺陷
外形缺陷	缺棱掉角、棱角不直、翘曲不平、飞边凸肋等	清水混凝土构件有影响使用功能或装饰效果的外形缺陷	其他混凝土构件有不影响使用功能的外形缺陷
外表缺陷	构件表面麻面、掉皮、起砂、沾污等	具有重要装饰效果的清水混凝土构件有外表缺陷	其他混凝土构件有不影响使用功能的外表缺陷

（一）主控项目

现浇结构的外观质量不应有严重缺陷（见表 12-10）。对已经出现的严重缺陷，应由施工单位提出技术处理方案，并经监理（建设）单位认可后进行处理；对裂缝或连接部位出现的严重缺陷及其他影响结构安全的严重缺陷，技术处理方案尚应经设计单位认可。对经处理的部位，应重新检查验收。

检查数量：全数检查。

检验方法：观察，检查技术处理方案。

（二）一般项目

现浇结构的外观质量不应有一般缺陷（见表 12-10）。对已经出现的一般缺陷，应由施工单位按技术处理方案进行处理。对经处理的部位应重新验收。。

检查数量：全数检查。

检验方法：观察，检查技术处理方案。

二、位置和尺寸偏差

（一）主控项目

现浇结构不应有影响结构性能和使用功能的尺寸偏差。混凝土设备基础不应有影响结构性能和设备安装的尺寸偏差。对超过尺寸允许偏差且影响结构性能和安装、使用功能的部位，应由施工单位提出技术处理方案，并经监理、设计单位认可后进行处理。对经处理的部位，应重新检查验收。

检查数量：全数检查。

检验方法：量测，检查处理记录。

（二）一般项目

现浇结构和混凝土设备基础的尺寸偏差应符合表 12-11、表 12-12 的规定。

检查数量：按楼层、结构缝或施工段划分检验批。在同一检验批内，对梁、柱和独立基础，应抽查构件数量的 10%，且不少于 3 件；对墙和板应按有代表性的自然间抽查 10%，且不少于 3 间；对大空间结构，墙可按相邻轴线间高度 5 m 左右划分检查面，板可按纵、横轴线划分检查面，抽查 10%，且均不少于 3 面；对电梯井，应全数检查。对设备基础，应全数检查。

表 12-11　现浇结构位置和尺寸允许偏差及检验方法

项目			允许偏差（mm）	检验方法
轴线位置	整体基础		15	经纬仪及尺量
	独立基础		10	经纬仪及尺量
	柱、墙、梁		8	尺量
垂直度	层高	≤6 m	10	经纬仪或吊线、尺量
		>6 m	12	经纬仪或吊线、尺量
	全高（H）≤300 m		H/30000+20	经纬仪、尺量
	全高（H）>300 m		H/10 000 且≤80	经纬仪、尺量

表 12-11　现浇结构位置和尺寸允许偏差及检验方法

项目		允许偏差（mm）	检验方法
标高	层高	±10	水准仪或拉线、尺量
	全高	±30	水准仪或拉线、尺量
截面尺寸	基础	+15，−10	尺量
	柱、梁、板、墙	+10，−5	尺量
	楼梯相邻踏步高差	±6	尺量
电梯井洞	中心位置	10	尺量
	长、宽尺寸	+25，0	尺量
表面平整度		8	2m 靠尺和塞尺量测
预埋件中心位置	预埋板	10	尺量
	预埋螺栓	5	尺量
	预埋管	5	尺量
	其他	10	尺量
预留洞、孔中心线位置		15	尺量

注：检查轴线、中心线位置时，应沿纵、横两个方向量测，并取其中偏差的较大值；H 为全高，单位为 mm。

表 12-12　混凝土设备基础位置和尺寸允许偏差及检验方法

项目		允许偏差（mm）	检验方法
坐标位置		20	经纬仪及尺量
不同平面标高		0，−20	水准仪或拉线、尺量
平面外形尺寸		±20	尺量
凸台上平面外形尺寸		0，−20	尺量
凹槽尺寸		+20，0	尺量
平面水平度	每米	5	水平尺、塞尺量测
	全长	10	水准仪或拉线、尺量
垂直度	每米	5	经纬仪或吊线、尺量
	全高	10	经纬仪或吊线、尺量
预埋地脚螺栓	中心位置	2	尺量
	顶标高	+20，0	水准仪或拉线、尺量
	中心距	±2	尺量
	垂直度	5	吊线、尺量

项目		允许偏差(mm)	检验方法
预埋地脚螺栓孔	中心线位置	10	尺量
	截面尺寸	+20,0	尺量
	深度	+20,0	尺量
	垂直度	h/100 且≤10	吊线、尺量
预埋活动地脚螺栓锚板	中心线位置	5	尺量
	标高	+20,0	水准仪或拉线、尺量
	带槽锚板平整度	5	直尺、塞尺量测
	带螺纹孔锚板平整度	2	直尺、塞尺量测

注:检查坐标、中心线位置时,应沿纵、横两个方向量测,并取其中偏差的较大值;h 为预埋地脚姆柱孔孔深,单位为 mm。

第六节 装配式结构分项工程

装配式结构分项工程是以模板、钢筋、预应力、混凝土四个分项工程为依托,是预制构件产品质量检验、结构性能检验、预制构件的安装等一系列技术工作和完成结构实体的总称。其中预制构件包括在预制构件厂和施工现场制作的构件。

装配式结构连接节点及叠合构件浇筑混凝土之前,应进行隐蔽工程验收。隐蔽工程验收应包括混凝土粗糙面的质量,键槽的尺寸、数量、位置;钢筋的牌号、规格、数量、位置、间距,箍筋弯钩的弯折角度及平直段长度;钢筋的连接方式、接头位置、接头数量、接头面积百分率、搭接长度、锚固方式及锚固长度;预埋件、预留管线的规格、数量、位置。装配式结构的接缝施工质量及防水性能应符合设计要求和国家现行相关标准的要求。

一、预制构件

(一) 主控项目
(1)预制构件的质量应符合本规范、国家现行相关标准的规定和设计的要求。

检查数量:全数检查。

检验方法:检查质量证朗文件或质量验收记录。

(2)专业企业生产的预制构件进场时,预制构件结构性能检验应符合下列规定:

①梁板类简支受弯预制构件进场时应进行结构性能检验,并:结构性能检验应符合国家现行相关标准的有关规定及设计的要求,检验要求和试验方法应符合本规范附录 B 的规定;钢筋混凝土构件和允许出现裂缝的预应力混凝土构件应进行承载力、挠度和裂缝宽度检验;不允许出现裂缝的预应力混凝土构件应进行承载力、挠度和抗裂检验;对大型构件及有可靠应用经验的构件,可只进行裂缝宽度、抗裂和挠度检验;对使用数量较少的构件,当能提供可靠依据时,可不进行结构性能检验。

②对其他预制构件,除设计有专门要求外,进场时可不做结构性能检验。

③对进场时不做结构性能检验的预制构件,应采取下列措施:施工单位或监理单位代表

应驻厂监督制作过程;当无驻厂监督时,预制构件进场时应对预制构件主要受力钢筋数量、规格、间距及混凝土强度等进行实体检验。

检验数量:每批进场不超过 1 000 个同类型预制构件为一批,在每批中应随机抽取一个构件进行检验。

检验方法:检查结构性能检验报告或实体检验报告。

注:"同类型"是指同一钢种、同一混凝土强度等级、同一生产工艺和同一结构形式。抽取预制构件时,宜从设计荷载最大、受力最不利或生产数量最多的预制构件中抽取。

(3)预制构件的外观质量不应有严重缺陷,且不应有影响结构性能和安装、使用功能的尺寸偏差。

检查数量:全数检查。

检验方法:观察,尺量;检查处理记录。

(4)预制构件上的预埋件、预留插筋、预埋管线等的材料质量、规格和数量以及预留孔、预留洞的数量应符合设计要求。

检查数置:全数检查。

检验方法:观察。

(二)一般项目

(1)预制构件应有标识。

检查数量:全数检查。

检验方法:观察。

(2)预制构件的外观质量不应有一般缺陷。

检查数量:全数检查。

检验方法:观察,检查处理记录。

(3)预制构件的尺寸偏差及检验方法应符合表 12-13 的规定;设计有专门规定时,尚应符合设计要求,施工过程中临时使用的预埋件,其中心线位置允许偏差可取表 12-13 中规定数值的 2 倍。

检查数量:同一类型的构件,不超过 100 件为一批,每批应抽查构件数量的 5%,且不应少于 3 件。

表 12-13　预制构件尺寸的允许偏差爱检验方法

项目			允许偏差(mm)	检验方法
长度	楼板、梁、柱、桁架	<12 m	±5	尺量
		≥12 m 且<18 m	±10	
	墙板≥18 m		±20	
宽度、高(厚)度	楼板、梁、柱、桁架		±5	尺最一端及中部,取其中偏差绝对值
	墙板		±4	
表面平整度	楼板、梁、柱、墙板内表		5	2m靠尺和塞尺量测
	墙板外表面		3	

项目		允许偏差(mm)	检验方法
侧向弯曲	楼板、梁、柱	L750 且 ≤20	拉线、直尺量测,最大侧向弯曲处
	墙板、桁架	L/1000 且 ≤20	
翘曲	楼板	L750	调平尺在两端量测
	墙板	L/1000	
对角线	楼板	10	尺量两个对角线
	墙板	5	
预留孔	中心线位置	5	尺量
	孔尺寸	±5	
预留洞	中心线位置	10	尺量
	洞口尺寸、深度	±10	
预埋件	顶埋板中心线位置	5	尺量
	预埋板与混凝土面平面高	0,-5	
	预埋螺栓	2	
	预埋螺栓外露长度	+10,-5	
	预埋套筒、螺母中心线位置	2	
	预埋套筒、螺母与棍凝土面平面高差	±5	
预留插筋	中心线位置	5	尺量
	外露长度	+10,-5	
键槽	中心线位置	5	尺量
	长度、宽度	±5	
	深度	±10	

注:1 为构件长度,单位为 mm;检查中心线、螺栓和孔道位置偏差时,沿纵、横两个方向量测,并取其中偏差较大值。

(4)预制构件的粗糙面的质量及键槽的数量应符合设计要求。

检查数量:全数检查。

检验方法:观察。

二、安装与连接

(一)主控项目

(1)预制构件临时固定措施的安装质量应符合施工方案的要求。

检查数箭:全数检查。

检验方法:观察。

(2)钢筋采用套筒灌浆连接时,灌浆应饱满、密实,其材料及连接接头质量应符合国家现行行业标准《钢筋套筒灌浆连接应用技术规程》(JGJ355—2015)的规定。

检查数垃:按国家现行行业标准《钢筋套筒灌浆连接应用技术规程》(JGJ355—2015)的规定确定。

检验方法:检查质量证明文件、灌浆记录及相关检验报告。

(3)钢筋采用焊接连接时,其接头质量应符合现行行业标准《钢筋焊接及验收规程》(JGJ 18—2012)的规定。

检查数量:按现行行业标准《钢筋焊接及验收规程》(JGJ 18—2012)的有关规定确定。

检验方法:检查质量证明文件及平行加工试件的检验报告。

(4)钢筋采用机械连接时,其接头质量应符合现行行业标准《钢筋机械连接技术规程》(JGJ107—2016)的规定。

检查数量:按现行行业标准《钢筋机械连接技术规程》(JGJ107—2016)的规定确定。

检验方法:检查质量证明文件、施工记录及平行加工试件的检验报告。

(5)预制构件采用焊接、螺栓连接等连接方式时,其材料性能及施工质量应符合国家现行标准《钢结构工程施工质量验收规范》(GB50205—2001)和《钢筋焊接及验收规程》(JGJ 18—2012)的相关规定。

检查数量:按国家现行标准《钢结构工程施工质量验收规范》(GB50205—2001)和《钢筋焊接及验收规程》(JGJ 18—2012)的规定确定。

检验方法:检查施工记录及平行加工试件的检验报告。

(6)装配式结构采用现浇混凝土连接构件时,构件连接处后浇混凝土的强度应符合设计要求。

检查数量:按本章第四节中混凝土施工的主控项目的规定确定。

检验方法:检查混凝土强度试验报告。

(7)装配式结构施工后,其外观质量不应有严重缺陷,且不应有影响结构性能和安装、使用功能的尺寸偏差。

检查数量:全数检查。

检验方法:观察,量测;检查处理记录。

(二)一般项目

(1)装配式结构施工后,其外观质量不应有一般缺陷。

检查数量:全数检查。

检验方法:观察,检查处理记录。

(2)装配式结构施工后,预制构件位置、尺寸偏差及检验方法应符合设计要求;当设计无具体要求时,应符合表12-14的规定。预制构件与现浇结构连接部位的表面平整度应符合表12-14的规定。

检查数量:按楼层、结构缝或施工段划分检验批。在同一检验批内,对梁、柱和独立基础,应抽查构件数量的10%,且不应少于3件;对墙和板,应按有代表性的自然间抽查10%,且不应少于3间;对大空间结构,墙可按相邻轴线间高度5m左右划分检查面,板可按纵、横轴线划分检查面,抽查10%,且均不应少于3面。

表 12-14　装配式结构构件位置和尺寸允许偏差及检验方法

项目		允许偏差（mm）	检验方法
构件轴线位置	竖向构件（柱、墙扳、桁架）	8	经纬仪及尺量
	水平构件（梁、楼板）	5	
标高	梁、柱、墙扳楼板底面或顶面	±5	水准仪或拉线、尺量
构件垂直度	柱、墙板安装后的高度 ≤6 m	5	经纬仪或吊线、尺量
	>6 m	10	
构件倾斜度	梁、桁架	5	经纬仪或吊线、尺量
相邻构件平整度	梁、楼板底面 外露	5	2 m 靠尺和塞尺量测
	不外露	3	
	柱、墙板 外露	5	
	不外露	8	
构件搁置长度	梁、板	±10	尺量
支座、支垫中心位置	板、梁、柱、墙板、桁架	10	尺量
墙板接缝宽度		±5	尺量

第七节　分部（子分部）工程质量验收

一、结构实体检验

对涉及混凝土结构安全的重要部位应进行结构实体检验。结构实体检验应由监理单位组织施工单位实施,并见证实施过程。施工单位应制定结构实体检验专项方案,并经监理单位审核批准后实施。除结构位置与尺寸偏差外的结构实体检验项目,应由具有相应资质的检测机构完成。结构实体检验的内容应包括混凝土强度、钢筋保护层厚度、结构位置与尺寸偏差以及工程合同约定的项目;必要时可检验其他项目。

结构实体混凝土强度应按不同强度等级分别检验,检验方法宜采用同条件养护试件方法;当未取得同条件养护试件强度或同条件养护试件强度不符合要求时,可采用回弹-取芯法进行检验。

混凝土强度检验时的等效养护龄期可取日平均温度逐日累计达到 600℃ · d 时所对应的龄期,且不应小于 14 d。日平均温度为 0℃ 及以下的龄期不计入。冬期施工时,等效养护龄期计算时温度可取结构构件实际养护温度,也可根据结构构件的实际养护条件,按照同条件养护试件强度与在标准养护条件下 28 d 龄期试件强度相等的原则由监理、施工等各方共同确定。

结构实体检验中,当混凝土强度或钢筋保护层厚度检验结果不满足要求时,应委托具有资质的检测机构按国家现行有关标准的规定进行检测。

(一)结构实体混凝土同条件养护试件强度检验

(1)同条件养护试件的取样和留置应符合下列规定:

①同条件养护试件所对应的结构构件或结构部位,应由施工、监理等各方共同选定,且同条件养护试件的取样宜均匀分布于工程施工周期内;

②同条件养护试件应在混凝土浇筑入模处见证取样;

③同条件养护试件应留置在靠近相应结构构件的适当位置,并应采取相同的养护方法;

④同一强度等级的同条件养护试件不宜少于 10 组,且不应少于 3 组。每连续两层取样不应少于 1 组;每 2 000 m³ 取样不得少于一组。

(2)每组同条件养护试件的强度值应根据强度试验结果按现行国家标准《普通混凝土力学性能试验方法标准》(GB/T50081—2002)的规定确定。

(3)对同一强度等级的同条件养护试件,其强度值应除以 0.88 后按现行国家标准《混凝土强度检验评定标准》(GB/T 50107—2010)的有关规定进行评定,评定结果符合要求时可判结构实体混凝土强度合格。

(二)结构实体混凝土回弹–取芯法强度检验

(1)回弹构件的抽取应符合下列规定:

①同一混凝土强度等级的柱、梁、墙、板,抽取构件最小数量应符合表 12-15 的规定,并应均匀分布;

②不宜抽取截面高度小于 300 mm 的梁和边长小于 300 mm 的柱。

表 12-15　回弹构件抽取最小数量

构件总数量	最小抽样数量
20 以下	全数
20～150	20
151～280	26
281～500	40
501～1200	64
1201～3200	100

(2)每个构件应选取不少于 5 个测区中进行回弹检测及回弹值计算,并应符合现行行业标准《回弹法检测混凝土抗压强度技术规程》(JGJ/T23—2011)对单个构件检测的有关规定。楼板构件的回弹宜在板底进行。

(3)对同一强度等级的构件,应按每个构件 5 个测区中的最小测区平均回弹值进行排序,并在其最小的 3 个测区各钻取 1 个芯样试件。芯样应采用带水冷却装置的薄壁空心钻钻取,其直径宜为 100 mm,且不宜小于混凝土骨料最大粒径的 3 倍。

(4)芯样试件的端部宜采用环氧胶泥或聚合物水泥砂浆补平,也可采用硫磺胶泥修补。加工后芯样试件的尺寸偏差与外观质量应符合下列规定:

①芯样试件的高度与直径之比实测值不应小于 0.95,也不应大于 1.05。

②沿芯样高度的任一直径与其平均值之差不应大于 2 mm；

③芯样试件端面的不平整度在 100 mm 长度内不应大于 0.1 mm；

④芯样试件端面与轴线的不垂直度不应大于 1°；

⑤芯样不应有裂缝、缺陷及钢筋等其他杂物。

（5）芯样试件尺寸的量测应符合下列规定：

①应采用游标卡尺在芯样试件中部相互垂直的两个位置测量直径，取其算术平均值作为芯样试件的直径，精确至 0.1 mm；

②应采用钢板尺测量芯样试件的高度，精确至 1 mm；

③垂直度应采用游标量角器测量芯样试件两个端线与轴线的夹角，精确至 0.1°；

④平整度应采用钢板尺或角尺紧靠在芯样试件端面上，一面转动钢板尺，一面用塞尺测量钢板尺与芯样试件端面之间的缝隙；也可采用其他专用设备测量。

（6）芯样试件应按现行国家标准《普通混凝土力学性能试验方法标准》（GB/T50081—2002）中圆柱体试件的规定进行抗压强度试验。

（7）对同一强度等级的构件，当符合下列规定时，结构实体混凝土强度可判为合格：

①三个芯样抗压强度算术平均值不小于设计要求的混凝土强度等级值的 88%；

②三个芯样抗压强度的最小值不小于设计要求的混凝土强度等级值的 80%。

（三）结构实体钢筋保护层厚度检验

（1）结构实体钢筋保护层厚度检验构件的选取应均匀分布，并应符合下列规定：

①对非悬挑梁板构件，应各抽取构件数量的 2% 且不少于 5 个构件进行检验。

②对悬挑梁，应抽取构件数量的 5% 且不少于 10 个构件进行检验；当悬挑梁数量少于 10 个构件进行检验，应全数检验。

③对悬挑板，应抽取构件数量的 10% 且不少于 20 个构件进行检验；当悬挑板数量少于 20 个构件进行检验，应全数检验。

（2）对选定的梁类构件，应对全部纵向受力钢筋的保护层厚度进行检验；对选定的板类构件，应抽取不少于 6 根纵向受力钢筋的保护层厚度进行检验。对每根钢筋，应选择有代表性的不同部位量测 3 点取平均值。

（3）钢筋保护层厚度的检验，可采用非破损或局部破损的方法，也可采用非破损方法并用局部破损方法进行校准。当采用非破损方法检验时，所使用的检测仪器应经过计量检验，检测操作应符合相应规程的规定。要求钢筋保护层厚度检验的检测误差不应大于 1 mm。

（4）钢筋保护层厚度检验时，纵向受力钢筋保护层厚度的允许偏差应符合表 12-15 的规定。

表 12-15　结构实体纵向受力钢筋保护层厚度的允许偏差

构件类型	允许偏差（mm）
梁	+10,−7
板	+8,−5

（5）梁类、板类构件纵向受力钢筋的保护层厚度应分别进行验收，并应符合下列规定：

①当全部钢筋保护层厚度检验的合格率为 90% 及以上时，可判为合格；

②当全部钢筋保护层厚度检验的合格率小于 90% 但不小于 80% 时，可再抽取相同数量

的构件进行检验;当按两次抽样总和计算的合格率为 90% 及以上时,仍可判为合格;

③每次抽样检验结果中不合格点的最大偏差均不应大于表 12-15 规定允许偏差的 1.5 倍。

（四）结构实体位置与尺寸偏差检验

（1）结构实体位置与尺寸偏差检验构件的选取应均匀分布,并应符合下列规定:

①梁、柱应抽取构件数量的 1%,且不应少于 3 个构件;

②墙、板应按有代表性的自然间抽取 1%,且不应少于 3 间;

③层高应按有代表性的自然间抽查 1%,且不应少于 3 间。

（2）对选定的构件,检验项目及检验方法应符合表 12-16 的规定,允许偏差及检验方法应符合本规范表 12-11 和表 12-14 的规定,精确至 1 mm。

表 12-16　结构实体位置与尺寸偏差检验项目及检验方法

项目	检验方法
柱截面尺寸	选取柱的一边量测柱中部、下部及其他部位,取 3 点平均值
柱垂直度	沿两个方向分别量测,取较大值
墙厚	墙身中部量测 3 点,取平均值;测点间距不应小于 1 m
梁高	量测一侧边跨中两个距离支座 0.1 m 处,取 3 点平均值;量测值可取腹板高度加上此处楼板的实测厚度
板厚	悬挑板取距离支座 0.1 m 处,沿宽度方向取包括中心位置在内的随机 3 点取平均值,其他楼板,在同一对角线上量测中间及距离两端各 0.1 m 处,取 3 点平均值
层高	与板厚测点相同,量测板顶至上层楼板板底净高,层高测量值为净高与板厚之和,取 3 点平均值

（3）墙厚、板厚、层高的检验可采用非破损或局部破损的方法,也可采用非破损方法并用局部破损方法进行校准。当采用非破损方法检验时,所使用的检测仪器应经过计量检验,检测操作应符合国家现行相关标准规定。

（4）结构实体位置与尺寸偏差项目应分别进行验收,并应符合下列规定:

①当检验项目的合格率为 80% 及以上时,可判为合格

②当检验项目的合格率小于 80% 但不小于 70% 时,可再抽取相同数量的构件进行检验,当按两次抽样总和计算的合格率为 80% 及以上时,仍可判为合格。

二、混凝土结构子分部工程验收

混凝土结构子分部工程施工质量验收时,应提供一系列文件和记录,包括设计变更文件、原材料质量证明文件和抽样检验报告、预拌混凝土的质量证明文件、混凝土、灌浆料试件的性能检验报告、钢筋接头的试验报告、混凝工程施工记录、混凝土试件的试验报告、预制构件的质量证明文件和安装验收记录、预应力筋用锚具、连接器的质量证明文件和抽样检验报告、预应力筋安装、张拉及钢筋套筒灌浆连接及预应力孔道灌浆记录、隐蔽工程验收记录、分项工程验收记录、结构实体检验记录、工程的重大质量问题的处理方案和验收记录以及其他必要的文件和记录。

（一）混凝土结构子分部工程施工质量验收合格应符合下列规定:

（1）有关分项工程施工质量验收合格;

（2）应有完整的质量控制资料；

（3）观感质量验收合格；

（4）结构实体检验结果满足本规范的要求。

(二) 当混凝土结构施工质量不符合要求时，应按下列规定进行处理：

（1）经返工、返修或更换构件、部件的检验批，应重新进行验收；

（2）经有资质的检测单位按国家现行相关标准检测鉴定达到设计要求的检验批，应予以验收；

（3）经有资质的检测单位按国家现行相关标准检测鉴定达不到设计要求，但经原设计单位核算并确认仍可满足结构安全和使用功能的检验批，可予以验收；

（4）经返修或加固处理能够满足结构安全使用要求的分项工程，可根据技术处理方案和协商文件进行验收。

混凝土结构工程子分部工程施工质量验收合格后，应将所有的验收文件存档备案。

第八节　混凝土结构工程的质量缺陷及处理

混凝土一般是由水泥、砂、石子和水等多种材料通过一定的比例拌制而成的。混凝土在现代建筑工程中占有重要地位，应用十分广泛，尤其是混凝土的质量至关重要。在混凝土工程施工中，往往由于思想上和技术上的种种原因，使混凝土工程出现各种缺陷，造成混凝土工程质量缺陷问题，甚至造成重大的经济损失，后果不堪设想。

混凝土工程的质量缺陷，涉及材料、施工、受力情况和环境等诸多因素，在各种混凝土缺陷中，可分为物理缺陷和化学缺陷两个方面。其中受力因素和施工因素，多以物理缺陷为主，材料因素和环境因素，多以化学缺陷为主。混凝土质量各种缺陷最主要最普遍的是出现可见裂缝。

混凝土工程质量缺陷按照原因，可以分为四大类。

（1）因原材料使用不当形成的缺陷。产生原因如使用过期水泥，混凝土配合比不当，水泥、骨料含有过量有害物质，外加剂使用不当，水泥水化热过高等等。对此种缺陷，应严格对进场原材料质量进行控制。对已产生的混凝土缺陷，必须作长期详细的观察，认真查明原因和质量问题的严重程度，研究并制定处理和加固方案。

（2）因施工违反操作规程形成的缺陷。产生原因如搅拌、运输时间过长，振捣不良，浇筑速度过快，初期养护不当，钢筋骨架构造不当，模板刚度不足，过早拆模等等。对于对此种缺陷，应按照混凝土质量控制要点，严格遵守施工操作规程进行施工。对已产生的混凝土缺陷，认真查明原因和根据严重程度，研究并制定处理和加固方案。

（3）因构件受力、变形形成的缺陷。例如构件处于拉伸、压缩、弯曲、扭转、剪切等状态，产生过大的不均匀沉降等等。对于产生的混凝土缺陷，应根据具体情况具体制定措施和处理方案。

（4）因环境因素影响而形成的缺陷。产生原因如环境温湿度的变化，混凝土、钢筋受腐蚀，构件表面处于灼热状态等等。对于产生的混凝土缺陷，应根据不同性质区别采用不同防治措施和处理方案。

由于混凝土质量缺陷产生的原因不同，表现也不同，因而，本节仅仅讨论常见的混凝土质量缺陷、产生原因和处理措施。

一、蜂窝

混凝土结构局部不密实,表面缺少水泥砂浆而出现酥松、砂浆少、石子多、石子之间有许多空隙,类似蜂窝状的窟窿。

（一）产生原因

（1）混凝土配合比不当或砂子、石子、水泥等材料计量不准或计量错误,或加水量不准,造成砂浆少、石子多;

（2）混凝土搅拌时间不够,未拌合均匀,或混凝土和易性差,振捣不密实;

（3）未按操作规程进行混凝土灌注,下料不当或下料过高,未设灌注串筒或溜槽,造成混凝土离析,使石子过于集中,振捣无法形成水泥浆;

（4）混凝土一次下料过多,未分段分层灌注,振捣不密实或漏振或振捣时间不够或振捣配合不好;

（5）模板缝隙未堵好堵严,或模板支设不牢固,振捣时模板移位,使水泥浆流失,造成严重漏浆;

（6）钢筋布设过密,混凝土中石子粒径过大或坍落度过小;

（7）基础、柱、墙角部等部位灌注混凝土时未稍加间歇。

（二）处理方法

（1）混凝土有小蜂窝,可先用清水冲洗干净并充分湿润后,用 1：2 或 1：2.5 水泥砂浆修补,并抹平压实压光;

（2）对于较大蜂窝,则先剔除蜂窝处松动的石子和凸出的颗粒,并凿去薄弱松散的混凝土,尽量做成外口大些,内口小些的喇叭口状,用清水冲洗干净并充分湿润后,刷一层水泥浆或界面剂后,支模,再用比原混凝土高一级的细石混凝土仔细填塞捣实;

（3）对于较深蜂窝若清除困难,可埋压浆管、排气管,表面抹砂浆或灌注混凝土封闭后,进行水泥压浆处理。

二、麻面

混凝土结构表面局部出现缺浆粗糙面,形成许多小凹坑,但无钢筋外露现象。

（一）产生原因

（1）模板表面粗糙或粘附的水泥浆渣等杂物未清理干净,拆模时混凝土结构局部表面被粘坏;

（2）模板表面未浇水湿润或湿润不够,构件表面混凝土的水分被吸收,使混凝土失水过多,出现麻面;

（3）模板拼缝不严,局部漏浆;

（4）模板隔离剂涂刷不匀或局部漏刷或失效,混凝土表面与模板粘结,造成麻面;

（5）混凝土振捣不实,气泡未排出,停在模板表面形成麻点。

（二）处理方法

（1）表面作粉刷的,麻面可不处理;

（2）表面无粉刷的,应在麻面部位浇水充分湿润后,用原混凝土配合比的水泥砂浆将麻面抹平压光。

三、孔洞

混凝土结构内部有尺寸较大的空隙,局部没有混凝土或蜂窝特别大,且混凝土中孔穴深度和长度均超过保护层厚度,钢筋局部或全部裸露。

(一)产生原因

(1)在钢筋分布较密集的部位或预留孔洞和预埋件处,混凝土灌注不畅通或混凝土下料被阻碍,不能充满模板间隙,振捣不充分或未振捣就继续灌注上层混凝土;

(2)未按顺序振捣混凝土,产生漏振或振捣不足;

(3)混凝土产生离析,砂浆分离,石子成堆,严重漏浆或跑浆,又未进行振捣;

(4)未按规定下料,吊斗直接将混凝土卸入模板内,一次下料过多、过厚,下部因振捣器振动作用半径达不到,形成松散空洞;

(5)混凝土中有硬块和杂物等掺入或混凝土内掉入模板工具、木块、石块、泥块等杂物,致使混凝土被卡住;

(6)混凝土的施工组织不好或不佳,未按施工顺序和施工工艺认真操作。

(二)处理方法

(1)将孔洞周围的松散混凝土和软弱浆膜凿除,用压力水冲洗干净并充分湿润后,用比原混凝土高一级的细石混凝土仔细灌注、振捣密实;

(2)对于较大孔洞的处理,要经有关单位共同研究,制定补强方案,经批准后方可实施。

四、露筋

混凝土内部钢筋因未被混凝土包裹而局部裸露在结构构件表面。

(一)产生原因

(1)灌注混凝土时,钢筋保护层垫块移位或垫块太少或漏放,致使钢筋紧贴模板,造成钢筋外露;

(2)钢筋混凝土结构构件截面较小,钢筋过密,较大石子卡在钢筋间,使水泥砂浆不能充满钢筋周围,造成露筋;

(3)混凝土配合比不当,产生离析,灌注部位或靠模板部位缺浆或模板漏浆;

(4)混凝土保护层太小或保护层处混凝土漏振或振捣不实,或振捣时振捣棒撞击钢筋或施工操作人员踩踏钢筋,使钢筋移位,造成露筋;

(5)木模板未浇水湿润,吸水粘结或脱模过早,拆模时混凝土缺棱掉角,导致露筋。

(二)处理方法

(1)对于表面露筋的,将外露钢筋上的混凝土残渣和铁锈清理干净,用水冲洗干净并充分湿润后,在表面抹 1:2 或 1:2.5 水泥砂浆,将露筋部位抹平;

(2)对于露筋较多较深的,凿去薄弱混凝土和凸出颗粒,用水冲洗干净并充分湿润后,先刷一层水泥浆或界面剂后,再用比原混凝土高一强度等级的细石混凝土填塞压实。

五、缝隙

施工缝夹层:施工缝处混凝土结合不好,存在水平或垂直的松散混凝土层,有缝隙或夹有杂物,造成混凝土结构整体性不良。

（一）产生原因

（1）在灌注混凝土前,没有认真处理施工缝或变形缝表面水泥薄膜和松动石子,未除去软弱混凝土层或未经接缝处理或未充分湿润就灌注混凝土或灌注混凝土时振捣不密实;

（2）灌注大体积混凝土结构时,往往分层分段施工,在施工停歇期间,施工缝处常有锯屑、泥土、砖块等杂物未清除或未清除干净,再次灌注混凝土时就会在施工缝处造成杂物夹层;

（3）混凝土灌注高度过大,未设串筒或溜槽,造成混凝土离析;

（4）底层交接处未灌注接缝砂浆层,接缝处混凝土未振捣密实,新旧混凝土结合不良。

（二）处理方法

（1）缝隙夹层不深时,可将松散混凝土凿去,洗刷干净并充分湿润后, 用 1∶2 或 1∶2.5 水泥砂浆填塞密实;

（2）缝隙夹层较深时,应清除松散部分和内部夹杂物,用压力水冲洗干净并充分湿润后,先刷一层水泥浆或界面剂后,支模,再灌注细石混凝土或将表面封闭后进行压浆处理;

（3）当表面缝隙较细时,可用清水将缝隙处冲洗干净,并充分湿润后抹水泥浆;

（4）对于较大夹层的处理应慎重,补强前先搭设临时支撑进行加固,方可进行剔凿,将夹层中的杂物和松散混凝土清除并洗刷干净,充分湿润后,先刷一层水泥浆或界面剂后,再用比原混凝土高一级的细石混凝土仔细填塞压实并认真养护。

六、缺棱掉角

混凝土结构或构件边角处混凝土局部不规则掉落,棱角有缺陷。

（一）产生原因

（1）木模板未充分浇水湿润或湿润不够,混凝土灌注后养护不好,棱角处混凝土水分被木模板大量吸收,造成脱水,致使混凝土水化不好,强度降低,或模板吸水膨胀,将边角拉裂,或拆模时,棱角被粘掉;

（2）过早拆除侧面非承重模板,混凝土强度不足,棱角被碰坏;

（3）拆模时,边角受外力或重物撞击或成品混凝土构件保护不好,棱角被碰坏;

（4）模板未涂刷隔离剂,或涂刷不均;

（5）冬季施工时,混凝土构件保护不好, 局部受冻。

（二）处理方法

（1）对于缺棱掉角较小的,可将该处混凝土用钢丝刷刷洗干净,并充分湿润后,用 1∶2 或 1∶2.5 水泥砂浆抹补齐整;

（2）对于缺棱掉角较大的,可将该处松散或不密实的混凝土颗粒凿除,冲洗干净并充分湿润后,先刷一层水泥浆或界面剂后,支模,用比原混凝土高一级的细石混凝土捣实补好,认真养护。

七、表面不平整

混凝土表面凹凸不平,或板厚薄不一,表面不平。

（一）产生原因

（1）混凝土灌注后,表面未用抹子找平压光,造成表面粗糙不平;

（2）模板未支承在坚硬土层上，或支承面不足，或支撑松动、泡水，致使新灌注混凝土早期养护时发生不均匀下沉；

（3）混凝土未达到一定强度时，上人操作或运料，使表面出现凹陷不平或印痕。

（二）处理方法

用细石混凝土或 1：2 水泥砂浆修补找平。

八、松顶

混凝土柱、墙、基础浇筑后，在距定面 50~100 mm 高度内出现粗糙、松散，有明显的颜色变化，内部呈多孔性，基本上是砂浆，无石子分布其中，强度低，影响结构的受力性能和耐久性，经不起外力冲击和磨损。

（一）产生原因

（1）混凝土配合比不当；

（2）振捣时间过长，造成离析；

（3）混凝土的泌水没有排除。

（二）处理方法

将松顶部分砂浆层凿去，冲洗干净并充分湿润后，用高一强度等级的细石混凝土灌注密实，并养护。

九、酥松脱落

混凝土结构构件浇筑脱模后，表面出现酥松、脱落等现象，表面强度比内部强度低很多。

（一）产生原因

（1）木模板未浇水湿润或润湿不够；

（2）炎热刮风天，混凝土脱模后，未浇水养护；

（3）冬期浇筑混凝土时，没有采取保温措施。

（二）处理方法

较浅的酥松脱落，可将酥松部分凿去，冲洗干净湿润后，用 1：2 水泥砂浆抹平压实。较深的酥松脱落，可将酥松和突出颗粒凿去，刷洗干净后支模，用比结构混凝土高一强度等级的细石混凝土浇筑，强力捣实，并加强养护。

十、裂缝

混凝土结构或构件表面或内部局部出现开裂，形成长短、深浅不规则的缝隙。主要有塑性收缩裂缝、沉降收缩裂缝、碳化收缩裂缝、温度裂缝、张拉裂缝、沉陷裂缝、冻胀裂缝、干缩裂缝、化学反应裂缝和外力引起的裂缝及其他裂缝。

（一）产生原因

（1）水泥凝固过程中，模板局部沉陷；

（2）构件制作后或拆模时受到剧烈振动；

（3）混凝土未养护好，表面水分蒸发过快；

（4）有些吸水大的模板如黄花松等，可能造成梁端出现裂缝；

（5）混凝土配合比不当，计量不准，施工中随意加水，使水灰比增大；

（6）在混凝土未达到一定强度时，上人操作或运料或在混凝土强度未达到 100% 时，拆除底模。

（二）处理方法

（1）对于宽度在 0.06 mm 以下的裂缝，一般不做处理；

（2）对于宽度在 0.06 mm 以上的裂缝，一般灌注环氧树脂进行处理；

（3）当表面裂缝较细且数量不多时，可将裂缝处冲洗干净后，用 1∶2 或 1∶2.5 水泥砂浆抹补；

（4）当表面裂缝较深较大时，可将裂缝处冲洗干净并充分湿润后，视裂缝程度用 1∶2 或 1∶2.5 水泥砂浆抹补齐整，或支模用比原混凝土高一级的混凝土捣实补好，认真养护。

本章小结

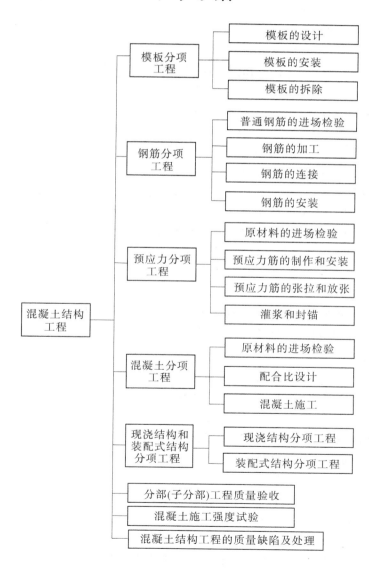

第十三章　钢结构工程

【学习目标】

- 掌握原材料及成品进场验收
- 掌握钢结构的连接
- 掌握钢构件组装工程
- 了解钢构件预拼装工程
- 了解钢结构安装工程
- 了解钢结构涂装工程
- 了解分部(子分部)工程质量验收

第一节　原材料及成品进场验收

原材料及成品进场验收包括钢材、焊接材料、连接用紧固件标准件、焊接球、封板、锥头、套筒、金属压型板等的验收,由于本书篇幅有限,本节仅列出钢材、焊接材料的进场验收内容,其余的可以参看《钢结构工程施工质量验收规范》(GB 50205—2001)。

在规范 GB 50205—2001 中明确给出本节的适用范围,并首次提出"进入钢结构各项工程实施现场的"这样的前提,从而明确对主要材料、零件和部件、成品件和标准等产品进行层层把关的指导思想。本节适用于进入钢结构各分项工程实施现场的主要材料、零(部)件、成品件、标准件等产品的进场验收。进场验收的检验批原则上应与各分项工程检验批一致,也可以根据工程规模及进料实际情况划分检验批。

一、钢材

钢材的进场检验应从以下五个方面严格进行,分别是:钢材的检验要求、钢板厚度允许偏差、型钢规格尺寸允许偏差、钢管外径及厚壁允许偏差和钢材表面外观质量。

(一)主控项目

(1)钢材及钢铸件的品种、规格、性能等应符合现行国家产品标准和设计要求。进口钢材产品的质量应符合设计和合同规定标准的要求。此项为强制项目。

检查数量:全数检查。

检验方法:检查质量合格证明文件、中文标志及检验报告等。

(2)对属于下列情况之一的钢材,应进行抽样复验,其复验结果应符合现行国家产品标准和设计要求。

复检情况为:国外进口钢材;钢材混批;板厚等于或大于 40 mm,且设计有 Z 向性能要求的厚板;建筑结构安全等级为一级,大跨度钢结构中主要受力构件所采用的钢材;设计有复验要求的钢材;对质量有疑义的钢材。其中对质量有疑义的钢材主要是指:对质量证明文件有疑义时的钢材;质量证明文件不全的钢材;质量证明书中的项目少于设计要求的钢材。

检查数量:全数检查。

检验方法:检查复验报告。

(二)一般项目

(1)钢板厚度及允许偏差应符合其产品标准的要求。

检查数量:每一品种、规格的钢板抽查5处。

检验方法:用游标卡尺量测。

(2)型钢的规格尺寸及允许偏差应符合其产品标准的要求。

检查数量:每一品种、规格的型钢抽查5处。

检验方法:用钢尺和游标卡尺量测。

(3)钢材的表面外观质量除应符合国家现行有关标准的规定外,尚应符合下列规定:

①当钢材的表面有锈蚀、麻点或划痕等缺陷时,其深度不得大于该钢材厚度负允许偏差值的1/2。

②钢材表面的锈蚀等级应符合现行国家标准《涂覆涂料前钢材表面处理 表面清洁度的目视规定 第1部分:未涂覆过的钢材表面和全面清除原有涂层后的钢材表面的锈蚀等级和处理等级》(GB/T 8923.1—2011)规定的C级及C级以上。

③钢材端边或断口处不应有分层、夹渣等缺陷。

检查数量:全数检查。

检验方法:观察检查。

二、焊接材料

钢结构中焊接材料的选用,需适应焊接场地、焊接方法、焊接方式,特别是要与焊接钢材的强度和材料要求相适应。

(一)质量控制要点

建筑钢结构用焊接填充材料的选用应符合设计图的要求,并应具有焊接材料厂出具的质量证明书或检验报告;其化学成分、力学性能和其他质量要求必须符合国家现行标准规定。当采用其他焊接材料替代设计选用的材料时,必须经原设计单位同意。

钢结构工程中选用的新材料必须经过新产品鉴定。钢材应由生产厂提供焊接性资料、指导性焊接工艺、热加工和热处理工艺参数、相应钢材的焊接接头性能数据等资料;焊接材料应由生产厂提供储存及焊前烘焙参数规定、熔敷金属成分、性能鉴定资料及指导性施焊参数,经专家论证、评审和焊接工艺评定合格后,方可在工程中采用。

焊条应符合现行国家标准《热强钢焊条》(GB/T 5118—2012)、《非合金钢及细晶粒钢焊条》(GB/T 5117—2012)的规定。

焊丝应符合现行国家标准《熔化焊用钢丝》(GB/T 14957—1994)、《气体保护电弧焊用碳钢、低合金钢焊丝》(GB/T 8110—2008)、《碳钢药芯焊丝》(GB/T 10045—2001)和《低合金钢药芯焊丝》(GB/T 17493—2008)的规定。

埋弧焊用焊丝和焊剂应符合现行国家标准《埋弧焊用碳钢焊丝和焊剂》(GB/T 5293—1999)、《埋弧焊用低合金钢焊丝和焊剂》(GB/T 12470—2003)的规定。

气体保护焊使用的氩气应符合现行国家标准《氩气》(GB/T 4842—2006)的规定,其纯度不应低于99.95%。

气体保护焊使用的二氧化碳气体应符合国家现行标准《焊接用二氧化碳》（HG/T 2537—1993）的规定,大型、重型及特殊钢结构工程中主要构件的重要焊接节点采用的二氧化碳气体质量应符合该标准中优等品的要求,即其二氧化碳含量(V/V)不得低于 99.9%,水蒸气与乙醇总含量(m/m)不得高于 0.005%,并不得检出液态水。

(二)质量验收项目

1.主控项目

(1)焊接材料的品种、规格、性能等应符合现行国家产品标准和设计要求。此项为强制项目。

检查数量:全数检查。

检验方法:检查焊接材料的质量合格证明文件、中文标志及检验报告等。

(2)重要钢结构采用的焊接材料应进行抽样复验,复验结果应符合现行国家产品标准和设计要求。

说明:本条中"重要"是指:建筑结构安全等级为一级的一、二级焊缝,建筑结构安全等级为二级的一级焊缝,大跨度结构中一级焊缝,重级工作制吊车梁结构中一级焊缝,设计要求。

检查数量:全数检查。

检验方法:检查复验报告。

2.一般项目

(1)焊钉及焊接瓷环的规格、尺寸及偏差应符合现行国家标准《圆柱头焊钉》（GB/T 10433—2002）中的规定。

检查数量:按量抽查 1%,且不应少于 10 套。

检验方法:用钢尺和游标卡尺量测。

(2)焊条外观不应有药皮脱落、焊芯生锈等缺陷;焊剂不应受潮结块。

检查数量:按量抽查 1%,且不应少于 10 包。

检验方法:观察检查。

第二节　钢结构的连接

钢结构连接是指钢结构构件或部件之间的互相连接。钢结构连接常用焊缝连接、螺栓连接或铆钉连接。螺栓连接又分普通螺栓连接和高强度螺栓连接。本节按照钢结构焊接和紧固件的连接两部分来分别讲述。

一、钢结构焊接工程

焊接在钢结构的制作、安装中有广泛的应用。其操作方法一般是通过电弧产生热量使焊条和焊件局部熔化,然后经冷却凝结成焊缝,从而使焊件连接成为一体。焊接作为一种基本的加工连接方法,应用相当广泛。

本节适用于钢结构制作和安装中的钢构件焊接和焊钉焊接的工程质量验收。考虑不同的钢结构工程验收批的焊缝数量有较大差异,为了便于检验,钢结构焊接工程可按相应的钢结构制作或安装工程检验批的划分为一个或若干个检验批。

在焊接过程中、焊缝冷却过程及以后的相当长的一段时间可能产生裂纹。普通碳素钢产生延迟裂纹的可能性很小,因此规定在焊缝冷却到环境温度后即可进行外观检查。低合金结构钢焊缝的延迟时间较长,考虑到工厂存放条件、现场安装进度、工序衔接的限制以及随着时间延长,产生延迟裂纹的概率逐渐减小等因素,规定碳素结构钢应在焊缝冷却到环境温度、低合金结构钢应在完成焊接 24 h 以后,进行焊缝探伤检验。为了加强焊工施焊质量的动态管理,同时使钢结构工程焊接质量的现场管理更加直观。焊缝施焊后应在工艺规定的焊缝及部位打上焊工钢印。

(一)钢构件焊接工程质量控制要点

1.主控项目

(1)焊条、焊丝、焊剂、电渣焊熔嘴等焊接材料与母材的匹配应符合设计要求及国家现行行业标准《建筑钢结构焊接技术规程》(GB 50661——2011)的规定。焊条、焊剂、药芯焊丝、熔嘴等在使用前,应按其产品说明书及焊接工艺文件的规定进行烘焙和存放。

检查数量:全数检查。

检验方法:检查质量证明书和烘焙记录。

(2)焊工必须经考试合格并取得合格证书。持证焊工必须在其考试合格项目及其认可范围内施焊。此项为强制项目。

检查数量:全数检查。

检验方法:检查焊工合格证及其认可范围、有效期。

(3)施工单位对其首次采用的钢材、焊接材料、焊接方法、焊后热处理等,应进行焊接工艺评定,并应根据评定报告确定焊接工艺。《焊缝无损检测超声检测技术、检测等级和评定》(GB/T 11345—2013)

检查数量:全数检查。

检验方法:检查焊接工艺评定报告。

(4)设计要求全焊透的一、二级焊缝,应采用超声波探伤进行内部缺陷的检验,超声波探伤不能对缺陷作出判断时,应采用射线探伤,其内部缺陷分级及探伤方法应符合现行国家标准《钢结构超声波探伤及质量分级法》(JG/T 203—2007)或《金属熔化焊焊接接头射线照相》(GB/T 3323—2005)的规定。

焊接球节点网架焊缝、螺栓球节点网架焊缝及圆管 T、K、Y 形节点相关线焊缝,其内部缺陷分级及探伤方法应分别符合国家现行标准《建筑钢结构焊接技术规程》(GB 50661—2001)的规定。

探伤比例的计数方法为:对工厂制作焊缝,应按每条焊缝计算百分比,且探伤长度应不小于 200 mm,当焊缝长度不足 200 mm 时,应对整条焊缝进行探伤;对现场安装焊缝,应按同一类型、同一施焊条件的焊缝条数计算百分比,探伤长度应不小于 200 mm,并应不少于 1 条焊缝来确定。

检查数量:全数检查。

检验方法:检查超声波或射线探伤记录。一级、二级焊缝的质量等级及缺陷分级应符合表 13-1 的规定。

(5)T 形接头、十字接头、角接接头等要求熔透的对接和角对接组合焊缝,其焊脚尺寸不应小于 $t/4$;设计有疲劳验算要求的吊车梁或类似构件的腹板与上翼缘连接焊缝的焊脚尺寸为 $t/2$,且不应小于 10 mm。焊脚尺寸的允许偏差为 $0~4$ mm。

检查数量:资料全数检查;同类焊缝抽查10%,且不应少于3条。

检验方法:观察检查,用焊缝量规抽查测量。

表13-1　一、二级焊缝质量等级及缺陷分级

焊缝质量等级		一级	二级
内部缺陷 超声波探伤	评定等级	Ⅱ	Ⅲ
	检验等级	B级	B级
	探伤比例	100%	20%
内部缺陷 射线探伤	评定等级	Ⅱ	Ⅲ
	检验等级	AB级	AB级
	探伤比例	100%	20%

(6)焊缝表面不得有裂纹、焊瘤等缺陷。一级、二级焊缝不得有表面气孔、夹渣、弧坑裂纹、电弧擦伤等缺陷,且一级焊缝不允许有咬边、未焊满、根部收缩等缺陷。

检查数量:每批同类构件抽查10%,且不应少于3件;被抽查构件中,每一类型焊缝按条数抽查5%,且不应少于1条;每条检查1条,总抽查数不应少于10处。

检验方法:观察检查或使用放大镜、焊缝量规和钢尺检查,当存在疑义时,采用渗透或磁粉探伤检查。

2.一般项目

(1)对于需要进行焊前预热或焊后热处理的焊缝,其预热温度或后热温度应符合国家现行有关标准的规定或通过工艺试验确定。预热区在焊道两侧,每侧宽度均应大于焊件厚度的1.5倍以上,且不应小于100 mm;后热处理应在焊后立即进行,保温时间应根据板厚按每25 mm板厚1 h确定。

检查数量:全数检查。

检验方法:检查预、后热施工记录和工艺试验报告。

(2)二级、三级焊缝外质量标准应符合表13-2的规定。三级对接焊缝应按二级焊缝标准进行外观质量检验。

表13-2　二级、三级焊缝外观质量标准　　　　　　　　　　(单位:mm)

缺陷类型	允许偏差	
	二级	三级
未焊满(指不满足设计要求)	≤0.2+0.02t,且≤1.0	≤0.2+0.04t,且≤2.0
	每100.0焊缝内缺陷总长≤25.0	
根部收缩	≤0.2+0.02t,且≤1.0	≤0.2+0.04t,且≤2.0
	长度不限	
咬边	≤0.05t,且≤0.5;连续长度≤100.0,且焊缝两侧咬边总长度≤总抽查长度的10%焊缝全长	≤0.1t且≤1.0,长度不限

缺陷类型	允许偏差	
	二级	三级
弧坑裂纹	—	允许存在个别长度≤5.0 的弧坑裂纹
电弧擦伤	—	允许存在个别电弧擦伤
接头不良	缺口深度 0.05t,且≤0.5	缺口深度 0.1t,且≤1.0
	每 1 000.0 焊缝不应超过 1 处	
表面夹渣	—	深≤0.2t,长≤0.5t,且≤2.0
表面气孔	—	每 50.0 焊缝长度内允许直径≤0.4t,且≤3.0 的气孔 2 个,孔距≥6 倍孔径

注:表内 t 为连接处较薄的板厚。

检查数量:每批同类构件抽查10%,且不应少于 3 件;被抽查构件中,每一类型焊缝按条数抽查5%,且不应少于 1 条;每条检查 1 处,总抽查数不应少于 10 处。

检验方法:观察检查或使用放大镜、焊缝量规和钢尺检查。

(3)焊缝尺寸允许偏差应符合表 13-3 中的规定。

检查数量:每批同类构件抽查10%,且不应少于 3 件;被抽查构件中,每种焊缝按条数各抽查5%,但不应少于 1 条;每条检查 1 处,总抽查数不应少于 10 处。

检验方法:用焊缝量规检查。

表 13-3　对接焊缝及完全熔透组合焊缝尺寸允许偏差　　　　（单位:mm）

序号	项目	图例	允许偏差	
			一、二级	三级
1	对接焊缝余高 C		$B<20:0\sim3.0$ $B\geqslant20:0\sim4.0$	$B<20:0\sim4.0$ $B\geqslant20:0\sim5.0$
2	对接焊错边 d		$d>0.15t,$且$\leqslant2.0$	$d<0.15t,$且$\leqslant3.0$

(4)焊出凹形的角焊缝,焊缝金属与母材间应平缓过渡;加工成凹形的角焊缝,不得在其表面留下切痕。

检查数量:每批同类构件抽查10%,且不应少于 3 件。

检验方法:观察检查。

(5)焊缝感观应达到:外形均匀、成型较好,焊道与焊道、焊道与基本金属间过渡较平滑,焊渣和飞溅物基本清除干净。

检查数量：每批同类构件抽查10％，且不应少于3件；被抽查构件中，每种焊缝按数量各抽查5％，总抽查处不应少于5处。

检验方法：观察检查。

（二）焊钉（栓钉）焊接工程质量控制要点

1.主控项目

（1）施工单位对其采用的焊钉和钢材焊接应进行焊接工艺评定，其结果应符合设计要求和国家现行有关标准的规定。瓷环应按其产品说明书进行烘焙。

检查数量：全数检查。

检验方法：检查焊接工艺评定报告和烘焙记录。

（2）焊钉焊接后应进行弯曲试验检查，其焊缝和热影响区不应有肉眼可见的裂纹。

检查数量：每批同类构件抽查10％，且不应少于10件；被抽查构件中，每件检查焊钉数量的1％，但不应少于1个。

检验方法：焊钉弯曲30°后用角尺检查和观察检查。

2.一般项目

焊钉根部焊脚应均匀，焊脚立面的局部未熔合或不足360°的焊脚应进行修补。

检查数量：按总焊钉数量抽查1％，且不应少于10个。

检验方法：观察检查。

二、紧固件连接工程质量控制要点

紧固件连接是一种通过螺栓、铆钉等紧固件产生紧固力，从而使被连接件连接成为一体的连接方法。紧固件连接制孔比较费工，且拼装和安装时须对孔，故对制造的精度要求较高，必要时须将构件组装套钻。但钢结构的紧固连接的紧固工具和工艺均较简单，易于实施，进度和质量也较容易保证，加之拆装维护方便，所以紧固件连接在钢结构安装连接中得到广泛的应用。

本节适用于钢结构制作和安装中的普通螺栓、扭剪型高强度螺栓、高强度大六角头螺栓、钢网架螺栓球节点用高强度螺栓及射钉、自攻钉、拉铆钉等连接工程的质量验收。紧固件连接工程可按相应的钢结构制作或安装工程检验批的划分为一个或若干个检验批。

（一）普通紧固件连接质量控制要点

1.主控项目

（1）普通螺栓作为永久性连接螺栓时，当设计有要求或对其质量有疑义时，应进行螺栓实物最小拉力荷载复验，其结果应符合现行国家标准《紧固件机械性能螺栓、螺钉和螺柱》（GB 3098.1—2010）的规定。

检查数量：每一规格螺栓抽查8个。

检验方法：检查螺栓实物复验报告。

注：螺栓实物最小荷载检验是为了测定螺栓实物的抗拉强度是否满足现行国家标准《紧固件机械性能螺栓、螺钉和螺柱》（GB 3098.1—2010）的要求而进行的试验。要求：当试验拉力达到现行国家标准《紧固件机械性能螺栓、螺钉和螺柱》（GB 3098.1—2010）中规定的最小拉力荷载时，螺栓不得断裂。当超过最小拉力荷载直至拉断时，断裂应发生在杆部或螺纹部分，而不应发生在螺头与杆部的交接处。

（2）连接薄钢板采用的自攻钉、钢拉铆钉、射钉等，其规格尺寸应与连接钢板相匹配，其间距、边距等应符合设计要求。

检查数量：按连接节点数抽查 1%，且不应少于 3 个。

检验方法：观察和尺量检查。

2.一般项目

（1）永久普通螺栓紧固应牢固、可靠，外露丝扣不应少于 2 扣。

检查数量：按连接节点数抽查 10%，且不应少于 3 个。

检验方法：观察和用小锤敲击检查。

（2）自攻螺钉、钢拉铆钉、射钉等与连接钢板应紧固密贴，外观排列整齐。

检查数量：按连接节点数抽查 10%，且不应少于 3 个。

检验方法：观察或用小锤敲击检查。

（二）高强度螺栓连接质量控制要点

1.主控项目

（1）钢结构制作和安装单位应按规范 GB 50205—2001 附录 B 的规定分别进行高强度螺栓连接摩擦面的抗滑移系数试验和复验，现场处理的构件摩擦面应单独进行摩擦面抗滑移系数试验，其结果应符合设计要求。此项为强制项目。

检查数量：制造厂和安装单位应分别以钢结构制造批为单位进行抗滑移系数检验。制造批可按分部（子分部）工程划分规定的工程量每 2 000 t 为一批，不足 2 000 t 的可视为一批。选用两种及两种以上表面处理工艺时，每种处理工艺应单独检验。每批三组试件。除设计上采用摩擦系数小于等于 0.3，并明确提出可不进行抗滑移系数试验者，其余情况在制作时为确定摩擦面的处理方法，必须批量用 3 套同材质、同处理方法的试件，进行复验。同时并附有 3 套同材质、同处理方法的试件，供安装前复验。

检验方法：检查摩擦面抗滑移系数试验报告和复验报告。

注：抗滑移系数的计算，应根据试验所测得的滑移荷载 N_V 和螺栓预拉力 P 的实测值，按式（13-1）计算，宜取小数点二位有效数字。

$$\mu = \frac{N_V}{n_f \cdot \sum_{i=1}^{m} P_i} \tag{13-1}$$

式中：N_V 是由试验测得的滑移荷载，kN；n_f 是摩擦面面数，取 $n_f = 2$；$\sum_{i=1}^{m} P_i$ 是试件滑移一侧高强度螺栓预拉力实测值（或同批螺栓连接副的预拉力平均值）之和（取三位有效数字），kN；m 是试件一侧螺栓数量，取 $m = 2$。

（2）高强度大六角头螺栓连接副终拧完成 1 h 后、48 h 内应进行终拧扭矩检查，检查结果应符合规范 GB 50205—2001 的规定。

检查数量：按节点数检查 10%，且不应少于 10 个；每个被抽查节点按螺栓数抽查 10%，且不应少于 2 个。

检验方法：扭矩法检验或转角法检验。

注：高强度螺栓连接副扭矩检验方法。

高强度螺栓连接副扭矩检验分扭矩法检验和转角法检验两种，原则上检验法与施工法应相同。扭矩检验应在施拧 1 h 后,48 h 内完成。

①扭矩法检验。

检验方法:在螺尾端头和螺母相对位置画线,将螺母退回 60°左右,用扭矩扳手测定拧回至原来位置时的扭矩值。该扭矩值与施工扭矩值的偏差在 10%以内为合格。

高强度螺栓连接副终拧扭矩值按下式计算:

$$T_c = KP_c d \tag{13-2}$$

式中:T_c 为终拧扭矩值,N·m;P_c 为施工预拉力值标准值,kN,见表 13-4;d 为螺栓公称直径,mm;K 为扭矩系数,按试验结果确定。

表 13-4　高强度螺栓连接副施工预拉力 P_c 标准值　　　　　（单位:kN）

螺栓的性能等级	螺栓公称直径(mm)					
	M16	M20	M22	M24	M27	M30
8.8	75	120	150	170	225	275
10.9	110	170	210	250	320	390

高强度大六角头螺栓连接副初拧扭矩值 T_0 可按 $0.5T_c$ 取值。扭剪型高强度螺栓连接副初拧扭矩值可按下式计算:

$$T_0 = 0.065 P_c d \tag{13-3}$$

式中:T_0 为初拧扭矩值,N·m;P_c 为施工预拉力值标准值,kN;d 为螺栓公称直径,mm。

②转角法检验。

检验方法有两种:一种是检查初拧后在螺母与相对位置所画的终拧起始线和终止线所夹的角度是否达规定值。另一种是在螺尾端头和螺母相对位置画线,然后全部卸松螺母,在按规定的初拧扭矩和终拧角度重新拧紧螺栓,观察与原画线是否重合。终拧转角偏差在 10°以内为合格。终拧转角与螺栓在直径、长度等因素有关,应由试验确定。

(3)扭剪型高强度螺栓连接副终拧后,除因构造原因无法使用专用扳手终拧掉梅花头者外,未在终拧中拧掉梅花头的螺栓数不应大于该节点螺栓数的 5%。对所有梅花头未拧掉的扭剪型高强度螺栓连接副应采用扭矩法或转角头进行终拧并作标记,且按主控项目第二条的规定进行终拧扭矩检查。

检查数量:按节点数抽查 10%,但不应少于 10 节点,被抽查节点中梅花头未拧掉的扭剪型高强度螺栓连接副全数进行终拧扭矩检查。

检验方法:观察检查及扭矩法检验或转角法检验。

2.一般项目

(1)高强度螺栓连接副的施拧顺序和初拧、复拧扭矩应符合设计要求及国家现行行业标准《钢结构高强度螺栓连接技术规程》(JGJ 82—2011)的规定。

检查数量:全数检查资料。

检验方法:检查扭矩扳手标定记录和螺栓施工记录。

(2)高强度螺栓连接副拧后,螺栓丝扣外露应为 2~3 扣,其中允许有 10%的螺栓丝扣外露 1 扣或 4 扣。

检查数量:按节点数抽查 5%,且不应少于 10 个。

检验方法:观察检查。

(3)高强度螺栓连接摩擦面应保持干燥、整洁,不应有飞边、毛刺、焊接飞溅物、焊疤、氧化铁皮、污垢等,除设计要求外摩擦面不应涂漆。

检查数量:全数检查。

检验方法:观察检查。

(4)高强度螺栓应自由穿入螺栓孔。高强度螺栓孔不应采用气割扩孔,扩孔数量应征得设计同意,扩孔后的孔径不应超过 $1.2d$(d 为螺栓直径)。

检查数量:被扩螺栓孔全数检查。

检验方法:观察检查及用卡尺检查。

(5)螺栓球节点网架总拼完成后,高强度螺栓与球节点应紧固连接,高强度螺栓拧入螺栓球内的螺纹长度不应小于 $1.0d$(d 为螺栓直径),连接处不应出现间隙、松动等未拧紧情况。

检查数量:按节点数抽查 5%,且不应少于 10 个。

检验方法:普通扳手及尺量检查。

第三节　钢构件组装工程

钢结构构件的组装是按照施工图的要求,把已加工完成的各零件或半成品构件装配成独立的成品。组装前,工作人员必须熟悉构件施工图及有关的技术要求,并根据施工图要求复核其需组装零件质量。由于原材料的尺寸不够,或技术要求需拼接的零件,一般必须在组装前拼接完成。钢结构构件组装方法的选择,必须根据构件的结构特性和技术要求,结合制造厂的加工能力、机械设备等情况,选择能有效控制组装的质量、生产效率高的方法进行。

本节适用于钢结构制作中心构件组装的质量验收。钢构件组装工程可按钢结构制作工程检验批的划分原则划分为一个或若干个检验批。

一、焊接 H 型钢质量控制要点

(1)焊接 H 型钢的翼缘板拼接缝和腹板拼接缝的间距不应小于 200 mm。翼缘板拼接长度不应小于 2 倍板宽;腹板拼接宽度不应小于 300 mm,长度不应小于 600 mm。

检查数量:全数检查。

检验方法:观察和用钢尺检查。

(2)焊接 H 型钢的允许偏差应符合表 13-5 的规定。

检查数量:按钢构件数抽查 10%,宜不应少于 3 件。

检验方法:用钢尺、角尺、塞尺等检查。

二、组装质量控制要点

(一)主控项目

吊车梁和吊车桁架不应下挠。此项为强制项目。

检查数量:全数检查。

检验方法:构件直立,在两端支承后,用水准仪和钢尺检查。

表 13-5　焊接 H 型钢的允许偏差

项目		允许偏差（mm）	图例
截面高度 h	h<500	±2.0	
	500<h<1 000	±3.0	
	h>1 000	±4.0	
截面宽度 b		±3.0	
腹板中心偏移		2.0	
翼缘板垂直度 Δ		b/100,且≤3.0	
弯曲矢高（受压构件除外）		l/1 000,且≤10.0	
扭曲		h/250,且≤5.0	
腹板局部平面度 f	t<14	3.0	
	t≥14	2.0	

（二）一般项目

（1）焊接连接组装的允许偏差应符合规范 GB 50205—2001 附录 C 中表 C.0.2 的规定。

检查数量：按构件数抽查 10%，且不应少于 3 个。

检验方法：用钢尺检验。

（2）顶紧触面应有 75% 以上的面积紧贴。

检查数量：按接触面的数量抽查 10%，且不少于 10 个。

检验方法：用 0.3 mm 塞尺检查，其塞入面积应小于 25%，边缘间隙应不大于 0.8 mm。

（3）桁架结构杆件轴线交点错位的允许偏差不得大于 3.0 mm。

检查数量：按构件数抽查 10%，且不应少于 3 个，每个抽查构件按节点数抽查 10%，且不少于 3 个节点。

检验方法：尺量检查。

三、端部铣平及安装焊缝坡口质量控制要点

（一）主控项目

端部铣平的允许偏差应符合表 13-6 的规定。

检查数量:按铣平面数量抽查 10%,且不应少于 3 个。

检验方法:用钢尺、角尺、塞尺等检查。

表 13-6　端部铣平的允许偏差

项目	允许偏差(mm)
两端铣平时构件长度	±2.0
两端铣平时零件长度	±0.5
铣平面的平面度	0.3
铣平面对轴线的垂直度	$l/1\,500$

(二)一般项目

(1)安装缝坡口的允许偏差应符合表 13-7 的规定。

检查数量:按坡口数量抽查 10%,且不少于 3 条。

检验方法:用焊缝量检查。

表 13-7　安装焊缝坡口的允许偏差

项目	允许偏差
坡口角度	±5°
钝边(mm)	±1.0

(2)外露铣平面应防锈保护。

检查数量:全数检查。

检验方法:观察检查。

四、钢构件外形尺寸质量控制要点

(一)主控项目

钢构件外形尺寸主控项目的允许偏差应符合表 13-8 的规定。

检查数量:全数检查。

检验方法:用钢尺检查。

表 13-8　钢构件外形尺寸主控项目的允许偏差

项目	允许偏差(mm)
单层柱、梁、桁架受力支托(支承面)表面至第一安装孔距离	±1.0
多节柱铣平面至第一安装孔距离	±1.0
实腹梁两端最外侧安装孔距离	±3.0
构件连接处的截面几何尺寸	±3.0
柱、梁连接处的腹板中心线偏移	2.0
受压构件(杆件)弯曲矢高	$l/1\,000$,且不应大于 10.0

(二)一般项目

钢构件外形尺寸一般项目的允许偏差允许应符合规范 GB 50205—2001 附录 C 中表 C.0.3~C.0.9 的规定。

检查数量：按构件数量抽查 10%，且不应少于 3 件。

检验方法：见规范 GB 50205—2001 附录 C。

第四节　钢构件预拼装工程

由于现代工业建筑大型、重型、多层的增加和民用建筑高层的兴建，有很多构件由于运输、起吊等条件限制，不可能整体安装。工程实践中，为了检验其制作的整体性及准确性，往往由设计规定或合同要求在出厂前进行预拼装。由于受运输、起吊等条件限制，构件为了检验其制作的整体性，由设计规定或合同要求在出厂前进行工厂拼装。

预拼装一般可以采用平装法、立拼拼装法和利用模具拼装法三种。

预拼装均在工厂支凳(平台)进行，因此对所用的支承凳或平台应测量找平，且预拼装时不应使用大锤锤击，检查时应拆除全部临时固定和拉紧装置。进行预拼装的钢构件，其质量应符合设计要求和本规范合格质量标准的规定。

本节适用于钢构件预拼装工程的质量验收。钢构件预拼装工程可按钢结构制作工程检验批的划分原则划分为一个或若干个检验批。

一、主控项目

高强度螺栓和普通螺栓连接的多层板叠，应采用试孔器进行检查，当采用比孔公称直径小 1.0 mm 的试孔器检查时，每组孔的通过率不应小于 85%；当采用比螺栓公称直径大 0.3 mm 的试孔器检查时，通过率应为 100%。

检查数量：按预拼装单元全数检查。

检验方法：采用试孔器检查。

二、一般项目

预拼装的允许偏差应符合表 13-9 的规定。

检查数量：按预拼装单元全数检查。

检验方法：见表 13-9。

表 13-9　钢构件预拼装的允许偏差

构件类型	项目	允许偏差(mm)	检验方法
多节柱	预拼装单元总长	±5.0	用钢尺检查
	预拼装单元弯曲矢高	$l/1\,500$，且不应大于 10.0	用拉线和钢尺检查
	接口错边	2.0	用焊缝量规检查
	预拼装单元柱身扭曲	$h/200$，且不应大于 5.0	用拉线、吊线和钢尺检查
	顶紧面至任一牛脚距离	±2.0	用钢尺检查

构件类型	项目		允许偏差（mm）	检验方法
梁、桁架	跨度最外两端安装孔或两端支承面最外侧距离		+5.0 −10.0	用钢尺检查
	接口截面错位		2.0	用焊缝量规检查
	拱度	设计要求起拱	$\pm l/5\,000$	用拉线和钢尺检查
		设计未要求起拱	$l/2\,000$ 0	
	节点处杆件轴线错位		4.0	划节后用钢尺检查
管构件	预拼装单元总长		±5.0	用钢尺检查
	预拼装单元弯曲矢高		$l/1\,500$，且不应大于 10.0	用拉线和钢尺检查
	对口错边		$t/10$，且不应大于 3.0	用焊缝量规检查
	坡口间隙		+2.0 −1.0	
构件平面总体预拼装	各楼层柱距		±4.0	用钢尺检查
	相邻楼层梁与梁之间距离		±3.0	
	各层间框架两对角线之差		$H/2\,000$，且不应大于 5.0	
	任意两对角线之差		$H/2\,000$，且不应大于 8.0	

注：h 为柱高，l 为梁的跨度，t 为厚度，H 为层高。

第五节　钢结构安装工程

钢结构安装就是将各个单体（或组合体）构件组合成一处整体，其除具有商品化的性质外，所提供的整体建筑物将直接投入生产使用。安装上出现的质量问题有可能成为永久性缺陷，同时，钢结构安装工程具有作业面广、工序作业点多、交叉立体作业复杂、工程规模大小不一、结构形式各异等特点。因此，钢结构安装过程中更要重视质量的控制。本书仅仅列出单层钢结构安装工程的质量控制要点，而对于多层和高层钢结构安装工程的质量控制要点详见《钢结构工程施工质量验收规范》（GB 50205—2001）。

单层钢结构安装工程的质量控制要点适用于单层钢结构的主体结构、地下钢结构、檩条及墙架等次要构件、钢平台、钢梯、防护栏杆等安装工程的质量验收。

单层钢结构安装工程可按变形缝或空间刚度单元等划分成一个或若干个检验批。地下钢结构可按不同地下层划分检验批。钢结构安装检验应在进场验收和焊接连接、紧固件连接、制作等分项工程验收合格的基础上进行验收。

安装的测量校正、高强度螺栓安装、负温度下施工及焊接工艺等，应在安装前进行工艺实验或评定，并应在次基础上制定相应的施工工艺方案。安装偏差的检测，应在结构形成空间刚度单元并连接固定后进行。安装时，逆序控制屋面、楼面、平台等的施工荷载，施工荷载和冰雪荷载严禁超过梁、桁架、楼面板、屋面板、平台辅板等的承载能力。在形成空间刚度单元后,应及时对柱地板和基础顶面的空隙进行细石混凝土、灌浆料等二次浇灌。吊车梁或直接承受力荷载的梁其受拉翼缘、吊车桁架或直接承受力荷载的桁架其受拉弦杆上不得焊接悬挂物和卡具等。

一、基础和支承面质量控制要点

(一)主控项目

(1)建筑物的定位轴线、基础轴线和标高、地脚螺栓的规格及其紧固应符合设计要求。

检查数量:按柱基数抽查10%,且不应少于3个。

检验方法:用经纬仪、水准仪、全站仪和钢尺现场实测。

(2)基础顶面直接作为柱的支承面和基础顶面预埋钢板或支座作为柱的支承面时,其支承面、地脚螺栓(锚栓)位置的允许偏差应符合表13-10的规定。

检查数量:按柱基数抽查10%,且不应少于3个。

检验方法:用经纬仪、水准仪、全站仪、水平尺和钢尺实测。

表 13-10　支承面、地脚螺栓(锚栓)位置的允许偏差

项目		允许偏差(mm)
支承面	标高	±3.0
	水平度	$l/1\,000$
地脚螺栓(锚栓)	螺栓中心偏移	5.0
预留孔中心偏移		10.0

(3)采用座浆垫板时,座浆垫板的允许偏差应符合表13-11的规定。

检查数量:资料全数检查。按柱基数抽查10%,且不应少于3个。

检验方法:用水准仪、全站仪、水平尺和钢尺现场实测。

表 13-11　座浆垫板的允许偏差　　　　　　　　　　　(单位:mm)

项目	允许偏差
顶面标高	0.0 −3.0
水平度	$l/1\,000$
位置	20.0

(4)采用杯口基础时,杯口尺寸的允许偏差应符合表13-12的规定。

检查数量:按基础数抽查10%,且不应少于4处。

检验方法:观察及尺量检查。

表 13-12　杯口尺寸的允许偏差　　　　　　　　　　(单位:mm)

项　目	允许偏差
底面标高	0.0 −5.0
杯口深度 H	±5.0
杯口垂直度	$H/100$,且不应大于 10.0
位　置	10.0

(二)一般项目

地脚螺栓(锚栓)尺寸的偏差应符合表 13-13 的规定。地脚螺栓(锚栓)的螺纹应受到保护。

检查数量:按柱基数抽查 10%,且不应少于 3 个。

检验方法:用钢尺现场实测。

表 13-13　地脚螺栓(锚栓)尺寸的允许偏差　　　　　　　　　(单位:mm)

项　目	允许偏差
螺栓(锚栓)露出长度	+30.0 0.0
螺纹长度	+30.0 0.0

二、安装与校正质量控制要点

(一)主控项目

(1)钢构件应符合设计要求和规范的规定。运输、堆放和吊装等造成的钢构件变形及涂层脱落,应进行矫正和修补。

检查数量:按构件数抽查 10%,且不应少于 3 个。

检验方法:用拉线、钢尺现场实测或观察。

(2)设计要求顶紧的节点,接触面不应少于 70%紧贴,且边缘最大间隙不应大于 0.8 mm。

检查数量:按节点数抽查 10%,且不应少于 3 个。

检验方法:用钢尺及 0.3 mm 和 0.8 mm 厚的塞尺现场实测。

(3)钢屋(托)架、桁架、梁及受压杆件的垂直度和侧向弯曲矢高的允许偏差应符合表 13-14的规定。

检查数量:按同类构件数抽查 10%,且不应少于 3 个。

检验方法:用吊线、拉线、经纬仪和钢尺现场实测。

表 13-14　钢屋(托)架、桁架、梁及受压杆件垂直度和侧向弯曲矢高的允许偏差

项目	允许偏差(mm)		图例
跨中的垂直度	$h/250$,且不应大于 15.0		
侧向弯曲矢高 f	$l \leqslant 30$ m	$l/1\,000$,且不应大于 10.0	
	30 m$<l\leqslant$60 m	$l/1\,000$,且不应大于 30.0	
	$l>60$ m	$l/1\,000$,且不应大于 50.0	

（4）单层钢结构主体结构的整体垂直度和整体平面弯曲的允许偏差应符合表 13-15 的规定。此项为强制项目。

检查数量：对主要立面全部检查。对每个所检查的立面,除两列角柱外,尚应至少选取一列中间柱。

检验方法：采用经纬仪、全站仪等测量。

表 13-15　整体垂直度和整体平面弯曲的允许偏差

项目	允许偏差(mm)	图例
主体结构的整体垂直度	$H/1\,000$,且不应大于 25.0	
主体结构的整体平面弯曲	$L/1\,500$,且不应大于 25.0	

(二)一般项目

（1）钢柱等主要构件的中心线及标高基准点等标记应齐全。

检查数量：按同类构件数抽查 10%,且不应少于 3 件。

检验方法：观察检查。

（2）当钢桁架(或梁)安装在混凝土柱上时,其支座中心对定位轴线的偏差不应大于 10 mm;当采用大型混凝土屋面板时,钢桁架(或梁)间距的偏差不应大于 10 mm。

检查数量:按同类构件数抽查 10%,且不应少于 3 榀。

检验方法:用拉线和钢尺现场实测。

(3)钢柱安装的允许偏差应符合规范 GB 50205—2001 附录 E 中表 E.0.1 的规定。

检查数量:按钢柱数抽查 10%,且不应少于 3 件。

检验方法:见规范 GB 50205—2001 附录 E 中表 E.0.1。

(4)钢吊车梁或直接承受动力荷载的类似构件,其安装的允许偏差应符合规范 GB 50205—2001 附录 E 中表 E.0.2 的规定。

检查数量:按钢吊车梁数抽查 10%,且不应少于 3 榀。

检验方法:见规范 GB 50205—2001 附录 E 中表 E.0.2。

(5)檩条、墙架等次要构件安装的允许偏差应符合规范 GB 50205—2001 附录 E 中表 E.0.3 的规定。

检查数量:按同类构件数抽查 10%,且不应少于 3 件。

检验方法:见规范 GB 50205—2001 附录 E 中表 E.0.3。

(6)钢平台、钢梯、栏杆安装应符合现行国家标准《固定式钢梯及平台安全要求 第 1 部分:钢直梯》(GB 4053.1—2009)、《固定式钢梯及平台安全要求 第 2 部分:钢斜梯》(GB 4053.2—2009)、《固定式钢梯及平台安全要求 第 3 部分:工业防护栏杆及钢平台》(GB 4053.3—2009)的规定。钢平台、钢梯和防护栏杆安装的允许偏差应符合规范 GB 50205—2001 附录 E 中表 E.0.4 的规定。

检查数量:按钢平台总数抽查 10%,栏杆、钢梯按总长度各抽查 10%,但钢平台不应少于 1 个,栏杆不应少于 5 m,钢梯不应少于 1 跑。

检验方法:见规范 GB 50205—2001 附录 E 中表 E.0.4。

(7)现场焊缝组对间隙的允许偏差应符合表 13-16 的规定。

检查数量:按同类节点数抽查 10%,且不应少于 3 个。

检验方法:尺量检查。

表 13-16 现场焊缝组对间隙的允许偏差

项目	允许偏差(mm)
无垫板间隙	+3.0 0.0
有垫板间隙	+3.0 −2.0

(8)钢结构表面应干净,结构主要表面不应有疤痕、泥沙等污垢。

检查数量:按同类构件数抽查 10%,且不应少于 3 件。

检验方法:观察检查。

第六节　钢结构涂装工程

钢结构由于其具有强度高、自重轻、安装方便及施工不受季节变化影响等优点得到广泛应用,但是钢结构也存在耐腐蚀性差,耐热不耐火的缺点。例如:裸钢的耐火极限仅有15~30 min,遭遇火灾时机械性能迅速下降,丧失支撑能力而引起结构垮塌或结构失稳。因而,钢结构的防火防腐技术对于钢结构的安全性能与耐久性起着极为重要的作用。

本节适用于钢结构的防腐涂料(油漆类)涂装和防火涂料涂装工程的施工质量验收。钢结构涂装工程可按钢结构制作或钢结构安装工程检验批的划分原则划分成一个或若干个检验批。钢结构普通涂料涂装工程应在钢结构构件组装、预拼装或钢结构安装工程检验的施工质量验收合格后进行。钢结构防火涂料涂装工程应在钢结构安装工程检验批和钢结构普通涂料涂装检验批的施工质量验收合格后进行。

涂装时的环境温度和相对湿度应符合涂料产品说明书的要求,当产品说明书无要求时,环境温度宜为5~38 ℃,相对湿度不应大于85%。涂装时构件表面不应有结露,涂装后4 h内应保护免受雨淋。

一、钢结构防腐涂料涂装

钢结构防腐涂料涂装应是一个科学的系统钢结构工程,合理的钢结构防腐涂层设计是创建优质防腐工程的基础。一个科学合理的涂装方案能大大提高钢结构防腐涂装质量,延长防腐年限及维修间隔,降低防腐成本。科学合理的钢结构防腐涂层设计应考虑到以下因素:防腐涂装要求、防腐蚀环境和涂装环境条件等。一般情况下,钢结构防腐用常规防锈漆即可,当所处的环境条件较恶劣时必须要采用性能优异的防腐涂料如富锌类涂料或采用耐候钢。

(一) 质量控制要点

钢结构表面应平整,施工前应把焊渣、毛刺、铁锈、油污等清除干净。钢结构表面的处理方法,可采用喷射或抛射除锈,手工和动力工具除锈,火焰除锈或化学除锈。已经处理的钢结构表面,不得再次污染,当受到二次污染时,应再次进行表面处理。

对污染严重的钢结构和改建、扩建工程中腐蚀严重的钢结构,应进行表面预处理,处理方法应符合下列规定:

(1)被油脂污染的钢结构表面,可采用有机溶剂,热碱液或乳化剂以及烘烤等方法去除油脂。

(2)被氧化物污染或附着有旧漆层的钢结构表面,可采用铲除、烘烤等方法清理。

经处理的钢结构基层,应及时涂刷底层涂料,间隔时间不应超过5 h。

涂层的外观,涂膜应光滑平整、颜色均匀一致,无泛锈、无气泡、流挂及开裂、剥落等缺陷。涂层表面应采用电火花检测,无针孔;涂层厚度应均匀。可用测厚仪检测;涂层附着力应符合设计要求。可采用划圈法;涂层应无漏涂、误涂现象;涂层经柔韧性试验器检测,应无裂纹等现象。

(二) 质量验收项目

1. 主控项目

(1)涂装前钢材表面除锈应符合设计要求和国家现行有关标准和规定。处理后的钢材表面不应有焊渣、焊疤、灰尘、油污、水和毛刺等。当设计无要求时,钢材表面除锈等级应符合表13-17的规定。

检查数量:按构件数量抽查10%,且同类构件不应少于3件。

检验方法:用铲刀检查和按现行国家标准《涂装前钢材表面锈蚀等级和除锈等级》(GB/T

8923.1—2011)规定的图片对照观察检查。

表 13-17　各种底漆或防锈漆要求最低的除锈等级

涂料品种	除锈等级
油性酯醛、醇酸等底漆或防锈漆	St2
高氯化聚乙烯、氯化橡胶、氯磺化聚乙烯、环氧树脂、聚氨酯等底漆或防锈漆	Sa2
无机富锌、有机硅、过氯乙烯等底漆	Sa2 1/2

（2）漆料、涂装遍数、涂层厚度均应符合设计要求。当设计对涂层厚度无要求时,涂层干漆膜总厚度:室外应为 150 μm,室内应为 125 μm,其允许偏差-25 μm,每遍涂层干漆膜厚度的允许偏差-5 μm。此项为强制项目。

检查数量:按构件数抽查 10%,且同类构件不应少于 3 件。

检验方法:用干漆膜测量厚仪检查。每个构件检测 5 处,每处的数值为 3 个相距 50 mm 测点涂层干漆膜厚度的平均值。

2.一般项目

（1）构件表面不应误漆、漏涂,涂层不应脱皮和返锈等。涂层应均匀、无明显皱皮、流坠、针眼和气泡等。

检查数量:全数检查。

检验方法:观察检查。

（2）当钢结构处在有腐蚀介质环境或外露且设计有要求时,应进行涂层附着力测试,在检测处范围内,当涂层完整程度达到 70% 以上时,涂层附着力达到合格质量标准的要求。

检查数量:按构件数抽查 1%,且不应少于 3 件,每件测 3 处。

检验方法:按照现行国家标准《漆膜附着力测定法》（GB 1720—1979）或《色漆和清漆、漆膜的划格试验》（GB/T 9286—1998）执行。

（3）涂装完成后,构件的标志、标记和编号应清晰完整。

检查数量:全数检查。

检验方法:观察检查。

二、钢结构防火涂料涂装

人们采用对钢结构进行防火保护来提高它的耐火极限,最常用的方法就是在其表面涂装钢结构防火涂料。钢结构防火涂料按使用场所可分为:室内钢结构防火涂料和室外钢结构防火涂料,前者用于建筑物室内或隐蔽工程的钢结构表面,后者用于建筑物室外或露天工程的钢结构表面。按使用厚度可分为:超薄型钢结构防火涂料（涂层厚度≤3 mm）,装饰效果较好,高温时能膨胀发泡,耐火极限一般在 2 h 以内;薄型钢结构防火涂料（涂层厚度＞3 mm 且≤7mm）,有一定装饰效果,高温时膨胀增厚,耐火极限在 2 h 以内;厚型钢结构防火涂料（涂层厚度＞7 mm 且≤45 mm）,呈粒状面,密度较小,热导率低,耐火极限在 2 h 以上。

对于室内裸露钢结构、轻型屋盖钢结构及有装饰要求的钢结构,当规定其耐火极限在1.5 h及以下时,宜选用薄涂型钢结构防火涂料;对于室内隐蔽钢结构、高层全钢结构及多层厂房钢结构,当规定其耐火极限在1.5 h以上时,应选用厚涂型钢结构防火涂料;对于露天钢结构,应选用适合室外用的钢结构防火涂料。用于保护钢结构的防火涂料应不含石棉,不用苯类溶剂,在施工干燥后应没有刺激性气味;不腐蚀钢材,在预定的使用期内须保持其性能。

(一)主控项目

(1)防火涂料涂装前钢材表面除锈及防锈底漆涂装应符合设计要求和国家现行有关标准的规定。

检查数量:按构件数抽查10%,且同类构件不应少于3件。

检验方法:表面除锈用铲刀检查和用现行国家标准《涂装前钢材表面锈蚀等级和除锈等级》GB/T 8923.1—2011规定的图片对照观察检查。底漆涂装用干漆膜测厚仪检查,每个构件检测5处,每处的数值为3个相距50 mm测点涂层干漆膜厚度的平均值。

(2)钢结构防火涂料的黏结强度、抗压强度应符合国家现行标准《钢结构防火涂料应用技术规程》(CECS24:90)规定。检验方法应符合现行国家标准《建筑构件耐火试验方法》(GB 9978—2008)的规定。

检查数量:每使用100 t或不到100 t薄涂型防火涂料应抽检一次黏结强度;每使用500 t或不足500 t厚涂型防火涂料应抽检一次黏结强度和抗压强度。

检验方法:检查复检报告。

(3)薄涂型防火涂料的涂层厚度应符合有关耐火极限的设计要求。厚漆型防火涂料涂层的厚度,80%及以上面积应符合有关耐火极限的设计要求,且最薄处厚度不应低于设计要求的85%。此项为强制项目。

检查数量:按同类构件数抽查10%,且均不应少于3件。

检验方法:用涂层厚度测量仪、测针和钢尺检查。测量方法应符合国家现行标准《钢结构防火涂料应用技术规程》(CECS24:90)的规定及规范(GB 50205—2001)附录F。

(4)薄涂型防火涂料涂层表面裂纹宽度不应大于0.5 mm,厚涂型防火涂料涂层表面裂纹宽度不应大于1 mm。

检查数量:按同类构件数量抽查10%,且均不应少于3件。

检验方法:观察和用尺量检查。

(二)一般项目

(1)防火涂料涂装基层不应有油污、灰尘和泥沙等污垢。

检查数量:全数检查。

检验方法:观察检查。

(2)防火涂料不应有误涂、漏涂,涂层应闭合无脱层、空鼓、明显凹陷、粉化松散和浮浆等外观缺陷,乳突已剔除。

检查数量:全数检查。

检验方法:观察检查。

第七节　分部(子分部)工程质量验收

钢结构作为主体结构之一应按子分部工程竣工验收,当主体结构均为钢结构时应按分部工程竣工验收。大型钢结构工程可划分成若干个子分部工程进行竣工验收。钢结构分部工程有关安全及功能的检验和见证检测项目见规范 GB 50205—2001 附录 G,检验应在其分项工程验收合格后进行。钢结构分部工程有关观感质量检验应按规范 GB 50205—2001 附录 H 执行。

钢结构分部工程合格质量标准应符合下列规定:

(1)各分项工程质量均应符合合格质量标准。

(2)质量控制资料和文件应完整。

(3)有关安全及功能的检验和见证检测结果应符合本规范相应合格质量标准的要求。

(4)有关观感质量应符合规范相应合格质量标准的要求。

钢结构分部工程竣工验收时,应提供下列文件和记录:

(1)钢结构工程竣工图纸及相关设计文件。

(2)施工现场质量管理检查记录。

(3)有关安全及功能的检验和见证检测项目检查记录。

(4)有关观感质量检验项目检查记录。

(5)分部工程所含各分项工程质量验收记录。

(6)分项工程所含各检验批质量验收记录。

(7)强制性条文检验项目检查记录及证明文件。

(8)隐蔽工程检验项目检查验收记录。

(9)原材料、成品质量合格证明文件、中文标志及性能检测报告。

(10)不合格项的处理记录及验收记录。

(11)重大质量、技术问题实施方案及验收记录。

(12)其他有关文件和记录。

钢结构工程质量验收记录应符合下列规定:

(1)施工现场质量管理检查记录可按现行国家标准《建筑工程施工质量验收统一标准》(GB 50300—2013)中附录 A 进行。

(2)分项工程检验批验收记录可按规范 GB 50205—2001 附录 J 进行。

(3)分项工程验收记录可按现行国家标准《建筑工程施工质量验收统一标准》(GB 50300—2013)中附录 E 进行。

(4)分部(子分部)工程验收记录可按现行国家标准《建筑工程施工质量验收统一标准》(GB 50300—2013)中附录 F 进行。

本章小结

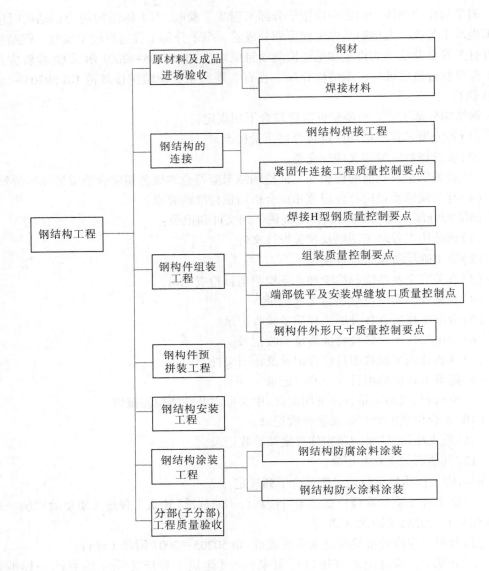

第十四章 屋面工程

【学习目标】
- 掌握屋面工程的基本规定
- 掌握卷材防水屋面工程
- 掌握涂膜防水屋面工程
- 了解细部构造
- 掌握屋面常见质量通病的防治及常见质量缺陷的处理

第一节 基本规定

屋面工程的基本规定,主要是对屋面的防水等级、使用年限、施工过程的质量控制、屋面工程分部分项的划分,检验批、验收程序和合格判定作出明确要求。

一、屋面的防水等级、防水合理使用年限

重要和一般的建筑使用的防水材料及防水构造应该有所区别,否则难以保证使用功能的要求。根据建筑物的性质、重要程度、使用功能要求、建筑结构特点,将屋面工程划分不同等级是有必要的。

屋面防水等级主要是指防水层能满足正常使用要求的年限的长短,同时是指渗漏造成的影响程度的不同。其等级要求如表 14-1 所示。

表 14-1 屋面防水等级

防水等级	建筑类别	使用年限
Ⅰ级	特别重要,对防水有特殊要求的建筑	25 年
Ⅱ级	重要的建筑和高层建筑	15 年
Ⅲ级	一般建筑	10 年
Ⅳ级	临时建筑	5 年

二、施工质量的控制

(1)屋面工程施工前,施工单位应进行图纸会审,并应编制屋面工程施工专项方案,并应经监理单位或者建设单位审查后执行。

(2)屋面工程所采用的防水、保温隔热材料应有产品合格证书和性能检测报告,材料的品种、规格、性能等应符合现行国家产品标准和设计要求。产品质量应经过省级以上的建设行政主管部门和质量技术监督部门认可的质量检测单位进行检测。

（3）施工单位应取得建筑防水和保温工程相应等级的资质证书，作业人员应持有当地建设行政主管部门颁发的上岗证。

（4）屋面工程施工时，应建立各道工序的自检、交接检和专职人员检查的"三检"制度，并有完整的检查记录。每道工序完成，应经监理单位（或建设单位）检查验收，合格后方可进行下道工序的施工。

（5）伸出屋面的管道、设备或预埋件等，应在防水层施工前安设完毕。屋面防水层完工后，不得在其上凿孔打洞或重物冲击。

（6）当下道工序或相邻工程施工时，对屋面已完成的部分应采取保护措施。

（7）屋面工程完工后，应按有关规定对细部构造、接缝、保护层等进行外观检验，并应进行淋水或蓄水检验。

三、屋面工程防水、保温材料进场验收

（1）应根据设计要求对材料的质量证明文件进行检查，并应经监理工程师或建设单位代表确认，纳入工程技术档案。

（2）应对材料的品种、规格、包装、外观和尺寸等进行检查验收，并应经监理工程师或建设单位代表确认，形成相应验收记录。

（3）防水、保温材料进场检验项目及材料标准应符合《屋面工程质量验收规范》（GB 50207—2012）的规定。材料进场检验应执行见证取样送检制度，并应提出进场检验报告。

（4）进场检验报告的全部项目指标均达到技术标准规定应为合格，不合格材料不得在工程中使用。

四、屋面分部工程和分项工程划分

子分部工程是根据材料的种类、施工特点、专业类别划分的，分项工程的划分主要是为了符合施工实际和控制质量。

屋面工程各子分部和分项工程的划分应符合表14-2的规定。

表14-2　屋面工程各子分部和分项工程的划分

分部工程	子分部工程	分项工程
屋面工程	基层与保护层	找坡层、找平层、隔汽层、隔离层、保护层
	保温与隔热	板状材料保温层、纤维材料保温层、喷涂硬泡聚氨酯保温层、现浇泡沫混凝土保温层、种植隔热层、架空隔热层、蓄水隔热层
	防水与密封	卷材防水层、涂膜防水层、符合防水层、接缝密封防水
	瓦面与板面	烧结瓦和混凝土瓦铺装，沥青瓦铺装，金属板铺装，玻璃采光顶铺装
	细部构造	檐口、檐沟和天沟、女儿墙和山墙、水落口、变形缝、伸出屋面管道、屋面出入口、反梁过水孔、设施基座、屋脊、屋顶窗

五、检查数量

屋面工程各分项工程的施工质量检验批量应符合下列规定：

屋面工程各分项工程宜按屋面面积 500~1 000 m² 划分一个检验批，不足 500 m² 应按一个检验批。

（1）卷材防水屋面、涂膜防水屋面、瓦屋面和隔热屋面工程，应按屋面面积每 100 m² 抽查一处，每处 10 m²，且不得少于 3 处。

（2）接缝密封防水，每 50 m 应抽查一处，每处 5 m，且不得少于 3 处。

（3）细部构造根据分项工程的内容，应全部进行检查。

（4）基层与保护工程各分项工程每个检验批的抽检数量，应按屋面每 100 m² 抽查一处，每处应为 10 m²，且不得少于 3 处。

第二节　卷材防水屋面工程

一、找坡层和找平层

（一）质量控制要点
找平层应该有足够的强度、刚度，表面平整、干燥、干净。

找坡层宜采用轻集料混凝土，找坡层应分层铺设和适当压实，表面平整。

找平层宜采用水泥砂浆或者细石混凝土；找平层的抹平工序应在初凝前完成，压光工序应在终凝前完成，终凝后进行养护。

找平层厚度和技术要求符合表 14-3。

表 14-3　找平层厚度和技术要求

找平层分类	适用的基层	厚度（mm）	技术要求
水泥砂浆	整体现浇混凝土板	15~20	1:2.5 水泥砂浆
	整体材料保温层	20~25	
细石混凝土	装配式混凝土板	30~35	C20 混凝土宜加钢筋网片
	板状材料保温层		C20 混凝土

装配式钢筋混凝土板的板缝嵌填施工，应符合下列要求：

（1）嵌填混凝土时板缝内应清理干净，并应保持湿润。

（2）当板缝宽度大于 40 mm 或上窄下宽时，板缝内应按设计要求配置钢筋。

（3）嵌填细石混凝土的强度等级不应低于 C20，嵌填深度宜低于板面 10~20 mm，且应振捣密实和浇水养护。

（4）板端缝应按设计要求增加防裂的构造措施。

注意控制坡度。平屋面防水以防为主，以排为辅，应做到防排结合。排水坡度太小容易造成积水或者排水不畅。

屋面找坡应满足设计排水坡度要求，结构找坡不小于 3%，材料找坡宜为 2%，檐沟、天沟找坡不应小于 1%（天沟排水线路不得超过 20 m），沟底落差不得超过 200 mm。

找平层分格缝纵横间距不宜大于 6 m，分格缝的宽度宜为 5~20 mm。

找平层的转角控制。找平层的转角是指屋面的阴阳角，屋面的阴阳角部位往往应力集中,容易产生裂缝。故应根据不同的防水材料,控制交角拐弯部位不同的弧度。内排水的水落口周围,找平层应做成略低的凹坑。找平层转角处的圆弧半径应符合表14-4规定。

表14-4 找平层的转角控制尺寸 （单位:mm）

卷材种类	圆弧半径	卷材种类	圆弧半径
合成高分子防水卷材	20	高聚物改性沥青防水卷材	50

（二）主控项目及检验方法

（1）找坡层和找平层所用材料的质量及配合比,应符合设计要求。

检验方法:检查出厂合格证、质量检验报告和计量措施。

（2）找坡层和找平层的排水坡度,应符合设计要求。

检验方法:坡度尺检查。

（三）一般项目及检验方法

（1）找平层应抹平、压光,不得有酥松、起砂、起皮现象。

检验方法:观察检查。

（2）卷材防水层的基层与突出屋面结构的交接处,以及基层的转角处,找平层应做成圆弧形,且应整齐平顺。

检验方法:观察检查。

（3）找平层分格缝的宽度和间距,均应符合设计要求。

检验方法:观察和尺量检查。

找坡层表面平整度的允许偏差为 7 mm,找平层表面平整度的允许偏差为 5 mm。

检验方法:靠尺和塞尺检查。

二、隔汽层

阻止室内水蒸气渗透到保温层内的构造层称为隔汽层。隔汽层应设置在结构层上、保温层下,隔汽层应选用气密性、水密性好的材料。

（一）质量控制要点

（1）隔汽层的基层应平整、干净、干燥。

（2）隔汽层设置在结构层与保温层之间,隔汽层应选用气密性、水密性好的材料。

（3）在屋面与墙的连接处,隔汽层应沿墙面向上连续铺设,高出保温层上表面不得小于150 mm。

（4）隔汽层采用卷材时宜空铺,卷材搭接缝应满粘,其搭接宽度不应小于80 mm;隔汽层采用涂料时,应涂刷均匀。

（5）穿过隔汽层的管线周围应封严,转角处应无折损;隔汽层凡有缺陷或破损的部位,均应进行返修。

（二）主控项目及检验方法

（1）隔汽层所用材料的质量,应符合设计要求。

检验方法:检查出厂合格证、质量检验报告和进场检验报告。

（2）隔汽层不得有破损现象。

检验方法:观察检查。

(三)一般项目及检验方法

(1)卷材隔汽层应铺设平整,卷材搭接缝应黏结牢固,密封应严密,不得有扭曲、皱折和起泡等缺陷。

检验方法:观察检查。

(2)涂膜隔汽层应黏结牢固,表面平整,涂布均匀,不得有堆积、起泡和露底等缺陷。

检验方法:观察检查。

三、隔离层

消除相邻两种材料之间黏结力、机械咬合力、化学反应等不利影响的构造层称为隔离层。

(一)质量控制要点

(1)块体材料、水泥砂浆或细石混凝土保护层与卷材、涂膜防水层之间,应设置隔离层。

(2)隔离层可采用塑料膜、土工布、卷材或铺低强度等级砂浆。

(二)主控项目及检验方法

(1)隔离层所用材料的质量及配合比,应符合设计要求。

检验方法:检查出厂合格证和计量措施。

(2)隔离层不得有破损和漏铺现象。

检验方法:观察检查。

(三)一般项目及检验方法

(1)塑料膜、土工布、卷材应铺设平整,其搭接宽度不应小于 50 mm,不得有皱折。

检验方法:观察和尺量检查。

(2)低强度等级砂浆表面应压实、平整,不得有起壳、起砂现象。

检验方法:观察检查。

四、保护层

对防水层或保温层起防护作用的构造层称为保护层。

(一)质量控制要点

(1)防水层上的保护层施工,应待卷材铺贴完成或涂料固化成膜,并经检验合格后进行。

(2)用块体材料做保护层时,宜设置分格缝,分格缝纵横间距不应大于 10 mm,分格缝宽度宜为 20 mm。

(3)用水泥砂浆做保护层时,表面应抹平压光,并应设表面分格缝,分格面积宜为 1 m^2。

(4)用细石混凝土做保护层时,混凝土应振捣密实,表面应抹平压光,分格缝纵横间距不应大于 6 m。分格缝的宽度宜为 10~20 mm。

块体材料、水泥砂浆或细石混凝土保护层与女儿墙和山墙之间,应预留宽度为 30 mm 的缝隙,缝内宜填塞聚苯乙烯泡沫塑料,并应用密封材料嵌填密实。

(二)主控项目及检验方法

(1)保护层所用材料的质量及配合比,应符合设计要求。

检验方法:检查出厂合格证、质量检验报告和计量措施。

(2)块体材料、水泥砂浆或细石混凝土保护层的强度等级,应符合设计要求。

检验方法:检查块体材料、水泥砂浆或混凝土抗压强度试验报告。

(3)保护层的排水坡度,应符合设计要求。

检验方法:坡度尺检查。

(三)一般项目及检验方法

(1)块体材料保护层表面应干净,接缝应平整,周边应顺直,镶嵌应正确,应无空鼓现象。

检查方法:小锤轻击和观察检查。

(2)水泥砂浆及细石混凝土保护层不得有裂纹、脱皮、麻面和起砂等现象。

检验方法:观察检查。

(3)浅色涂料应与防水层黏结牢固,厚薄应均匀,不得漏涂。

检验方法:观察检查。

(4)保护层的允许偏差和检验方法应符合表 14-5 的规定。

表 14-5　保护层的允许偏差和检验方法

项目	允许偏差(mm)			检验方法
	块体材料	水泥砂浆	细石混凝土	
表面平整度	4.0	4.0	5.0	2 m 靠尺和塞尺检查
缝格平直	3.0	3.0	3.0	拉线和尺量检查
接缝高低差	1.5	—	—	直尺和塞尺检查
板块间隙宽度	2.0	—	—	尺量检查
保护层厚度	设计厚度的 10%,且不得大于 5 mm			钢针插入和尺量检查

五、屋面保温层与隔热层

屋面保温层与隔热层包括板状材料、纤维材料、喷涂硬泡聚氨酯、现浇泡沫混凝土保温层和种植、架空、蓄水隔热层。

(一)基本规定

(1)保温层及其保温材料应符合表 14-6 的规定。

表 14-6　保温层及其保温材料

保温层	保温材料
板状材料保温层	聚苯乙烯泡沫塑料,硬质聚氨酯泡沫塑料,膨胀珍珠岩制品,泡沫玻璃制品,加气混凝土砌块,泡沫混凝土砌块
纤维材料保温层	玻璃棉制品,岩棉、矿渣棉制品
整体材料保温层	喷涂硬泡聚氨酯,现浇泡沫混凝土

(2)铺设保温层的基层应平整、干燥和干净。

（3）保温材料在施工过程中应采取防潮、防水和防火等措施。

（4）保温与隔热工程的构造及选用材料应符合设计要求。

（5）保温与隔热工程质量验收除应符合本章规定外，尚应符合现行国家标准《建筑节能工程施工质量验收规范》（GB 50411—2007）的有关规定。

（6）保温材料使用时的含水率，应相当于该材料在当地自然风干状态下的平衡含水率。

（7）保温材料的导热系数、表观密度或干密度、抗压强度或压缩强度、燃烧性能，必须符合设计要求。

（8）种植、架空、蓄水隔热层施工前，防水层均应验收合格。

（二）板状材料保温层

1. 质量控制要点

（1）板状材料保温层采用干铺法施工时，板状保温材料应紧靠在基层表面上，应铺平垫稳；分层铺设的板块上下层接缝应相互错开，板间缝隙应采用同类材料的碎屑嵌填密实。

（2）板状材料保温层采用粘贴法施工时，胶粘剂应与保温材料的材性相容，并应贴严、粘牢；板状保温层的平面接缝应挤紧拼严，不得在板块侧面涂抹胶粘剂，超过 2 mm 的缝隙应采用相同材料板条或片填塞严实。

（3）板状保温材料采用机械固定法施工时，应选择专用螺钉和垫片；固定件与结构层之间应连接牢固。

2. 主控项目及检验方法

（1）板状保温材料的质量，应符合设计要求。

检验方法：检查出厂合格证、质量检验报告和进场检验报告。

（2）板状材料保温层的厚度应符合设计要求，其正偏差应不限，负偏差应为 5 mm，且不得大于 4 mm。

检验方法：钢针插入和尺量检查。

（3）屋面热桥部位处理应符合设计要求。

检验方法：观察检查。

3. 一般项目及检验方法

（1）板状保温材料铺设应紧贴基层、铺平垫稳，拼缝应严密，粘贴应牢固。

检验方法：观察检查。

（2）固定件的规格、数量和位置均应符合设计要求，垫片应与保温层表面齐平。

检验方法：观察检查。

（3）板状材料保温层表面平整度的允许偏差为 5 mm。

检验方法：2 m 靠尺和塞尺检查。

（4）板状材料保温层接缝高低差的允许偏差为 2 mm。

检验方法：直尺和塞尺检查。

（三）纤维材料保温层

1. 质量控制要点

（1）纤维材料保温层施工应符合下列规定：

①纤维保温材料应紧靠在基层表面上，平面接缝应挤紧拼严，上下层接缝应相互错开；

②屋面坡度较大时，宜采用金属或塑料专用固定件将纤维保温材料与基层固定；

③纤维材料填充后,不得上人踩踏。

(2)装配式骨架纤维保温材料施工时,应先在基层上铺设保温龙骨或金属龙骨,龙骨之间应填充纤维保温材料,再在龙骨上铺钉水泥纤维板。金属龙骨和固定件应经防锈处理,金属龙骨与基层之间应采取隔热断桥措施。

2.主控项目及检验方法

(1)纤维保温材料的质量,应符合设计要求。

检验方法:检查出厂合格证、质量检验报告和进场检验报告。

(2)纤维材料保温层的厚度应符合设计要求,其正偏差应不限,毡不得有负偏差,板负偏差应为 4%,且不得大于 3 mm。

检验方法:钢针插入和尺量检查。

(3)屋面热桥部位处理应符合设计要求。

检验方法:观察检查。

3.一般项目及检验方法

(1)纤维保温材料铺设应紧贴基层,拼缝应严密,表面应平整。

检验方法:观察检查。

(2)固定件的规格、数量和位置应符合设计要求,垫片应与保温层表面齐平。

检验方法:观察检查。

(3)装配式骨架和水泥纤维板应铺钉牢固,表面应平整;龙骨间距和板材厚度应符合设计要求。

检验方法:观察和尺量检查。

(4)具有抗水蒸气渗透外覆面的玻璃棉制品,其外覆面应朝向室内,拼缝应用防水密封胶带封严。

检验方法:观察检查。

(四)喷涂硬泡聚氨酯保温层

1.质量控制要点

(1)保温层施工前应对喷涂设备进行调试,并应制备试样进行硬泡聚氨酯的性能检测。

(2)喷涂硬泡聚氨酯的配比应准确计量,发泡厚度应均匀一致。

(3)喷涂时喷嘴与施工基面的间距应由试验确定。

(4)一个作业面应分遍喷涂完成,每遍厚度不宜大于 15 mm;当日的作业面应当日连续地喷涂施工完毕。

(5)硬泡聚氨酯喷涂后 20 min 内严禁上人;喷涂硬泡聚氨酯保温层完成后,应及时做保护层。

2.主控项目及检验方法

(1)喷涂硬泡聚氨酯所用原材料的质量及配合比,应符合设计要求。

检验方法:检查原材料出厂合格证、质量检验报告和计量措施。

(2)喷涂硬泡聚氨酯保温层的厚度应符合设计要求,其正偏差应不限,不得有负偏差。

检验方法:钢针插入和尺量检查。

(3)屋面热桥部位处理应符合设计要求。

检验方法:观察检查。

3.一般项目及检验方法

（1）喷涂硬泡聚氨酯应分遍喷涂，黏结应牢固，表面应平整，找坡应正确。

检验方法：观察检查。

（2）喷涂硬泡聚氨酯保温层表面平整度的允许偏差为 5 mm。

检验方法：2 m 靠尺和塞尺检查。

（五）现浇泡沫混凝土保温层

1.质量控制要点

（1）在浇筑泡沫混凝土前，应将基层上的杂物和油污清理干净；基层应浇水湿润，但不得有积水。

（2）保温层施工前应对设备进行调试，并应制备试样进行泡沫混凝土的性能检测。

（3）泡沫混凝土的配合比应准确计量，制备好的泡沫加入水泥料浆中应搅拌均匀。

（4）在浇筑过程中，应随时检查泡沫混凝土的湿密度。

2.主控项目及检验方法

（1）现浇泡沫混凝土所用原材料的质量及配合比，应符合设计要求。

检验方法：检查原材料出厂合格证、质量检验报告和计量措施。

（2）现浇泡沫混凝土保温层的厚度应符合设计要求，其正负偏差应为5%，且不得大于 5 mm。

检验方法：钢针插入和尺量检查。

（3）屋面热桥部位处理应符合设计要求。

检验方法：观察检查。

3.一般项目

（1）现浇泡沫混凝土应分层施工，黏结应牢固，表面应平整，找坡应正确。

检验方法：观察检查。

（2）现浇泡沫混凝土不得有贯通性裂缝，以及疏松、起砂、起皮现象。

检验方法：观察检查。

（3）现浇泡沫混凝土保温层表面平整度的允许偏差为 5 mm。

检验方法：2 m 靠尺和塞尺检查。

六、卷材防水层

（一）质量控制要点

1.防水卷材的选择

防水卷材可按合成高分子防水卷材和高聚物改性沥青防水卷材选用，其外观质量和品种、规格应符合国家现行有关材料标准的规定。防水卷材及配套材料进场检验项目应符合表 14-7 的规定。

2.基层要求

为了保证卷材与基层的黏结强度，基层必须干净、干燥。

3.屋面坡度要求

卷材屋面坡度超过 25% 时，常发生下滑现象，故应采取防止卷材下滑措施。防止卷材下滑的措施除采用卷材满粘外，还有钉压固定等方法，固定点应封闭严密。

表 14-7　防水卷材及配套材料进场检验项目

防水材料名称	现场抽样数量	外观质量检验	物理性能检验
高聚物改性沥青防水卷材	大于 100 轴卷抽 5 卷,每 500~1 000 轴卷抽 4 卷,100~499 卷抽 2 卷,进行规格尺寸和外观质量的检验,在外观质量检验合格的卷材中,任取一卷做物理性能检验	表面平整边缘整齐,无孔洞、缺边、裂口、胎基未浸透矿物粒料粒度、每卷卷材的接头	可溶物含量、拉力、最大拉力时延伸率、耐热度、低温柔度、不透水性
合成高分子防水卷材		表面平整,边缘整齐,无气泡、裂纹、黏结疤痕	断裂拉伸强度、扯断伸长率、低温弯折性、不透水性
沥青基防水卷材基层处理剂	每 5 t 产品为批,不足 5 t 的按一批抽样	均匀液体,无结块、无凝胶	固体含量、耐热性、低温柔性剥离强度
高分子胶粘剂		均匀液体,无杂质、无分散颗粒或凝胶	剥离强度、浸水 168 h 后的剥离度保持率
改性沥青胶粘剂		均匀液体,无结块、无凝胶	剥离强度
合成橡胶胶粘带	每 1 000 m 为批,不足 1 000 m 的按一批抽样	表面平整,无固块、杂物、孔洞及色差	剥离强度、浸水 168 h 后的剥离度保持率

4.卷材铺贴方向要求

(1)卷材铺贴方向应结合卷材搭接缝顺水流向和卷材铺贴可操作性两方面因素综合考虑。卷材铺贴应在保证顺直的前提下,宜平行屋脊铺贴。

(2)上下层卷材不得相互垂直铺贴。

5.卷材搭接宽度要求

为确保卷材防水层的质量,所有卷材均应用搭接法,卷材搭接缝应符合下列规定:

(1)平行屋脊的卷材搭接缝应顺流水方向,卷材搭接宽度应符合表 14-8 的规定。

(2)相邻两幅卷材短边搭接缝应错开,且不得小于 500 mm。

(3)上下层卷材长边搭接缝应错开,且不得小于幅宽的 1/3。

表 14-8　卷材搭接宽度　　　　　　　　　　　（单位:mm）

卷材类别		搭接宽度
合成高分子防水卷材	胶粘剂	80
	胶粘带	50
	单缝焊	60,有效焊接宽度不小于 25
	双缝焊	80,有效焊接宽度 10×2+空腔宽
高聚物改性沥青防水卷材	胶粘剂	100
	自粘	80

6.铺设卷材技术要点

1）冷粘法

冷粘法施工是在常温下采用胶粘剂等材料进行卷材与基层、卷材与卷材之间的粘贴。冷粘法施工简单但要求基层干燥。

冷粘法铺贴卷材应符合下列规定：

（1）胶粘剂涂刷应均匀，不应露底，不应堆积。

（2）应控制胶粘剂涂刷与卷材铺贴的间隔时间。

（3）卷材下面的空气应排尽，并应辊压粘牢。

（4）卷材铺贴应平整顺直，搭接尺寸应准确，不得扭曲、皱折。

（5）接缝口应用密封材料封严，宽度不应小于 10 mm。

2）热粘法

热粘法是以热熔胶粘剂将卷材与基层或卷材之间黏结的施工方法。

热粘法铺贴卷材应符合下列规定：

（1）熔化热熔型改性沥青胶结料时，宜采用专用导热油炉加热，加热温度不应高于 200 ℃，使用温度不宜低于 180 ℃。

（2）粘贴卷材的热熔型改性沥青胶结料时，厚度宜为 1.0～1.5 mm。

（3）采用热熔型改性沥青胶结料粘贴卷材时，应随刮随铺，并应展平压实。

3）热熔法

热熔法是将热熔型防水卷材底层加热熔化后，进行卷材与基层或卷材之间黏结的施工方法。

铺贴卷材应符合下列规定：

（1）火焰加热器加热卷材应均匀，不得加热不足或烧穿卷材；施工加热时卷材幅宽内必须均匀一致，要求火焰加热器的喷嘴与卷材的距离应适当，加热至卷材表面有光亮黑色时方可黏合。若熔化不够，会影响卷材接缝的黏结强度和密封性能；加温过高，会使改性沥青老化变焦把卷材烧穿。

（2）卷材表面热熔后应立即滚铺，卷材下面的空气应排尽，并应辊压粘贴牢固。

（3）卷材接缝部位应溢出热熔的改性沥青胶，溢出的改性沥青胶宽度宜为 8 mm。

（4）铺贴的卷材应平整顺直，搭接尺寸应准确，不得扭曲、皱折。

（5）厚度小于 3 mm 的高聚物改性沥青防水卷材，严禁采用热熔法施工。

4）自粘法

自粘法铺贴卷材是指采用带有自粘胶的防水卷材，不需热加工，也不需另涂胶结材料，而直接使防水卷材与基层黏结的方法称为自粘法。

自粘法铺贴卷材应符合下列规定：

（1）铺贴卷材时，应将自粘胶底面的隔离纸全部撕净。

（2）卷材下面的空气应排尽，并应辊压粘贴牢固。

（3）铺贴的卷材应平整顺直，搭接尺寸应准确，不得扭曲、皱折。

（4）接缝口应用密封材料封严，宽度不应小于 10 mm。

（5）低温施工时，接缝部位宜采用热风加热，并应随即粘贴牢固。

5）焊接法

焊接法是指对 PVC 等热塑性卷材采用热风焊机或焊枪进行焊接。

焊接法铺贴卷材应符合下列规定：

（1）焊接前卷材应铺设平整、顺直，搭接尺寸应准确，不得扭曲、皱折。

（2）卷材焊接缝的结合面应干净、干燥，不得有水滴、油污水滴及附着物。

（3）焊接时应先焊长边搭接缝，后焊短边搭接缝。

（4）控制加热温度和时间，焊接缝不得有漏焊、跳焊、焊焦或焊接不牢现象。

（5）焊接时不得损害非焊接部位的卷材。

7.机械固定法

机械固定法铺贴卷材是采用专用的固定件和垫片或压条，将卷材固定在屋面板或结构层构件上，一般固定件均设置在卷材搭接缝内。

目前，国内适用机械固定法铺贴的卷材，主要有内增强型 PVC、TPCO、EPDM 防水卷材和 5 mm 加厚加强高聚物改性沥青防水卷材，要求防水卷材具有强度高、搭接缝可靠和使用寿命长等特性。

机械固定法铺贴卷材应符合下列规定：

（1）卷材应采用专用固定件进行机械固定。

（2）固定件应设置在卷材搭接缝内，外露固定件应用卷材封严。

（3）固定件应垂直钉入结构层有效固定，固定件数量和位置应符合设计要求。

（4）卷材搭接缝应黏结或焊接牢固，密封应严密。

（5）卷材周边 800 mm 范围内应满粘。

（二）主控项目及检验方法

（1）防水卷材及其配套材料的质量，应符合设计要求。

检验方法：检查出厂合格证、质量检验报告和进场检验报告。

（2）卷材防水层不得有渗漏和积水现象。

检验方法：雨后观察或淋水、蓄水试验。

（3）防水卷材防水层在檐口、檐沟、天沟、水落口、泛水、变形缝和伸出屋面管道的防水构造，应符合设计要求。

检验方法：观察检查。

（三）一般项目及检验方法

（1）卷材的搭接缝应黏结或焊接牢固，密封应严密，不得扭曲、皱折和翘边。

检验方法：观察检查。

（2）卷材防水层的收头应与基层黏结，钉压应牢固，密封应严密。

检验方法：观察检查。

（3）卷材防水层的铺贴方向应正确，卷材搭接宽度的允许偏差为 10 mm。

第三节　涂膜防水屋面工程

防水涂料常温下呈无定型液体，涂刷与基层表面能形成密封的防水膜。涂刷的基层或是找平层或是保温层。

一、质量控制要点

（一）防水涂料选用

（1）防水涂料可选用合成高分子防水涂料、聚合物水泥防水涂料和高聚物改性沥青防水涂料，其外观质量和品种、型号应符合国家现行有关材料标准的规定。

高聚物改性沥青防水涂料，其柔韧性、强度、抗裂性、耐候性、耐久性比已被淘汰的沥青基防水涂料好，是当前采用的主要防水材料之一。

合成高分子防水涂料由于合成高分子本身的优异性，故具有较高的强度和延伸率。丙烯酸防水涂料、EVA防水涂料、硅橡胶防水涂料以水作为分散介质，是环保型防水涂料，可在常温施涂。

（2）屋面坡度大于25%时，应选择成膜时间短的涂料。

（二）防水涂料进场验收规定

防水涂料进场检验项目应符合表14-9的规定。

表14-9　防水涂料进场检验项目

防水材料名称	现场抽样数量	外观质量检验	物理性能检验
高聚物改性沥青防水涂料	每10 t为一批，不足10 t按一批抽样	水乳型：无色差、无凝胶、无结块；溶剂型：黑色黏稠、细腻均匀胶状液体	固体含量、耐热性、低温柔性、不透水性、断裂伸长率或抗裂性
合成高分子防水涂料		反应固化型：均匀黏稠状，无凝胶、无结块挥发；固化型：经拌和后无结块，呈均匀状态	固体含量、拉伸强度、断裂伸长率、低温柔性、不透水性
聚合物水泥防水涂料		液体组分：无杂质、无凝胶的均匀乳液；固体组分：无杂质、无结块的粉末	固体含量、拉伸强度、断裂伸长率、低温柔性、不透水性

（三）防水涂料施工的规定

（1）防水涂料应多遍涂布，并应待前一遍涂布的涂料干燥成膜后，再涂布后一遍涂料，且前后两遍涂料的涂布方向应相互垂直。

（2）铺设胎体增强材料应符合下列规定：

①胎体增强材料宜采用聚酯无纺布或化纤无纺布；

②胎体增强材料长边搭接宽度不应小于50 mm，短边搭接长度不应小于70 mm；

③上下层胎体增强材料的长边搭接缝错开，不得小于幅宽的1/3；

④上下层胎体增强材料不得相互垂直铺设；

⑤多组分防水涂料应按配合比准确计量，搅拌应均匀，并应根据有效时间确定每次配制的数量。

二、主控项目及检验方法

(1)防水涂料和胎体增强材料的质量,应符合设计要求。

检验方法:出厂合格证、检验报告和进场检验报告。

(2)涂膜防水层不得有渗漏和积水现象。

检验方法:雨后观察或淋水、蓄水试验。

(3)涂膜防水层在檐口、檐沟、天沟、水落口、泛水、变形缝和伸出屋面管道的防水构造,应符合设计要求。

检验方法:观察检查。

涂膜防水层的平均厚度应符合设计要求,最小厚度不小于设计厚度的80%。

检验方法:针测法或取样量测。

三、一般项目及检验方法

(1)涂膜防水层与基层应黏结牢固,表面应平整,涂布应均匀,不得有流淌、皱折起泡和露胎体等缺陷。

检验方法:观察检查。

(2)涂膜防水层的收头应用防水涂料多遍涂刷。

检验方法:观察检查。

(3)铺贴胎体增强材料应平整顺直,搭接尺寸应准确,应排除气泡,并应与涂料黏结牢固;胎体增强材料搭接宽度的允许偏差为10 mm。

检验方法:观察和尺量检查。

第四节　细部构造

细部构造包括檐口、檐沟和天沟、女儿墙和山墙、水落口、变形缝、伸出屋面管道、屋面出人口、反梁过水孔、设施基座、屋脊、屋顶窗等部位的防水构造。细部构造节点接缝多,应力集中,变形集中,防水处理略有疏漏,极易产生渗漏通道,屋面渗漏大部分发生在细部构造部位。细部构造设计应做到多道设防、复合用材、连续密封、局部增强,所使用卷材、涂料和密封材料的质量应符合设计要求,两种材料之间应具有相容性并应满足使用功能、温差变形、施工环境条件和可操作性等。细部构造中容易形成热桥的部位均应进行保温处理。

一、质量控制要点

(1)防水材料质量。

用于细部构造的材料量少品种多,防水卷材、防水涂料、密封材料的质量应符合规范和设计要求,应按有关规定检查验收。

(2)防水增强处理。

细部构造中的天沟、檐沟与屋面交界处、阴阳角等部位容易产生裂缝,这些部位应增加卷材或涂膜附加层。分格缝可采用卷材条做附加层。

(3)檐口、檐沟外侧下端及女儿墙压顶内侧下端等部位均应作滴水处理,滴水槽宽度和深度不宜小于 10 mm。

（4）檐口的防水构造符合下列规定：

①卷材防水屋面檐口 800 mm 范围内的卷材应满粘，卷材收头应采用金属压条钉压，并应用密封材料封严。檐口下端应做鹰嘴和滴水槽。

②涂膜防水屋面檐口的涂膜收头。檐口下端的鹰嘴和滴水槽应用防水涂料多遍涂刷。

（5）檐沟和天沟。

①檐沟和天沟的防水层下应增设附加层，附加层伸入屋面的宽度不应小于 250 mm。

②檐沟防水层和附加层应由沟底翻上至外侧顶部，卷材收头应用金属压条钉压，并应用密封材料封严，涂膜收头应用防水。

③檐沟外侧下端应做鹰嘴或滴水槽。

④檐沟外侧高于屋面结构板时，应设置溢水口。

（6）女儿墙的防水构造应符合下列规定：

①女儿墙压顶可采用混凝土或金属制品。压顶向内排水坡度不应小于 5%，压顶内侧下端应作滴水处理。

②女儿墙泛水处的防水层下应增设附加层，附加层在平面和立面的宽度均不应小于 250 mm。

③低女儿墙泛水处的防水层可直接铺贴或涂刷至压顶下，卷材收头应用金属压条钉压固定，并应用密封材料封严；涂膜收头应用防水涂料多遍涂刷。

④高女儿墙泛水处的防水层泛水高度不应小于 250 mm，防水层作收头处理，泛水上部的墙体应作防水处理。

（7）山墙的防水构造应符合下列规定：

①山墙压顶可采用混凝土或金属制品。压顶应向内排水，坡度不应小于 5%，压顶内侧下端应作滴水处理。

②山墙泛水处的防水层下应增设附加层，附加层在平面和立面的宽度均不应小于 250 mm。

（8）重力式排水的水落口防水构造应符合下列规定：

①水落口可采用塑料或金属制品，水落口的金属配件均应作防锈处理。

②水落口杯应牢固地固定在承重结构上，其埋设标高应根据附加层的厚度及排水坡度加大的尺寸确定。

③水落口周围直径 500 mm 范围内坡度不应小于 50°，防水层下应增设涂膜附加层。

④防水层和附加层伸入水落口杯内不应小于 50 mm，并应黏结牢固。

（9）变形缝防水构造应符合下列规定：

①变形缝泛水处的防水层下应增设附加层，附加层在平面和立面的宽度不应小于 250 mm，防水层应铺贴或涂刷至泛水墙的顶部。

②变形缝内应预填不燃保温材料，上部应采用防水卷材封盖，并放置衬垫材料，再在其上干铺一层卷材。

③等高变形缝顶部宜加扣混凝土或金属盖板。

④高低跨变形缝在立墙泛水处，应采用有足够变形能力的材料和构造作密封处理。

（10）伸出屋面管道的防水构造应符合下列规定：

①管道周围的找平层应抹出高度不小于 30 mm 的排水坡；管道泛水处的防水层下应增设附加层，附加层在平面和立面的宽度均不应小于 250 mm。

②管道泛水处的防水层泛水高度不应小于 250 mm。

③卷材收头应用金属箍紧固和密封材料封严，涂膜收头应用防水涂料多遍涂刷。

二、主控项目及检验方法

（1）天沟、檐口、女儿墙、山墙、水落口泛水、变形缝、伸出屋面管道、反梁过水孔应符合设计要求。

检验方法：观察检查。

（2）檐口的排水坡度应符合设计要求，檐口部位不得有渗漏和积水现象。

检验方法：坡度尺检查和雨后观察或淋水试验。

（3）檐沟、天沟的排水坡度应符合设计要求，沟内不得有渗漏和积水现象。

检验方法：坡度尺检查和雨后观察或淋水、蓄水试验。

（4）女儿墙和山墙的压顶向内排水坡度不应小于 5%，压顶内侧下端应做成鹰嘴或滴水槽。

检验方法：观察和坡度尺检查。

（5）女儿墙和山墙的根部、变形缝处、水落口处、伸出屋面管道根部不得有渗漏和积水现象。

检验方法：雨后观察或淋水试验。

三、一般项目及检验方法

（1）檐口 800 mm 范围内的卷材应满粘。

检验方法：观察检查。

（2）卷材收头应在找平层的凹槽内用金属压条钉压固定，应用密封材料封严。

检验方法：观察检查。

（3）涂膜收头应用防水涂料多遍涂刷。

检验方法：观察检查。

（4）檐口端部应抹聚合物水泥砂浆，其下端应做成鹰嘴和滴水槽。

检验方法：观察检查。

（5）檐沟、天沟附加层铺设应符合设计要求。

检验方法：观察和尺量检查。

（6）檐沟防水层应由沟底翻至外侧顶部，卷材收头应用金属条钉压固定，并应用密封材料封严；涂膜收头应用防水涂料多遍涂刷。

检验方法：观察检查。

（7）檐沟外侧顶部及侧面均应抹聚合物水泥砂浆，其下端应做鹰嘴或滴水槽。

检验方法：观察检查。

（8）女儿墙和山墙的泛水高度及附加层铺设应符合设计要求。

检验方法：观察和尺量检查。

（9）女儿墙和山墙的卷材应满粘，卷材收头应用金属压条钉压固定，并应用密封材料封严。

检验方法：观察检查。

（10）女儿墙和山墙的涂膜应直接涂刷至压顶下，涂膜收头应用防水涂料多遍涂刷。

检验方法：观察检查。

（11）水落口的数量和位置应符合设计要求；水落口杯应安装牢固。

检验方法：观察和手扳检查。

（12）水落口周围直径 500 mm 范围内坡度不应小于 5%，水落口周围的附加层铺设应符合设计要求。

检验方法：观察和尺量检查。

（13）防水层及附加层伸入水落口杯内不应小于 50 mm，并应黏结牢固。

检验方法：观察和尺量检查。

（14）变形缝的泛水高度及附加层铺设应符合设计要求。

检验方法：观察和尺量检查。

（15）防水层应铺贴或涂刷至泛水墙的顶部。

检验方法：观察检查。

（16）等高变形缝顶部宜加扣混凝土或金属盖板。混凝土盖板缝应用密封材料封严；金属盖板应铺钉牢固，搭接缝应顺流水方向，并应作好防锈处理。

检验方法：观察检查。

（17）高低跨变形缝在高跨墙面上的防水卷材封盖，用金属盖板、金属压条钉压固定，并应用密封材料封严。

检验方法：观察检查。

（18）伸出屋面管道的泛水高度及附加层铺设，应符合设计要求。

检验方法：观察和尺量检查。

（19）伸出屋面管道周围的找平层应抹出高度不小于 30 mm 的排水坡。

检验方法：观察和尺量检查。

（20）卷材防水层收头应用金属箍固定，并应用密封材料封严；涂膜防水层收头应用防水涂料多遍涂刷。

检验方法：观察检查。

（21）反梁过水孔的孔底标高、孔洞尺寸或预埋管管径，均应符合设计要求。

检验方法：尺量检查。

（22）反梁过水孔的孔洞四周应涂刷防水涂料；预埋管道两端与混凝土接触处应留凹槽，并应用密封材料封严。

检验方法：观察检查。

第五节　屋面常见质量通病的防治及常见质量缺陷的处理

屋面常见质量通病的防治及常见质量缺陷的处理见表 14-10。

表 14-10　屋面常见质量通病的防治及缺陷的处理

分部工程名称	通病类型	通病现象	防治措施、处理办法
屋面工程	防水基层找坡不准,排水不畅	找平层施工后,在屋面上容易发生局部积水现象,尤其在天沟、檐沟和水落口周围,下雨后积水不能及时排出	(1)根据建筑物的使用功能,在设计中应正确处理分水、排水和防水之间的关系。平屋面宜由结构找坡,其坡度宜为 3%;当采用材料找坡时,宜为 2%。 (2)天沟、檐沟的纵向坡度不应小于 1%;沟底水落差不得超过 200 mm;水落管直径不应小于 75 mm;天沟、檐沟排水不得流经变形缝和防火墙。 (3)屋面找平层施工时,应严格按照设计坡度拉线,并在相应位置上设基准点(冲筋)。 (4)屋面找平层施工完成后,对屋面坡度、平整度应及时组织验收。必要时可在雨后检查屋面是否积水。 治理方法:参考《屋面工程技术规范》(GB 50345—2012),对局部找补细部处理,达到相关设计规范要求
	找平层起砂、起皮	找平层施工后,屋面表面出现不同颜色的分布不均的砂粒,用手一搓,砂子就会分层浮起;用手击拍,表面水泥胶浆会成片脱落或有起皮、起鼓现象;用木锤敲击,有时还会听到空鼓的哑声。找平层起砂、起皮是两种不同的现象,但有时会在一个工程中同时出现	(1)严格控制结构或保温层的标高,确保找平层的厚度符合设计要求。 (2)在松散材料保温层上做找平层时,宜选用细石混凝土材料,其厚度一般为 30~35 mm,混凝土强度等级应大于 C20。必要时,可在混凝土内配置双向 φ6@200 mm 的钢丝网片。 (3)水泥砂浆找平层宜采用 1:2.5~1:3(水泥:砂)体积配合比,水泥强度等级不低于 32.5 级;不得使用过期和受潮结块的水泥,砂子含泥量不大于 5%。当采用细砂集料时,水泥砂浆配合比宜改为 1:2(水泥:砂)。 (4)水泥砂浆摊铺前,屋面基层应清扫干净,并充分湿润,但不得有积水现象。摊铺前应用水泥净浆薄薄涂刷一层,确保水泥砂浆与基层黏结良好。 (5)做好水泥砂浆的摊铺和压实工作。推荐采用木靠尺刮平,木抹子初压,并在初凝收水前再用铁抹子二次压实和收光的操作工艺。 (6)屋面找平层施工后应及时覆盖浇水养护(宜用薄膜塑料布或草袋),使其表面保持湿润,养护时间宜为 7~10 d。也可使用喷养护剂、涂刷冷底子油等方法进行养护,保证砂浆中的水泥能充分水化。 处理方法: (1)对于面积不大的轻度起砂,在清扫表面浮砂后,可用水泥净浆进行修补;对于大面积起砂的屋面,则应将水泥砂浆找平层凿至一定深度,再用 1:2(体积比)水泥砂浆进行修补,修补厚度不宜小于 15 mm,修补范围宜适当扩大。 (2)对于局部起皮或起鼓部位,在挖开后可用 1:2(体积比)水泥砂浆进行修补。修补时应做好基层及新旧部位的接缝处理。 (3)对于成片或大面积的起皮或起鼓屋面,则应铲除后返工重做。为保证返修后的工程质量,此时可采用"滚压法"抹压工艺。先以 φ200 mm、长为 700 mm 的钢管(内灌混凝土)制成压辊,在水泥砂浆找平层摊铺、刮平后,随即用压辊来回滚压,要求压实、压平,直到表面泛浆,最后用铁抹子赶光、压平。采用"滚压法"抹压工艺,必须使用半干硬性的水泥砂浆,且在滚压后适时地进行养护

分部工程名称	通病类型	通病现象	防治措施、处理办法
屋面工程	细部构造不当	找平层的阴阳角没有抹圆弧和钝角,水落口处不密实,无组织排水檐口,没有留凹槽,伸出屋面管道周边没有嵌填密封材料	(1)阴角都要抹圆弧,阳角要抹钝角,圆弧半径为 100 mm 左右。 (2)直式和横式水落口周围嵌填要密实,要略低于找平层。 (3)无组织排水,檐口要做好防水卷材收头的槽口
	卷材起鼓	热熔法铺贴卷材时,因操作不当造成卷材起鼓	(1)高聚物改性沥青防水卷材施工时,火焰加热要均匀、充分、适度。在操作时,首先持枪人不能让火焰停留在一个地方的时间过长,而应沿着卷材宽度方向缓缓移动,使卷材横向受热均匀。其次要求加热充分,温度适中。第三要掌握加热程度,以热熔后沥青胶出现黑色光泽(此时沥青温度为 200~230 ℃)、发亮并有微泡现象为度。 (2)趁热推滚,排尽空气。卷材被热熔粘贴后,要在卷材尚处于较柔软时,就及时进行滚压。滚压时间可根据施工环境、气候条件调节掌握。气温高冷却慢,滚压时间宜稍紧密接触,排尽空气,而在铺压时用力又不宜过大,确保黏结牢固
	黏结不牢	卷材铺贴后易在屋面转角、立面处出现脱空。而在卷材的搭接缝处,还常发生黏结不牢、张口、开缝等缺陷	(1)基层必须做到平整、坚实、干净、干燥。 (2)涂刷基层处理剂,并要求做到均匀一致,无空白漏刷现象,但切勿反复涂刷。 (3)屋面转角处应按规定增加卷材附加层,并注意与原设计的卷材防水层相互搭接牢固,以适应不同方向的结构和温度变形。 (4)对于立面铺贴的卷材,应将卷材的收头固定于立墙的凹槽内,并用密封材料嵌填封严。 (5)卷材与卷材之间的搭接缝口,亦应用密封材料封严,宽度不应小于 10 mm。密封材料应在缝口抹平,使其形成有明显的沥青条带

分部工程名称	通病类型	通病现象	防治措施、处理办法
屋面工程	卷材屋面开裂	无规则裂缝,其位置、形状、长度各不相同,出现的时间也无规律,一般贴补后不再裂开	(1)找平层应设分割缝,防水卷材采用满粘法施工时,在分格缝处宜做空铺,宽为 100 mm。 (2)选用合格的卷材,腐朽、变质者应剔除不用。 (3)卷材铺贴后,不得有黏结不牢或翘边等缺陷。 (4)卷材防水层上有重物覆盖或基层变形较大时,应优先采用空铺法、点粘法、条粘法或机械固定法(此法仅适用于 PVC 卷材)。但距屋面周边 800 mm 内应满粘,卷材与卷材之间也应满粘。 治理方法: 无规则裂缝的位置、形状、长度各不相同,沿裂缝铺贴宽度不小于 250 mm 的卷材,或涂刷带有脂体增强材料的涂膜防水层,其厚度宜为 1.5 mm。治理前应先将裂缝处杂物及面层浮灰清除干净,待干燥后再按上述方法满粘或满涂,贴实封严
	涂膜裂缝、脱皮、流淌、鼓泡	涂膜出现裂缝、脱皮、流淌、鼓泡等缺陷	(1)在保温层上必须设置细石混凝土(配筋)刚性找平层;同时在找平层上按规定留设温度分格缝。找平层裂缝如大于 0.3 mm,可先用密封材料嵌填密实,再用 10~20 mm 宽聚酯毡做隔离条,最后涂刮 2 mm 厚的涂料附加层。找平层裂缝如小于 0.3 mm,也可按上述方法进行处理,但涂料附加层的厚度为 1 mm。 (2)为防止涂膜防水层开裂,应找平层分格缝处,增设带胎体增强材料的空铺附加层,其宽度宜为 200~300 mm,而在分格缝中间 70~100 mm 范围内,胎体附加层的底部不应涂刷防水涂料,以使与基层脱开。 (3)涂料应分层、分遍进行施工,并按事先试验的材料用量与间隔时间进行涂布。若夏天气温在 30 ℃ 以上,应尽量避开炎热的中午施工,最好安排在早晚(尤其是上半夜)温度较低的时间操作。 (4)涂料施工前应将基层表面清扫干净;沥青基涂料中如有沉淀物(沥青颗粒),可用 32 目铁丝网过滤。 (5)选择晴朗天气下操作;或可选用潮湿界面处理剂、基层处理剂或能在湿基面上固化的合成高分子防水涂料,抑制涂膜中鼓泡的形成。 (6)基层表面局部不平,可用涂料掺入水泥砂浆中先行修补平整,待干燥后即可施工。铺贴胎体增强材料时,要边倒涂料、边摊铺、边压实平整;铺贴最后一层胎体增强材料后面层至少应再涂刷二遍涂料。胎体应铺贴平整,松紧有度,铺贴前,应先将胎体布幅的两边每隔 1.5~2.0 m 间距各剪一个 15 mm 的小口,以利排除空气,确保胎体铺贴平整。 (7)进场前应对原材料抽检复查,不符合质量要求的防水涂料坚决不用

本章小结

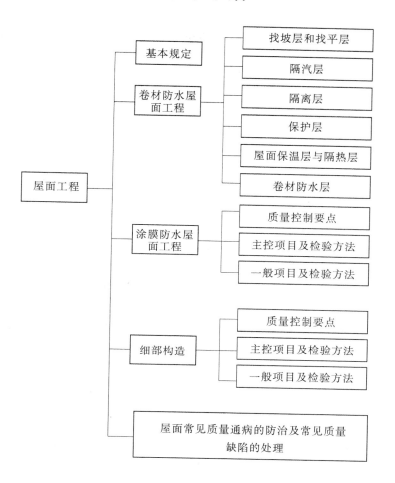

第十五章　地下防水工程

【学习目标】
- 掌握防水混凝土
- 掌握水泥砂浆防水层
- 掌握卷材防水层
- 掌握涂料防水层
- 了解细部构造
- 了解排水工程
- 掌握分部(子分部)工程质量验收
- 掌握地下防水工程质量缺陷及处理

　　随着高层建筑、大型公共建筑的增多以及向地下要空间的要求,地下室和地下工程越来越多,地下防水工程越来越引起人们的重视。由于地下工程常年受到潮湿和地下水的有害影响,所以对地下工程防水的处理比屋面工程的要求更高更严,防水技术难度更大。

　　一般来说,地下工程的防水常采用以下三种方法:一是采用防水混凝土结构自防水,利用提高混凝土结构本身的密实性来达到防水要求;二是在地下结构表面加设防水层,如水泥砂浆防水层、卷材防水层以及涂料防水层等;三是采用排水工程,即利用盲沟、渗排水层、隧道、坑道等措施,把地下水排走,以达到防水的目的。随着我国建筑业的发展,建筑防水领域也正在逐步完善。"防、排、截、堵相结合,刚柔并济,因地制宜,综合治理"的原则是我国建筑防水技术发展至今的实践经验总结。

第一节　防水混凝土

　　防水混凝土是以调整混凝土配合比或掺外加剂等方法,来提高混凝土本身的密实性和抗渗性,使其具有一定防水能力的特殊混凝土。它兼具承重、围护功能,且可满足一定的耐冻融和耐侵蚀要求。随着混凝土工业化、商业化生产和与其配套的先进运输及浇捣设备的发展,它也成为地下防水工程首选的一种主要材料。常用的防水混凝土有普通防水混凝土、外加剂防水混凝土和新型防水混凝土等。防水混凝土常用于防水等级为1~4级的地下整体式混凝土结构,不适用环境温度高于80 ℃或处于耐侵蚀系数小于0.8的侵蚀性介质中使用的地下工程。其中耐侵蚀系数是指在侵蚀性水中养护6个月的混凝土试块的抗折强度与在饮用水中养护6个月的混凝土试块的抗折强度之比。

一、质量控制要点

（一）材料

防水混凝土使用的水泥，应符合下列规定：

（1）水泥的强度等级不应低于 32.5 级。

（2）在不受侵蚀性介质和冻融作用时，宜采用普通硅酸盐水泥、硅酸盐水泥、火山灰质硅酸盐水泥、粉煤灰硅酸盐水泥、矿渣硅酸盐水泥，使用矿渣硅酸盐水泥必须掺用高效减水剂。

（3）在受侵蚀性介质作用时，应按介质的性质选用相应的水泥。

（4）在受冻融作用时，应优先选用普通硅酸盐水泥，不宜采用火山灰质硅酸盐水泥和粉煤灰硅酸盐水泥。

（5）不得使用过期或受潮结块的水泥，并不得将不同品种或强度等级的水泥混合使用。

碎石或卵石的粒径宜为 5~40 mm，含泥量不得大于 1.0%，泥块含量不得大于 0.5%，石子最大粒径不宜大于 40 mm，泵送时其最大粒径应为输送管径的 1/4，吸水率不应大于 1.5%，不得使用碱活性集料。其他要求应符合《建筑用卵石、碎石》（GB/T 14685—2011）的规定。

砂宜用中砂，含泥量不得大于 3.0%，泥块含量不得大于 1.0%，其要求应符合《普通混凝土用砂、石质量及检验方法标准》（JGJ 52—2006）的规定。

拌制混凝土所用的水，应采用不含有害物质的洁净水且符合《混凝土用水标准》（JGJ 63—2006）的规定。

防水混凝土可根据工程需要掺入减水剂、膨胀剂、防水剂、密实剂、引气剂、复合型外加剂等，其品种和掺量应经试验确定。所有外加剂应符合国家或行业标准一等品及以上的质量要求。

防水混凝土可掺入一定数量的粉煤灰、磨细矿渣粉、硅粉等。粉煤灰的级别不应低于二级，掺量不宜大于 20%，硅粉掺量不应大于 3%，其他掺合料的掺量应经过试验确定。

防水混凝土可根据工程抗裂需要掺入钢纤维或合成纤维。

每立方米防水混凝土中各类材料的总碱量不得大于 3 kg。

（二）配合比

防水混凝土的配合比应符合下列规定：

（1）试配要求的抗渗水压值应比设计值提高 0.2 MPa。

（2）水泥用量不得小于 300 kg/m³，掺有活性掺合料时，水泥用量不得少于 280 kg/m³。

（3）砂率宜为 35%~45%，灰砂比宜为 1:2~1:2.5。

（4）水灰比不得大于 0.55。

（5）普通防水混凝土坍落度不宜大于 50 mm，泵送时入泵坍落度宜为 100~140 mm。

（6）掺加引气剂或引气型减水剂时，混凝土含气量应控制在 3%~5%。

（7）防水混凝土采用预拌混凝土时，缓凝时间宜为 6~8 h。

（三）施工

混凝土拌制和浇筑过程控制应符合下列规定：

（1）拌制混凝土所用材料的品种、规格和用量，每工作班检查不应少于两次。每盘混凝土各组成材料计量结果的偏差应符合表 15-1 的规定。

表 15-1　混凝土组成材料计量结果的允许偏差　　　　　　　　　　　（%）

混凝土组成材料	每盘计量	累计计量
水泥、掺合料	±2	±1
粗、细集料	±3	±2
水、外加剂	±2	±1

注：累计计量仅适用于微机控制计量的搅拌站。

（2）混凝土在浇筑地点的坍落度，每工作班至少检查两次。混凝土的坍落度试验应符合现行《普通混凝土拌合物性能试验方法标准》（GB/T 50080—2016）的有关规定。混凝土实测的坍落度与要求坍落度之间的偏差应符合表 15-2 的规定。

表 15-2　混凝土坍落度允许偏差

要求坍落度（mm）	允许偏差（mm）
≤40	±10
50~90	±15
≥100	±20

防水混凝土应连续浇筑，宜少留施工缝。当留设施工缝时，应遵守《地下工程防水技术规范》（GB 50108—2008）的相关规定。

防水混凝土结构内部设置的各种钢筋或绑扎铁丝，不得接触模板。固定模板用的螺栓必须穿过混凝土结构时，可采用工具式螺栓或螺栓加堵头，螺栓上应加焊方形止水环。拆模后应采取加强防水措施将留下的凹槽封堵密实，并宜在迎水面涂刷防水涂料。

防水混凝土终凝后应立即进行养护，养护时间不得少于 14 d。

（四）抗渗性能

防水混凝土抗渗性能，应采用标准条件下养护混凝土抗渗试件的试验结果评定。试件应在浇筑地点制作。连续浇筑混凝土每 500 m³ 应留置一组抗渗试件（一组为 6 个抗渗试件），且每项工程不得少于两组。采用预拌混凝土的抗渗试件，留置组数应视结构的规模和要求而定。抗渗性能试验应符合现行《普通混凝土长期性能和耐久性能试验方法标准》（GB/T 50082—2009）的有关规定。

二、质量验收项目

防水混凝土的施工质量检验数量，应按混凝土外露面积每 100 m² 抽查 1 处，每处 10 m²，且不得少于 3 处，细部构造应按全数检查。

（一）主控项目

（1）防水混凝土的原材料、配合比及坍落度必须符合设计要求。

检验方法：检查出厂合格证、质量检验报告、计量措施和现场抽样试验报告。

（2）防水混凝土的抗压强度和抗渗压力必须符合设计要求。此项为强制项目。

检验方法：检查混凝土抗压、抗渗试验报告。

（3）防水混凝土的变形缝、施工缝、后浇带、穿墙管道、埋设件等设置和构造，均须符合设计要求，严禁有渗漏。此项为强制项目。

检验方法：观察检查和检查隐蔽工程验收记录。

（二）一般项目

（1）防水混凝土结构表面应坚实、平整，不得有露筋、蜂窝等缺陷，埋设件位置应正确。

检验方法：观察和尺量检查。

（2）防水混凝土结构表面的裂缝宽度不应大于 0.2 mm，并不得贯通。

检验方法：用刻度放大镜检查。

（3）防水混凝土结构厚度不应小于 250 mm，其允许偏差为 +15 mm、-10 mm，迎水面钢筋保护层厚度不应小于 50 mm，其允许偏差为 ±10 mm。

检验方法：尺量检查和检查隐蔽工程验收记录。

第二节　水泥砂浆防水层

水泥砂浆防水层是用水泥砂浆、素灰（纯水泥浆）交替抹压涂刷四层或五层的多层抹面的防水层。水泥砂浆防水层包括普通水泥砂浆、聚合物水泥防水砂浆、掺外加剂或掺合料防水砂浆等，宜采用多层抹压法施工。水泥砂浆防水层适用于混凝土或砌体结构的基层上采用多层抹面的水泥砂浆防水层，不适用环境有侵蚀性、持续振动或温度高于 80 ℃ 的地下工程。

一、质量控制要点

（一）材料

水泥砂浆防水层所用的材料应符合下列规定：

（1）水泥品种应按设计要求选用，其强度等级不应低于 32.5 级，不得使用过期或受潮结块水泥。

（2）砂宜采用中砂，粒径 3 mm 以下，含泥量不得大于 1%，硫化物和硫酸盐含量不得大于 1%。

（3）拌制水泥砂浆所用的水，应采用不含有害物质的洁净水，且符合《混凝土用水标准》（JGJ 63—2006）的规定。

（4）聚合物乳液外观应无颗粒、异物和凝固物，固体含量应大于 35%。宜选用专用产品。

（5）外加剂的技术性能应符合国家或行业标准一等品及以上的质量要求。

（6）水泥砂浆防水层宜掺入外加剂、掺合料、聚合物等进行改性，改性后防水砂浆的性能应符合《地下工程防水技术规范》（GB 50108—2008）的规定。

（二）配合比

普通水泥砂浆防水层的配合比应按表 15-3 选用；掺外加剂、掺合料、聚合物水泥砂浆的配合比应符合所掺材料的规定。

表 15-3　普通水泥砂浆防水层的配合比

名称	配合比（质量比）		水灰比	适用范围
	水泥	砂		
水泥浆	1	—	0.55～0.60	水泥砂浆防水层的第一层
水泥浆	1	—	0.37～0.40	水泥砂浆防水层的第三、五层
水泥砂浆	1	1.5～2.0	0.40～0.50	水泥砂浆防水层的第二、四层

(三) 施工

水泥砂浆防水层施工应符合下列要求：

(1) 分层铺抹或喷涂，铺抹时应压实，抹平，最后一层表面应提浆压光。

(2) 防水层各层应紧密贴合，每层宜连续施工，必须留施工缝时应采用阶梯坡形槎，但离开阴阳角处不得小于 200 mm，接槎应依层次顺序操作，层层搭接紧密。

(3) 防水层的阴阳角处应做成圆弧形。

(4) 水泥砂浆终凝后应及时进行养护，养护温度不宜低于 5 ℃并保持湿润，养护时间不得少于 14 d。

二、质量验收项目

水泥砂浆防水层的施工质量检验数量，应按施工面积每 100 m² 抽查 1 处，每处 10 m²，且不得少于 3 处。

(一) 主控项目

(1) 水泥砂浆防水层的原材料及配合比必须符合设计要求。

检验方法：检查出厂合格证、质量检验报告、计量措施和现场抽样试验报告。

(2) 水泥砂浆防水层各层之间必须结合牢固，无空鼓现象。此项为强制项目。

检验方法：观察和用小锤轻击检查。

(二) 一般项目

(1) 水泥砂浆防水层表面应密实、平整，不得有裂纹、起砂、麻面等缺陷；阴阳角处应做成圆弧形。

检验方法：观察检查。

(2) 水泥砂浆防水层施工缝留槎位置应正确，接槎应按层次顺序操作，层层搭接紧密。

检验方法：观察检查和检查隐蔽工程验收记录。

(3) 水泥砂浆防水层的平均厚度应符合设计要求，最小厚度不得小于设计值的 85%。

检验方法：观察和尺量检查。

第三节　卷材防水层

地下防水工程一般把卷材防水层设置在建筑结构的外侧，称为外防水，具有防水效果好、较少渗漏的优点。外防水有外防外贴法和外防内贴法两种设置方法。由于外防外贴法的防水效果优于外防内贴法，所以在施工场地和条件不受限制时一般采用外防外贴法。卷材防水层适用于受侵蚀性介质或受振动作用的地下工程主体迎水面铺贴。

一、质量控制要点

（一）材料

（1）卷材防水层应采用高聚物改性沥青防水卷材和合成高分子防水卷材。

（2）所选用的基层处理剂、胶粘剂、密封材料等配套材料均应与铺贴的卷材材性相容。粘贴各类卷材必须采用与卷材材性相容的胶粘剂，胶粘剂的质量应符合有关要求。

（3）防水卷材厚度选用应符合表 15-4 的规定。

表 15-4　防水卷材厚度

防水等级	设防道数	合成高分子防水卷材	高聚物改性沥青防水卷材
1 级	三或三道以上设防	单层：应≥1.5 mm；双层：每层应≥1.2 mm	单层：应≥4 mm；双层：每层应≥3 mm
2 级	二道设防	单层：应≥1.5 mm；双层：每层应≥1.2 mm	单层：应≥4 mm；双层：每层应≥3 mm
3 级	一道设防	应≥1.5 mm	应≥4 mm
4 级	复合设防	应≥1.2 mm	应≥3 mm

（二）施工

铺贴合成高分子卷材采用冷粘法施工，冷粘法铺贴卷材应符合《地下防水工程质量验收规范》（GB 50208—2011）的规定。

铺贴高聚物改性沥青卷材应采用热熔法施工，热熔法铺贴卷材应符合规范规定。

铺贴防水卷材前，应将找平层清扫干净，在基面上涂刷基层处理剂，当基面较潮湿时，应涂刷湿固化型胶粘剂或潮湿界面隔离剂。基层处理剂配制与施工应符合《地下防水工程质量验收规范》（GB 50208—2011）的规定。

两幅卷材短边和长边的搭接宽度均不应小于 100 mm。采用多层卷材时，上下两层和相邻两幅卷材的接缝应错开 1/3 幅宽，且两层卷材不得相互垂直铺贴。

铺贴卷材严禁在雨天、雪天施工，五级风及其以上时不得施工，冷粘法施工气温不宜低于 5 ℃，热熔法施工气温不宜低于−10 ℃。

卷材防水层完工并经验收合格后应及时做保护层。保护层应符合下列规定：

（1）顶板的细石混凝土保护层与防水层之间宜设置隔离层。

（2）底板的细石混凝土保护层厚度应大于 50 mm。

（3）侧墙宜采用聚苯乙烯泡沫塑料保护层，或砌砖保护墙（边砌边填实）和铺抹 30 mm厚水泥砂浆。

二、质量验收项目

卷材防水层的施工质量检验数量，应按铺贴面积每 100 m² 抽查 1 处，每处 10 m²，且不得少于 3 处。

（一）主控项目

（1）卷材防水层所用卷材及主要配套材料必须符合设计要求。

检验方法：检查出厂合格证、质量检验报告和现场抽样试验报告。

（2）卷材防水层及其转角处、变形缝、穿墙管道等细部做法均须符合设计要求。

检验方法：观察检查和检查隐蔽工程验收记录。

（二）一般项目

（1）卷材防水层的基层应牢固，基面应洁净、平整，不得有空鼓、松动、起砂和脱皮现象，基层阴阳角处应做成圆弧形。

检验方法：观察检查和检查隐蔽工程验收记录。

（2）卷材防水层的搭接缝应黏（焊）结牢固，密封严密，不得有皱折、翘边和鼓泡等缺陷。

检验方法：观察检查。

（3）侧墙卷材防水层的保护层与防水层应黏结牢固，结合紧密、厚度均匀一致。

检验方法：观察检查。

（4）卷材搭接宽度的允许偏差为−10 mm。

检验方法：观察和尺量检查。

第四节　涂料防水层

建筑防水涂料是无定形材料，如液体、糊（稠）状物、粉剂加水现场拌和等，通过现场刷、刮、抹、喷等操作，可固化形成具有防水功能的膜层材料。具有可形成无接缝、连续防水膜层，使用时无须加热，便于操作等优点。涂料防水层包括无机防水涂料和有机防水涂料。无机防水涂料可选用水泥基防水涂料、水泥基渗透结晶型涂料，宜用于结构主体的背水面；有机涂料可选用反应型、水乳型、聚合物水泥防水涂料，宜用于结构主体的迎水面，用于背水面的有机防水涂料应具有较高的抗渗性，且与基层有较强的黏结性。涂料防水层适用于受侵蚀性介质或受振动作用的地下工程主体迎水面或背水面涂刷的涂料防水层。

一、质量控制要点

（1）涂料防水层应采用反应型、水乳型、聚合物水泥防水涂料或水泥基、水泥基渗透结晶型防水涂料。

（2）防水涂料厚度选用应符合表 15-5 的规定。

表 15-5　防水涂料厚度　　　　　　　　　　　　　　　（单位：mm）

防水等级	设防道数	有机涂料			无机涂料	
		反应型	水乳型	聚合物水泥	水泥基	水泥基渗透结晶型
1 级	三或三道以上设防	1.2~2.0	1.2~1.5	1.5~2.0	1.5~2.0	≥0.8
2 级	二道设防	1.2~2.0	1.2~1.5	1.5~2.0	1.5~2.0	≥0.8
3 级	一道设防	—	—	≥2.0	≥2.0	—
	复合设防	—	—	≥1.5	≥1.5	—

二、质量验收的项目

涂料防水层的施工质量检验数量，应按涂层面积每 100 m² 抽查 1 处，每处 10 m²，且不得少于 3 处。

（一）主控项目

（1）涂料防水层所用材料及配合比必须符合设计要求。

检验方法：检查出厂合格证、质量检验报告、计量措施和现场抽样试验报告。

（2）涂料防水层及其转角处、变形缝、穿墙管道等细部做法均须符合设计要求。

检验方法：观察检查和检查隐蔽工程验收记录。

（二）一般项目

（1）涂料防水层的基层应牢固，基面应洁净、平整，不得有空鼓、松动、起砂和脱皮现象；基层阴阳角处应做成圆弧形。

检验方法：观察检查和检查隐蔽工程验收记录。

（2）涂料防水层应与基层黏结牢固，表面平整、涂刷均匀，不得有流淌、皱折、鼓泡、露胎体和翘边等缺陷。

检验方法：观察检查。

（3）涂料防水层的平均厚度应符合设计要求，最小厚度不得小于设计厚度的 80%。

检验方法：针测法或割取 20 mm×20 mm 实样用卡尺测量。

（4）侧墙涂料防水层的保护层与防水层黏结牢固，结合紧密，厚度均匀一致。

检验方法：观察检查。

第五节　细部构造

细部构造是地下防水工程渗漏水的薄弱环节。细部构造一般是独立的部位，一旦出现渗漏难以修补，不能以抽检的百分率来确定地下防水工程的整体质量。因此，施工质量检验时应按全数检查。本节适用于防水混凝土结构的变形缝、施工缝、后浇带、穿墙管道、埋设件等细部构造。

防水混凝土结构细部构造的施工质量检验应按全数检查。

一、主控项目

（1）细部构造所用止水带、遇水膨胀橡胶腻子止水条和接缝密封材料必须符合设计要求。

检验方法：检查出厂合格证、质量检验报告和进场抽样试验报告。

（2）变形缝、施工缝、后浇带、穿墙管道、埋设件等细部构造做法，均符合设计要求，严禁有渗漏。

检验方法：观察检查和检查隐蔽工程验收记录。

二、一般项目

（1）中埋式止水带中心线应与变形缝中心线重合，止水带应固定牢靠、平直，不得有扭曲现象。

检验方法：观察检查和检查隐蔽工程验收记录。

（2）穿墙管止水环与主管或翼环与套管应连续满焊，并作防腐处理。

检验方法：观察检查和检查隐蔽工程验收记录。

（3）接缝处混凝土表面应密实、洁净、干燥；密封材料应嵌填严密、黏结牢固，不得有开裂、鼓泡和下塌现象。

检验方法：观察检查。

第六节　排水工程

排水法是用疏导的方法将地下水有组织地经过排水系统排走，以削弱对地下结构的压力，减少水对结构的渗透作用，从而辅助地下工程达到防水的目的。对于重要的、防水要求较高且具有抗浮要求的地下工程，在制订防水方案时，可结合排水法一并考虑。有自流排水条件的地下工程，应采用自流排水法。无自流排水条件且需考虑排水的地下工程，可采用渗排水、盲沟排水或机械排水。但应注意，勿因排水而危及地面建筑物。

一、渗排水、盲沟排水

渗排水、盲沟排水是采用疏导的方法，将地下水有组织地经过排水系统排走，以削弱水对地下结构的压力，减小水对结构的渗透作用，从而辅助地下工程达到防水目的。渗排水、盲沟排水适用于无自流排水条件、防水要求较高且有抗浮要求的地下工程。

渗排水、盲沟排水的施工质量检验数量应按10%抽查，其中按两轴线间或10延米为1处，且不得少于3处。

（一）主控项目

（1）反滤层的砂、石粒径和含泥量必须符合设计要求。此项为强制项目。

检验方法：检查砂、石试验报告。

（2）集水管的埋设深度及坡度必须符合设计要求。

检验方法：观察和尺量检查。

（二）一般项目

（1）渗排水层的构造应符合设计要求。

检验方法：检查隐蔽工程验收记录。

（2）渗排水层的铺设应分层、铺平、拍实。

检验方法：检查隐蔽工程验收记录。

（3）盲沟的构造应符合设计要求。

检验方法：检查隐蔽工程验收记录。

二、隧道、坑道排水

隧道、坑道排水是采取各种排水措施，使地下水能顺着预设的各种管沟被排到工程外，以降低地下水位和减少地下工程中的渗水量。隧道、坑道排水用于贴壁式、复合式、离壁式衬砌构造的隧道或坑道排水。其中贴壁式衬砌采用暗沟或盲沟将水导入排水沟内，盲沟宜设在衬砌与围岩之间，而排水暗沟可设置在衬砌内；复合式衬砌的排水系统，除纵向集水盲管设置在塑料防水板外侧并与缓冲排水层连接畅通外，其他均与贴壁式衬砌的要求相同；离壁式衬砌的拱肩应设置排水沟，沟底预埋排水管或设排水孔，在侧墙和拱肩处应设检查孔。侧墙外排水应做明沟。

隧道、坑道排水的施工质量检验数量应按 10% 抽查,按两轴线间或 10 延米为 1 处,且不得少于 3 处。

(一)主控项目

(1)隧道、坑道排水系统必须畅通。

检验方法:观察检查。

(2)反滤层的砂、石粒径和含泥量必须符合设计要求。

(3)土工复合材料必须符合设计要求。

检验方法:检查出厂合格证和质量检验报告。

(二)一般项目

(1)隧道纵向集水盲管和排水明沟的坡度应符合设计要求。

检验方法:尺量检查。

(2)隧道导水盲管和横向排水管的设置间距应符合设计要求。

检验方法:尺量检查。

(3)中心排水盲沟的断面尺寸、集水管埋设及检查井设置应符合设计要求。

检验方法:观察和尺量检查。

(4)复合式衬砌的缓冲排水层应铺设平整、均匀、连续,不得有扭曲、折皱和重叠现象。

检验方法:观察检查和检查隐蔽工程验收记录。

第七节 分部(子分部)工程质量验收

地下防水工程施工应按工序或分项进行验收,地下防水工程验收文件和记录应按表 15-6 的要求进行。地下防水隐蔽工程验收记录应包括:卷材、涂料防水层的基层;防水混凝土结构和防水层被掩盖的部位;变形缝、施工缝等防水构造的做法;管道设备穿过防水层的封固部位;渗排水层、盲沟和坑槽;衬砌前围岩渗漏水处理和基坑的超挖和回填。地下防水工程验收后,应填写子分部工程质量验收记录,随同工程验收的文件和记录交建设单位和施工单位存档。

表 15-6 地下防水工程验收的文件和记录

序号	项目	文件和记录
1	防水设计	设计图及会审记录、设计变更通知单和材料代用核定单
2	施工方案	施工方法、技术措施、质量保证措施
3	技术交底	施工操作要求及注意事项
4	材料质量证明文件	出厂合格证、产品质量检验报告、试验报告
5	中间检查记录	分项工程质量验收记录、隐蔽工程检查验收记录、施工检验记录
6	施工日志	逐日施工情况
7	混凝土、砂浆	试配及施工配合比、混凝土抗压、抗渗试验报告
8	施工单位资质证明	资质复印证件
9	工程检验记录	抽样质量检验及观察检查
10	其他技术资料	事故处理报告、技术总结

第八节　地下防水工程质量缺陷及处理

地下工程由于在地下水或潮湿土的环境中工作,发生质量缺陷和事故的后果更为严重。地下防水工程的质量缺陷导致的后果主要表现在渗漏上,根据渗水量和渗水速度可分为慢渗、快渗、急流和高压急流四种情况。根据漏水形式可分为点的渗漏、缝的渗漏和面的渗漏三种。

由于地下防水工程常采用防水混凝土自防水,采用在结构表面加设防水层防水和采用防水工程三种方式进行防水,防水方式不同,因而产生的缺陷也表现不同,下面分类加以说明。

一、防水混凝土常见缺陷和处理方法

防水混凝土常见缺陷和处理方法见表 15-7。

表 15-7　防水混凝土常见缺陷和处理方法

缺陷	产生原因	处理方法
自身缺陷渗漏水	原材料不符合设计要求; 混凝土振捣不实	水泥砂浆抹面法、直接堵漏法、下管引水法堵漏、木楔堵漏法
裂缝渗漏	由混凝土收缩、温度伸缩以及结构受力和不均匀沉降	直接堵漏法、下管引水法堵漏、下钉堵漏法或下半圆铁片法
墙面结露渗漏	墙体不密实,有微小孔隙	水泥砂浆抹面法、直接堵漏法
施工缝、后浇带渗漏	施工缝处未按照规定设置企口缝、高低缝或止水带; 新旧混凝土连接处有杂质或者出现蜂窝; 施工缝处构造不当,位置不当	不同的情况,采用不同的方法
穿墙管道处、预埋件处渗漏	周围处的混凝土未振捣密实; 预埋件或者管道受热后发生胀缩变形,或受力、受振动后松动,与周边防水层产生裂缝从而漏水	直接堵漏法、预制块堵漏法

二、水泥砂浆防水常见缺陷和处理方法

水泥砂浆防水常见缺陷和处理方法见表 15-8。

表 15-8　水泥砂浆防水常见缺陷和处理方法

缺陷	产生原因	处理方法
防水层表面有裂纹，起砂、麻面	原材料不符合设计要求，砂含量较大；配合比不准确	用专用砂浆修补
阴湿渗漏	分层铺抹操作不当；出现空的或者漏抹失误；配合比不准确	以漏点为圆心，剔成小凹槽，并冲洗干净，用水泥胶浆直接堵漏
空鼓裂缝渗漏	基层未作清理或清理不干净；基层未经润湿造成砂浆早期脱水；水泥选用不当；养护不当，防水层干缩裂缝；结构刚度不足产生裂缝	无渗漏的空鼓裂缝应全部剔除，基层处理干净重新补抹；有渗漏水时，根据渗漏情况可采用直接堵塞法或下管引水法堵漏
施工缝漏水	留槎混乱，层次不清楚；未按要求做成斜槎；接槎处未做结合层	直接堵塞法、下管引水法堵漏、下钉堵漏法或下半圆铁片法

三、卷材防水层常见缺陷和处理方法

卷材防水层常见缺陷和处理方法见表 15-9。

表 15-9　卷材防水层常见缺陷和处理方法

缺陷	产生原因	处理方法
转角部位渗漏水	卷材质量不符合要求；转角处未按要求增设卷材附加层	重新逐层铺贴
卷材搭接不良	搭接宽度不够或不严，铺贴卷材接槎污损，层次不清	不良处卷材撕除，灌入沥青胶，用喷灯烘烤后，逐层修补
空鼓	基层潮湿；胶结材料与基层黏结不良；找平层未作清理或清理不干净；铺贴卷材操作不当	空鼓处切开重新分层铺贴
管道处铺贴不严	卷材与管道黏结不良；卷材铺贴不严	快硬水泥胶浆堵漏法、遇水膨胀橡胶堵漏法

四、涂料防水层常见缺陷和处理方法

涂料防水层常见缺陷和水泥砂浆防水层常见缺陷类似。当基面不洁净、不平整，则涂料防水层将产生空鼓、松动、起砂和脱皮现象；若涂料防水层与基层黏结不牢固，涂刷不均匀，则涂料防水层会产生流淌、皱折、鼓泡、露胎体或翘边等缺陷。

每道涂层均不得出现气孔或气泡，特别是底部涂层若有气孔或气泡，不仅破坏本层的整体性，而且会在上层施工涂抹时因空气膨胀出现更大的气孔或气泡。因此，对于出现的气孔或气泡必须予以修补。对于气孔,应以橡胶刮板将混合材料压入气孔中填实,再进行增补涂抹;对于气泡,应将其穿破,除去浮膜,用处理气孔的方法填实,再做增补涂抹。

涂层起鼓后必须及时修补。修补方法是先将起鼓部分全部割去,露出基层,排出潮气,待基层干燥后,先涂底层涂料,再依防水层施工方法逐层涂抹。

对产生翘边的涂膜防水层,应先将离翘边部分割去,将基层打毛,处理干净,再根据基层材质选择与其黏结力强的底层涂料涂刮基层,然后按增强和增补做法仔细涂布,最后按顺序分层做好涂膜防水层。

对涂膜轻度破损,可做增强、增补涂布;对破损严重者,应将破损部分割除(稍大一些),露出基层并清理干净,再按施工要求,顺序、分层补做防水层,并应加上增强、增补涂布。

五、其他

对于地下防水工程的细部构造以及排水工程的缺陷,具体情况采用具体方法,在此不再赘述。

本章小结

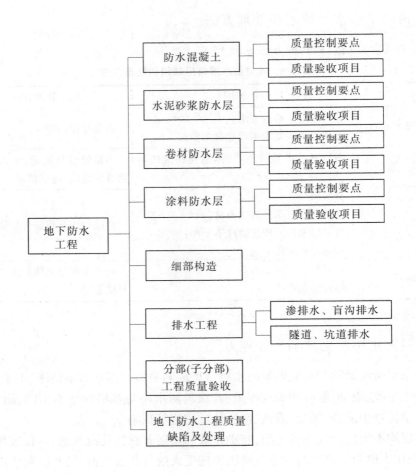

第十六章 建筑地面工程

【学习目标】
- 掌握建筑地面工程的基本规定
- 掌握基层铺设
- 掌握整体面层铺设
- 掌握板块面层铺设
- 了解木、竹面层铺设
- 了解分部(子分部)工程质量验收
- 掌握常见质量通病的防治及常见质量缺陷的处理

第一节 概述

楼板层和地坪层的面层,在构造和要求上是基本一致的,对室内装修而言,统称为地面。根据《建筑工程施工质量验收统一标准》(GB 50300—2013)建筑工程分部(子分部)工程的划分,归属于建筑装饰装修工程的子分部工程。地面是人们日常生活、工作和生产时直接接触的部分,也是建筑中直接承受荷载的部分,经常受到摩擦、清扫、冲洗等作用,因此地面装修构造要满足设计要求:

(1)具有足够的坚固性。要求在各种外力作用下不易磨损破坏,且要求表面平整、光洁、易清洁和不易起灰。

(2)保温性能好。即要求地面材料的导热系数要小,给人以温暖舒适的感觉,冬季走在上面不致感到寒冷。

(3)具有一定的弹性。当人们行走时不致有过硬的感受,同时还能起隔声作用。

(4)满足某些特殊要求。对有水作用的房间,地面应防潮防水;对有火灾隐患的房间,应防火阻燃;对有化学物质作用的房间应耐腐蚀等。

一、建筑地面工程范畴

1.建筑地面工程主要是指对新建、改建、扩建的一般工业与民用建筑(房屋建筑物和构筑物)工程中底层地面和楼层地面所进行的施工技术工作和完成的工程实体。

2.房屋建筑物和构筑物的四周围的附属工程,即室外散水、明沟、台阶、踏步和坡道等也属于建筑地面工程的范畴。

3.对于保温、隔热、超净、屏蔽、绝缘和防止放射线等特殊使用功能要求的建筑,因其工程个体设计是按整个房屋建筑物的外围结构(即空间的四面墙体、顶棚和地面的六面体)和建筑地面面层下的构造层共同考虑的,此类建筑已不属于建筑地面工程范畴,其施工质量验收应按设计要求进行。

4.有关防腐蚀特殊要求的建筑地面工程,因有专门规范,应按现行国家标准《建筑防腐蚀工程施工及验收规范》(GB 50212—2014)和《建筑防腐蚀工程质量检验评定标准》(GB 50224—2010)执行,本章内容不包括。

5.对本章内容在基层铺设和其他各类面层铺设中未能列出的类型、名称项目,当设计要求时,其施工质量验收均应按设计要求。其组成材料、过程控制、施工要点和质量标准可参照本章相关的基层铺设和面层铺设各节进行。

二、建筑地面工程组成构造

1.组成与要求

建筑地面系房屋建筑物底层地面(即地面)和楼层地面(即楼面)的总称,它是构成房屋建筑各层的水平结构层,即水平方向的承重构件。楼层地面按使用要求把建筑物水平方向分割成若干楼层数,各自承受本楼层的荷载,底层地面则承受底层的荷载。因此地面与楼面均应有足够的强度和刚度,使其在荷载作用下,其结构层不致出现开裂或产生较大的挠度而发生质量问题,从而直接或间接影响建筑地面工程质量,造成一些施工质量缺陷。为此,建筑地面工程虽不属于建筑物结构性的主体工程,仍然是建筑工程中的一个重要分部(子分部)工程。

2.构成与层次

建筑地面工程主要由基层和面层两大基本构造层组成。基层部分包括结构层和垫层,而底层地面的结构层是基土,楼层地面的结构层则是楼板;而结构层和垫层往往结合在一起又统称为垫层,它起着承受和传递来自面层的荷载作用,因此基层应具有一定的强度和刚度。面层部分即地面与楼面的表面层,将根据生产、工作、生活特点和不同的使用要求做成整体面层、板块面层和木竹面层等各种面层,它直接承受表面层的各种荷载。因此面层不仅具有一定的强度,还要满足各种如耐磨、耐酸、耐碱、防潮、防水、防滑、防爆、防霉、防腐蚀、防油渗、耐高温以及冲击、清洁、洁净、隔热、保温等功能性要求,为此应保证面层的整体性,并应要达到一定的平整度(或坡向度)。

当基层和面层两大基本构造层之间还不能满足使用和构造上的要求时,必须增设相应的结合层、找平层、填充层、隔离层等附加的构造层。

第二节　基本规定

建筑地面施工应体现我国的经济技术政策,在符合设计要求和满足使用功能条件下,应充分采用地方材料,合理利用、推广工业废料,优先选用国产材料,尽量节约钢筋、木材、水泥和有色金属,加强维护管理,做到技术先进、经济合理、控制污染、卫生环保、确保质量、安全适用。

一、分部、子分部工程的划分

建筑地面分部、子分部工程的划分符合表16-1规定。

表 16-1　分部、子分部工程的划分

分部工程	子分部工程	分项工程
建筑装饰装修工程	地面	整体面层 基层：基土、灰土垫层、砂垫层和砂石垫层、碎石垫层和碎砖垫层、三合土及四合土垫层、炉渣垫层、水泥混凝土垫层和陶粒混凝土垫层、找平层、隔离层、填充层、绝热层 面层：水泥混凝土面层、水泥砂浆面层、水磨石面层、硬化耐磨面层、防油渗面层、不发火（防爆）面层、自流平面层、涂料面层、塑胶面层、地面辐射供暖的整体面层
		板块面层 基层：基土、灰土垫层、砂垫层和砂石垫层、碎石垫层和碎砖垫层、三合土及四合土垫层、炉渣垫层、水泥混凝土垫层和陶粒混凝土垫层、找平层、隔离层、填充层、绝热层 面层：砖面层（陶瓷锦砖、缸砖、陶瓷地砖和水泥花砖面层）、大理石面层和花岗石面层、预制板块面层（水泥混凝土板块、水磨石板块、人造石板块面层）、料石面层（条石、块石面层）、塑料板面层、活动地板面层、金属板面层、地毯面层、地面辐射供暖的板块面层
		木、竹面层 基层：基土、灰土垫层、砂垫层和砂石垫层、碎石垫层和碎砖垫层、三合土及四合土垫层、炉渣垫层、水泥混凝土垫层和陶粒混凝土垫层、找平层、隔离层、填充层、绝热层 面层：实木地板、实木集成地板、竹地板面层（条材、块材面层）、实木复合地板面层（条材、块材面层）、浸渍纸层压木质地板面层（条材、块材面层）、软木类地板面层（条材、块材面层）、地面辐射供暖的木板面层

注：1.以上分项工程的面层和相应基层系按规范制定；

2.不在上列表内的其他面层和相应基层亦可分别归类为相应子分部工程中增列。

二、材料质量

1.建筑地面工程采用的材料或产品应符合设计要求和国家现行有关标准的规定。无国家现行标准的,应具有省级住房和城乡建设行政主管部门的技术认可文件。材料或产品进场时还应有质量合格证明文件;应对型号、规格、外观等进行验收,对重要材料或产品应抽样进行复验。

2.厕浴间和有防滑要求的建筑地面应符合设计防滑要求。

3.建筑地面工程采用的大理石、花岗石、料石等天然石材以及砖、预制板块、地毯、人造板材、胶粘剂、涂料、水泥、砂、石、外加剂等材料或产品应符合国家现行有关室内环境污染控制和放射性、有害物质限量的规定。材料进场时应具有检测报告。

三、技术规定

1.建筑地面各构造层采用拌合料的配合比或强度等级,应按施工规范规定和设计要求通过试验确定后,填写配合比通知单记录,并按规定做好试块的制作、养护和强度检验。

2.水泥混凝土和水泥砂浆试块的制作、养护和强度检验应按现行国家标准《混凝土结构工程施工质量验收规范》(GB 50204—2015)和《砌体工程施工质量验收规范》(GB 50203—2011)的有关规定执行。

3.检验水泥混凝土和水泥砂浆试块的组数,按施工规范的规定:每一层(或检验批)建筑地面工程不应小于一组;当每一层(或检验批)建筑地面工程面积大于1 000 m²时,每增加1 000 m²各增做一组试块,小于1 000 m²按1 000 m²计算;当改变配合比时,也相应的按上述规定制作试块组数;以保证质量检验。

4.建筑地面各构造层的厚度应严格控制,按设计要求铺设,并应符合施工规范的规定。

5.厕浴间和有防滑要求的建筑地面,应选用符合设计要求的具有防滑性能的板块材料,以满足使用功能,防止使用时对人体可能造成的滑倒伤害。

6.在地面工程上铺设有坡度要求的面层时,应在基层施工中,在夯实的基土上修整基土层高差以达到设计要求的坡度。

在楼面工程上铺设有坡度要求的面层(或在地下室的底层地面和架空板地面)时,施工中应采取在结构层(现浇钢筋混凝土或预制板)上按结构起坡的高差或在钢筋混凝土板上利用变更填充层(或找平层)铺设的厚度差以达到设计要求的坡度。

7.为了使各层(主要指铺设垫层、找平层、结合层和面层)铺设材料和拌合料、胶结材料具有正常凝结和硬化条件,建筑地面工程施工时,各层环境温度及其所铺设材料温度的控制,应符合下列规定:

(1)采用掺有水泥的拌合料铺设面层、结合层、找平层和垫层时,其环境温度不应低于5℃,并应保持拌合料强度等级达到不小于设计要求的50%;

(2)采用沥青胶结料(无特别注明时,均为石油沥青胶结料,以下同)作为结合层和填缝料铺设板块面层、实木地板面层时,其环境温度不应低于5℃;

(3)采用掺有石灰的拌合料铺设垫层时,其环境温度不应低于5℃;

(4)采用胶粘剂(无特别注明时,均为有机胶粘剂,以下同)粘贴塑料板面层、拼花木板面层时,其环境温度不应低于10℃;

(5)在砂石垫层和砂结合层上铺设板块料、料石面层时,其环境温度不应低于0℃;

(6)铺设碎石、碎砖垫层时,其环境温度不应低于0℃;

如各层环境温度低于上述规定,施工时应采取相应的技术措施,以保证各层的施工质量。

8.水泥混凝土散水和明沟应按施工规范规定设置伸缩缝。其间隙宜按各地气候条件和传统做法确定,但其延米间距不应大于10 m;房屋建筑物转角处应做成45°伸缩缝。水泥混凝土散水、明沟和台阶等与建筑物连接处应设缝处理,以防止沉降开裂。上述缝宽度均为15~20 mm,缝内填嵌柔性密封材料。

9.厕浴间、厨房和有排水(或其他液体)要求的建筑地面工程,其结构层标高的确定,应结合房间内外标高差、面层做法和隔离层以能包裹住地漏以及面层坡度流向地漏(管沟)等方面施工。房间内外高差应符合设计要求,当设计无要求时,宜不小于20 mm,以防止厕浴间、厨房和排水要求的建筑地面面层铺设后可能出现房间水向外溢出、室内倒泛水和地漏处渗漏等现象,从而影响正常使用。

10.楼梯踏步的高度和宽度应符合设计要求。施工时,踏步的每级高度应以楼梯间结构层的标高结合楼梯上、下级踏步与平台、走道连接处面层的做法,进行划分。使铺设后每级踏步的高度与上一级踏步和下一级踏步的高度差达到施工规范的质量检验标准。

四、施工程序

1.建筑地面各类面层的铺设宜在室内装饰工程基本完工后进行,对面层下的基层表面,应认真做好清理和处理工作。

当铺设活动地板、塑料地板、木板、拼花木板、竹地板和地毯面层时,应待室内抹灰工程或暖气试压工作等方面可能会造成建筑地面潮湿的施工工序完工后进行,同时在铺设上述面层前,应使房间干燥,并防止在气候潮湿的环境下施工。

2.建筑地面工程下部遇有沟槽、管道(暗管)等工程项目时,必须贯彻先地下后地上的施工原则,应待该项工程完成并经检验合格做好隐蔽工程记录(或验收)后,方可进行上部的建筑地面工程施工,以免因下部工程出现质量问题而造成上部工程不必要的返工,影响建筑地面工程的铺设质量。

3.建筑地面工程各构造层施工,应按构成各层次的顺序进行合理安排,其下一层的施工质量经检验合格,并在其有可能损坏这一层的下层的其他工程完成后,方可进行其上一层的施工,应做好记录。各道工序应按施工工艺、技术标准(或工法)进行质量控制,每一工序完成后,均应进行检查。

4.建筑地面工程各构造层铺设前,如与相关专业施工的分部(子分部)工程、分项工程以及设备管道安装工程之间有交叉的作业部位,各专业工种之间应按施工规范规定的质量标准进行交接检验,并做好记录。未经现场监理部门检查认可,不得进行下道工序施工。

5.建筑地面工程完工后,应对铺设面层采取保护措施,特别是大面积整体面层,板块面层,木、竹面层和楼梯间踏步,防止面层表面碰撞损坏。因为这些项目虽进行修补后仍将会影响工程质量,造成永久性的施工缺陷。

五、变形缝

1.建筑地面的沉降缝、伸缝、缩缝和防震缝,应与结构相应缝的位置一致,且应贯通建筑地面的各构造层。

2.沉降缝和防震缝的宽度应符合设计要求,缝内清理干净,以柔性密封材料填嵌后用板封盖,并应与面层齐平。

六、建筑地面镶边

1.有强烈机械作用下的水泥类整体面层与其他类型的面层邻接处,应设置金属镶边构件。

2.具有较大振动或变形的设备基础与周围建筑地面的邻接处,应沿设备基础周边设置贯通建筑地面各构造层的沉降缝(防震缝)。

3.采用水磨石整体面层时,应用同类材料镶边,并用分格条进行分格。

4.条石面层和砖面层与其他面层邻接处,应用顶铺的同类材料镶边。

5.采用木、竹面层和塑料板面层时,应用同类材料镶边。

6.地面面层与管沟、孔洞、检查井等邻接处,均应设置镶边。

7.管沟、变形缝等处的建筑地面面层的镶边构件,应在面层铺设前装设。

8.建筑地面的镶边宜与柱、墙面或踢脚线的变化协调一致。

七、检验批划分及检验数量

1.基层(各构造层)和各类面层的分项工程的施工质量验收应按每一层次或每层施工段(或变形缝)划分检验批,高层建筑的标准层可按每三层(不足三层按三层计)划分检验批。

2.每检验批应以各子分部工程的基层(各构造层)和各类面层所划分的分项工程按自然间(或标准间)检验,抽查数量应随机检验不应少于 3 间;不足 3 间,应全数检查;其中走廊(过道)应以 10 延米为 1 间,工业厂房(按单跨计)、礼堂、门厅应以两个轴线为 1 间计算。

3.有防水要求的建筑地面子分部工程的分项工程施工质量每检验批抽查数量应按其房间总数随机检验不应少于 4 间,不足 4 间,应全数检查。

八、建筑地面工程质量合格的标准

1.建筑地面工程的分项工程施工质量检验的主控项目,应达到《建筑地面工程施工质量验收规范》(GB50209—2010)规定的质量标准,认定为合格。

2.一般项目 80%以上的检查点(处)符合规范规定的质量要求,其他检查点(处)不得有明显影响使用,且最大偏差值不超过允许偏差值的 50%为合格。

3.凡达不到质量标准时,应按现行国家标准《建筑工程施工质量验收统一标准》(GB 50300—2013)的规定处理。

九、建筑检验方法

1.检查允许偏差应采用钢尺、1 m 直尺、2 m 直尺、3 m 直尺、2 m 靠尺、楔形塞尺、坡度尺、游标卡尺和水准仪。

2.检查空鼓应采用敲击的方法。

3.检查防水隔离层应采用蓄水方法,蓄水深度最浅处不得小于 10 mm,蓄水时间不得少于 24 h;检查有防水要求的建筑地面的面层应采用泼水方法。

4 检查各类面层(含不需铺设部分或局部面层)表面的裂纹、脱皮、麻面和起砂等缺陷,应采用观感的方法。

十、施工质量验收组织程序

建筑地面工程的施工质量验收应在建筑施工企业自检合格的基础上,由监理单位或建设单位组织有关单位对分项工程、子分部工程进行检验。

建筑地面工程完工后,施工单位应对面层采取保护措施。

第三节　基层铺设

基层是指地面下的构造层。包括基土、垫层、找平层、隔离层、绝热层和填充层等。

基层的一般规定如下:

1.基层铺设适用于基土、垫层、找平层、隔离层和填充层等基层分项工程的施工质量检验。

2.基层铺设的材料质量、密实度和强度等级(或配合比)等应符合设计要求和施工规范的规定。

3.当垫层、找平层内埋设暗管时,管道应按设计要求予以稳固。

4.基层铺设前,其下一层表面应干净、无积水。

5.对有防静电要求的整体地面的基层,应清除残留物,将露出基层的金属物涂绝缘漆两遍晾干。

6.基层的标高、坡度、厚度等应符合设计要求。基层表面应平整,其允许偏差和检验方法应符合表16-2的规定。

(一)基土

基土系室内底层地面工程和室外散水、明沟、踏步、台阶和坡道等附属工程中垫层下的土层,是承受由整个地面传来荷载的地基结构层,虽不同于地基基础,但仍然关系到地面工程的质量。

1.质量控制要点

(1)地面应铺设在均匀密实的基土上。土层结构被扰动的基土应进行换填,并予以压实。压实系数应符合设计要求。对软弱土层应按设计要求进行处理。

(2)填土应分层摊铺、分层压(夯)实、分层检验其密实度。填土质量应符合现行国家标准《建筑地基基础工程施工质量验收规范》(GB 50202—2002)的有关规定。

(3)填土时应为最优含水量。重要工程或大面积的地面填土前,应取土样,按击实试验确定最优含水量与相应的最大干密度。

2.主控项目

(1)基土严禁用淤泥、腐殖土、冻土、耕植土、膨胀土、建筑杂物和含有有机物质含量大于8%的土作为填土,填土土块的粒径不应大于50 mm。

检验方法:观察检查和检查土质记录。

检查数量:按检验批规定检查。

(2)建筑基土的氡浓度应符合现行国家标准《民用建筑工程室内环境污染控制规范》(GB 50325—2010)的规定。

检验方法:检查检测报告。

检查数量:同一工程、同一土源地点检查一组。

(3)基土应均匀密实,压实系数应符合设计要求,设计无要求时,不应小于0.9。

检验方法:观察检查和检查试验记录。

检查数量:按检验批规定检查。

3.一般项目

基土表面的允许偏差应符合表16-2的规定。

检验方法:按范表16-2中的检验方法检验。

检查数量:按检验批规定检查。

(二)灰土垫层

灰土垫层应根据面层类型和基土结构层而定,但应铺设在不受地下水浸湿的基土上。适用于一般粘性土层,施工简单,取材方便,费用较低。

1.质量控制要点

(1)灰土垫层应采用熟化石灰与粘土(或粉质粘土、粉土)的拌和料铺设,其厚度不应小于 100 mm。

（2）熟化石灰粉可采用磨细生石灰，亦可用粉煤灰代替。

（3）灰土垫层应铺设在不受地下水浸泡的基土上。施工后应有防止水浸泡的措施。

（4）灰土垫层应分层夯实，经湿润养护、晾干后方可进行下一道工序施工。

（5）灰土垫层不宜在冬期施工。当必须在冬期施工时，应采取可靠措施。

2.主控项目及检验方法

灰土体积比应符合设计要求。

检验方法：观察检查和检查配合比试验报告。

检查数量：同一工程、同一体积比检查一次。

3.一般项目及检验方法

（1）熟化石灰颗粒粒径不应大于 5 mm；粘土（或粉质粘土、粉土）内不得含有有机物质，颗粒粒径不应大于 16 mm。

检验方法：观察检查和检查质量合格证明文件。

检查数量：按检验批规定的检验批规定检查。

（2）灰土垫层表面的允许偏差应符合表 16-2 的规定。

检验方法：按本表 16-2 中的检验方法检验。

检查数量：按检验批规定的检验批规定检查。

（三）砂垫层和砂石垫层

砂和砂石垫层一般适用于处理软土透水性强的黏性土基土，但不宜用于湿陷性黄土地基和不透水的黏性土基土。

1.质量控制要点

（1）砂垫层厚度不应小于 60 mm；砂石垫层厚度不应小于 100 mm。

（2）砂石应选用天然级配材料。铺设时不应有粗细颗粒分离现象，压（夯）至不松动为止。

2.主控项目及检验方法

（1）砂和砂石不应含有草根等有机杂质；砂应采用中砂；石子最大粒径不应大于垫层厚度的 2/3。

检验方法：观察检查和检查质量合格证明文件。

（2）砂垫层和砂石垫层的干密度（或贯入度）应符合设计要求。

检验方法：观察检查和检查试验记录。

3.一般项目及检验方法

（1）表面不应有砂窝、石堆等现象。

检验方法：观察检查。

检查数量：按检验批规定的检验批规定检查。

（2）砂垫层和砂石垫层表面的允许偏差应符合表 16-2 的规定。

检验方法：按本表 16-2 中的检验方法检验。

检查数量：按检验批规定的检验批规定检查。

表16-2 基层表面的允许偏差和检验方法

项次	项目	基土			垫层						填充层		隔离层	绝热层	检验方法
		土	砂、石	灰土	木搁栅	垫层地板 拼花实木板、拼花实木复合地板面层	垫层地板 其他类面层	找平层 用胶结料做结合层铺设板块面层	找平层 用水泥砂浆做结合层铺设板块面层	找平层 用胶粘剂做结合层铺设拼花木板面层	松散材料	板块材料	防水、防潮、防油渗	板块材料、散料、浇筑材料	
1	表面平整度	15	15	10	3	3	5	3	5	2	7	5	3	4	用2m靠尺和塞尺检查
2	标高	0,−50	±20	±10	±5	±5	±8	±5	±8	±4	±4	±4	±4	±4	用水准仪检查
3	坡度	不大于房间相应尺寸的2/1000,且不大于30													用坡度尺检查
4	厚度	在个别地方不大于设计厚度的1/10,且不大于20													用钢尺检查

(四)碎石垫层和碎砖垫层

碎石垫层是用碎石铺设在基土层上而成。碎砖垫层是用碎砖铺设在基土层上而成。碎石垫层和碎砖垫层适用于地面工程中面层下的垫层、构造层。

1.质量控制要点

(1)碎石垫层和碎砖垫层厚度不应小于 100 mm。

(2)垫层应分层压(夯)实,达到表面坚实、平整。

2.主控项目及检验方法

(1)碎砖不应采用风化、酥松、夹有有机杂质的砖料,颗粒粒径不应大于 60 mm。

检验方法:观察检查和检查质量合格证明文件。

(2)碎石、碎砖垫层的密实度应符合设计要求。

检验方法:观察检查和检查试验记录。

3.一般项目及检验方法

碎石、碎砖垫层的表面允许偏差应符合表 16-2 的规定。

检验方法:按表 16-2 中的检验方法检验。

(五)三合土垫层和四合土垫层

三合土垫层是用石灰、砂(也可掺少量赫土)和碎砖按一定的体积比加水成拌合料铺设在基土层上而成。三合土垫层适用于地面工程中面层下垫层构造层,铺设的拌合料在其硬化期间应避免受水浸湿。

1.质量控制要点

(1)三合土垫层应采用石灰、砂(可掺入少量粘土)与碎砖的拌和料铺设,其厚度不应小于 100 mm;四合土垫层应采用水泥、石灰、砂(可掺少量粘土)与碎砖的拌和料铺设,其厚度不应小于 80 mm。

(2)三合土垫层和四合土垫层均应分层夯实。

2.主控项目及检验方法

(1)水泥宜采用硅酸盐水泥、普通硅酸盐水泥;熟化石灰颗粒粒径不应大于 5 mm;砂应用中砂,并不得含有草根等有机物质;碎砖不应采用风化、酥松和有机杂质的砖料,颗粒粒径不应大于 60 mm。

检验方法:观察检查和检查质量合格证明文件。

检查数量:按检验批规定的检验批规定检查。

(2)三合土、四合土的体积比应符合设计要求。

检验方法:观察检查和检查配合比试验报告。

检查数量:同一工程、同一体积比检查一次。

3.一般项目及检验方法

三合土垫层和四合土垫层表面的允许偏差应符表 16-2 的规定。

检验方法:按表 16-2 中的检验方法检验。

检查数量:按检验批规定的检验批规定检查。

(六)炉渣垫层

1.质量控制要点

(1)炉渣垫层应采用炉渣或水泥与炉渣或水泥、石灰与炉渣的拌和料铺设,其厚度不应小于 80 mm。

（2）炉渣或水泥炉渣垫层的炉渣，使用前应浇水闷透；水泥石灰炉渣垫层的炉渣，使用前应用石灰浆或用熟化石灰浇水拌和闷透；闷透时间均不得少于 5 d。

（3）在垫层铺设前，其下一层应湿润；铺设时应分层压实，表面不得有泌水现象。铺设后应养护，待其凝结后方可进行下一道工序施工。

（4）炉渣垫层施工过程中不宜留施工缝。当必须留缝时，应留直槎，并保证间隙处密实，接槎时应先刷水泥浆，再铺炉渣拌和料。

3. 主控项目及检验方法

（1）炉渣内不应含有有机杂质和未燃尽的煤块，颗粒粒径不应大于 40 mm，且颗粒粒径在 5 mm 及其以下的颗粒，不得超过总体积的 40%；熟化石灰颗粒粒径不应大于 5 mm。

检验方法：观察检查和检查质量合格证明文件。

检查数量：按检验批规定检查。

（2）炉渣垫层的体积比应符合设计要求。

检验方法：观察检查和检查配合比试验报告。

检查数量：同一工程、同一体积比检查一次。

3. 一般项目及检验方法

（1）炉渣垫层与其下一层结合应牢固，不应有空鼓和松散炉渣颗粒。

检验方法：观察检查和用小锤轻击检查。

（2）炉渣垫层表面的允许偏差应符合本表 16-2 的规定。

检验方法：按表 16-2 中的检验方法检验。

检查数量：按检验批规定检查。

（七）水泥混凝土垫层和陶粒混凝土垫层

1. 质量控制要点

（1）水泥混凝土垫层和陶粒混凝土垫层应铺设在基土上。当气温长期处于 0℃ 以下，设计无要求时，垫层应设置缩缝，缝的位置、嵌缝做法等应与面层伸、缩缝相一致。

（2）泥混凝土垫层的厚度不应小于 60 mm；陶粒混凝土垫层的厚度不应小于 80 mm。

（3）垫层铺设前，当为水泥类基层时，其下一层表面应湿润。

（4）室内地面的水泥混凝土垫层和陶粒混凝土垫层，应设置纵向缩缝和横向缩缝；纵向缩缝、横向缩缝的间距均不得大于 6 m。

（5）垫层的纵向缩缝应做平头缝或加肋板平头缝。当垫层厚度大于 150 mm 时，可做企口缝。横向缩缝应做假缝。平头缝和企口缝的缝间不得放置隔离材料，浇筑时应互相紧贴。企口缝尺寸应符合设计要求，缝宽度宜为 5 mm～20 mm，深度宜为垫层厚度的 1/3，填缝材料应与地面变形缝的填缝材料相一致。

（6）工业厂房、礼堂、门厅等大面积水泥混凝土、陶粒混凝土垫层应分区段浇筑。分区段应结合变形缝位置、不同类型的建筑地面连接处和设备基础的位置进行划分，并应与设置的纵向、横向缩缝的间距相一致。

（7）水泥混凝土、陶粒混凝土施工质量检验尚应符合国家现行标准《混凝土结构工程施工质量验收规范》（GB 50204—2015）和《轻骨料混凝土技术规程》（JGJ 51—2002）的有关规定。

2.主控项目及检验方法

(1)水泥混凝土垫层和陶粒混凝土垫层采用的粗骨料,其最大粒径不应大于垫层厚度的2/3,含泥量不应大于300;砂为中粗砂,其含泥量不应大于3%。陶粒中粒径小于5 mm的颗粒含量应小于1 000;粉煤灰陶粒中大于15 mm的颗粒含量不应大于500;陶粒中不得混夹杂物或粘土块。陶粒宜选用粉煤灰陶粒、页岩陶粒等。

检验方法:观察检查和检查质量合格证明文件。

检查数量:同一工程、同一强度等级、同一配合比检查一次。

(2)水泥混凝土和陶粒混凝土的强度等级应符合设计要求。陶粒混凝土的密度应在800 kg/m³~1 400 kg/m³之间。

检验方法:检查配合比试验报告和强度等级检测报告。

3.一般项目及检验方法

水泥混凝土垫层和陶粒混凝土垫层表面的允许偏差应符合本表16-2的规定。

检验方法:按本表16-2中的检验方法检验。

(八)找平层

找平层是在各类垫层上或钢筋混凝土板上以及填充层上铺设起着整平、找坡或加强作用的构造层,并具有一定的强度。

1.质量控制要点

(1)找平层宜采用水泥砂浆或水泥混凝土铺设。当找平层厚度小于30 mm时,宜用水泥砂浆做找平层;当找平层厚度不小于30 mm时,宜用细石混凝土做找平层。

(2)找平层铺设前,当其下一层有松散填充料时,应予铺平振实。

(3)有防水要求的建筑地面工程,铺设前必须对立管、套管和地漏与楼板节点之间进行密封处理,并应进行隐蔽验收;排水坡度应符合设计要求。

(4)在预制钢筋混凝土板上铺设找平层前,板缝填嵌的施工应符合下列要求:

①预制钢筋混凝土板相邻缝底宽不应小于20 mm。

②填嵌时,板缝内应清理干净,保持湿润。

③填缝应采用细石混凝上,其强度等级不应小于C20。填缝高度应低于板面10 mm~20 mm,且振捣密实;填缝后应养护。当填缝混凝土的强度等级达到C15后方可继续施工。

④当板缝底缝宽大于40 mm时,应按设计要求配置钢筋。

(5)在预制钢筋混凝土板上铺设找平层时,其板端应按设计要求做防裂的构造措施。

2.主控项目及检验方法

(1)找平层采用碎石或卵石的粒径不应大于其厚度的2/3,含泥量不应大于2%;砂为中粗砂,其含泥量不应大于3%。

检验方法:观察检查和检查质量合格证明文件。

检查数量:同一工程、同一强度等级、同一配合比检查一次。

(2)水泥砂浆体积比、水泥混凝土强度等级应符合设计要求,且水泥砂浆体积比不应小于1 :3(或相应强度等级);水泥混凝土强度等级不应小于C15。

检验方法:观察检查和检查配合比试验报告、强度等级检测报告。

(3)有防水要求的建筑地面工程的立管、套管、地漏处不应渗漏,坡向应正确、无积水。

检验方法:观察检查和蓄水、泼水检验及坡度尺检查。

检查数量:按检验批规定检查。

（4）在有防静电要求的整体面层的找平层施工前,其下敷设的导电地网系统应与接地引下线和地下接电体有可靠连接,经电性能检测且符合相关要求后进行隐蔽工程验收。

检验方法:观察检查和检查质量合格证明文件。

检查数量:按检验批规定检查。

3.一般项目及检验方法

（1）找平层与其下一层结合应牢固,不应有空鼓。

检验方法:用小锤轻击检查。

检查数量:按检验批规定检查。

（2）找平层表面应密实,不应有起砂、蜂窝和裂缝等缺陷。

检验方法:观察检查。

检查数量:按检验批规定检查。

（3）找平层的表面允许偏差应符合表16-2的规定。

检验方法:按表16-2中的检验方法检验。

检查数量:按检验批规定检查。

（九）隔离层

隔离层是指防止建筑地面上各种液体或地下水、潮气渗透地面等作用的构造层;当仅防止地下潮气透过地面时,可称作防潮层。

1.质量控制要点

（1）基层要求

在水泥类找平层上铺设卷材类、涂料类防水、防油渗隔离层时,其表面应坚固、洁净、干燥。铺设前,应涂刷基层处理剂。

基层处理剂应采用与卷材性能相容的配套材料或采用与涂料性能相容的同类涂料的冷底子油。

（2）水泥类隔离层要求

当采用掺有防渗外加剂的水泥类隔离层时,其配合比、强度等级、外加剂的复合掺量等应符合设计要求。

（3）隔离层细部构造要求

铺设隔离层时,在管道穿过楼板面四周,防水、防油渗材料应向上铺涂,并超过套管的上口;在靠近柱、墙处,应高出面层200 mm～300 mm或按设计要求的高度铺涂。阴阳角和管道穿过楼板面的根部应增加铺涂附加防水、防油渗隔离层。

（4）蓄水试验

防水材料铺设后,必须做蓄水试验。蓄水深度为20 mm～30 mm,24 h内无渗漏为合格,并做记录。

（5）隔离层兼作面层时,其材料不得对人体及环境产生不利影响,并应符合现行国家标准《食品安全性毒理学评价程序和方法》（GB 15193.1—2014）和《生活饮用水卫生标准》（GB 5749—2006）的有关规定。

（6）隔离层施工质量检验还应符合现行国家标准《屋面工程施工质量验收规范》（GB 50207—2012）的有关规定。

3.主控项目及检验方法

(1)隔离层材料应符合设计要求和国家现行有关标准的规定。

检验方法:观察检查和检查型式检验报告、出厂检验报告、出厂合格证。

检查数量:同一工程、同一材料、同一生产厂家、同一型号、同一规格、同一批号检查一次。

(2)卷材类、涂料类隔离层材料进入施工现场,应对材料的主要物理性能指标进行复验。

检验方法:检查复验报告。

检查数量:执行现行国家标准《屋面工程质量验收规范》(GB 50207—2012)的有关规定。

(3)厕浴间和有防水要求的建筑地面必须设置防水隔离层。楼层结构必须采用现浇混凝土或整块预制混凝土板,混凝土强度等级不应小于 C20;房间的楼板四周除门洞外应做混凝土翻边,高度不应小于 200 mm,宽同墙厚,混凝土强度等级不应小于 C20。施工时结构层标高和预留孔洞位置应准确,严禁乱凿洞

检验方法:观察和钢尺检查。

检查数量:按检验批规定检查。

(4)水泥类防水隔离层的防水等级和强度等级应符合设计要求。

检验方法:观察检查和检查防水等级检测报告、强度等级检测报告。

检查数量:按检验批规定检查。

(5)防水隔离层严禁渗漏,排水的坡向应正确、排水通畅。

检验方法:观察检查和蓄水、泼水检验、坡度尺检查及检查验收记录。

检查数量:按检验批规定检查。

3.一般项目及检验方法

(1)隔离层厚度应符合设计要求。

检验方法:观察检查和用钢尺、卡尺检查。

检查数量:按检验批规定检查。

(2)隔离层与其下一层应粘结牢固,不应有空鼓;防水涂层应平整、均匀,无脱皮、起壳、裂缝、鼓泡等缺陷。

检验方法:用小锤轻击检查和观察检查。

检查数量:按检验批规定检查。

(3)隔离层表面的允许偏差应符合表 16-2 的规定。

检验方法:按表 16-2 中的检验方法检验。

(十)填充层

填充层是在隔离层(或找平层)上增设的构造层,为满足建筑地面上有暗敷管线、排水找坡等使用要求而铺设的,并起保温、隔声等作用。

1.质量控制要点

(1)材料质量

填充层材料的密度应符合设计要求。

(2)基层要求

填充层的下一层表面应平整。当为水泥类时,尚应洁净、干燥,并不得有空鼓、裂缝和起砂等缺陷。

（3）有隔声要求的楼面

有隔声要求的楼面,隔声垫在柱、墙面的上翻高度应超出楼面 20 mm,且应收口于踢脚线内。地面上有竖向管道时,隔声垫应包裹管道四周,高度同卷向柱、墙面的高度。隔声垫保护膜之间应错缝搭接,搭接长度应大于 100 mm,并用胶带等封闭。

隔声垫上部应设置保护层,其构造做法应符合设计要求。当设计无要求时,混凝土保护层厚度不应小于 30 mm,内配间距不大于 200 mm× 200 mm 的 Φ6 mm 钢筋网片。

（4）采用松散材料铺设填充层时,应分层铺平拍实;采用板块状材料铺设填充层时,应分层错缝铺贴。

（5）有隔声要求的建筑地面工程尚应符合现行国家标准《建筑隔声评价标准》(GB/T 50121—2005),《民用建筑隔声设计规范》(GB 50118—2010)的有关要求。

3.主控项目及检验方法

（1）填充层材料应符合设计要求和国家现行有关标准的规定。

检验方法:观察检查和检查质量合格证明文件。

检查数量:同一工程、同一材料、同一生产厂家、同一型号、同一规格、同一批号检查一次。

（2）填充层的厚度、配合比应符合设计要求。

检验方法:用钢尺检查和检查配合比试验报告。

检查数量:按检验批规定检查。

（3）对填充材料接缝有密闭要求的应密封良好。

检验方法:观察检查。

3.一般项目及检验方法

（1）松散材料填充层铺设应密实;板块状材料填充层应压实、无翘曲。

检验方法:观察检查。

检查数量:按检验批规定检查。

（2）填充层的坡度应符合设计要求,不应有倒泛水和积水现象。

检验方法:观察和采用泼水或用坡度尺检查。

检查数量:按检验批规定检查。

（3）填充层表面的允许偏差应符合表16-2 的规定。

检验方法:按本表16-2 中的检验方法检验。

检查数量:按检验批规定检查。

（4）用作隔声的填充层,其表面允许偏差应符表16-2 要求。

检验方法:按表16-2 中隔离层的检验方法检验。

检查数量:按检验批规定检查。

第四节　整体面层铺设

整体面层包括水泥混凝土(含细石混凝土)面层、水泥砂浆面层、水磨石面层、硬化耐磨面层、防油渗面层、不发火（防爆）面层、自流平面层、涂料面层、塑胶面层、地面辐射供暖的整体面层等。

整体面层的一般规定：

（1）铺设整体面层时，水泥类基层的抗压强度不得小于 1.2 Mpa。

（2）表面应粗糙、洁净、湿润并不得有积水。铺设前宜凿毛或徐刷界面剂。硬化耐磨面层、自流平面层的基层处理应符合设计及产品的要求。

（3）铺设整体面层时，地面变形缝的位置应符合规定。

（4）分隔条的规定；大面积水泥类面层应设置分格缝。

（5）整体面层施工后，养护时间不应少于 7 d；抗压强度应达到 5 MPa 后方准上人行走；抗压强度应达到设计要求后，方可正常使用。

（6）当采用掺有水泥拌和料做踢脚线时，不得用石灰混合砂浆打底。

（7）水泥类整体面层的抹平工作应在水泥初凝前完成，压光工作应在水泥终凝前完成。

（8）整体面层的允许偏差和检验方法应符合表 16-3 的规定。

表 16-3　整体面层的允许偏差和检验方法

项次	允许偏差（mm）									检验方法
	水泥混凝土面层	水泥砂浆面层	普通水磨石面层	高级水磨石面层	硬化耐磨面层	防油渗混凝土和不发火（防爆）面层	自流平面层	涂料面层	塑胶面层	
1	表面平整度	5	4	3	2	5	2	2	2	用 2 m 靠尺和楔形塞尺检查
2	踢脚线上口平直	4	4	3	3	4	3	3	3	拉 5 m 线和用钢尺检查
3	缝格顺直	3	3	3	2	3	2	2	2	

一、水泥混凝土面层

水泥混凝土面层在工业与民用建筑地面工程中应用较广泛，主要为承受较大的机械磨损和冲击作用强度的工业厂房和一般辅助生产车间、仓库及非生产用房。如金工、机械、机修、冲压、工具、木工、焊接、装配、热处理工业厂房、锅炉房、水泵房、汽车库、金属材料库以及办公用房、教室、宿舍、厕所等民用建筑。

（一）质量控制要点

（1）混凝土地面采用的石子粗骨料，其最大颗粒粒径不应大于面层厚度的 2/3，细石混凝土面层采用的石子粒径不应大于 15 mm。

（2）混凝土面层或细石混凝土面层的强度等级不应小于 C20。耐磨混凝土面层或耐磨细石混凝土面层的强度等级不应小于 C30。混凝土垫层兼面层的强度等级不应小于 C20，其厚度不应小于 80 mm。细石混凝土面层厚度不应小于 40 mm。

（3）垫层及面层均要求分仓浇筑或留缝（伸缝或缩缝）。

（4）水泥混凝土面层铺设不得留施工缝。当施工间隙超过允许时间规定时，应对接槎处进行处理。可先在接槎部位刷水灰比为 0.4～0.5 的水泥浆，既增加粘结强度，接槎部位又不显接痕。

（二）主控项目及检验方法

（1）水泥混凝土采用的粗骨料，最大粒径不应大于面层厚度的 2/3，细石混凝土面层采用的石子粒径不应大于 16 mm。

检验方法：观察检查和检查质量合格证明文件。

检查数量：同一工程、同一强度等级、同一配合比检查一次。

（2）防水水泥混凝土中掺入的外加剂的技术性能应符合国家现行有关标准的规定，外加剂的品种和掺量应经试验确定。

检验方法：检查外加剂合格证明文件和配合比试验报告。

检查数量：同一工程、同一品种、同一掺量检查一次。

（3）面层的强度等级应符合设计要求，且强度等级不应小于 C20。

检验方法：检查配合比试验报告和强度等级检测报告。

检查数量：配合比试验报告按同一工程、同一强度等级、同一配合比检查一次，强度等级检测报告按规范规定。

（4）面层与下一层应结合牢固，且应无空鼓和开裂。当出现空鼓时，空鼓面积不应大于 400 cm²，且每自然间或标准间不应多于 2 处。

检验方法：观察和用小锤轻击检查。

检验数量：按检验批规定。

（三）一般项目及检验方法

（1）面层表面应洁净，不应有裂纹、脱皮、麻面、起砂等缺陷。

检验方法：观察检查。

检查数量：按检验批规定检查。

（2）面层表面的坡度应符合设计要求，不应有倒泛水和积水现象。

检验方法：观察和采用泼水或用坡度尺检查。

检查数量：按检验批规定检查。

（3）踢脚线与柱、墙面应紧密结合，踢脚线高度和出柱、墙厚度应符合设计要求且均匀一致。当出现空鼓时，局部空鼓长度不应大于 300 mm，且每自然间或标准间不应多于 2 处。

检验方法：用小锤轻击、钢尺和观察检查。

检查数量：按检验批规定检查。

（4）楼梯、台阶踏步的宽度、高度应符合设计要求。楼层梯段相邻踏步高度差不应大于 10 mm；每踏步两端宽度差不应大于 10 mm，旋转楼梯梯段的每踏步两端宽度的允许偏差不应大于 5 mm。踏步面层应做防滑处理，齿角应整齐，防滑条应顺直、牢固。

检验方法：观察和用钢尺检查。

检查数量：按检验批规定检查。

（5）水泥混凝土面层的允许偏差应符合表表 16-3 的规定。

检验方法：按表表 16-3 中的检验方法检验。

二、水泥砂浆面层

水泥砂浆面层在房屋建筑中是采用最广泛的一种建筑地面工程的类型,而在住宅工程中几乎占100%。由于质量较好,表面光滑,也不会起砂,故适用于有一定清洁要求的位置。

(一)质量控制要点

(1)水泥砂浆的体积比应为1:2,强度等级不应小于M15,面层厚度不应小于20 mm。

(2)水泥采用硅酸盐水泥、普通硅酸盐水泥,其强度等级不应小于42.5,不同品种、不同强度等级的水泥严禁混用,砂应为中粗砂。当采用石屑时,其粒径宜为3 mm~5 mm,且含泥量不应大于3%。

(二)主控项目及检验方法

(1)水泥宜采用硅酸盐水泥、普通硅酸盐水泥,不同品种、不同强度等级的水泥不应混用;砂应为中粗砂,当采用石屑时,其粒径应为1 mm~5 mm,且含泥量不应大于3%;防水水泥砂浆采用的砂或石屑,其含泥量不应大于1%。

检验方法:观察检查和检查质量合格证明文件。

检查数量:同一工程、同一强度等级、同一配合比检查一次。

(2)防水水泥砂浆中掺入的外加剂的技术性能应符合国家现行有关标准的规定,外加剂的品种和掺量应经试验确定。

检验方法:观察检查和检查质量合格证明文件、配合比试验报告。检查数量:同一工程、同一强度等级、同一配合比、同一外加剂品种、同一掺量检查一次。

(3)水泥砂浆的体积比(强度等级)应符合设计要求,且体积比应为1:2,强度等级不应小于M15。

检验方法:检查强度等级检测报告。

检查数量:按检验批规定检查。

(4)有排水要求的水泥砂浆地面,坡向应正确、排水通畅;防水水泥砂浆面层不应渗漏。

检验方法:观察检查和蓄水、泼水检验或坡度尺检查及检查检验记录。

检查数量:按检验批规定检查。

(5)面层与下一层应结合牢固,且应无空鼓和开裂。当出现空鼓时,空鼓面积不应大于400 cm²,且每自然间或标准间不应多于2处。

检验方法:观察和用小锤轻击检查。

检查数量:按检验批规定检查。

(三)一般项目及检验方法

(1)面层表面的坡度应符合设计要求,不应有倒泛水和积水现象。

检验方法:观察和采用泼水或坡度尺检查。

检查数量:按检验批规定检查。

(2)面层表面应洁净,不应有裂纹、脱皮、麻面、起砂等现象。

检验方法:观察检查。

检查数量:按检验批规定检查。

(3)踢脚线与柱、墙面应紧密结合,踢脚线高度及出柱、墙厚度应符合设计要求且均匀一致。当出现空鼓时,局部空鼓长度不应大于300 mm,且每自然间或标准间不应多于2处。

检验方法:用小锤轻击、钢尺和观察检查。

检查数量:按检验批规定检查。

(4)楼梯、台阶踏步的宽度、高度应符合设计要求。楼层梯段相邻踏步高度差不应大于10 mm;每踏步两端宽度差不应大于10 mm,旋转楼梯梯段的每踏步两端宽度的允许偏差不应大于5 mm。

踏步面层应做防滑处理,齿角应整齐,防滑条应顺直、牢固。

检验方法:观察和用钢尺检查。

检查数量:按检验批规定检查。

(5)水泥砂浆面层的允许偏差应符合表表16-3的规定。

检验方法:按范表表16-3

检查数量:按检验批规定检查。

三、水磨石面层

水磨石面层是属于较高级的建筑地面工程之一,也是目前工业与民用建筑中采用较广泛的楼面与地面面层的类型,其特点是:表面平整光滑、外观美、不起灰,又可按设计和使用要求做成各种彩色图案,因此应用范围较广。

(一)质量控制要点

(1)水磨石面层应采用水泥与石粒拌和料铺设,有防静电要求时,拌和料内应按设计要求掺入导电材料。面层厚度除有特殊要求外,宜为12 mm~18 mm,且宜按石粒粒径确定。水磨石面层的颜色和图案应符合设计要求。

(2)白色或浅色的水磨石面层应采用白水泥;深色的水磨石面层宜采用硅酸盐水泥、普通硅酸盐水泥或矿渣硅酸盐水泥;同颜色的面层应使用同一批水泥。同一彩色面层应使用同厂、同批的颜料;其掺入量宜为水泥重量的30%~6%或由试验确定。

(3)水磨石面层的结合层采用水泥砂浆时,强度等级应符合设计要求且不应小于M10,稠度宜为30 mm~35 mm。

(4)防静电水磨石面层中采用导电金属分格条时,分格条应经绝缘处理,且十字交叉处不得碰接。

(5)普通水磨石面层磨光遍数不应少于3遍。高级水磨石面层的厚度和磨光遍数应由设计确定。

(6)水磨石面层磨光后,在涂草酸和上蜡前,其表面不得污染。

(7)防静电水磨石面层应在表面经清净、干燥后,在表面均匀涂抹一层防静电剂和地板蜡,并应做抛光处理。

(8)水磨石面层分格尺寸不宜大于1 m×1 m,分格条根据设计要求采用铜条、铝条等平直、坚挺材料。

(9)彩色水磨石面层应使用同厂、同批的颜料,其掺入量宜为水泥重量的3%~6%或由试验确定,颜色应采用耐光、耐碱的矿物质,不得使用酸性颜料。

(10)考虑设备安装和地面沟槽、管线的预留、预埋时可将地面工程分为混凝土毛地面和面层两个阶段施工。毛地面混凝土强度等级不应小于C15。

（二）主控项目及检验方法

（1）水磨石面层的石粒应采用白云石、大理石等岩石加工而成，石粒应洁净无杂物，其粒径除特殊要求外应为 6mm ~ 16mm；颜料应采用耐光、耐碱的矿物原料，不得使用酸性颜料。

检验方法：观察检查和检查质量合格证明文件。

检查数量：同一工程、同一体积比检查一次。

（2）水磨石面层拌和料的体积比应符合设计要求，且水泥与石粒的比例应为 1∶1.5 ~ 1∶2.5。

检验方法：检查配合比试验报告。

检查数量：同一工程、同一体积比检查一次。

（3）防静电水磨石面层应在施工前及施工完成表面干燥后进行接地电阻和表面电阻检测，并应做好记录。

检验方法：检查施工记录和检测报告。

（4）面层与下一层结合应牢固，且应无空鼓、裂纹。当出现空鼓时，空鼓面积不应大于 400 cm²，且每自然间或标准间不应多于 2 处。

检验方法：观察和用小锤轻击检查。

检查数量：按检验批规定检查。

（三）一般项目及检验方法

（1）面层表面应光滑，且应无裂纹、砂眼和磨痕；石粒应密实，显露应均匀；颜色图案应一致，不混色；分格条应牢固、顺直和清晰。

检验方法：观察检查。

检查数量：按检验批规定检查。

（2）踢脚线与柱、墙面应紧密结合，踢脚线高度及出柱、墙厚度应符合设计要求且均匀一致。当出现空鼓时，局部空鼓长度不应大于 300 mm，且每自然间或标准间不应多于 2 处。

检验方法：用小锤轻击、钢尺和观察检查。

检查数量：按检验批规定检查。

（3）楼梯、台阶踏步的宽度、高度应符合设计要求。楼层梯段相邻踏步高度差不应大于 10 mm；每踏步两端宽度差不应大于 10 mm，旋转楼梯梯段的每踏步两端宽度的允许偏差不应大于 5 mm。踏步面层应做防滑处理，齿角应整齐，防滑条应顺直、牢固。

检验方法：观察和用钢尺检查。

检查数量：按检验批规定检查。

（4）水磨石面层的允许偏差应符合表表 16-3 的规定。

检验方法：按表表 16-3 中的检验方法检验。

检查数量：按检验批规定检查。

四、硬化耐磨面层

硬化耐磨面层具有强度高、硬度大、良好的抗冲击性能和耐磨损性等特点，适用于工业厂房中有较强磨损作用的地段，如滚动电缆盘、钢丝绳车间、履带式拖拉机装配车间以及行驶铁轮车或拖运尖锐金属物件等的建筑地面工程。

（一）质量控制要点

（1）硬化耐磨面层应采用金属渣、屑、纤维或石英砂、金刚砂等，并应与水泥类胶凝材料拌和铺设或在水泥类基层上撒布铺设。

（2）硬化耐磨面层采用拌和料铺设时，拌和料的配合比应通过试验确定；采用撒布铺设时，耐磨材料的撒布量应符合设计要求，且应在水泥类基层初凝前完成撒布。

（3）硬化耐磨面层采用拌和料铺设时，宜先铺设一层强度等级不小于 M15、厚度不小于 20 mm 的水泥砂浆，或水灰比宜为 0.4 的素水泥浆结合层。

（4）硬化耐磨面层采用拌和料铺设时，铺设厚度和拌和料强度应符合设计要求。当设计无要求时，水泥钢（铁）屑面层铺设厚度不应小于 30 mm，抗压强度不应小于 40 MPa；水泥石英砂浆面层铺设厚度不应小于 20 mm，抗压强度不应小于 30 MPa；钢纤维混凝土面层铺设厚度不应小于 40 mm，抗压强度不应小于 40 MPa。

（5）硬化耐磨面层采用撒布铺设时，耐磨材料应撒布均匀，厚度应符合设计要求；混凝土基层或砂浆基层的厚度及强度应符合设计要求。当设计无要求时，混凝土基层的厚度不应小于 50 mm，强度等级不应小于 C25；砂浆基层的厚度不应小于 20 mm，强度等级不应小于 M15。

（6）硬化耐磨面层分格缝的间距及缝深、缝宽、填缝材料应符合设计要求。

（7）硬化耐磨面层铺设后应在湿润条件下静置养护，养护期限应符合材料的技术要求。

（8）硬化耐磨面层应在强度达到设计强度后方可投入使用。

（一）主控项目及检验方法

（1）硬化耐磨面层采用的材料应符合设计要求和国家现行有关标准的规定。

检验方法：观察检查和检查质量合格证明文件。

检查数量：采用拌和料铺设的，按同一工程、同一强度等级检查一次；采用撒布铺设的，按同一工程、同一材料、同一生产厂家、同一型号、同一规格、同一批号检查一次。

（2）硬化耐磨面层采用拌和料铺设时，水泥的强度不应小于 42.5 MPa。金属渣、屑、纤维不应有其他杂质，使用前应去油除锈、冲洗干净并干燥；石英砂应用中粗砂，含泥量不应大于 2%。

检验方法：观察检查和检查质量合格证明文件。

检查数量：同一工程、同一强度等级检查一次。

（3）硬化耐磨面层的厚度、强度等级、耐磨性能应符合设计要求。

检验方法：用钢尺检查和检查配合比试验报告、强度等级检测报告、耐磨性能检测报告。

检查数量：厚度按规定检验批检查；配合比试验报告按同一工程、同一强度等级、同一配合比检查一次；强度等级检测报告按规定检验批检查；耐磨性能检测报告按同一工程抽样检查一次。

（4）面层与基层（或下一层）结合应牢固，且应无空鼓、裂缝。

当出现空鼓时，空鼓面积不应大于 400 cm²，且每自然间或标准间不应多于 2 处。

检验方法：观察和用小锤轻击检查。

检查数量：按按检验批规定检查。

（二）一般项目及检验方法

（5）面层表面坡度应符合设计要求，不应有倒泛水和积水现象。

检验方法：观察和采用泼水或用坡度尺检查。

检查数量:按按检验批规定检查。

(6)面层表面应色泽一致,切缝应顺直,不应有裂纹、脱皮、麻面、起砂等缺陷。

检验方法:观察检查。

检查数量:按按检验批规定检查。

(7)踢脚线与柱、墙面应紧密结合,踢脚线高度及出柱、墙厚度应符合设计要求且均匀一致。当出现空鼓时,局部空鼓长度不应大于300 mm,且每自然间或标准间不应多于2处。

检验方法:用小锤轻击、钢尺和观察检查。

检查数量:按按检验批规定检查。

(8)硬化耐磨面层的允许偏差应符合表表16-3的规定。

检验方法:表表16-3中的检查方法检查。

检查数量:按按检验批规定检查。

第五节 板块面层铺设

板块面层是指铺设砖面层、大理石和花岗石面层、预制板块面层、料石面层、塑料板面层、活动地板面层、金属板面层、地毯面层、地面辐射供暖的板块面层等,一般规定如下:

1.铺设板块面层时,其水泥类基层的抗压强度不得小于1.2 MPa。

2.铺设板块面层的结合层和板块间的填缝采用水泥砂浆时,应符合下列规定:

(1)配制水泥砂浆应采用硅酸盐水泥、普通硅酸盐水泥或矿渣硅酸盐水泥。

(2)配制水泥砂浆的砂应符合现行行业标准《普通混凝土用砂、石质量及检验方法标准》(JGJ 52—2006)的有关规定。

(3)水泥砂浆的体积比(或强度等级)应符合设计要求。

3.结合层和板块面层填缝的胶结材料应符合国家现行有关标准的规定和设计要求。

4.铺设水泥混凝土板块、水磨石板块、人造石板块、陶瓷锦砖、陶瓷地砖、缸砖、水泥花砖、料石、大理石、花岗石等面层的结合层和填缝材料采用水泥砂浆时,在面层铺设后,表面应覆盖、湿润,养护时间不应少于7d。当板块面层的水泥砂浆结合层的抗压强度达到设计要求后,方可正常使用。

5.大面积板块面层的伸、缩缝及分格缝应符合设计要求。

6.板块类踢脚线施工时,不得采用混合砂浆打底。

7.板块面层的允许偏差和检验方法应符合表表16-4的规定。

一、砖面层

砖面层属于建筑地面工程板块类面层,其特点是结构致密、平整光洁、抗腐耐磨、色调均匀、种类繁多、施工方便,并且装饰效果好。根据生产条件和使用功能,广泛应用于工业厂房和民用建筑中的建筑地面工程,如有较高清洁要求的车间、工作间、门厅、盥洗室、厕浴间、厨房和化验室等。

(一)质量控制要点

1.材料质量

(1)砖面层所用板块产品应符合设计要求和国家现行有关标准的规定。

（2）砖面层可采用陶瓷锦砖、缸砖、陶瓷地砖和水泥花砖，应在结合层上铺设。

2.在水泥砂浆结合层上铺贴缸砖、陶瓷地砖和水泥花砖面层时，应符合下列规定：

（1）在铺贴前，应对砖的规格尺寸、外观质量、色泽等进行预选；需要时，浸水湿润晾干待用。

（2）采用干硬性水泥砂浆，砂浆要饱满。

（3）勾缝和压缝应采用同品种、同强度等级、同颜色的水泥，并做养护和保护。

（4）砖面间隙应符合设计要求。如无设计要求时，紧密间隙不宜大于1 mm，留间隙铺贴宜为5 mm~10 mm。

（5）勾缝和压缝在24小时内进行。

3.在水泥砂浆结合层上铺贴陶瓷锦砖面层时应符合下列规定：

（1）结合层铺设和陶瓷锦砖应同时进行，铺贴前宜在结合层上涮一遍水泥砂浆。

（2）砖底面应洁净，每联陶瓷锦砖之间、与结合层之间以及在墙角、镶边和靠柱、墙处应紧密贴合。在靠柱、墙处不得采用砂浆填补。

4.沥青胶结材料结合层上铺贴缸砖面层时，应符合下列规定：

（1）在胶结料结合层上铺贴缸砖面层时，缸砖应干净。

（2）铺贴应在胶结料凝结前完成。

（二）主控项目及检验方法

1.砖面层所用板块产品应符合设计要求和国家现行有关标准的规定。

检验方法：观察检查和检查型式检验报告、出厂检验报告、出厂合格证。

检查数量：同一工程、同一材料、同一生产厂家、同一型号、同一规格、同一批号检查一次。

2.砖面层所用板块产品进入施工现场时，应有放射性限量合格的检测报告。

检验方法：检查检测报告。

检查数量：同一工程、同一材料、同一生产厂家、同一型号、同一规格、同一批号检查一次。

3.面层与下一层的结合（粘结）应牢固，无空鼓（单块砖边角允许有局部空鼓，但每自然间或标准间的空鼓砖不应超过总数的5%）。

检验方法：用小锤轻击检查。

检查数量：按按检验批规定检查。

（三）一般项目检查及验收

1.砖面层的表面应洁净、图案清晰、色泽应一致、接缝应平整、深浅应一致，周边应顺直。板块应无裂纹、掉角和缺楞等缺陷。

检验方法：观察检查。

检查数量：按按检验批规定检查。

2.面层邻接处的镶边用料及尺寸应符合设计要求，边角应整齐、光滑。

检验方法：观察和用钢尺检查。

检查数量：按按检验批规定检查。

3.踢脚线表面应洁净，与柱、墙面的结合应牢固。踢脚线高度及出柱、墙厚度应符合设计要求，且均匀一致。

检验方法：观察和用小锤轻击及钢尺检查。

检查数量：按按检验批规定检查。

表 16-4 板块面层的允许偏差和检验方法

项次	项目	允许偏差（mm）											检验方法
		陶瓷锦砖面层、高级水磨石板、陶瓷地砖面层	缸砖面层	水泥花砖面层	水磨石板块面层	大理石面层、花岗石面层、人造石面层、金属板面层	塑料板面层	水泥混凝土板块面层	碎拼大理石、碎拼花岗石面层	活动地板面层	条石面层	块石面层	
1	表面平整度	2.0	4.0	3.0	3.0	1.0	2.0	4.0	3.0	2.0	10	10	用 2 m 靠尺和楔形塞尺检查
2	缝格平直	3.0	3.0	3.0	3	2.0	3.0	3.0	—	2.5	2.5	8.0	拉 5 m 线和用钢尺检查
3	接缝高低差	0.5	1.5	0.5	1	0.5	0.5	1.5	—	0.4	2.0	—	用钢尺和楔形塞尺检查
4	踢脚线上口平直	3	4	—	4	1.0	2.0	4.0	1.0	—	—	—	拉 5 m 线和用钢尺检查
5	板块间隙宽度	2.0	2.0	2.0	2.0	1.0	—	6.0	—	0.3	5.0	—	用钢尺检查

4.楼梯、台阶踏步的宽度、高度应符合设计要求。踏步板块的缝隙宽度应一致；楼层梯段相邻踏步高度差不应大于 10 mm；每踏步两端宽度差不应大于 10 mm，旋转楼梯梯段的每踏步两端宽度的允许偏差不应大于 5 mm。踏步面层应做防滑处理，齿角应整齐，防滑条应顺直、牢固。

检验方法：观察和用钢尺检查。

检查数量：按按检验批规定检查。

5.面层表面的坡度应符合设计要求，不倒泛水、无积水；与地漏、管道结合处应严密牢固，无渗漏。

检验方法：观察、泼水或用坡度尺及蓄水检查。

检查数量：按按检验批规定检查。

6.砖面层的允许偏差应符合范表表 16-4 的规定。

检验方法：按表表 16-4 中的检验方法检验。

检查数量：按按检验批规定检查。

二、大理石面层和花岗石面层

大理石面层和花岗石面层属于建筑地面工程板块类面层，其特点是质地坚硬、密度大、抗压强度高、硬度大、耐磨性和耐久性好、吸水率小、耐冻性强，施工速度快、湿作业小，并具有装饰性能即颜色花纹的效果好。广泛应用于高等级的公共场所和民用建筑以及耐化学反应的工业建筑中的生产车间等建筑地面工程。

（一）质量控制要点

1.大理石、花岗石面层采用天然大理石、花岗石（或碎拼大理石、碎拼花岗石）板材，应在结合层上铺设。

结合层可采用水泥砂（体积比 1：4～6）或水泥砂浆（体积比 1：2）结合层厚度水泥砂宜为 20～30 mm，水泥砂浆宜为 10～15 mm。

2.铺设要点

（1）板材有裂缝、掉角、翘曲和表面有缺陷时应予剔除，品种不同的板材不得混杂使用；

（2）在铺设前，应根据石材的颜色、花纹、图案、纹理等按设计要求，试拼编号。

（3）铺设大理石、花岗石面层前，板材应浸湿、晾干；结合层与板材应分段同时铺设。

（二）主控项目及质量检验方法

1.大理石、花岗石面层所用板块产品应符合设计要求和国家现行有关标准的规定。

检验方法：观察检查和检查质量合格证明文件。

检查数量：同一工程、同一材料、同一生产厂家、同一型号、同一规格、同一批号检查一次。

2.大理石、花岗石面层所用板块产品进入施工现场时，应有放射性限量合格的检测报告。

检验方法：检查检测报告。

检查数量：同一工程、同一材料、同一生产厂家、同一型号、同一规格、同一批号检查一次。

3.面层与下一层应结合牢固，无空鼓（单块板块边角允许有局部空鼓，但每自然间或标准间的空鼓板块不应超过总数的5%）。

检验方法：用小锤轻击检查。

检查数量：按按检验批规定检查。

（三）一般项目及质量检验方法

1.大理石、花岗石面层铺设前，板块的背面和侧面应进行防碱处理。

检验方法：观察检查和检查施工记录。

检查数量：按按检验批规定检查。

2.大理石、花岗石面层的表面应洁净、平整、无磨痕，且应图案清晰，色泽一致，接缝均匀，周边顺直，镶嵌正确，板块应无裂纹、掉角、缺棱等缺陷。

检验方法：观察检查。

检查数量：按按检验批规定检查。

3.踢脚线表面应洁净，与柱、墙面的结合应牢固。踢脚线高度及出柱、墙厚度应符合设计要求，且均匀一致。

检验方法：观察和用小锤轻击及钢尺检查。

检查数量：按按检验批规定检查。

4.楼梯、台阶踏步的宽度、高度应符合设计要求。踏步板块的缝隙宽度应一致；楼层梯段相邻踏步高度差不应大于10 mm；每踏步两端宽度差不应大于10 mm，旋转楼梯梯段的每踏步两端宽度的允许偏差不应大于5 mm。踏步面层应做防滑处理，齿角应整齐，防滑条应顺直、牢固。

检验方法：观察和用钢尺检查。

检查数量：按按检验批规定检查。

5.面层表面的坡度应符合设计要求，不倒泛水、无积水；与地漏、管道结合处应严密牢固，无渗漏。

检验方法：观察、泼水或用坡度尺及蓄水检查。

检查数量：按按检验批规定检查。

6.大理石面层和花岗石面层（或碎拼大理石面层、碎拼花岗石面层）的允许偏差应符合表8-4的规定。

检验方法：按表表16-4中的检验方法检验。

检查数量：按按检验批规定检查。

三、预制板块面层

预制板块面层也属于板块类建筑地面面层，是采用混凝土板块、水磨石板块等在结合层上铺设而成。

（一）质量控制要点

1.预制板块面层采用水泥混凝土板块、水磨石板块、人造石板块，应在结合层上铺设。

2.水泥混凝土板块面层的缝隙中，应采用水泥浆（或砂浆）填缝；彩色混凝土板块、水磨石板块、人造石板块应用同色水泥浆（或砂浆）擦缝。

3.强度和品种不同的预制板块不宜混杂使用。

4.板块间的缝隙宽度应符合设计要求。当设计无要求时，混凝土板块面层缝宽不宜大于 6 mm,水磨石板块、人造石板块间的缝宽不应大于 2 mm。预制板块面层铺完 24 h 后,应用水泥砂浆灌缝至 2/3 高度,再用同色水泥浆擦(勾)缝。

（二）主控项目及检验方法

1.预制板块面层所用板块产品应符合设计要求和国家现行有关标准的规定。

检验方法:观察检查和检查型式检验报告、出厂检验报告、出厂合格证。

检查数量:同一工程、同一材料、同一生产厂家、同一型号、同一规格、同一批号检查一次。

2.预制板块面层所用板块产品进入施工现场时,应有放射性限量合格的检测报告。

检验方法:检查检测报告。

检查数量:同一工程、同一材料、同一生产厂家、同一型号、同一规格、同一批号检查一次。

3.面层与下一层应粘合牢固、无空鼓(单块板块边角允许有局部空鼓,但每自然间或标准间的空鼓板块不应超过总数的 5％)。

检验方法:用小锤轻击检查。

（三）一般项目及检验方法

1.预制板块表面应无裂缝、掉角、翘曲等明显缺陷。

检验方法:观察检查。

检查数量:按按检验批规定检查。

2.预制板块面层应平整洁净,图案清晰,色泽一致,接缝均匀,周边顺直,镶嵌正确。

检验方法:观察检查。

3.面层邻接处的镶边用料尺寸应符合设计要求,边角应整齐、光滑。

检验方法:观察和用钢尺检查。

检查数量:按按检验批规定检查。

4.踢脚线表面应洁净,与柱、墙面的结合应牢固。踢脚线高度及出柱、墙厚度应符合设计要求,且均匀一致。

检验方法:观察和用小锤轻击及钢尺检查。

检查数量:按按检验批规定检查。

5.楼梯、台阶踏步的宽度、高度应符合设计要求。踏步板块的缝隙宽度应一致;楼层梯段相邻踏步高度差不应大于 10 mm;每踏步两端宽度差不应大于 10 mm,旋转楼梯梯段的每踏步两端宽度的允许偏差不应大于 5 mm。踏步面层应做防滑处理,齿角应整齐,防滑条应顺直、牢固。

检验方法:观察和用钢尺检查。

检查数量:按按检验批规定检查。

6.水泥混凝土板块、水磨石板块、人造石板块面层的允许偏差应符合本表表 16-4 的规定。

检验方法:按表表 16-4 中的检验方法检验。

检查数量:检查数量:按按检验批规定检查。

四、料石面层

料石面层主要是指采用天然条石和块石。主要用于一些工业建筑的底层地面工程。

(一) 质量控制要点

1.料石面层采用天然条石和块石,应在结合层上铺设。

2.料石质量要求:

条石和块石面层所用的石材的规格、技术等级和厚度应符合设计要求。条石的质量应均匀,形状为矩形六面体,厚度为 80 mm~120 mm;块石形状为直棱柱体,顶面粗琢平整,底面面积不宜小于顶面面积的 60%,厚度为 100 mm~150 mm。

3.不导电的料石面层的石料应采用辉绿岩石加工制成。填缝材料亦采用辉绿岩石加工的砂嵌实。耐高温的料石面层的石料,应按设计要求选用。

4.条石面层的结合层宜采用水泥砂浆,其厚度应符合设计要求;块石面层的结合层宜采用砂垫层,其厚度不应小于 60 mm;基土层应为均匀密实的基土或夯实的基土。

(二) 主控项目及质量检验要求

1.石材应符合设计要求和国家现行有关标准的规定;条石的强度等级应大于 Mu60,块石的强度等级应大于 Mu30。

检验方法:观察检查和检查质量合格证明文件。

检查数量:同一工程、同一材料、同一生产厂家、同一型号、同一规格、同一批号检查一次。

2.石材进入施工现场时,应有放射性限量合格的检测报告。

检验方法:检查检测报告。

检查数量:同一工程、同一材料、同一生产厂家、同一型号、同一规格、同一批号检查一次。

3.面层与下一层应结合牢固、无松动。

检验方法:观察和用锤击检查。

检查数量:按按检验批规定检查。

(三) 一般项目及质量检验

1.条石面层应组砌合理,无十字缝,铺砌方向和坡度应符合设计要求;块石面层石料缝隙应相互错开,通缝不应超过两块石料。

检验方法:观察和用坡度尺检查。

检查数量:按按检验批规定检查。

2.条石面层和块石面层的允许偏差应符合表表 16-4 的规定。

检验方法:按本表表 16-4 中的检验方法检验。

检查数量:按按检验批规定检查。

第六节 木、竹面层铺设

木、竹面层一般是指实木地板面层、实木集成地板面层、竹地板面层、实木复合地板面层、浸渍纸层压木质地板面层、软木类地板面层、地面辐射供暖的木板面层等(包括免漆类)

面层。一般规定如下：

1.材料质量

木、竹地板面层下的木搁栅、垫木、垫层地板等采用木材的树种、选材标准和铺设时木材含水率以及防腐、防蛀处理等，均应符合现行国家标准《木结构工程施工质量验收规范》GB 50206—2012 的有关规定。所选用的材料应符合设计要求，进场时应对其断面尺寸、含水率等主要技术指标进行抽检，抽检数量应符合国家现行有关标准的规定。用于固定和加固用的金属零部件应采用不锈蚀或经过防锈处理的金属件。

2.基层要求

竹面层铺设在水泥类基层上，其基层表面应坚硬、平整、洁净、不起砂，表面含水率不应大于 8%。

3.防潮处理

（1）与厕浴间、厨房等潮湿场所相邻的木、竹面层的连接处应做防水（防潮）处理。

（2）建筑地面工程的木、竹面层搁栅下架空结构层（或构造层）的质量检验，应符合国家相应现行标准的规定。

（3）木、竹面层的通风构造层包括室内通风沟、地面通风孔、室外通风窗等，均应符合设计要求。

4.木、竹面层的允许偏差和检验方法符合表表 16-5 规定。

表 16-5　木、竹面层的允许偏差和检验方法

项次	项目	允许偏差（mm）				检验方法
		实木地板、实木集成地板、竹地板面层			浸渍纸层压木质地板、实木复合地板、软木类地板面层	
		松木地板	硬木地板、竹地板	拼花地板		
1	板面缝隙宽度	1	0.5	0.2	0.5	用钢尺检查
2	表面平整度	3	2	2	2	用 2 m 靠尺和楔形塞尺检查
3	踢脚线上口平齐	3	3	3	3	拉 5 m 线和用钢尺检查
4	板面拼缝平直	3	3	3	3	
5	相邻板材高差	0.5	0.5	0.5	0.5	用钢尺和楔形塞尺检查
6	踢脚线与面层的接缝	1.0				楔形塞尺检查

一、实木地板、实木集成地板、竹地板面层

实木地板、实木集成地板、竹地板面层是采用条材或块材或拼花,以空铺或实铺方式在基层上铺设的面层。

(一)质量控制要点

1.材料质量

实木地板、实木集成地板、竹地板面层可采用双层面层和单层面层铺设,其厚度应符合设计要求;其选材应符合国家现行有关标准的规定。

2.铺设要点

(1)铺设实木地板、实木集成地板、竹地板面层时,其木搁栅的截面尺寸、间距和稳固方法等均应符合设计要求。木搁栅固定时,不得损坏基层和预埋管线。木搁栅应垫实钉牢,与柱、墙之间留出 20 mm 的缝隙,表面应平直,其间距不宜大于 300 mm。

(2)当面层下铺设垫层地板时,垫层地板的髓心应向上,板间缝隙不应大于 3 mm,与柱、墙之间应留 8 mm~12 mm 的空隙,表面应刨平。

(3)实木地板、实木集成地板、竹地板面层铺设时,相邻板材接头位置应错开不小于 300 mm 的距离;与柱、墙之间应留 8 mm~12 mm 的空隙。

(4)采用实木制作的踢脚线,背面应抽槽并做防腐处理。

(5)席纹实木地板面层、拼花实木地板面层的铺设应符合以上有关要求。

(二)主控项目及检验方法

1.实木地板、实木集成地板、竹地板面层采用的地板、铺设时的木(竹)材含水率、胶粘剂等应符合设计要求和国家现行有关标准的规定。

检验方法:观察检查和检查型式检验报告、出厂检验报告、出厂合格证。

检查数量:同一工程、同一材料、同一生产厂家、同一型号、同一规格、同一批号检查一次。

2.实木地板、实木集成地板、竹地板面层采用的材料进入施工现场时,应有以下有害物质限量合格的检测报告:

(1)地板中的游离甲醛(释放量或含量);

(2)溶剂型胶粘剂中的挥发性有机化合物(VOC)、苯、甲苯+二甲苯;

(3)水性胶粘剂中的挥发性有机化合物(VOC)和游离甲醛。

检验方法:检查检测报告。

检查数量:同一工程、同一材料、同一生产厂家、同一型号、同一规格、同一批号检查一次。

3.木搁栅、垫木和垫层地板等应做防腐、防蛀处理。

检验方法:观察检查和检查验收记录。

检查数量:按规定检验批进行。

4.木搁栅安装应牢固、平直。

检验方法:观察、行走、钢尺测量等检查和检查验收记录。

检查数量:按规定检验批进行检查。

5.面层铺设应牢固;粘结应无空鼓、松动。

检验方法:观察、行走或用小锤轻击检查。

检查数量:按规定检验批进行检查。

(三)一般项目及检验方法

1.实木地板、实木集成地板面层应刨平、磨光,无明显刨痕和毛刺等现象;图案应清晰、颜色应均匀一致。

检验方法:观察、手摸和行走检查。

检查数量:按规定检验批进行检查。

2.竹地板面层的品种与规格应符合设计要求,板面应无翘曲。

检验方法:观察、用 2 m 靠尺和楔形塞尺检查。

检查数量:按规定检验批进行检查。

3.面层缝隙应严密;接头位置应错开,表面应平整、洁净。

检验方法:观察检查。

检查数量:按规定检验批进行检查。

4.面层采用粘、钉工艺时,接缝应对齐,粘、钉应严密;缝隙宽度应均匀一致;表面应洁净,无溢胶现象。

检验方法:观察检查。

检查数量:按规定检验批进行检查。

5.踢脚线应表面光滑,接缝严密,高度一致。

检验方法:观察和用钢尺检查。

检查数量:按规定检验批进行检查。

6.实木地板、实木集成地板、竹地板面层的允许偏差应符合表 8-5 的规定。

检验方法:按表表 16-5 中的检验方法检验。

检查数量:按规定检验批进行检查。

二、实木复合地板面层

实木复合地板面层采用条材和块材实木复合地板或采用拼花式实木复合地板,以空铺或实铺方式在基层(楼层结构层)上铺设而成。

(一)质量控制要点

1.实木复合地板面层应采用空铺法或粘贴法(满粘或点粘)铺设。采用粘贴法铺设时,粘贴材料应按设计要求选用,并应具有耐老化、防水、防菌、无毒等性能。

2.实木复合地板面层下衬垫的材料和厚度应符合设计要求。

3.实木复合地板面层铺设时,相邻板材接头位置应错开不小于 300 mm 的距离;与柱、墙之间应留不小于 10 mm 的空隙。当面层采用无龙骨的空铺法铺设时,应在面层与柱、墙之间的空隙内加设金属弹簧卡或木楔子,其间距宜为 200 mm~300 mm。

4.大面积铺设实木复合地板面层时,应分段铺设,分段缝的处理应符合设计要求。

(二)主控项目及检验方法

1.实木复合地板面层采用的地板、胶粘剂等应符合设计要求和国家现行有关标准的规定。

检验方法:观察检查和检查型式检验报告、出厂检验报告、出厂合格证。

检查数量:同一工程、同一材料、同一生产厂家、同一型号、同一规格、同一批号检查一次。

2.实木复合地板面层采用的材料进入施工现场时,应有以下有害物质限量合格的检测报告:

(1)地板中的游离甲醛(释放量或含量);

(2)溶剂型胶粘剂中的挥发性有机化合物(VOC)、苯、甲苯+二甲苯。

3 水性胶粘剂中的挥发性有机化合物(VOC)和游离甲醛。

检验方法:检查检测报告。

检查数量:同一工程、同一材料、同一生产厂家、同一型号、同一规格、同一批号检查一次。

4.木搁栅、垫木和垫层地板等应做防腐、防蛀处理。

检验方法:观察检查和检查验收记录。

检查数量:按规定检验批进行检查。

5.木搁栅安装应牢固、平直。

检验方法:观察、行走、钢尺测量等检查和检查验收记录。

检查数量:按规定检验批进行检查。

6.面层铺设应牢固;粘贴应无空鼓、松动。

检验方法:观察、行走或用小锤轻击检查。

检查数量:按规定检验批进行检查。

(三)一般项目及检验方法

1.实木复合地板面层图案和颜色应符合设计要求,图案应清晰,颜色应一致,板面应无翘曲。

检验方法:观察、用 2 m 靠尺和楔形塞尺检查。

检查数量:按规定检验批进行检查。

2.面层缝隙应严密;接头位置应错开,表面应平整、洁净。

检验方法:观察检查。

检查数量:按规定检验批进行检查。

3.面层采用粘、钉工艺时,接缝应对齐,粘、钉应严密;缝隙宽度应均匀一致;表面应洁净,无溢胶现象。

检验方法:观察检查。

检查数量:按规定检验批进行检查。

4.踢脚线应表面光滑,接缝严密,高度一致。

检验方法:观察和用钢尺检查。

检查数量:按规定检验批进行检查。

5.实木复合地板面层的允许偏差应符合表表 16-5 的规定。

检验方法:按表表 16-5 中的检验方法检验。

检查数量:按规定检验批进行检查。

检验方法:观察、用 2m 靠尺和楔形塞尺检查。

检查数量:按规定检验批进行检查。

第七节 分部(子分部)工程质量验收

一、子分部工程合格的标准

建筑地面工程施工质量验收将是全面、系统、完整的核定房屋建筑工程中建筑地面(楼面与地面)工程是否符合现行国家标准《建筑地面工程施工质量验收规范》(GB 50209—2010)的规定,并应满足现行国家标准《建筑工程施工质量验收统一标准》(GB 50300—2013)中必须检查达到控制资料的要求,这就是强化验收的一个重要标志。

为了保证房屋建筑工程单位(子单位)工程中属于建筑装饰装修分部工程的建筑地面三个子分部工程全部合格,应在施工过程中对其基层铺设和面层铺设各分项工程质量标准达到规范规定的检验项目的基础上综合评定,即建筑地面整体面层、板块面层和木竹面层三个子分部工程中各类面层(按两层名称)分项工程和其相应基层(按基层各构造层名称)分项工程应全部检验合格,按规范规定填表经监理(建设)单位组织验收,记录评定验收结论并签字为准。

二、建筑地面工程子分部工程质量验收应检查下列工程质量文件和记录:

1. 建筑地面工程设计图纸和变更文件等;

2. 原材料的质量合格证明文件、重要材料或产品的进场抽样复验报告;

3. 各层的强度等级、密实度等的试验报告和测定记录;

4. 各类建筑地面工程施工质量控制文件;

5. 各构造层的隐蔽验收及其他有关验收文件。

三、建筑地面工程子分部工程质量验收应检查下列安全和功能项目:

1. 有防水要求的建筑地面子分部工程的分项工程施工质量的蓄水检验记录,并抽查复验;

2. 对建筑地面板块面层和木竹面层子分部工程采用的天然石材、木质地板、竹材地板、胶粘剂、沥青胶结剂和涂料(油漆)等建筑材料的无毒、无害、无污染证明资料,其氡、甲醛、氨、苯和总挥发性有机化合物(TVOC)等均应符合现行国家标准《民用建筑工程室内环境污染控制规范》(GB 50325—2010)的规定的指标,以确保人体安全。

四、建筑地面工程子分部工程观感质量综合评价应检查下列项目:

1. 变形缝、面层分格缝的位置和宽度以及填缝质量应符合规定;

2. 室内建筑地面工程按各子分部工程经抽查分别作出评价;

3. 楼梯、踏步等工程项目经抽查分别作出评价。

第八节 常见质量通病的防治及常见质量缺陷的处理

表 16-6 常见质量通病的防治及处理办法

分部工程名称	通病类型	通病现象	防治措施、处理办法
建筑地面工程	地面垫层、找平层缺陷	垫层强度低,平整度差;残留物清理不彻底,夹杂大量杂物;对埋地采暖管道保护不好,局部管道外露	严格按照配合比施工,加强养护,交叉工序要合理安排。管理措施:建议地面工程不再甩掉面层施工,要求完活。目前,取消面层的做法主要是延续前几年的思路,考虑住户粘贴地砖时砸掉地面造成浪费,而当时主要是使用规格为 300 mm×300 mm 的地面砖,一般采用水泥砂浆湿铺法。而目前随着生活水平的提高,大部分都采用木地板或 500 mm×500 mm 以上的面砖,基本上采用的水泥砂浆干铺法,以前的做法已不太适用于目前的状况,所以面层完活,有利于木地板和面砖的施工,也有利于竣工验收及对地下管道的保护
	水泥地面起砂	水泥地面起砂:地面粗糙,不坚固,使用后表面出现水泥灰粉,随走动次数增多,砂粒逐步松动,露出松散的砂子和水泥灰	(1)严格控制水灰比,用水泥砂浆做面层时,稠度不应大于 35 mm,如果用混凝土做面层,其坍落度不应大于 30 mm。 (2)水泥地面的压光一般为三遍:第一遍应随铺随拍实,抹平;第二遍压光应在水泥初凝后进行(以人踩上去有脚印但不下陷为宜);第三遍压光要在水泥终凝前完成(以人踩上去脚印小明显为宜)。 (3)面层压光 24 h 后,可用湿锯末或草帘子覆盖,每天洒水 2 次,养护不少于 7 d。 (4)面层完成后应避免过早上人走动或堆放重物,严禁在地面上直接搅拌或倾倒砂浆。 (5)水泥宜采用硅酸盐水泥和普通硅酸盐水泥,强度等级一般不应低于 32.5,禁止使用过期水泥或将不同品种、强度等级的水泥混用;砂子应用粗砂或中砂,含泥量不大于 3%。 (6)小面积起砂或起砂不严重时,可用磨石子机或手工将起砂部分水磨,磨至露出坚硬表面。也可把松散的水泥灰和砂子冲洗干净,铺刮纯水泥浆 1～2 mm,然后分三遍压光。 (7)对起砂严重的地面应把面层铲除后,重新铺设水泥砂浆面层

分部工程名称	通病类型	通病现象	防治措施、处理办法
建筑地面工程	地面不规则裂缝	这种裂缝底层回填土及预制板楼地面或整浇板楼地面上都会出现,裂缝的部位不固定,形状也不一,有的为表面裂缝,也有贯穿裂缝	(1)室内回填土前要清除积水、淤泥、树根等杂物,选用合格土分层夯实。靠墙边、墙角、柱边等机械夯不到的地方,要人工夯实。 (2)面层铺设前,应检查基层表面的平整度先找平,使面层厚薄一致。如埋设管道,如有高低不平,管道顶面至地面距离不得小于 10 mm。当多根管道并列埋设时,应铺设钢丝网片,防止面层裂缝。 (3)严格控制面层水泥拌和物用水量,水泥砂浆的稠度不大于 35 mm,混凝土坍落度不大于 30 mm。如表面水分大难以压光,可均匀撒一些 1:1 水泥砂,不宜撒干水泥。 (4)面层完成 24 h 后应及时铺草帘或湿锯末,洒水养护 7~10 d。 (5)面积较大地面应按设计或地面规范要求,设置分格缝。 (6)对宽度细小,无空鼓现象的裂缝,如果楼面平时无液体流淌一般可不作处理。对宽度在 0.5 mm 以上的裂缝,用水泥浆封闭处理。 (7)如果裂缝涉及结构变形,应结合结构是否需加固一并考虑处理办法。对于还在继续开展的裂缝,可继续观察,待裂缝稳定后一再处理。如已经使用且经常有液体流淌的,可先用柔性密封材料作临时封闭处理
	水磨石地面空鼓	空鼓多发生在水磨石面层与找平层之间,也会发生在找平层与基层之间,在分格块四角更易产生空鼓现象,用小锤敲击有空鼓声	(1)认真清理表面浮灰、残渣等污物,检查找平层是否有空鼓现象,如有空鼓要及时处理。一层施工前应提前一天浇水湿润,施工时不应有积水。 (2)素水泥浆结合层一次涂刷面积不能过大,应边刷边铺面层。不宜用先撒干水泥后浇水的扫浆法。 (3)分格条粘贴好后,用毛刷蘸水轻轻刷去多余浮浆,隔天后洒水养护。 (4)对于较大面积的空鼓,应进行翻修。一般采取在一个分格块内整块翻修的方法,即将整个分格块铲除掉,刷一层 1:4 的 108 胶溶液,然后铺设一层与原来同样配合比的水泥石子浆,待到一定强度后进行"二浆三磨"。为了使修补的面层与原来无差异样板,可事先做几块小样板,选出接近原样的配合比

分部工程名称	通病类型	通病现象	防治措施、处理办法
建筑地面工程	分格条显露不清	分格条显露不清，分格条未显露出，呈一条纯水泥斑带	(1)正确掌握分格条粘贴水泥浆的高度和角度，把水泥浆抹在分格条约成45°角，其高度应低于分格条顶4~6 mm。 (2)分格条在十字交叉处的粘贴水泥浆应空出15~20 mm的空隙，使石子能填入交角内。 (3)滚筒滚压时，宜沿分割对角线两个方向反复滚压至密实，滚压后如发现分格条两侧或十字交叉处浆多石子少，要随即补撒石子。 (4)如地面磨好后，分格条两边或分格条十字交叉处出现较多的纯水泥斑痕，地面的外观要求又较高时，应把一层和分格条凿去后返工重做。
	表面磨纹明显，光亮度差	表面粗糙，有明显的磨石痕迹或细小洞眼，光亮度差。	(1)地面打磨时，磨石规格应配齐全。头遍用60~70号粗砂轮，机磨时严禁停机不移动，第二遍用90~120号砂轮，磨去头遍打磨留下的磨痕。第三遍用200号细砂轮或油石磨至光滑。对外观要求高的水磨石地面，要适当提高第二遍的磨石号数，增加打磨次数。 (2)补浆应用擦浆法施工。先把地面冲洗干净，待表面干后，用干布或纱头蘸较浓的水泥浆，认真细致地将洞眼孔隙擦实补严，擦浆后还要注意湿润养护，使擦上的水泥有良好的硬化条件。 (3)打蜡后应用一草酸溶液清洗面层，溶液配合比一般用1:0.35(热水与草酸的重量比)满涂于地面，用200以上的油石磨一遍，也可用木块包上布后打磨，然后用清水冲洗干净。 (4)地面扫蜡应在地面上下均匀薄涂一层蜡，待蜡干泛白后进行研磨，泛出光泽后再打第二遍蜡。打蜡完成后铺上清洁的锯木屑养护。
	分格条变形或压碎	分格条变形或压碎	(1)面层填料前，先检查分格条粘贴是否牢固，有无松动现象，发现问题及时处理。 (2)严格控制面层填料厚度高于分格条约5 mm，以滚压后高出1 mm为宜;滚压前，应先用抹子将分格条两边10~20 mm范围的填料拍实，顺条往里倾斜压出一个小"八"字，使之露出分格条。 (3)滚压过程中，随时用扫帚清扫滚子和分格条上的石子、杂物

分部工程名称	通病类型	通病现象	防治措施、处理办法
建筑地面工程	地面彩色深浅不一致	地面彩色深浅不一致	(1)同一类型、同一部位的地面使用同一厂家、同一批号的材料,要将材料一次性备好备足。 (2)加强岗位责任制,固定专人配料,认真操作,严格检查
	预制水磨石、大理石、瓷砖(陶瓷锦砖)楼地面的质量通病	空鼓、脱落、预制水磨石板、瓷砖与结合层黏结不牢,形成空鼓脱落	认真清理基层并洒水湿润,水泥结合层应涂刷均匀,并及时做面层,避免撒干水泥面。洒水拍浆的做法:石板背面的浮土杂物应浸泡不少于 2 h,并阴干,石板垫层砂浆应用 1:(3~4)干硬性水泥砂浆,铺设厚度以 2.5~3 cm 为宜,瓷板垫层砂浆用 1:(2~2.5)为宜,或掺加 10% 石膏灰以改善和易性,砂浆厚度以 5~6 cm 为宜;铺设时,砂浆饱满,四指用力均匀,随后用橡皮锤或木锤轻敲使其贴实,铺设后加强养护,3 d 后方可上人,避免碰动
		接缝不平,缝子不匀,板块与门口、楼道相接处接缝不平,或纵横方向接缝不匀	铺设前认真挑选板、块板,同一房间选用尺寸相同的材料,缺陷严重的挑出不用;设专人负责统一各房间标高,在房间内四边取中,地面上弹十字线,按线铺设,铺设随时用水平尺和直尺找准,缝子应通长拉线,以免产生游缝、缝子不匀或过大的现象,养护期内不得上人,防止移动
		缺棱、掉角;预制水磨石板或瓷砖棱角不齐,经修补颜色不一致,毛茬太多,不美观	搬运和存放时,应用软包装,防止硬磕硬碰,使用时应注意挑选,并应事先试摆实样,挑选颜色一致,损坏较少的板块并注意保护
		泛水过少,或倒泛水;厕所、厨房、浴室等房间排水不畅通或积水	安装地漏时,应低于楼地面设计标高 4~5 cm,做楼地面垫层或面层时,要根据设计标高先做灰饼,根据饼顺地漏方向做辐射形冲筋,找出坡度,按工艺要求施工
	木地板通病	楔口木地板铺后出现明显高低不平	(1)前期策划放线认真落实,做好交底。搁栅高度要根据水平线调整平齐。 (2)现场管理跟踪落实到人,出现问题及时调整,确保装饰效果

分部工程名称	通病类型	通病现象	防治措施、处理办法
建筑地面工程	木地板通病	地板有翘裂现象	(1)免漆地板开包装后首先不应马上铺设,应让其适应外界湿度。 (2)铺设地板过程中不要拼得过紧(留0.1~0.2 mm) (3)地板四周踢脚板下留8~10 mm的伸缩缝
		实木地板走动时有响动	由于木搁栅固定不牢固,含水率偏大或施工时周围环境湿度大、潮湿等原因造成踩踏时有响声;当采用"∏"形铁件锚固木搁栅时,因锚固铁钉变形,间距过大亦会造成木搁栅受力后弯曲变形、滑移、松动,以致出现此类质量通病。因此,采用预埋铁丝法锚固木搁栅,施工时要注意保护铁丝,不要将铁丝弄断;木搁栅及毛地板必须先干燥后使用,并注意铺设时的环境干燥;锚固铁件的间距应控制在800 mm以下,顶面宽度不小于100 mm,14号铅丝要与木搁栅绑扎牢固,并形成两个固定点;横撑或剪力撑间距不应大于800 mm,且与搁栅钉牢,搁栅铺钉完后,要认真检查有无响声,不符合要求不得进行下道工序
		地板起鼓	须合理安排木地板施工工序,待室内湿作业完成至少10 d后方可进行木地板施工;严格控制面层木地板条的含水率;杜绝管道漏水及阳台等处的倒泛水;毛地板条之间拉开3~5 mm的缝隙,合理设置通气孔;室内上下水或暖气片试水应在木地板刷油或烫蜡后进行,同时杜绝木地板被水浸泡
		拼花不规矩	拼花地板应经挑选,规格整齐一致;最好分规格、颜色装箱编号,操作中也要逐一套方;不合要求的地板要经修理后再用;房间应先弹线后施工,席纹地板弹十字线,人字地板弹分档线,各对称边留空一致,以便圈边;铺设宜从中间开始,做到边铺设边套方,不规矩的应及时找方正
		复合地板出现起拱断裂现象	(1)铺设前检查地坪是否平整,尤其是水泥找平面要干透。 (2)铺设时四周与墙面要预留5~8 mm的空缝,确保有收缩间距

本章小结

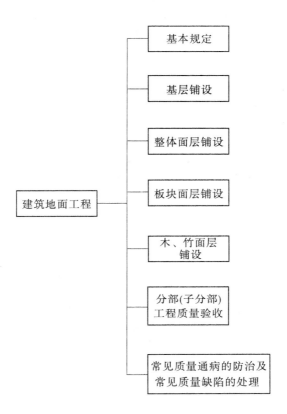

建筑地面工程
- 基本规定
- 基层铺设
- 整体面层铺设
- 板块面层铺设
- 木、竹面层铺设
- 分部(子分部)工程质量验收
- 常见质量通病的防治及常见质量缺陷的处理

第十七章　建筑装饰装修工程

【学习目标】
- 掌握建筑装饰装修工程的基本规定
- 掌握抹灰工程、门窗工程和吊顶工程
- 掌握饰面板(砖)工程
- 了解分部(子分部)工程质量验收
- 掌握常见质量通病的防治及常见质量缺陷的处理

第一节　基本规定

一、一般规定

(1)建筑装饰装修工程必须进行设计,并出具完整的施工图设计文件。

(2)承担建筑装饰装修工程设计的单位应具备相应的资质,并应建立质量管理体系。由于设计原因造成的质量问题应由设计单位负责。

(3)承担建筑装饰装修工程设计的单位应对建筑物进行必要的了解和实地勘察,设计深度应满足施工要求。

(4)建筑装饰装修工程设计必须做主建筑物的结构安全和主要使用功能设计。当涉及主体和承重结构改动或增加荷载时,必须由原结构设计单位或具备相应资质的设计单位核查有关原始资料,对既有建筑结构的安全性进行核验、确认。

(5)建筑装饰装修设计应符合城市规划、消防、环保、节能等有关规定。

(6)当墙体或吊顶内的管线可能产生冰冻或结露时,应进行防冻或防结露设计。

(7)建筑装饰装修工程的防火、防雷和抗震设计应符合现行国家标准的规定。

二、材料规定

(1)建筑装饰装修工程所用材料的品种、规格和质量应符合设计要求和国家现行标准的规定。当设计无要求时应符合国家现行标准的规定。严禁使用国家明令淘汰的材料。

(2)建筑装饰装修工程所用材料应符合国家有关建筑装饰装修材料有害物质限量标准的规定。

(3)建筑装饰装修工程所用材料的燃烧性能应符合现行国家标准《建筑内部装修设计防火规范》(GB 50222—2001)、《建筑设计防火规范》(GB 50016—2006)和《高层民用建筑设计防火规范》(GB 50045—1995)的规定。

(4)所有材料进场时应对品种、规格、外观和尺寸进行验收。材料包装应完好,应有产品合格证书、中文说明书及相关性能的检测报告,进口产品应按规定进行商品检验。

(5)进场后需要进行复验的材料种类及项目应符合规范的规定。同一厂家生产的同一品种、同一类型的进场材料应至少抽取一组样品进行复验,当合同另有约定时应按合同执行。

(6)当国家规定或合同约定应对材料进行见证检测时,或对材料的质量发生争议时,应进行见证检测。

(7)建筑装饰装修工程所使用的材料在运输、储存和施工过程中,必须采取有效措施防止损坏、变质和污染环境。

(8)承担建筑装饰装修材料检测的单位应具备相应的资质,并应建立质量管理体系。

(9)现场配制的材料如砂浆、胶粘剂等,应按设计要求或产品说明书配制。

(10)建筑装饰装修工程所使用的材料应按设计要求进行防火、防腐和防虫处理。

三、施工规定

(1)承担建筑装饰装修工程施工的单位应具备相应的资质,并应建立质量管理体系。施工单位应编制施工组织设计并应经过审查批准。施工单位应按有关的施工工艺标准或经审定的施工技术方案施工,并应对施工全过程实行质量控制。

(2)承担建筑装饰装修工程施工的人员应有相应岗位的资格证书。

(3)建筑装饰装修工程施工,严禁违反设计文件擅自改动建筑主体、承重结构或主要使用功能;严禁未经设计确认和有关部门批准擅自拆改水、暖、电、燃气、通信等配套设施。

(4)建筑装饰装修工程的施工质量应符合设计要求和规范的规定,由于违反设计文件和规范的规定施工造成的质量问题应由施工单位负责。

(5)施工单位应遵守有关施工安全、劳动保护、防火和防毒的法律法规,应建立相应的管理制度,并应配备必要的设备、器具和标识。

(6)施工单位应遵守有关环境保护的法律法规,并应采取有效措施控制施工现场的各种粉尘、废气、废弃物噪声、振动等对周围环境造成的污染和危害。

(7)建筑装饰装修工程应在基体或基层的质量验收合格后施工。对既有建筑进行装饰装修前,应对基层进行处理并达到规范的要求。

(8)建筑装饰装修工程施工前应有主要材料的样板或做样板间(件),并应经有关各方确认。

(9)墙面采用保温材料的建筑装饰装修工程,所用保温材料的类型、品种、规格及施工工艺应符合设计要求。

(10)管道、设备等的安装及高度应在建筑装饰装修工程施工前完成,当必须同步进行时,应在饰面层施工前完成。装饰装修工程不得影响管道、设备等的使用和维修。涉及燃气管道的建筑装饰装修工程必须符合有关安全管理的规定。

(11)室内外装饰装修工程施工的环境条件应满足施工工艺的要求。施工环境温度不应低于5 ℃。当必须在低于5 ℃气温下施工时,应采取保证工程质量的有效措施。

(12)建筑装饰装修工程的电器安装应符合设计要求和国家现行标准的规定。严禁不经穿管直接埋设电线。

(13)建筑装饰装修工程施工过程中应做好半成品、成品的保护,防止污染和损坏。

(14)建筑装饰装修工程验收前应将施工现场清理干净。

四、装饰装修工程质量控制程序

装饰装修工程质量控制程序见图 17-1。

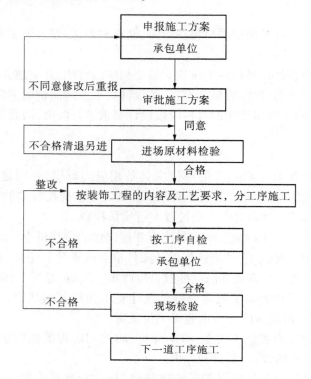

图 17-1　装饰装修工程质量控制程序

第二节　抹灰工程

一、一般规定

（1）抹灰工程验收时应检查下列文件和记录：

①材料的产品合格证书、性能检测报告、进场验收记录和复验报告。

②抹灰工程的施工图、设计说明及其他设计文件。

③施工记录。

④隐蔽工程验收记录。

（2）抹灰工程应对水泥的凝结时间和安定性进行复验。

（3）抹灰工程应对下列隐蔽工程项目进行验收：

①不同材料基体交接处的加强措施。

②抹灰总厚度大于或等于 35 mm 时的加强措施。

（4）各分项工程的检验批应按下列规定划分：

①相同材料、工艺和施工条件的室内抹灰工程每 50 个自然间（大面积房间和走廊按抹

灰面积 30 m² 为一间）应划分为一个检验批，不足 50 间也应划分为一个检验批。

②相同材料、工艺和施工条件的室外抹灰工程每 500~1 000 m² 应划为一个检验批，不足 500 m² 也应划为一个检验批。

（5）检查数量应符合下列规定：

①室内每个检验批应至少抽查 10%，并不得少于 3 间；不足 3 间时应全数检查。

②室外每个检验批每 100 m² 应至少抽查一处，每处不得小于 10 m²。

（6）抹灰用的石灰膏的熟化期不应少于 15 d；罩面用的磨细石灰粉的熟化期不应少于 3 d。

（7）外墙抹灰工程施工前应先安装钢木门窗框、护栏等，并应将墙上的施工孔洞堵塞密实。

（8）室内墙面、柱面和门洞口的阳角做法应符合设计要求。设计无要求时，应采用 1:2 水泥砂浆做护角，其高度不应低于 2 m，每侧宽度不应小于 50 mm。

（9）当要求抹灰层具有防水、防潮功能时，应采用防水砂浆。

（10）外墙和顶棚的抹灰层与基层之间及各抹灰层之间必须黏结牢固。

（11）各种砂浆抹灰层，在凝结前应防止快干、水冲、撞击、振动和受冻，在凝结后应采取措施防止沾污和损坏。水泥砂浆抹灰层应在湿润条件下养护。

二、一般抹灰工程

本部分内容适用于石灰砂浆、水泥砂浆、水泥混合砂浆、聚合物水泥砂浆和麻刀石灰、纸筋石灰、石膏灰等一般抹灰工程的质量验收。一般抹灰工程分为普通抹灰和高级抹灰，当设计无要求时，按普通抹灰验收。

（一）主控项目

（1）一般抹灰所用材料的品种和性能应符合设计要求。水泥的凝结时间和安定性复验应合格。砂浆的配合比应符合设计要求。

检验方法：检查施工记录。

（2）抹灰前基层表面的尘土、污垢、油渍等应清除干净，并应洒水润湿。

检验方法：检查产品合格证书、进场验收记录、复验报告和施工记录。

（3）抹灰工程应分层进行。当抹灰总厚度大于或等于 35 mm 时，应采取加强措施。不同材料基体交接处表面的抹灰，应采取防止开裂的加强措施，当采用加强网时，加强网与各基体的搭接宽度不应小于 100 mm。

检验方法：检查隐蔽工程验收记录和施工记录。

（4）抹灰层与基层之间及各抹灰层之间必须黏结牢固，抹灰层应无脱层、空鼓，面层应无爆灰和裂缝。

检验方法：观察，用小锤轻击检查，检查施工记录。

（二）一般项目

（1）一般抹灰工程的表面质量应符合下列规定：

①普通抹灰表面应光滑、洁净、接槎平整，分格缝应清晰。

②高级抹灰表面应光滑、洁净、颜色均匀、无抹纹，分格缝和灰线应清晰美观。

检验方法：观察，手摸检查。

（2）护角、孔洞、槽、盒周围的抹灰表面应整齐、光滑,管道后面的抹灰表面应平整。

检验方法:观察。

（3）抹灰层的总厚度应符合设计要求,水泥砂浆不得抹在石灰砂浆层上,罩面石膏灰不得抹在水泥砂浆层上。

检验方法:检查施工记录。

（4）抹灰分格缝的设置应符合设计要求,宽度和深度应均匀,表面应光滑,棱角应整齐。

检验方法:观察,尺量检查。

（5）有排水要求的部位应做滴水线(槽)。滴水线(槽)应整齐顺直,滴水线应内高外低,滴水槽宽度和深度均不应小于 10 mm。

检验方法:观察,尺量检查。

（6）一般抹灰工程质量的允许偏差和检验方法应符合表 17-1 的规定。

表 17-1　一般抹灰工程的允许偏差和检验方法

项次	项目	允许偏差（mm）		检验方法
		普通抹灰	高级抹灰	
1	立面垂直度	4	3	用 2 m 垂直检测尺检查
2	表面平整度	4	3	用 2 m 靠尺和塞尺检查
3	阴、阳角方正	4	3	用直角检测尺检查
4	分格条(缝)直线度	4	3	拉 5 m 线,不足 5 m 拉通线,用钢直尺检查
5	墙裙、勒脚上口直线度	4	3	拉 5 m 线,不足 5 m 拉通线,用钢直尺检查

注:1.普通抹灰,本表第 3 项阴角方正可不检查。

2.顶棚抹灰,本表第 2 项表面平整度可不检查,但应平顺。

三、装饰抹灰工程

本部分内容适用于水刷石、斩假石、干粘石、假面砖等装饰抹灰工程的质量验收。

(一)主控项目

（1）抹灰前基层表面的尘土、污垢、油渍等应清除干净,并应洒水润湿。

检验方法:检查产品合格证书、进场验收记录、复验报告和施工记录。

（2）装饰抹灰工程所用材料的品种和性能应符合设计要求。水泥的凝结时间和安定性复验应合格。砂浆的配合比应符合设计要求。

检验方法:检查施工记录。

（3）抹灰工程应分层进行。当抹灰总厚度大于或等于 35 mm 时,应采取加强措施。不同材料基体交接处表面的抹灰,应采取防止开裂的加强措施,当采用加强网时,加强网与各基体的搭接宽度不应小于 100 mm。

检验方法:检查隐蔽工程验收记录和施工记录。

（4）各抹灰层之间及抹灰层与基体之间必须黏结牢固,抹灰层应无脱层、空鼓和裂缝。

检验方法:观察,用小锤轻击检查,检查施工记录。

(二)一般项目

（1）装饰抹灰工程的表面质量应符合下列规定:

①水刷石表面应石粒清晰、分布均匀、紧密平整、色泽一致,应无掉粒和接槎痕迹。

②斩假石表面剁纹应均匀顺直、深浅一致,应无漏剁处;阳角处应横剁并留出宽窄一致的不剁边条,棱角应无损坏。

③干粘石表面应色泽一致、不露浆、不漏粘,石粒应黏结牢固、分布均匀,阳角处应无明显黑边。

④假面砖表面应平整、沟纹清晰、留缝整齐、色泽一致,应无掉角、脱皮、起砂等缺陷。

检验方法:观察,手摸检查。

(2)装饰抹灰分格条(缝)的设置应符合设计要求,宽度和深度应均匀,表面应平整光滑,棱角应整齐。

检验方法:观察。

(3)有排水要求的部位应做滴水线(槽)。滴水线(槽)应面平、有角、线条顺畅平行,滴水线应内高外低,滴水槽的宽度和深度均不应小于 10 mm。不同材料基体交接处表面的抹灰,应采取防止开裂的加强措施,当采用加强网时,加强网与各基体的搭接宽度不应小于 100 mm。

检验方法:观察,尺量检查。

(4)装饰抹灰工程质量的允许偏差和检验方法应符合表 17-2 的规定。

表 17-2 装饰抹灰工程质量的允许偏差和检验方法

项次	项目	允许偏差(mm)				检验方法
		水刷石	斩假石	干粘石	假面砖	
1	立面垂直度	5	4	5	5	用 2 m 靠尺和塞尺检查
2	表面平整度	3	3	5	4	用 2 m 靠尺和塞尺检查
3	阳角方正	3	3	4	4	用直角检测尺检查
4	分格条(缝)直线度	3	3	3	3	拉 5 m 线,不足 5 m 拉通线,用钢直尺检查
5	墙裙、勒脚上口直线度	3	3	—	—	拉 5 m 线,不足 5 m 拉通线,用钢直尺检查

四、清水砌体勾缝工程

本部分内容适用于清水砌体砂浆勾缝和原浆勾缝工程的质量验收。

(一)主控项目

(1)清水砌体勾缝所用水泥的凝结时间和安定性复验应合格。砂浆的配合比应符合设计要求。

检验方法:检查复验报告和施工记录。

(2)清水砌体勾缝应无漏勾。勾缝材料应黏结牢固、无开裂。

检验方法:观察。

(二)一般项目

(1)灰缝应颜色一致,砌体表面应洁净。

检验方法:观察。

(2)清水砌体勾缝应横平竖直,交接处应平顺,宽度和深度应均匀,表面应压实抹平。

检验方法:观察,尺量检查。

第三节　门窗工程

一、一般规定

(1)本部分内容适用于木门窗制作安装、金属门窗安装、塑料门窗安装、特种门安装、门窗玻璃安装等分项工程的质量验收。

(2)门窗工程验收时应检查下列文件和记录:

①门窗工程的施工图、设计说明及其他设计文件。

②材料的产品合格证书、性能检测报告、进场验收记录和复验报告。

③隐蔽工程验收记录,施工记录。

④特种门及其附件的生产许可文件。

(3)门窗工程应对下列材料及其性能指标进行复验:

①建筑外墙金属窗、塑料窗的抗风性能、空气渗透性能和雨水渗漏性能。

②人造木板的甲醛含量。

(4)门窗工程应对下列隐蔽工程项目进行验收:

①隐蔽部位的防腐、填嵌处理。

②预埋件和锚固件。

(5)各分项工程的检验批应按下列规定划分:

①同一品种、类型和规格的木门窗、金属门窗、塑料门窗及门窗玻璃每100樘应划分为一个检验批,不足100樘也应划分为一个检验批。

②同一品种、类型和规格的特种门每50樘应划分为一个检验批,不足50樘也应划分为一个检验批。

(6)检查数量应符合下列规定:

①木门窗、金属门窗、塑料门窗及门窗玻璃,每个检验批应至少抽查5%,并不得少于3樘,不足3樘时应全数检查;高层建筑的外窗,每个检验批应至少抽查10%,并不得少于6樘,不足6樘时应全数检查。

②特种门每个检验批应至少抽查50%,并不得少于10樘,不足10樘时应全数检查。

(7)门窗安装前,应对门窗洞口尺寸进行检验。

(8)金属门窗和塑料门窗安装应采用预留洞口的方法施工,不得采用边安装边砌口或先安装后砌口的方法施工。

(9)木门窗与砖石砌体、混凝土或抹灰层接触处应进行防腐处理并应设置防潮层,埋入砌体或混凝土中的木砖应进行防腐处理。

(10)当金属窗或塑料窗组合时,其拼樘料的尺寸、规格、壁厚应符合设计要求。

(11)建筑外门窗的安装必须牢固。在砌体上安装门窗严禁用射钉固定。

(12)特种门安装除应符合设计要求和规范规定外,还应符合有关专业标准和主管部门的规定。

二、木门窗制作与安装工程

本部分内容适用于木门窗制作与安装工程的质量验收。

(一)主控项目

(1)木门窗的木材品种、材质等级、规格、尺寸、框扇的线型及人造木板的甲醛含量应符合设计要求。设计未规定材质等级时,所用木材的质量应符合规范的规定。

检验方法:观察,检查材料进场验收记录和复验报告。

(2)木门窗应采用烘干的木材,含水率应符合《建筑木门、木窗》(JG/T 122—2000)的规定。

检验方法:检查材料进场验收记录。

(3)木门窗的防火、防腐、防虫处理应符合设计要求。

检验方法:观察,检查材料进场验收记录。

(4)木门窗的结合处和安装配件处不得有木节或已填补的木节。木门窗如有允许限值以内的死节及直径较大的虫眼,应用同一材质的木塞加胶填补。对于清漆制品,木塞的木纹和色泽应与制品一致。

检验方法:观察。

(5)门窗框和厚度大于 50 mm 的门窗扇应用双榫连接。榫槽应采用胶料严密嵌合,并应用胶楔加紧。

检验方法:观察,手扳检查。

(6)胶合板门、纤维板门和模压门不得脱胶。胶合板不得刨透表层单板,不得有戗槎。制作胶合板门、纤维板门时,边框和横楞应在同一平面上,面层、边框及横楞应加压胶结。横楞和上、下冒头应各钻两个以上的透气孔,透气孔应通畅。

检验方法:观察。

(7)木门窗的品种、类型、规格、开启方向、安装位置及连接方式应符合设计要求。

检验方法:观察,尺量检查,检查成品门的产品合格证书。

(8)木门窗框的安装必须牢固。预埋木砖的防腐处理,木门窗框固定点的数量、位置及固定方法应符合设计要求。

检验方法:观察,手扳检查,检查隐蔽工程验收记录和施工记录。

(9)木门窗扇必须安装牢固,并应开关灵活,关闭严密,无倒翘。

检验方法:观察,开启和关闭检查,手扳检查。

(10)木门窗配件的型号、规格、数量应符合设计要求,安装应牢固,位置应正确,功能应满足使用要求。

检验方法:观察,开启和关闭检查,手扳检查。

(二)一般项目

(1)木门窗表面应洁净,不得有刨痕、锤印。

检验方法:观察。

(2)木门窗的割角、拼缝应严密平整。门窗框、扇裁口应顺直,刨面应平整。

检验方法:观察。

（3）木门窗上的槽、孔应边缘整齐，无毛刺。

检验方法：观察。

（4）木门窗与墙体间缝隙的填嵌材料应符合设计要求，填嵌应饱满。寒冷地区外门窗（或门窗框）与砌体间的空隙应填充保温材料。

检验方法：轻敲门窗框检查，检查隐蔽工程验收记录和施工记录。

（5）木门窗批水、盖口条、压缝条、密封条安装应顺直，与门窗结合应牢固、严密。

检验方法：观察，手扳检查。

（6）木门窗制作的允许偏差和检验方法应符合表 17-3 的规定。

表 17-3　木门窗制作的允许偏差和检验方法

项次	项目	构件名称	允许偏差（mm）		检验方法
			普通	高级	
1	翘曲	框	3	2	将框、扇平放在检查平台上，用塞尺检查
		扇	2	2	
2	对角线长度差	框、扇	3	2	用钢尺检查，框量裁口里角，扇量外角
3	表面平整度	扇	2	2	用 1 m 靠尺和塞尺检查
4	高度、宽度	框	0，-2	0，-1	用钢尺检查，框量裁口里角，扇量外角
		扇	+2，0	+1，0	
5	裁口、线条结合处高低差	框、扇	1	0.5	用钢直尺和塞尺检查
6	相邻棂子两端间距	扇	2	1	用钢直尺检查

（7）木门窗安装的留缝限值、允许偏差和检验方法应符合表 17-4 的规定。

表 17-4　木门窗安装的留缝限值、允许偏差和检验方法

项次	项目	留缝限值（mm）		允许偏差（mm）		检验方法
		普通	高级	普通	高级	
1	门窗槽口对角线长度差	—	—	3	2	用钢尺检查
2	门窗框的下、侧面垂直度	—	—	2	1	用 1 m 垂直检测尺检查
3	框与扇、扇与扇接缝高低差	—	—	2	1	用钢直尺和塞尺检查
4	门窗扇对口缝	1~2.5	1.5~2	—	—	用塞尺检查
5	工业厂房双扇大门对口缝	2~5	—	—	—	
6	门窗扇与上框间留缝	1~2	1~1.5	—	—	
7	门窗扇与侧框间留缝	1~2.5	1~1.5	—	—	
8	窗扇与下框间留缝	2~3	2~2.5	—	—	
9	门扇与下框间留缝	3~5	3~4	—	—	
10	双层门窗内外框间距	—	—	4	3	用钢尺检查

项次	项目		留缝限值（mm）		允许偏差（mm）		检验方法
			普通	高级	普通	高级	
11	无下框时门扇与地面间留缝	外门	4～7	5～6	—	—	用塞尺检查
		内门	5～8	6～7	—	—	
		卫生间门	8～12	8～10	—	—	
		厂房大门	10～20	—	—	—	

三、金属门窗安装工程

本部分内容适用于钢门窗、铝合金门窗、涂色镀锌钢板门窗等金属门窗安装工程质量的验收。

（一）主控项目

（1）金属门窗的品种、类型、规格、尺寸、性能、开启方向、安装位置、连接方式及铝合金门窗的型材壁厚应符合设计要求。金属门窗的防腐处理及填嵌、密封处理应符合设计要求。

检验方法：观察，尺量检查，检查产品合格证书、性能检测报告、进场验收记录和复验报告，检查隐蔽工程验收记录。

（2）金属门窗框和副框的安装必须牢固。预埋件的数量、位置、埋设方式、与框的连接方式必须符合设计要求。

检验方法：手扳检查，检查隐蔽工程验收记录。

（3）金属门窗扇必须安装牢固，并应开关灵活、关闭严密，无倒翘。推拉门窗必须有防脱落措施。

检验方法：观察，开启和关闭检查，手扳检查。

（4）金属门窗配件的型号、规格、数量应符合设计要求，安装应牢固，位置应正确，功能应满足使用要求。

检验方法：观察，开启和关闭检查，手扳检查。

（二）一般项目

（1）金属门窗表面应洁净、平整、光滑、色泽一致，无锈蚀。大面应无划痕、碰伤。漆膜或保护层应连续。

检验方法：观察。

（2）铝合金门窗推拉门窗扇开关力应不大于 100 N。

检验方法：用弹簧秤检查。

（3）金属门窗框与墙体之间的缝隙应填嵌饱满，并采用密封胶密封。密封胶表面应光滑、顺直，无裂纹。

检验方法：观察，轻敲门窗框检查，检查隐蔽工程验收记录。

（4）金属门窗扇的橡胶密封条或毛毡密封条应安装完好，不得脱槽。

检验方法：观察，开启和关闭检查。

（5）有排水孔的金属门窗，排水孔应畅通，位置和数量应符合设计要求。

检验方法：观察。

（6）铝合金门窗安装的允许偏差和检验方法应符合表17-5的规定。

表17-5　铝合金门窗安装的允许偏差和检验方法

项次	项目		允许偏差（mm）	检验方法
1	门窗槽口宽度、高度	≤1 500 mm	1.5	用钢尺检查
		>1 500 mm	2	
2	门窗槽口对角线长度差	≤2 000 mm	3	用钢尺检查
		>2 000 mm	4	
3	门窗框的正、侧面垂直度		2.5	用垂直检测尺检查
4	门窗横框的水平度		2	用1 m水平尺和塞尺检查
5	门窗横框标高		5	用钢尺检查
6	门窗竖向偏离中心		5	用钢尺检查
7	双层门窗内外框间距		4	用钢尺检查
8	推拉门窗扇与框搭接量		1.5	用钢直尺检查

四、塑料门窗安装工程

本部分内容适用于塑料门窗安装工程的质量验收。

（一）主控项目

（1）塑料门窗的品种、类型、规格、尺寸、开启方向、安装位置、连接方式及填嵌密封处理应符合设计要求，内衬增强型钢的壁厚及设置应符合国家现行产品标准的质量要求。

检验方法：观察，尺量检查，检查产品合格证书、性能检测报告、进场验收记录和复验报告，检查隐蔽工程验收记录。

（2）塑料门窗框、副框和扇的安装必须牢固。固定片或膨胀螺栓的数量与位置应正确，连接方式应符合设计要求。固定点应距窗角、中横框、中竖框150～200 mm，固定点间距应不大于600 mm。

检验方法：观察，手扳检查，检查隐蔽工程验收记录。

（3）塑料门窗拼樘料内衬增加型钢的规格、壁厚必须符合设计要求，型钢应与型材内腔紧密吻合，其两端必须与洞口固定牢固。窗框必须与拼樘料连接紧密，固定点间距应不大于600 mm。

检验方法：观察，手扳检查，尺量检查，检查进场验收记录。

（4）塑料门窗扇应开关灵活、关闭严密，无倒翘。推拉门窗扇必须有防脱落措施。

检验方法：观察，开启和关闭检查，手扳检查。

（5）塑料门窗配件的型号、规格、数量应符合设计要求，安装应牢固，位置应正确，功能应满足使用要求。

检验方法:观察,手扳检查,尺量检查。

(6)塑料门窗框与墙体间缝隙应采用闭孔弹性材料填嵌饱满,表面应采用密封胶密封。密封胶应黏结牢固,表面应光滑、顺直、无裂纹。

检验方法:观察,检查隐蔽工程验收记录。

(二)一般项目

(1)塑料门窗表面应洁净、平整、光滑,大面应无划痕、碰伤。

检验方法:观察。

(2)塑料门窗扇的密封条不得脱槽。旋转窗间隙应基本均匀。

(3)塑料门窗扇的开关力应符合下列规定:

①平开门窗扇平铰链的开关力应不大于80 N;滑撑铰链的开关力应不大于80 N,并不小于30 N。

②推拉门窗扇的开关力应不大于100 N。

检验方法:观察,用弹簧秤检查。

(4)玻璃密封条与玻璃槽口的接缝应平整,不得卷边、脱槽。

检验方法:观察。

(5)排水孔应畅通,位置和数量应符合设计要求。

检验方法:观察。

(6)塑料门窗安装的允许偏差和检验方法应符合表17-6的规定。

表 17-6　塑料门窗安装的允许偏差和检验方法

项次	项目		允许偏差(mm)	检验方法
1	门槽口宽度、高度	≤1 500 mm	2	用钢尺检查
		>1 500 mm	3	
2	门槽口对角线长度差	≤2 000 mm	3	用钢尺检查
		>2 000 mm	5	
3	门窗框的正、侧面垂直度		3	用1 m垂直检测尺检查
4	门窗横框的水平度		3	用1 m水平尺和塞尺检查
5	门窗横框标高		5	用钢尺检查
6	门窗竖向偏离中心		5	用钢直尺检查
7	双层门窗内外框间距		4	用钢尺检查
8	同樘平开门窗相邻扇高度差		2	用钢尺检查
9	平开门窗铰链部位配合间隙		+2,-1	用塞尺检查
10	推拉门窗扇与框搭接量		+1.5,-2.5	用钢尺检查
11	推拉门窗扇与竖框平等度		2	用1 m水平尺和塞尺检查

第四节　吊顶工程

一、一般规定

（1）本部分内容适用于暗龙骨吊顶、明龙骨吊顶等分项工程的质量验收。

（2）吊顶工程验收时应检查下列文件和记录：

①吊顶工程的施工图、设计说明及其他设计文件。

②材料的产品合格证书、性能检测报告、进场验收记录和复验报告。

③隐蔽工程验收记录。

④施工记录。

（3）吊顶工程应对人造木板的甲醛含量进行复验。

（4）吊顶工程应对下列隐蔽工程项目进行验收：

①吊顶内管道、设备的安装及水管试压。

②木龙骨防火、防腐处理。

③预埋件或拉结筋。

④吊杆安装。

⑤龙骨安装。

⑥填充材料的设置。

（5）各分项工程的检验批应按下列规定划分：

同一品种的吊顶工程每 50 间（大面积房间和走廊按吊顶面积 30 m² 为一间）应划分为一个检验批，不足 50 间也应划分为一个检验批。

（6）检查数量应符合下列规定：

每个检验批应至少抽查 10%，并不得少于 3 间；不足 3 间时应全数检查。

（7）安装龙骨前，应按设计要求对房间净高、洞口标高和吊顶内管道、设备及其支架的标高进行交接检验。

（8）吊顶工程的木吊杆、木龙骨和木饰面板必须进行防火处理，并应符合有关设计防火规范的规定。

（9）吊顶工程中的预埋件、钢筋吊杆和型钢吊杆应进行防锈处理。

（10）安装饰面板前应完成吊顶内管道和设备的调试及验收。

（11）吊杆距主龙骨端部距离不得大于 300 mm，当大于 300 mm 时，应增加吊杆。当吊杆长度大于 1.5 m 时，应设置反支撑。当吊杆与设备相遇时，应调整并增设吊杆。

（12）重型灯具、电扇及其他重型设备严禁安装在吊顶工程的龙骨上。

二、暗龙骨吊顶工程

本部分内容适用于以轻钢龙骨、铝合金龙骨、木龙骨等为骨架，以石膏板、金属板、矿棉板、木板、塑料板或搁栅等为饰面材料的暗龙骨吊顶工程的质量验收。

（一）主控项目

（1）吊顶标高、尺寸、起拱和造型应符合设计要求。

检验方法:观察,尺量检查。

(2)饰面材料的材质、品种、规格、图案和颜色应符合设计要求。

检验方法:观察,检查产品合格证书、性能检测报告、进场验收记录和复验报告。

(3)暗龙骨吊顶工程的吊杆、龙骨和饰面材料的安装必须牢固。

检验方法:观察,手扳检查,检查隐蔽工程验收记录和施工记录。

(4)吊杆及龙骨的材质、规格、安装间距及连接方式应符合设计要求。金属吊杆、龙骨应经过表面防腐处理,木吊杆、龙骨应进行防腐、防火处理。

检验方法:观察,尺量检查,检查产品合格证书、性能检测报告、进场验收记录和隐蔽工程验收记录。

(5)石膏板的接缝应按其施工工艺标准进行板缝防裂处理。安装双层石膏板时,面层板与基层板的接缝应错开,并不得在同一根龙骨上接缝。

检验方法:观察。

(二)一般项目

(1)饰面材料表面应洁净、色泽一致,不得有翘曲、裂缝及缺损。压条应平直、宽窄一致。

检验方法:观察,尺量检查。

(2)饰面板上的灯具、烟感器、喷淋头、风口篦子等设备的位置应合理、美观,与饰面板的交接应吻合、严密。

检验方法:观察。

(3)金属吊杆、龙骨的接缝应均匀一致,接缝应吻合,表面应平整,无翘曲、锤印。木质吊杆、龙平应顺直,无劈裂、变形。

检验方法:检查隐蔽工程验收记录和施工记录。

(4)吊顶内填充吸声材料的品种和铺设厚度应符合设计要求,并应有防散落措施。

检验方法:检查隐蔽工程验收记录和施工记录。

(5)暗龙骨吊顶工程安装的允许偏差和检验方法应符合表 17-7 的规定。

表 17-7 暗龙骨吊顶工程安装的允许偏差和检验方法

项次	项目	允许偏差(mm)				检验方法
		纸面石膏板	金属板	矿棉板	木板、塑料板、搁栅	
1	表面平整度	3	2	2	3	用 2 m 靠尺和塞尺检查
2	接缝直线度	3	1.5	3	3	拉 5 m 线,不足 5 m 拉通线,用钢直尺检查
3	接缝高低差	1	1	1.5	1	用钢直尺和塞尺检查

三、明龙骨吊顶工程

本部分内容适用于以轻钢龙骨、铝合金龙骨、木龙骨等为骨架,以石膏板、金属板、矿棉板、塑料板、玻璃板或搁栅等饰面材料的明龙骨吊顶工程的质量验收。

（一）主控项目

（1）吊顶标高、尺寸、起拱和造型应符合设计要求。

检验方法：观察，尺量检查。

（2）饰面材料的材质、品种、规格、图案和颜色应符合设计要求。当饰面材料为玻璃板时，应使用安全玻璃或采取可靠的安全措施。

检验方法：观察，检查产品合格证书、性能检测报告和进场验收记录。

（3）饰面材料的安装应稳固严密。饰面材料与龙骨的搭接宽度应大于龙骨受力面宽度的 2/3。

检验方法：观察，手扳检查，尺量检查。

（4）吊杆及龙骨的材质、规格、安装间距及连接方式应符合设计要求。金属吊杆、龙骨应进行表面防腐处理，木龙骨应进行防腐、防火处理。

检验方法：观察，尺量检查，检查产品合格证书、进场验收记录和隐蔽工程验收记录。

（5）明龙骨吊顶工程的吊杆和龙骨安装必须牢固。

检验方法：手扳检查，检查隐蔽工程验收记录和施工记录。

（二）一般项目

（1）饰面材料表面应洁净、色泽一致，不得有翘曲、裂缝及缺损。饰面板与明龙骨的搭接应平整、吻合，压条应平直、宽窄一致。

检验方法：观察，尺量检查。

（2）饰面板上的灯具、烟感器、喷淋头、风口篦子等设备的位置应合理、美观，与饰面板的交接应吻合、严密。

检验方法：观察。

（3）金属龙骨的接缝应平整、吻合、颜色一致，不得有划伤、擦伤等表面缺陷。木质龙骨应平整、顺直，无劈裂。

检验方法：观察。

（4）吊顶内填充吸声材料的品种和铺设厚度应符合设计要求，并应有防散落措施。

检验方法：检查隐蔽工程验收记录和施工记录。

（5）明龙骨吊顶工程安装的允许偏差和检验方法应符合表 17-8 的规定。

表 17-8　明龙骨吊顶工程安装的允许偏差和检验方法

项次	项目	允许偏差（mm）				检验方法
		石膏板	金属板	矿棉板	塑料板、玻璃板	
1	表面平整度	3	2	3	3	用 2 m 靠尺和塞尺检查
2	接缝直线度	3	2	3	3	拉 5 m 线，不足 5 m 拉通线，用钢直尺检查
3	接缝高低差	1	1	2	1	用钢直尺和塞尺检查

第五节　饰面板(砖)工程

一、一般规定

(1)本部分内容适用于饰面板安装、饰面砖粘贴等分项工程的质量验收。

(2)饰面板(砖)工程验收时应检查下列文件和记录:

①饰面板(砖)工程的施工图、设计说明及其他设计文件;

②材料的产品合格证书、性能检测报告、进场验收记录和复验报告;

③后置埋件的现场拉拔检测报告;

④外墙饰面砖样板件的黏结强度检测报告;

⑤隐蔽工程验收记录;

⑥施工记录。

(3)饰面板(砖)工程应对下列材料及其性能指标进行复验:

①室内用花岗石的放射性;

②粘贴用水泥的凝结时间、安定性和抗压强度;

③外墙陶瓷面砖的吸水率;

④寒冷地区外墙陶瓷面砖的抗冻性。

(4)饰面板(砖)工程应对下列隐蔽工程项目进行验收:

①预埋件(或后置埋件);

②连接节点;

③防水层。

(5)各分项工程的检验批应按下列规定划分:

①相同材料、工艺和施工条件的室内饰面板(砖)工程每 50 间(大面积房间和走廊按施工面积 30 m^2 为一间)应划分为一个检验批,不足 50 间也应划分为一个检验批;

②相同材料、工艺和施工条件的室外饰面板(砖)工程每 500~1 000 m^2 应划分为一个检验批,不足 500 m^2 也应划分为一个检验批。

(6)检查数量应符合下列规定:

①室内每个检验批应至少抽查 10%,并不得少于 3 间,不足 3 间时应全数检查。

②室外每个检验批每 100 m^2 应至少抽查一处,每处不得小于 10 m^2。

(7)外墙饰面粘贴前和施工过程中,均应在相同基层上做样板件,并对样板件的饰面砖黏结强度进行检验,其检验方法和结果判定应符合《建筑工程饰面砖粘结强度检验标准》(JGJ 110—2008)的规定。

(8)饰面板(砖)工程的抗震缝、伸缩缝、沉降缝等部位的处理应保证缝的使用功能和饰面的完整性。

二、饰面板安装工程

本部分内容适用于内墙饰面板安装工程和高度不大于 24 m、抗震设防烈度不大于 7 度的外墙饰面板安装工程的质量验收。

(一)主控项目

(1)饰面板的品种、规格、颜色和性能应符合设计要求,木龙骨、木饰面板和塑料饰面板的燃烧性能等级应符合设计要求。

检验方法:观察,检查产品合格证书、进场验收记录和性能检测报告。

(2)饰面板孔及槽的数量、位置和尺寸应符合设计要求。

检验方法:检查进场验收记录和施工记录。

(3)饰面板安装工程的预埋件(或后置埋件)、连接件的数量、规格、位置、连接方法和防腐处理必须符合设计要求。后置埋件的现场拉拔强度必须符合设计要求。饰面板安装必须牢固。

检验方法:手扳检查,检查进场验收记录、现场拉拔检测报告、隐蔽工程验收记录和施工记录。

(二)一般项目

(1)饰面板表面应平整、洁净、色泽一致,无裂痕和缺损。石材表面应无泛碱等污染。

检验方法:观察。

(2)饰面板嵌缝应密实、平直,宽度和深度应符合设计要求,嵌填材料色泽应一致。

检验方法:观察,尺量检查。

(3)采用湿作业法施工的饰面板工程,石材应进行了碱背涂处理。饰面板与基体之间的灌注材料应饱满、密实。

检验方法:用小锤轻击检查,检查施工记录。

(4)饰面板上的孔洞应套割吻合,边缘应整齐。

检验方法:观察。

(5)饰面板安装的允许偏差和检验方法应符合表 17-9 的规定。

表 17-9　饰面板安装的允许偏差和检验方法

项次	项目	允许偏差(mm)							检验方法
		石材			瓷板	木材	塑料	金属	
		光面	剁斧石	蘑菇石					
1	立面垂直度	2	3	3	2	1.5	2	2	用 2 m 垂直检测尺检查
2	表面平整度	2	3	—	1.5	1	3	3	用 2 m 靠尺和塞尺检查
3	阴、阳角方正	2	4	4	2	1.5	3	3	用直角检测尺检查
4	接缝直线度	2	4	4	2	1	1	1	拉 5 m 线,不足 5 m 拉通线,用钢直尺检查
5	墙裙、勒脚上口直线度	2	3	3	2	2	2	2	拉 5 m 线,不足 5 m 拉通线,用钢直尺检查
6	接缝高低差	0.5	3	—	0.5	0.5	1	1	用钢直尺和塞尺检查
7	接缝宽度	1	2	2	1	1	1	1	用钢直尺检查

三、饰面砖粘贴工程

本部分内容适用于风墙饰面砖粘贴工程和高度不大于 100 m、抗震设防烈度不大于 8 度、采用满粘法施工的外墙饰面砖粘贴工程的质量验收。

（一）主控项目

（1）饰面砖的品种、规格、图案颜色和性能应符合设计要求。

检验方法：观察，检查产品合格证书、进场验收记录、性能检测报告和复验报告。

（2）饰面砖粘贴工程的找平、防水、黏结和勾缝材料及施工方法应符合设计要求及国家现行产品标准和工程技术标准的规定。

检验方法：检查产品合格证书、复验报告和隐蔽工程验收记录。

（3）饰面砖粘贴必须牢固。

检验方法：检查样板件黏结强度检测报告和施工记录。

（4）满粘法施工的饰面砖工程应无空鼓、裂缝。

检验方法：观察，用小锤轻击检查。

（二）一般项目

（1）饰面砖表面应平整、洁净、色泽一致，无裂痕和缺损。

检验方法：观察。

（2）阴阳角处搭接方式、非整砖使用部位应符合设计要求。

检验方法：观察。

（3）墙面突出物周围的饰面砖应整砖套割吻合，边缘应整齐。墙裙、贴脸突出墙面的厚度应一致。

检验方法：观察，尺量检查。

（4）饰面砖接缝应平直、光滑，填嵌应连续、密实，宽度和深度应符合设计要求。

检验方法：观察，尺量检查。

（5）有排水要求的部位应做滴水线（槽）。滴水线（槽）应顺直，流水坡向应正确，坡度应符合设计要求。

检验方法：观察，用水平尺检查。

（6）饰面砖粘贴的允许偏差和检验方法应符合表 17-10 的规定。

表 17-10　饰面砖粘贴的允许偏差和检验方法

项次	项目	允许偏差（mm）		检验方法
		外墙面砖	风墙面砖	
1	立面垂直度	3	2	用 2 m 垂直检测尺检查
2	表面平整度	4	3	用 2 m 靠尺和塞尺检查
3	阴、阳角方正	3	3	用直角检测尺检查
4	接缝干线度	3	2	拉 5 m 线，不足 5 m 拉通线，用钢直尺检查
5	接缝高低差	1	0.5	用钢直尺和塞尺检查
6	接缝宽度	1	1	用钢直尺检查

第六节　分部(子分部)工程质量验收

(1)建筑装饰装修工程质量验收程序和组织应符合《建筑工程施工质量验收统一标准》(GB 50300—2001)第6章的规定。

(2)建筑装饰装修工程的子分部工程及其分项工程应按规范《建筑工程施工质量验收统一标准》(GB 50300—2001)附录B划分。

(3)建筑装饰装修工程施工过程中,应按规范各章一般规定的要求对隐蔽工程进行验收,并按规范《建筑工程施工质量验收统一标准》(GB 50300—2001)附录C的格式记录。

(4)检验批的质量验收应按《建筑工程施工质量验收统一标准》(GB 50300—2001)附录D的格式记录。检验批的合格判定应符合下列规定:

①抽查样本均应符合规范主控项目的规定。

②抽查样本的80%以上应符合规范一般项目的规定。其余样本不得有影响使用功能或明显影响装饰效果的缺陷,其中有允许偏差的检验项目,其最大偏差不得超过规范规定允许偏差的1.5倍。

(5)分项工程的质量验收应按《建筑工程施工质量验收统一标准》(GB 50300—2001)附录E的格式记录,各检验批的质量均应达到规范的规定。

(6)子分部工程的质量验收应按《建筑工程施工质量验收统一标准》(GB 50300—2001)附录F的格式记录。子分部工程中各分项工程的质量均应验收合格,并应符合下列规定:

①应具备规范各子分部工程规定检查的文件和记录。

②应具备表17-11所规定的有关安全和功能检测项目的合格报告。

表17-11　有关安全和功能的检测项目表

项次	子分部工程	检测项目
1	门窗工程	1.建筑外墙金属窗的抗风性能、空气渗透性能和雨水渗漏性能; 2.建筑外墙塑料窗的抗风压性能、空气渗透性能和雨水渗漏性能
2	饰面板(砖)工程	1.饰面板后置埋件的现场拉拔强度; 2.饰面砖样板件的黏结强度

③观感质量应符合规范各项工程中一般项目的要求。

(7)分部工程的质量验收应按《建筑工程施工质量验收统一标准》(GB 50300—2001)附录F的格式记录。分部工程中各子分部工程的质量均应验收合格,并应按规范第13.0.6条1至3款的规定进行核查。

当建筑工程只有装饰装修分部工程时,该工程应作为单位工程验收。

(8)有特殊要求的建筑装饰装修工程,竣工验收时应按合同约定加测相关技术指标。

(9)建筑装饰装修工程的室内环境质量应符合国家现行标准《民用建筑工程室内环境污染控制规范》(GB 50325—2010)的规定。

(10)未经竣工验收合格的建筑装饰装修工程不得投入使用。

第七节　常见质量通病的防治及常见质量缺陷的处理

装饰装修工程常见质量通病的预防及治理见表 17-12。

表 17-12　装饰装修工程常见质量通病的预防及治理

名称	现象	原因分析	预防措施	治理方法
金属门窗安装	翘曲变形:金属门窗框翘曲;框、扇料弯曲变形,关闭不严密,或者扇与框摩擦和卡住	制作质量粗糙,本身翘曲不平,搬运、装卸不慎造成局部变形;施工时在门窗框上搭架子或脚手板,致使窗子产生弯曲	安装前逐樘检查,保证质量;搬运堆放时轻搬轻放;施工时不准用门窗作为受力、受压点	调直处理,进行全部校正
内墙饰面砖工程	墙面不平、不垂直;空鼓、脱落;接缝不直,缝隙不均匀;饰面砖裂缝、变色、表面污染	结构施工中和内隔墙砌筑时,控制得不好,造成墙面的垂直和平整度偏差太大;装修抹灰时控制不严,基层处理不好;饰面砖浸泡的时间短,或浸泡后没有凉干;镶贴的砂浆薄厚不匀	抹灰前检查墙面的垂直度;贴面砖严格控制和随时检查;基层处理;保证底灰平整;勾缝灰浆密实	在施工中注意按要求操作
抹灰工程	脱层;空鼓;爆灰和裂缝	底层灰层过干;基层处理不干净或有凹处、一次抹灰太厚;材料质量不好,有杂质或泥土	应清水湿润、待底层湿润后再抹面层灰;基层处理干净;检查材料质量	按规范要求操作
石材饰面工程	大理石墙面板块接缝不平,板面纹理不通顺,色泽深浅不匀;大理石在色纹暗缝及其他处出现不规则的裂缝;大理石墙面退色和失去光泽产生麻点局部开裂和脱落、空鼓	基层处理不好;板块在使用前没有严格挑选、试拼、编号;大理石材质较差,受到结构沉降压缩变形的影响;镶贴墙面的上下板块空隙较小,结构受压变形	对偏差较大的基层应事先凿平或修补、清扫并浇水湿润;及时清理板面,不准水泥浆污染板面;应剔除有裂疤、暗伤、缺棱掉角等缺陷;待结构沉降稳定后进行大理石墙的贴面,在顶部和底部留一定的缝隙	在施工中注意按要求操作;安装前进行隐蔽验收

本章小结

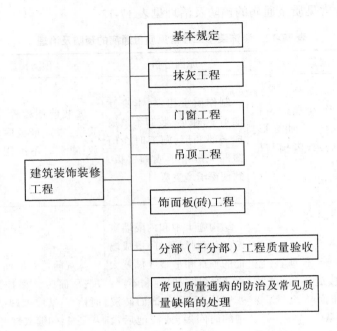

建筑装饰装修工程
- 基本规定
- 抹灰工程
- 门窗工程
- 吊顶工程
- 饰面板(砖)工程
- 分部（子分部）工程质量验收
- 常见质量通病的防治及常见质量缺陷的处理

第十八章 节能分部工程

【学习目标】
- 掌握节能分部工程的基本规定
- 掌握建筑节能分部工程质量验收

第一节 基本规定

一、技术与管理

(1)承担建筑节能工程的施工企业应具备相应的资质,施工现场应建立有效的质量管理体系、施工质量控制和检验制度,具有相应的施工技术标准。

在国家尚未制定专门的节能工程施工资质前,应按照国家现行规定具备相应的建筑工程的施工资质。如国家制定专门的节能工程施工资质,则应按照国家规定执行。对施工现场的要求,规范与统一标准及各验收规范一致。

(2)参与工程建设各方不得任意变更建筑节能施工图设计。当确实需要变更时,应与设计单位洽商,办理设计变更手续。

当变更可能影响节能效果时,设计变更应获得原审查机构的审查同意,并应获得监理或建设单位的确认。

由于材料供应、工艺改变等原因,建筑工程施工中可能改变节能设计。为了避免这些改变影响节能效果,故需要对涉及节能的变更加以限制,如确需改变,应事先得到设计单位的书面认可。此时设计单位应认真核算并确认变更对节能带来的影响,出面洽商或变更设计,并承担相应的责任。

当变更给节能效果带来的影响较大,有可能使得该工程达不到原定节能目标时,原设计单位也不能自行确定是否应该同意这种变更。此时应报原负责节能设计审查的机构审查同意。确定变更后,并应获得监理或建设单位的确认。

(3)建筑节能工程采用的新技术、新设备、新材料、新工艺,应按照有关规定进行鉴定或备案。施工前应对新的或首次采用的施工工艺进行评价,并制订专门的施工技术方案。

"新技术、新设备、新材料、新工艺"通常被称之为"四新"。国家鼓励建筑节能工程施工中采用"四新"技术,但为了防止不成熟的技术或材料被应用到工程上,国家同时又规定了对于"四新"技术要进行技术鉴定或实行备案等措施。节能施工中应遵照执行。

考虑到建筑节能施工中涉及的新材料、新技术较多,对于从未有过的施工工艺,或者其他单位虽已做过但是本施工单位尚未做过的施工工艺,应进行"预演"并进行评价,需要时应调整参数再次演练,直至达到要求。施工前还应制订专门的施工技术方案以保证节能效果。

(4)单位工程的施工组织设计应包括建筑节能工程施工内容。建筑节能工程施工前,施工企业应编制建筑节能工程施工技术方案并经监理单位(建设单位)审批。施工现场应对从事建筑节能工程施工作业的专业人员进行技术交底和必要的实际操作培训。

鉴于建筑节能的重要性,每个工程的施工组织设计中均应列明有关本工程与节能施工有关的内容以便规划、组织和指导施工。施工前,施工企业还应专门编制建筑节能工程施工技术方案,按照规定经监理单位审批后实施。没有实行监理的工程则应由建设单位审批。

从事节能施工作业的人员操作技能对于节能施工效果影响较大,许多节能材料和工艺施工人员并不熟悉,故规定应在节能施工前对相关人员进行技术交底和必要的实际操作培训。

(5)既有建筑节能改造工程必须确保建筑物的结构安全和主要使用功能。当涉及主体和承重结构改动或增加荷载时,必须由原设计单位或具备相应资质的设计单位对既有建筑结构的安全性进行核验、确认。

既有建筑节能改造已经有许多技术规范,但是鉴于既有建筑未知因素较多等复杂情况,任何节能改造必须以确保该建筑的结构安全和主要使用功能为前提,不能顾此失彼,一方面改善了节能效果,另一方面却牺牲或降低了建筑的安全储备或其他重要功能。

保证节能改造不致影响原建筑结构安全储备的具体措施是:当改动主体结构或增加荷载时,必须由原设计单位或具备相应资质的设计单位按照工程实际情况对既有建筑结构的安全性进行核查。这种核查通常包括:现场踏勘和调查,原设计资料审查,结构安全性核算,提出涉及结构安全的限制性要求(例如限制增加的最大荷载量)并最终对改造方案加以确认。

(6)承担建筑节能工程检测试验的检测机构应具备相应的资质。

建设部关于检测机构资质管理办法(第141号建设部令)中尚未包括节能专项检测资质,故目前承担建筑节能工程检测试验的检测机构应具备见证检测资质和节能试验项目的计量认证。待国家颁发节能专项检测资质后应按照相关规定执行。

二、材料与设备

(1)建筑节能工程使用的材料、设备应符合施工图设计要求及国家有关标准的规定。严禁使用国家明令禁止和淘汰使用的材料、设备。

材料、设备是节能工程的物质基础,通常在设计中规定或在合同中约定。凡设计有要求的应符合设计要求,同时也要符合国家有关产品质量标准的规定,对它们的质量应进行双控。对于设计未提出要求的材料和设备,则应该在合同中约定,或在施工方案中明确,并且应该得到监理或建设单位的同意或确认。这些材料和设备,同样必须符合质量标准的要求。

近几年来,国家对于技术指标落后或质量存在较大问题的材料、设备明令禁止使用,节能工程施工应严格遵守这些规定,施工中不得使用。

(2)材料和设备进场时应对其品种、规格、包装、外观和尺寸进行验收并应经监理工程师(建设单位代表)检查认可,并形成相应的质量记录。材料和设备应有质量合格证明文件、中文说明书及相关性能检测报告;进口材料和设备应按规定进行出入境商品检验。

材料和设备进场时均应进行验收,这种进场验收主要是对其品种、规格、包装、外观和尺寸等"可视质量"和技术资料进行的检查验收,并应经监理工程师(建设单位代表)核准。进场验收必须形成相应的质量记录。

由于进场验收只能核查材料和设备的外观质量,其内在质量则需由各种技术资料加以证明。故进场验收的一项重要内容是对材料和设备附带的技术资料进行检查。这些技术资料主要包括质量合格证明文件、中文说明书及相关性能检测报告;进口材料和设备应按规定进行出入境商品检验。

(3)建筑节能工程所使用材料的燃烧性能等级和阻燃处理,应符合设计要求和国家现行标准《高层民用建筑设计防火规范(2005 版)》(GB 50045—1995)、《建筑内部装修设计防火规范》(GB 50222—1995)和《建筑设计防火规范》(GB 50016—2006)的规定。

耐火性能是建筑工程最重要的性能之一,直接影响用户安全,故有必要加以强调。对材料耐火性能的具体要求,应由设计提出,并应符合相应标准的要求。

(4)建筑节能工程使用的材料应符合国家现行有关材料有害物质限量标准的规定,不得对室内外环境造成污染。

为了保护环境,国家制定了建筑装饰材料有害物质限量标准,建筑节能工程使用的材料与建筑装饰材料类似,往往附着在结构的表面,容易造成污染,故规定应符合这些材料有害物质限量标准,不得对室内外环境造成污染。目前,判断室内环境是否污染仍按照《民用建筑工程室内环境污染控制规范》(GB 50325—2010)的要求进行。

(5)建筑节能工程进场材料和设备的复验项目应符合《建筑节能工程施工质量验收规范》(GB 50411—2007)附录 A 及各章的规定。复验项目中应有 30%为见证取样送检。

为方便使用,规范将各章提出的建筑节能工程进场材料和设备的复验项目汇总在附录 A 中以方便查找和使用,但是执行中仍应对照和满足各章的具体要求。

参照建设部建字[2000]211 号文件规定,重要的试验项目应实行见证取样和送检,故规范规定建筑节能工程进场材料和设备的复验项目中,应有 30%为有见证取样送检。

(6)建筑节能性能现场检验应由建设单位委托具有相应资质的检测机构对围护结构节能性能和系统功能进行检验。

建设部 141 号令规定,建筑节能性能现场检验应由建设单位进行委托,并应委托具有相应资质的检测机构进行。检验内容主要包括围护结构节能性能和系统功能等。由于这种现场检验对于节能性能的判定十分重要,故参与工程建设各方均应对抽取试样或受检部位的方法,其真实性、代表性以及检测机构的公正性加以重视。

(7)现场配制的材料如保温浆料、聚合物砂浆等,应按设计要求或实验室给出的配合比配制。当无上述要求时,应按照施工方案和产品说明书配制。

现场配制的材料由于现场施工条件的限制,其质量较难保证。现场配制必须按设计要求或配合比配制,并规定了应遵守的配置要求的顺序。即:首先应按设计要求或实验室给出的配合比进行现场配制。当无上述要求时,可以按照产品说明书配制。执行中应注意上述配置要求,均应具有可追溯性,并应写入施工方案中。不得按照经验或口头通知配置。

(8)采暖与空调系统及其他建筑机电设备的技术性能参数应符合国家有关标准的规定。严禁使用技术性能不符合国家标准的机电设备。

由于采暖与空调系统及其他建筑机电设备的技术性能参数对于节能效果影响较大,故特别列出加以要求。

（9）当建筑节能工程采用规范未列出的其他材料、设备、工艺或做法时，应符合下列规定：

①所采用的保温材料，应符合规范规定；

②施工工艺或做法，应符合施工图设计要求和施工技术方案的要求；

③节能工程的施工质量，应符合规范相关章节的规定。

建筑节能工程采用的材料、设备、工艺较为广泛，且新的材料、设备、工艺仍在不断涌现，难以一一列出。本条对于规范未列出的其他材料、设备、工艺或做法提出了三款基本要求，以控制其使用及效果。

三、施工与验收

（1）建筑节能工程施工应当按照经审查合格的设计文件和经审批的节能施工技术方案的要求施工。

设计文件和施工技术方案，是节能工程施工实际也是所有工程施工均应遵循的基本要求。

注意：对于设计文件，应当经过设计审查机构的审查；对于施工技术方案，则应通过建设或监理单位的审查。施工中的变更，同样应经过审查，见规范相关章节。

（2）建筑节能工程施工前，对于重复采用建筑节能设计的房间和构造做法，应在现场采用相同材料和工艺制作样板间或样板构件，经有关各方确认后方可进行施工。

制作样板间的方法是在长期施工中总结出来行之有效的方法，不仅可以直观地看到和评判其质量与工艺状况，还可以对材料、做法、效果等进行直接检查，并可以作为验收的实物标准。因此，节能工程施工也应当借鉴和采用。样板间方法主要适用于重复采用同样建筑节能设计的房间和构造做法。制作时应采用相同材料和工艺在现场制作，经有关各方确认后方可进行施工。

（3）建筑节能工程的施工作业环境条件，应满足相关标准和施工工艺的要求。

建筑节能工程的施工作业往往在主体结构完成后进行，其作业条件各不相同。部分节能材料对环境条件的要求较高，例如保温材料对环境湿度及施工时气候的要求等。这些要求多数在工艺标准或施工技术方案中规定，因此要求建筑节能工程的施工作业环境条件，应满足相关标准和施工工艺的要求。

（4）建筑节能工程为单位建筑工程的一个分部工程。其子分部、分项工程和检验批应按照下列规定划分和验收：

①建筑节能分部工程的子分部、分项工程和检验批划分，如表18-1所示，且应与《建筑工程施工质量验收统一标准》（GB 50300—2013）和各专业工程施工质量验收规范规定一致。当上述规范未明确时可根据实际情况按规范相关章节确定。

②当建筑节能验收内容包含在相关分部工程时，应按已划分的子分部、分项工程和检验批进行验收，验收时应按规范对有关节能的项目独立验收，作出节能项目验收记录并单独组卷。

③当建筑节能验收内容未包含在相关分部工程时，应按照规范进行验收。

表 18-1　建筑节能分部、子分部、分项工程划分

序号	子分部工程	分项工程
1	墙体	主体结构基层,保温材料,饰面层
2	幕墙	主体结构基层,隔热材料,保温材料,幕墙玻璃,单元式幕墙板块,遮阳设施
3	门窗	门,窗,玻璃,遮阳设施
4	屋面	基层,保温隔热层,保护层,防水层,面层
5	地面	基层,保温隔热层,隔离层,保护层,防水层,面层
6	采暖	散热器,设备,阀门与仪表,保温材料,热力入口装置,调试
7	通风与空气调节	风机,空气调节设备,空调末端设备,阀门与仪表,绝热材料,调试
8	空调与采暖系统的冷热源和附属设备及其管网	冷、热源设备,辅助设备,管网,阀门与仪表,绝热、保温材料,调试
9	配电与照明	低压配电电源,照明光源,灯具,附属装置,控制功能,调试
10	监测与控制	冷、热源、空调水的监测控制系统,通风与空调系统的监测控制系统,监测与计量装置,供配电的监测控制系统,照明自动控制系统,综合控制系统

由于建筑节能验收属于专业验收的范畴,其许多验收内容与原有建筑工程的分部分项验收有许多交叉,故建筑节能工程验收的定位有一定困难。为了与《建筑工程施工质量验收统一标准》(GB 50300—2013)一致,规范将建筑节能工程作为单位建筑工程的一个分部工程来进行划分和验收,并规定了其子分部、分项工程和检验批划分的原则。

规范对于子分部、分项工程和检验批划分的原则主要有两个:

一是与原有划分尽量一致的原则。《建筑工程施工质量验收统一标准》(GB 50300—2012)和各专业工程施工质量验收规范凡是已经划分了的,不再重新划分。当建筑节能验收内容包含在相关分部、子分部、分项工程内时,应按已划分的检验批进行验收,但验收时应按规范要求对有关节能的项目独立验收,作出节能项目验收记录并单独组卷。

二是原来没有划分的,可以重新划分的原则。即当建筑节能验收内容未包含在原已划分的子分部、分项工程和检验批内时,应按照规范的要求进行划分和验收。例如,《建筑装饰装修工程质量验收规范》(GB 50210—2001)中原来没有包括墙体外保温工程的检验批划分和验收,此项即应按照规范的要求进行划分和验收。

(5)建筑节能工程的各检验批,其合格质量应符合下列规定:

①各检验批应按主控项目和一般项目验收;

②主控项目应全部合格;

③一般项目应合格,当采用计数检验时,应有 90% 以上的检查点合格,且其余检查点不得有严重缺陷;

④各检验批应具有完整的施工操作依据和质量验收记录。

以上是对建筑节能工程检验批验收合格质量条件的基本规定。这些规定与《建筑工程施工质量验收统一标准》(GB 50300—2013)和各专业工程施工质量验收规范完全一致。

（6）建筑节能工程的分项工程质量验收合格应符合下列规定：

①分项工程所含的检验批均应符合合格质量的规定。

②分项工程所含的检验批的质量验收记录应完整。

（7）建筑节能工程分部、子分部工程质量验收，应在各相关分项工程验收合格的基础上，进行质量控制资料检查及观感质量验收，并应对主要材料、设备有关节能的技术性能，以及有代表性的房间或部位和系统功能的建筑节能性能进行见证抽样现场检验。

①主要材料和设备有关节能的技术性能见证抽样检测结果应符合有关规定。

②严寒、寒冷地区的建筑外窗，应按照规范规定的方法和数量进行见证抽样现场检查其气密性，并出具检测报告。

③建筑工程完工后，应抽取有代表性的房间或部位，按照规范的规定对建筑节能性能中围护结构节能性能进行见证抽样现场检验，并出具检验报告或评价报告。

④建筑设备工程完工后，应抽取有代表性的系统或部位，按照《建筑节能工程施工质量验收规范》（GB 50411—2007）的规定对建筑节能性能中系统功能进行见证抽样现场检验，并出具检验报告或评价报告。考虑到建筑节能工程的重要性，建筑节能工程分部、子分部工程质量验收，除应在各相关分项工程验收合格的基础上，进行质量控制资料检查及观感质量验收外，增加了对主要材料、设备的有关节能的技术性能，以及有代表性的房间或部位以及系统功能的节能性能进行见证抽样现场检验。在分部工程验收时进行的这种检查，可以更真实地反映该工程的节能性能。

（8）单位工程竣工验收前，必须按照规范规定进行建筑节能分部工程的专项验收并达到合格。

建筑节能分部工程的专项验收应该作为单位工程竣工验收的必要条件，即必须首先按照规范规定进行建筑节能分部工程的专项验收并达到合格，然后才能进行单位工程的整体验收。

（9）建筑节能工程验收应由总监理工程师（建设单位项目负责人）主持，会同参与工程建设各方共同进行。其验收的程序和组织应符合《建筑工程施工质量验收统一标准》（GB 50300—2013）的规定。

建筑节能工程的验收资料应列入建筑工程验收资料中。

建筑节能工程验收的程序和组织与《建筑工程施工质量验收统一标准》（GB 50300—2013）的规定一致，即应由总监理工程师（建设单位项目负责人）主持，会同参与工程建设各方共同进行。

第二节　建筑节能分部工程质量验收

（1）建筑节能分部工程的质量验收，是在工程施工质量得到有效监控的前提下，施工单位应通过有关围护结构节能性能检验、系统功能检验和整个分部工程的无生产负荷系统联合试运转与调试和观感质量的检查，按规范要求将质量合格的节能分部工程移交建设单位的验收过程。

（2）建筑节能分部工程的质量验收，应由建设单位负责，组织监理、设计、施工等单位共同进行，合格后应及时办理竣工验收手续，并详细填写在保修期内建筑节能性能现场检验的围护结构节能性能检验和系统功能检验的内容。

（3）建筑节能工程竣工验收时，应检查竣工验收资料，主要包括下列文件及记录：

①图纸会审记录、设计变更通知书和竣工图；

②主要材料、设备、成品、半成品和仪器、仪表的出厂合格证明及进场检（试）验、复验报告；

③隐蔽工程检查验收记录；

④设备、管道系统检验记录；

⑤系统无生产负荷联合试运转与调试记录；

⑥分部、子分部工程质量验收记录；

⑦观感质量综合检查记录；

⑧建筑节能性能现场检验的围护结构节能性能检验和系统功能检验报告。

（4）建筑节能分部工程观感质量检查项目应按表18-2进行。

表18-2　建筑节能分部工程观感质量检查项目

序号	子分部工程	观感质量
1	墙体	
2	幕墙	
3	门窗	
4	屋面	
5	地面	
6	采暖	
7	通风与空气调节	
8	空调与采暖系统冷、热源和附属设备及其管网	
9	配电与照明	
10	监测与控制	

本章小结

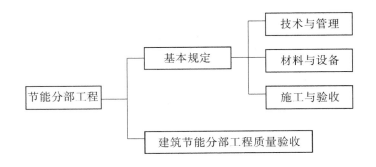

参 考 文 献

［1］ 中华人民共和国住房和城乡建设部.JGJ/T 250—2011 建筑与市政工程施工现场专业人员职业标准[S].北京:中国建筑工业出版社,2011.

［2］ 刘继鹏,潘炳玉.质检员专业管理实务[M].郑州:黄河水利出版社,2010.

［3］ 曹安民,阚冬梅.土建质量员岗位实务知识[M].北京:中国建筑工业出版社,2007.

［4］ 全国一级建造师执业资格考试用书编写委员会.房屋建筑工程管理与实务[M].北京:中国建筑工业出版社,2009.

［5］ 林文剑.质量员专业知识与实务[M].北京:中国环境科学出版社,2007.

［6］ 中国建设监理协会.建设工程质量控制[M].北京:中国建筑工业出版社,2002.

［7］ 中华人民共和国建设部,国家质量监督检验检疫总局.GB 50300—2013 建筑工程施工质量验收统一标准[S].北京:中国建筑工业出版社,2014.

［8］ 中华人民共和国建设部,国家质量监督检验检疫总局.GB 50202—2002 建筑地基基础工程施工质量验收规范[S].北京:中国计划出版社,2002.

［9］ 中华人民共和国住房和城乡建设部.GB 50203—2011 砌体结构工程施工质量验收规范[S].北京:中国建筑工业出版社,2012.

［10］ 中华人民共和国建设部,国家质量监督检验检疫总局.GB 50204—2015 混凝土结构工程施工质量验收规范[S].北京:中国建筑工业出版社,2015.

［11］ 中华人民共和国建设部,国家质量监督检验检疫总局.GB 50205—2001 钢结构工程施工质量验收规范[S].北京:中国计划出版社,2002.

［12］ 中华人民共和国住房和城乡建设部.GB 50207—2012 屋面工程质量验收规范[S].北京:中国建筑工业出版社,2012.

［13］ 中华人民共和国住房和城乡建设部.GB 50208—2011 地下防水工程质量验收规范[S].北京:中国建筑工业出版社,2012.

［14］ 中华人民共和国住房和城乡建设部.GB 50209—2010 建筑地面工程施工质量验收规范[S].北京:中国建筑工业出版社,2010.

［15］ 中华人民共和国建设部,国家质量监督检验检疫总局.GB 50210—2001 建筑装饰装修工程质量验收规范[S].北京:中国标准出版社,2001.

［16］ 中华人民共和国建设部.GB 50411—2007 建筑节能工程施工质量验收规范[S].北京:中国建筑工业出版社,2007.